新农村能工巧匠速成丛书

电动机修理工

周 慧

业出版社

内容提要

本书全面系统地介绍了电动机修理工应掌握的基本技能和操作要点。全书共分五章，分别介绍了电动机修理工的基本知识，三相异步电动机的结构与控制，三相异步电动机的安装与调试，三相异步电动机的拆装、检修与故障诊断，单相交流电动机的修理等内容。

本书适合广大电动机修理工初学者、爱好者入门自学，也适合在岗电动机修理工自学参考，以进一步提高操作技能；也可作为职业院校、培训中心等的技能培训教材。

主　编　周　慧　鲁植雄

副主编　常江雪　金　月

参　编　刘奕贯　姜春霞　吴俊淦
周伟伟　白学峰　郭　兵
许爱谨　李晓勤　赵苗苗
李正浩　徐　浩　李文明
金文忻　梅士坤　李　飞
刁秀永　钟文军　田丰年
周　晶　吴鲁宁　陈子军

前言

随着中国国民经济和现代科学技术的迅猛发展，我国农村也发生了巨大的变化。在党中央构建社会主义和谐社会和建设社会主义新农村的方针指引下，为落实党中央提出的“加快建立以工促农、以城带乡的长效机制”、“提高农民的整体素质，培养造就有文化、懂技术、会经营的新型农民”、“广泛培养农村实用人才”等具体要求，全社会都在大力开展“农村劳动力转移培训阳光工程”，以增强农民转产转岗就业的能力。目前，图书市场上针对这一读者群的成规模、成系列的读物不多。为了满足数亿农民工的迫切需求和进一步规范劳动技能，中国农业出版社组织编写了《新农村能工巧匠速成丛书》。

该套丛书力求体现“定位准确、注重技能、文字简明、通俗易懂”的特点。因此，在编写中从实际出发，简明扼要，不追求理论的深度，使具有初中文化程度的读者就能读懂学会，稍加训练就能轻松掌握基本操作技能，从而达到实用速成、快速上岗的目的。

《电动机修理工》为初级电动机修理工而编写。书中不涉及高深的专业知识，您只要按照本书的指引，通过自己的努力训练，很快就可以掌握电动机修理工的基本技能和操作技巧，成为一名合格的电动机修理工。

本书全面系统地介绍了电动机修理工应掌握的基本技能和操作要点。全书共分五章，分别介绍了电动机修理工的基本知识，三相异步电动机的结构与控制，三相异步电动机的安装与调试，三相异步电动机的拆装、检修与故障诊断，单相交流电动机的修理等内容。适合广大电动机修理工初学者、爱好者入门自学，也适合在岗电动机修理工自学参考，以进一步提高操作技能；也可作为职业院校、培训中心等的技能培训教材。

本书由南京工业职业技术学院周慧和南京农业大学鲁植雄主编，江苏经贸职业技术学院常江雪和农业部南京农业机械化研究所金月副主编，第二章和第四章由周慧编写，第一章由鲁植雄编写，第三章由常江雪编写，第五章由金月编写。参加本书编写的有刘奕贯、姜春霞、吴俊淦、周伟伟、白学峰、郭兵、许爱谨、李晓勤、赵苗苗、李正浩、徐浩、李文明、金文忻、梅士坤、李飞、刁秀永、钟文军、田丰年、周晶、常江雪、陈子军等。

在本书编写过程中，得到了许多电动机相关的维修企业的大力支持和协助，并参阅了大量参考文献，在此表示诚挚地感谢。

编　者

2013年7月

目录

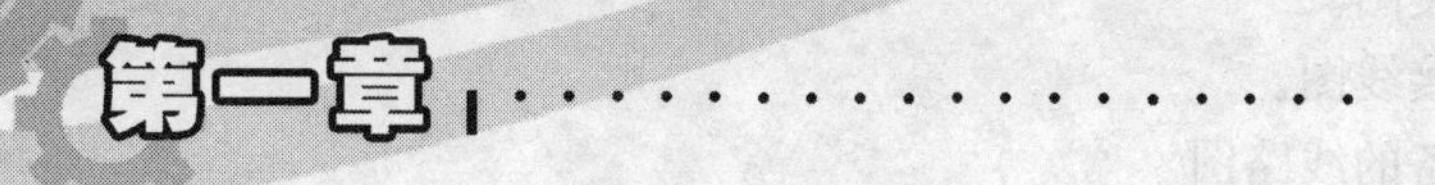

第一章

电动机修理工的基本知识

第一节 电动机修理工的工作内容

一、电动机修理工的职业定义与能力特征

1. 职业定义 电动机修理工属于电机检修工职业中的一个分支，主要是指从事电动机修配与调试人员。

2. 职业等级 根据国家标准，电动机修理工共设五个等级，分别为初级、中级、高级、技师、高级技师。

3. 职业环境 电动机修理工的职业环境主要是在室内、外，常温下作业。

4. 职业能力特征 电动机修理工应具有一定的识图能力，能阅读技术资料；手指、手臂灵活，动作协调，身体平衡能力强；并具有一定的应用计算能力。

5. 基本文化程度 初中毕业及以上。

二、电动机修理工应掌握的基本知识

1. 职业守则

（1）爱岗敬业，忠于职守，尽职尽责，完成任务。

（2）认真负责，团结协作，严于律已，吃苦耐劳。

（3）爱护设备，保证质量，讲究效率，勤俭节约。

（4）努力学习，钻研技术，善于总结，勇于创新。

（5）遵纪守法，按章行事，重视安全，文明生产。

2. 识图与绘图知识

（1）识图、绘图的基本知识。

（2）零件图的知识。

（3）绕组的电路图和展开图。

（4）设备安装图。
（5）电气主接线图。
（6）控制设备的线路图。

3. 电工学知识

（1）电路基础知识。
（2）电气试验知识。
（3）电磁材料知识。
（4）电气绝缘知识。

4. 电动机原理与运行知识

（1）常用电动机的原理与运行维护。
（2）电动机的工作特性。
（3）电动机的使用常识。
（4）电动机的分类、型号。
（5）电动机的控制设备。
（6）电动机的结构与绕组知识。
（7）电动机的参数测定。

5. 电动机的检修知识

（1）电动机的拆装、检修、测量的工具与仪表知识。
（2）电动机修理的钳工知识。
（3）电动机拆装的基本方法。
（4）电动机维修的基本方法。
（5）电动机清洗的基本方法。
（6）电动机的浸渍工艺。
（7）电动机的干燥工艺。
（8）电动机的启动准备与试运行知识。
（9）电动机的电气试验知识。
（10）电动机的常见故障诊断与排除知识。

6. 其他

（1）安全用电知识。
（2）消防基本知识。
（3）触电急救知识。
（4）有关法律法规知识。
（5）安全生产规范。

三、电动机修理工应掌握的基本技能

1. 检修前的准备

（1）检修前的准备

① 能咨询电动机运行的异常现象。

② 能查询电动机运行记录。

③ 能读懂电动机技术手册。

（2）检修前的检查

① 能切断电源并验电，解除电动机与电源接线，并给端头打牢标记。

② 能测量绝缘电阻和绕组直流电阻，并做记录。

③ 能检查发现电动机外观缺陷，并做详细记录。

④ 能选择电动机拆卸场所并清理。

⑤ 能记录电动机的铭牌数据。

（3）领会图纸等技术资料

① 能看懂电动机零部件的简图、电动机装配图和安装图。

② 能查阅电动机的主要技术数据和结构数据。

③ 熟悉电动机检修技术要求。

（4）准备检修工具和器具

① 能正确使用与保养电工工具和机械修理工具。

② 能正确使用与保养专用工具。

③ 能安装辅助检修器械。

④ 能自制撬棍、套筒等辅助器具。

⑤ 能完成电磁线的计算与准备。

⑥ 能置备绝缘、清洗剂、漆、固化剂等。

2. 电动机的拆卸与组装

（1）清扫、做标记

① 能对电动机外表污垢进行清扫。

② 能标记电动机的装配定位。

（2）解体

① 能完成电动机与负载的分离。

② 能拆除联轴器或靠背轮。

③ 能拆除电动机的端盖。

④ 能抽出电动机的转子。

⑤ 能清洗定子内径的杂物和尘垢。

⑥ 能对定子绕组进行解体。

⑦ 能对转子绕组进行解体。

(3) 零部件的检查、清点与编号

① 能完成电动机零部件的清点和外观检查，并做详细记录。

② 能正确给各线束端头制作标记。

③ 能根据组装要求完成电动机零件编号。

(4) 组装与安装

① 能完成组合安装。

② 能对电动机轴心的纠偏定位。

③ 能对检修部件进行装配。

④ 能清理定子内径，能进行转子和端盖的装配。

3. 电动机的检修

(1) 检修轴承

① 能补充缺油轴承的润滑脂。

② 能清洗轴承污损变质的油脂，并按要求注入合格的润滑脂。

③ 能拆除损伤的轴承。

④ 能测量并记录轴颈和轴承座的几何尺寸。

(2) 检修绕组

① 能拆除损坏的绕组。

② 能记录绕组数据、铁芯内外直径和长度，槽形及槽孔尺寸等原始数据。

③ 能给解裂的端头钉牢标记，并记录解裂情况。

④ 能嵌放线圈，并进行塞楔的绑扎、整形。

⑤ 能焊接解裂的端头。

⑥ 能按要求连接绕组出线端与接线板端子。

⑦ 能进行绕组浸渍与烘干。

(3) 加工、制作

① 能完成钳工划线、錾削、锉削、切割、钻孔、铰孔、攻丝、矫正等基本操作。

② 能制作槽绝缘。

③ 能按要求绕制线圈。

④ 能制作集电环。

⑤ 能制作刮板压线板。

⑥ 能按要求制作绕线模和划板。

（4）检修小型发动机换向器

① 能正确更换电刷。

② 能修理换向器结构缺陷。

（5）检修其他零部件

① 能进行出线盒与接线板的修理与更换。

② 能修理损坏的扇叶或更换风扇。

③ 能修补缺损的散热筋。

（6）检修直流电动机

① 能进行直流电动机的基础划线。

② 能完成主板、换向器的装配与找正。

③ 能完成主极绕组、换向绕组及补偿绕组的正确接线。

④ 能通过修理减小火花。

4. 电动机的修复试验

（1）实验前的准备

① 能检查电源种类、电压、电线规格的合理性。

② 能判断传动装置及电动机有无杂物卡阻。

③ 能测量绝缘电阻，并检验是否合格。

④ 能测量绕组的直流电阻，并做记录。

⑤ 能按电路图接线，并检查接线的松紧和正误。

⑥ 能准备必需的记录工具和仪器。

（2）空载试验

① 能按图正确接线并检验。

② 能按要求通电试运转。

③ 能记录空载运转的有关数据，观察有无异常现象，并做记录。

（3）消除缺陷

① 能检查并拧紧紧固螺栓。

② 能修理电动机绕组缺陷。

③ 能检查并接牢电源、接触器触头及导线接头。

④ 能改正电动机转向。

（4）电动机负载试验

① 能连接电动机与负载传动机构。

② 能进行负载试验，并做记录。

③ 能进行数据处理。

④ 能完成电动机检修试验报告。

第二节　电动机的应用与类型

一、电动机的特点与应用

1. 什么是电动机　电动机是一种电器设备，是将电能转换成机械能的动力机械，以拖动作业机进行生产。例如：一种水泵机组设备，水泵是作业机，用来抽水，电动机是动力机械，拖动水泵转动。这样，电动机由电源获取电能带动水泵旋转转变成机械能，把水抽上来。可见电动机是一种动力，也称原动力的供给者。

2. 电动机的优点

（1）电动机能提供的功率范围很大，从毫瓦级到万千瓦级。

（2）电动机的使用和控制非常方便，具有自启动、加速、制动、反转等能力，能满足各种运行要求。

（3）电动机的工作效率较高，没有烟尘、气味，噪声也较小。

（4）电动机运行可靠、价格低廉、结构牢固。

（5）电动机体积小，安装方便，维修保养简单。

3. 电动机的应用　电动机在各种行业得到广泛应用。以下介绍农村电动机修理工经常遇到的电动机。

（1）在农业中的应用　在排灌、脱粒、米面加工、榨油、铡草等农牧业机械中广泛采用电动机拖动，如图 1-1 所示。

排灌机

增氧机(水产养殖)

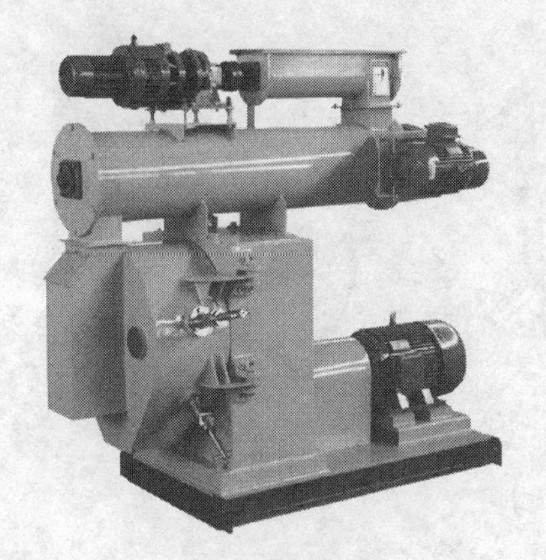
饲料加工机

碾米机

脱粒机(玉米)

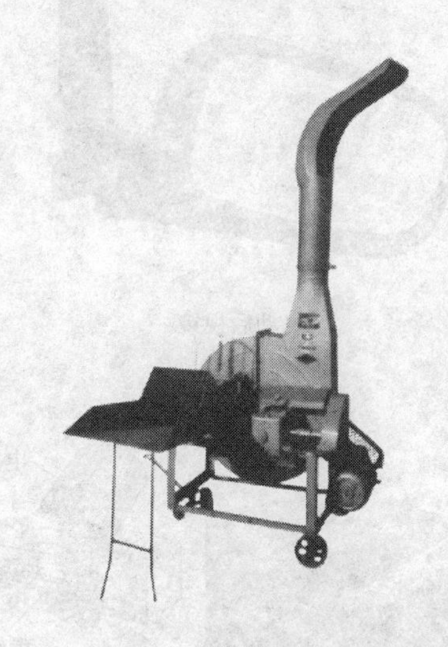
铡草机

图 1-1　电动机在农业中的应用

（2）在车辆工业中的应用　电动机在汽车、拖拉机、摩托车、工程机械等车辆工业中得到广泛应用，一辆汽车通常安装几十个电动机，如车辆中的启动机、电动门窗、电动坐椅、电动后视镜、电动雨刮器、音响、电动天线、电动天窗、电动门锁、空调等，如图 1-2 所示。

（3）在人们日常生活中的应用　电动机在人们日常生活中也得到广泛应用，为人们的生活提供各种方便，如电风扇、电冰箱、空调器、洗衣机、搅拌机、微波炉、抽油烟机、吸尘器、吹风机等，如图 1-3 所示。

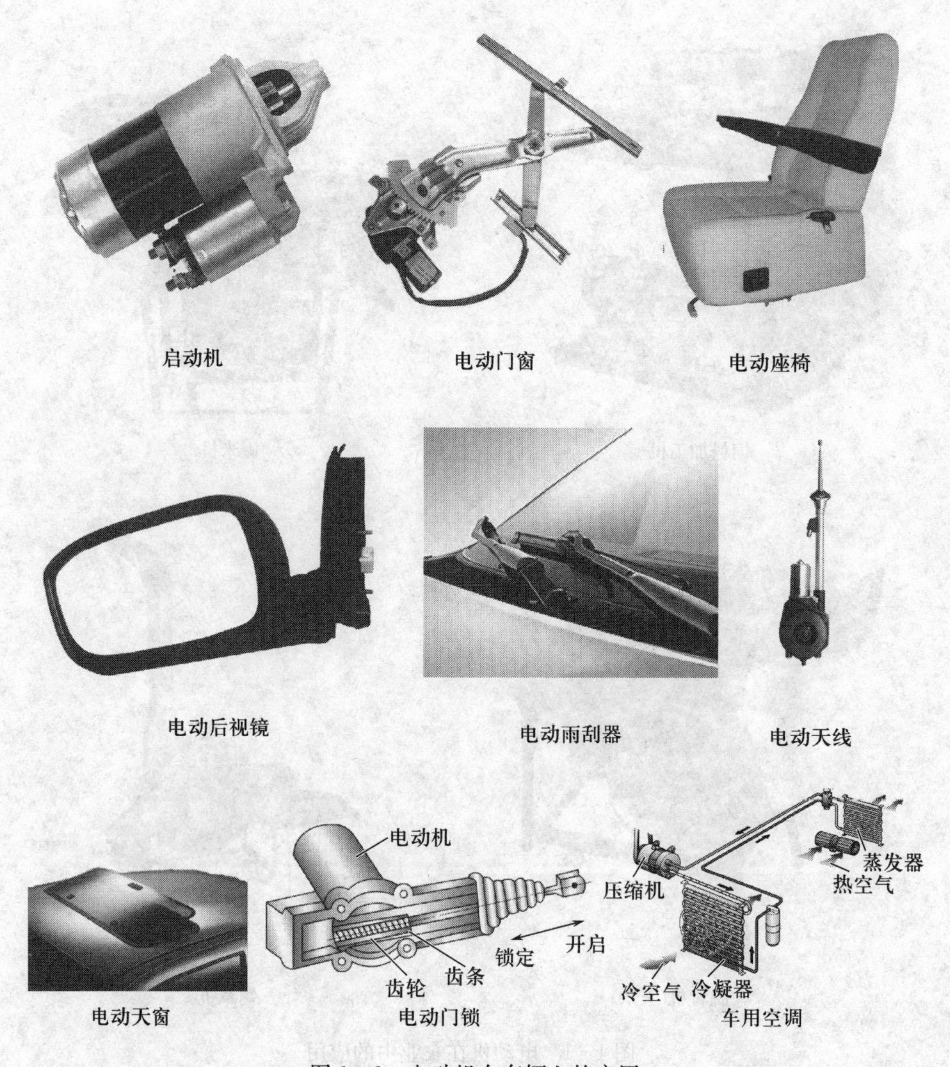

图 1-2　电动机在车辆上的应用

（4）在电动工具中的应用　为了减少工作强度，改善工作环境，人们发明了各种各样的电动工具。所谓电动工具是指以小功率电动机作为动力，通过传动机构来驱动作业机工作的工具。

以电动机为动力的电动工具主有金属切削电动工具、研磨电动工具、装配电动工具和工程用电动工具。常见的电动工具有电钻、电动砂轮机、电动扳手和电动螺丝刀、电锤和冲击电钻、混凝土振动器、电刨

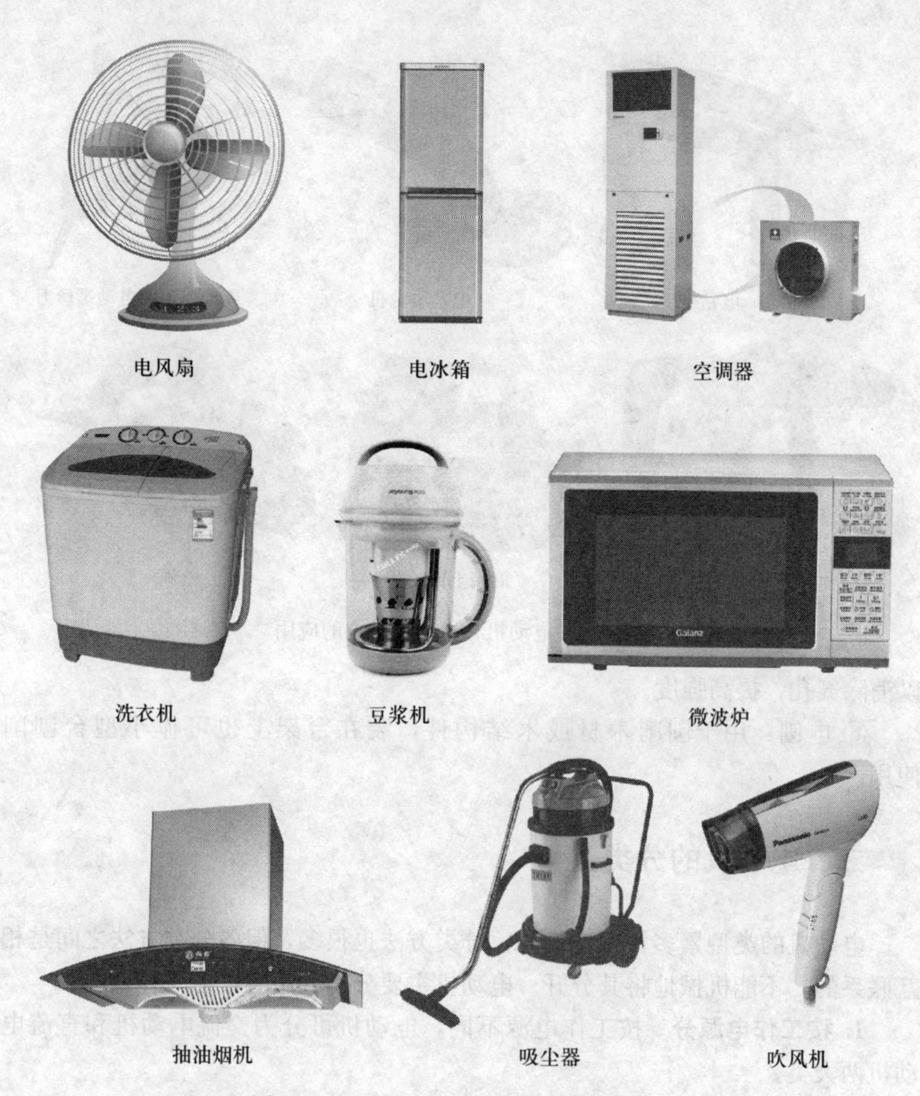

图 1-3 电动机在人们日常生活中的应用

等，如图 1-4 所示。

① 电钻：用于对有色金属、塑料等材料进行钻孔。

② 电动砂轮机：用于砂轮或磨盘进行磨削。

③ 电动扳手和电动螺丝刀：用于装卸螺纹连接件。

④ 电锤和冲击电钻：用于混凝土、砖墙及建筑构件上凿孔、开槽、打毛。

⑤ 混凝土振动器：用于浇筑混凝土基础和钢筋混凝土构件时捣实混凝土，

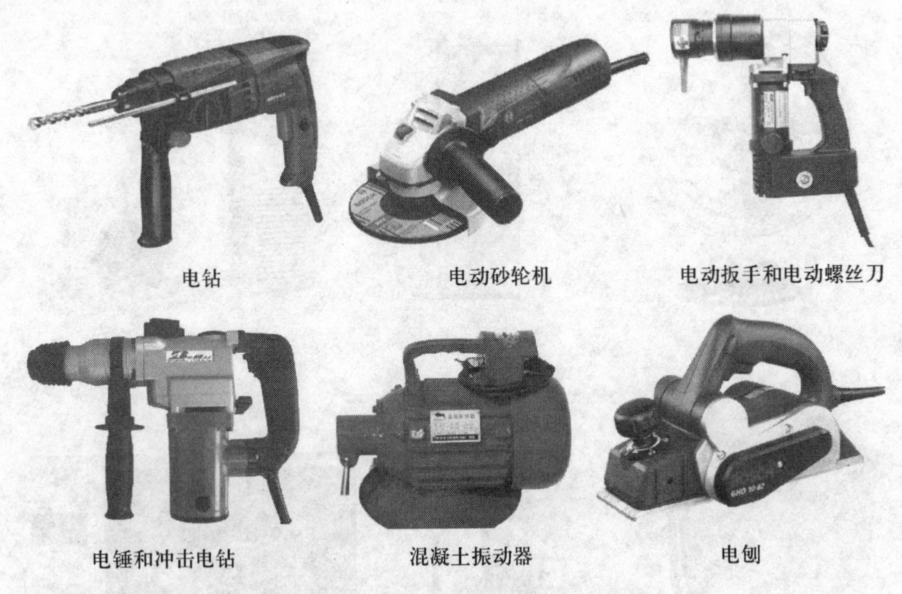

图 1-4　电动机在电动工具中的应用

以消除气孔，提高强度。

⑥ 电刨：用于刨削木材或木结构件，装在台架上也可作小型台刨削使用。

二、电动机的分类

电动机的类型繁多，用途各异，分类方法也很多，但各分类方法之间是相互联系的，不能机械地将其分开。电动机主要分类方法有以下几种。

1. 按工作电源分　按工作电源不同，电动机可分为交流电动机和直流电动机两大类。

(1) 交流电动机　交流电动机是以交流电为电源，多采用 220 V、380 V 两种交流电。

交流电动机根据工作原理的不同，分为异步电动机、同步电动机；又根据电源相数的不同，分为单相电动机和三相电动机。同步电动机还可以分为永磁同步电动机、磁阻同步电动机和磁滞同步电动机。异步电动机又分为感应电动机和交流换向器电动机。感应电动机又分为三相异步电动机、单相异步电动机和罩极异步电动机。交流换向器电动机又分为单相串励电动机和交直流两用电动机。

交流电动机的分类如图 1－5 所示。

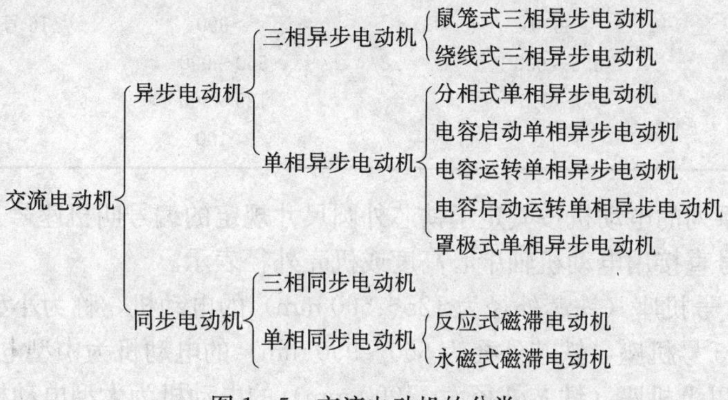

图 1－5　交流电动机的分类

（2）直流电动机　直流电动机是以直流电为电源，多采用 5 V、12 V、24 V、36 V 直流电，其中车用电动机一般采用 12 V 或 24 V 直流电。

直流电动机按结构及工作原理可分为无刷直流电动机和有刷直流电动机。有刷直流电动机可分为电磁式直流电动机和永磁式直流电动机。电磁式直流电动机又分为串励直流电动机、并励直流电动机、他励直流电动机和复励直流电动机。永磁式直流电动机又分为稀土永磁直流电动机、铁氧体永磁直流电动机和铝镍钴永磁直流电动机。

直流电动机的分类如图 1－6 所示。

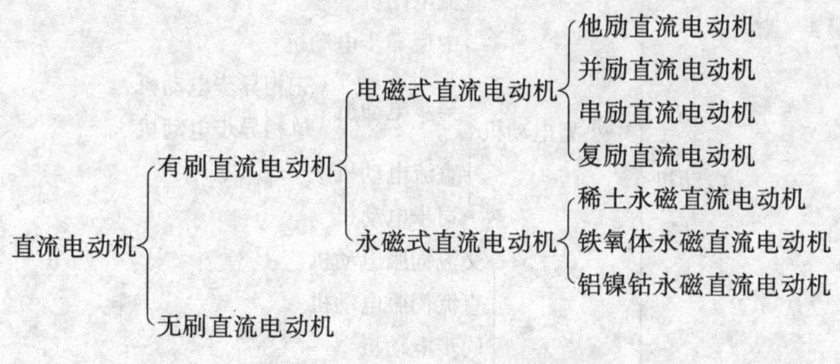

图 1－6　直流电动机的分类

2. 根据电动机尺寸分　根据电动机尺寸的不同，电动机可分为大型、中型、小型与微型 4 种。其主要区别是：一般以电动机轴中心高度、电动机定子铁芯外径等尺寸或机座号的大小而定。大型、中型、小型和微型电动机的区别见表 1－1。

表 1-1　大型、中型、小型和微型电动机的区别

类型	电动机轴中心高度（mm）	电动机定子铁芯外径（mm）	电动机的机座号
大型电动机	＞630	＞990	16 号（含）以上者
中型电动机	355～630	560～990	11～15
小型电动机	80～315	125～560	1～10
微型电动机	＜71	＜100	＜1

每一系列的电动机按其定子铁芯外圆尺寸规定的编号叫机座号。很多电动机的机座号直接用电动机轴中心高度或机壳外径表示。

1～10 号机座（铁芯外径为 125～560 mm）的电动机，称为小型电动机。

11～15 号机座（铁芯外径为 560～990 mm）的电动机为中型电动机。

15 号以上机座（铁芯外径大于 990 mm）的电动机为大型电动机。

小于 1 号机座的电动机称为微型电动机。

电动机铁芯的大小直接影响到电动机的功率（也称为容量）。通常，小型电动机功率为 0.6～10 kW，中型电动机功率为 10～1 000 kW，大型电动机功率在 1 000 kW 以上，微型电动机功率为数百毫瓦到数百瓦。

电动机简称电机，按尺寸不同进行分类如图 1-7 所示。

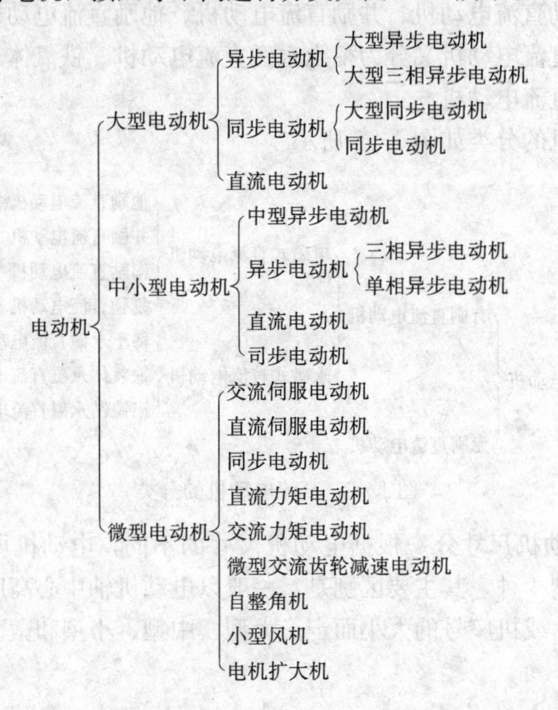

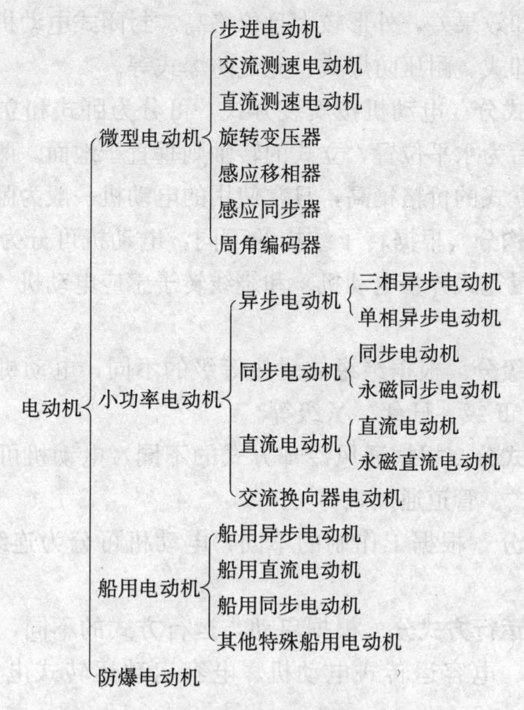

图 1－7　电动机按尺寸不同进行分类

3. 按防护型式分　电动机按防护方式分类可以分为开启式和封闭式两大类（图 1－8）。

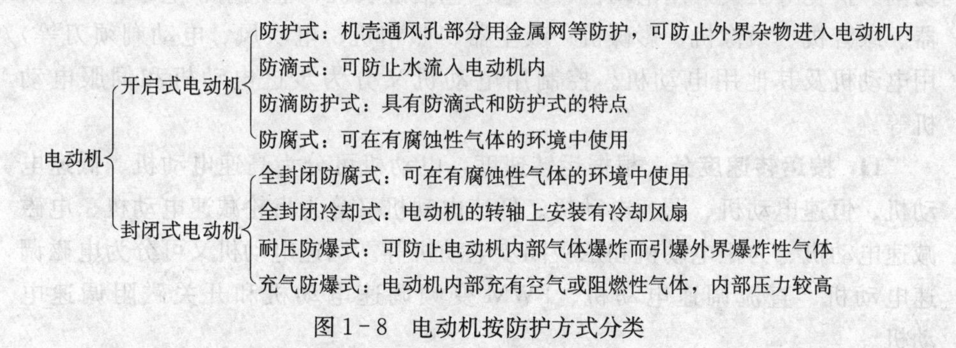

图 1－8　电动机按防护方式分类

开启式电动机的定子两侧和端盖上都有很大的通风口。它散热好，价格便宜，但容易进灰尘、水滴和铁屑等杂物，只能在清洁、干燥的环境中使用。开启式电动机又可分为防护式、防滴式、防滴防护式、防腐式等。

封闭式电动机有封闭的机壳，电动机内部空气与外界不流通，与开启式电动机相比，其冷却效果差，外形较大且价格高。封闭式电动机又分为全封闭防腐式、全封闭冷却式、耐压防爆式、充气防爆式等。

4. 按安装方式分 电动机按安装方式，可分为卧式和立式两种。卧式电动机的转轴安装后为水平位置，立式的转轴则垂直于地面。两种类型电动机使用的轴承不同，立式的价格稍高，日常使用的电动机一般为卧式。

5. 按转子结构分 根据转子结构的不同，电动机可分为鼠笼式感应电动机（旧标准称为鼠笼式异步电动机）和绕线转子感应电动机（旧标准称为绕线式异步电动机）。

6. 按绝缘等级分 根据绝缘体耐热等级的不同，电动机可分为A级、B级、C级、E级、F级、H级、Y级等。

7. 按通风方式分 根据通风冷却方式的不同，电动机可分为自冷式、自扇冷式、他扇冷式、管道通风式等。

8. 按工作制分 根据工作制的不同，电动机可分为连续、短时、周期、非周期等。

9. 按启动与运行方式分 根据启动与运行方式的不同，电动机可分为电容启动式电动机、电容运转式电动机、电容启动运转式电动机和分相式电动机。

10. 按用途分 根据用途的不同，电动机可分为驱动用电动机和控制用电动机。驱动用电动机又可分为电动工具（包括钻孔、抛光、磨光、开槽、切割、扩孔等工具）用电动机、家电（包括洗衣机、电风扇、电冰箱、空调器、录音机、录像机、影碟机、吸尘器、照相机、电吹风、电动剃须刀等）用电动机及其他用电动机。控制用电动机又分为步进电动机和伺服电动机等。

11. 按运转速度分 根据运转速度，电动机可分为高速电动机、低速电动机、恒速电动机、调速电动机。低速电动机又分为齿轮减速电动机、电磁减速电动机、力矩电动机和爪极同步电动机等。调速电动机又可分为电磁调速电动机、直流调速电动机、PWM变频调速电动机和开关磁阻调速电动机。

尽管电动机的种类繁多，性能各异，但他们所遵循的电磁规律都是一样的，基本工作原理没有原则上的差别，工作特性也大致相似。因而它们的使用及其修理也多有相通之处。只是在使用和修理中应注意：对于不同类型的电动机的性能要求有所不同，技术指标也不一样。

第三节　电动机的电学基础

一、直流电路

1. 直流电路的基本概念

(1) 电路　电路中电流所流经的路径，是由以下三大部分组成的，如图1－9所示。

① 电源。常称电源设备，如发电机、蓄电池等。

② 负载。也称负荷，即用电设备，其作用是将电能转换成其他形式的能量，如电动机将电能转换成机械能，电灯将电能转换成光能、热能等。

③ 导线。是将电源与负载连接在一起形成一个闭合路径，也是电能的传输物体。

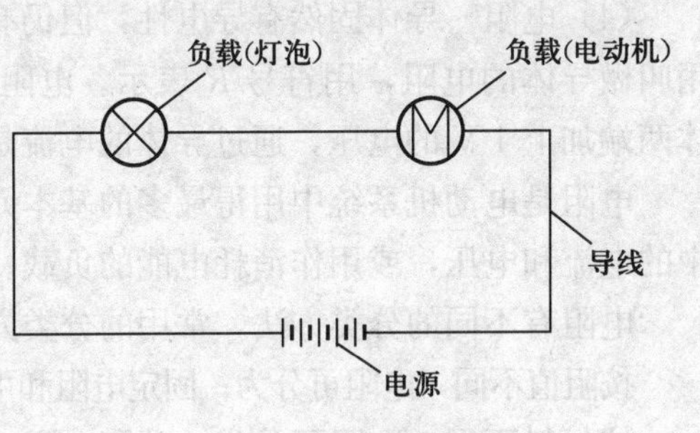

图1－9　电路的组成

(2) 电压　电压就是电路中两点间的电位差。通常规定电压的参考方向为高电位（“＋”极性）端指向低电位（“－”极性）端，即电压的方向为电位降低的方向，在电路图中所标电压的方向一般都是参考方向。电压的值是正值，还是负值，视选定的参考方向而定。电压的单位为V（伏［特］），通常用字母U来表示。

提示：车用直流电压一般为12 V和24 V。

(3) 电流　在导电物体的两端加一个电场，该物体中的自由电子受到电场力的作用，电场的正端吸引电子，负端排斥电子，因而使自由电子由负端向正端移动，这种电子的定向移动称为电流，但习惯上规定：电流的方向是正电荷移动的方向，即与电子移动方向相反，如图1－10所示。

电流就是带电粒子在电路中的定向移动。

通常规定正电荷运动的方向为电路中电流的实际方向，在实际电路中可选定参考方向，若实际方向与参考方向相同，电流为正值；若实际方向与参考方向相反，电流为负值。电流的单位是A（安［培］）、mA（毫安）等，常用字母I来表示。

提示：农用电动机的工作电流一般为5～50 A；车用启动机的电流很大，

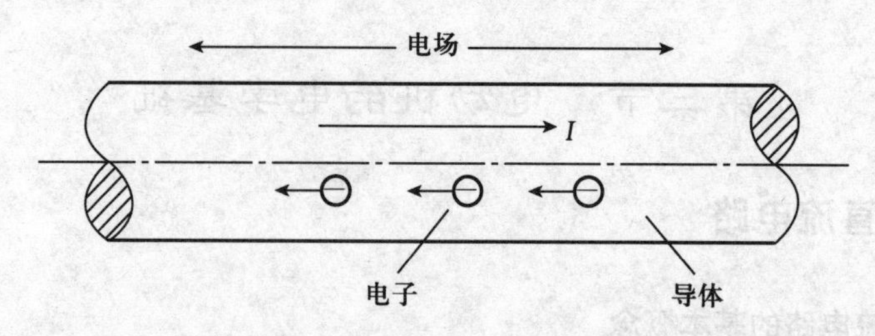

图 1-10　导体中电流的正方向

一般为 200～600 A。

（4）电阻　导体固然有导电性，但仍有阻碍电流通过的作用，这种阻碍作用叫做导体的电阻，用符号 R 表示。电阻的单位为 Ω（欧［姆］）。如果在导体两端加上 1 V 的电压，通过导体的电流是 1 A，那么这个导体的电阻是 1 Ω。

电阻是电动机系统中用得最多的基本元件之一，主要用于控制和调节电路中的电流和电压，或用作消耗电能的负载。

电阻有不同的分类方法，常用的分类方法如下：

按阻值不同，电阻可分为；固定电阻和可变电阻（可变电阻常称为电位器）。

按材料不同，电阻可分为：碳膜电阻、金属电阻和线绕电阻等。

按功率不同，电阻可分为有 1/16 W、1/9 W、1/4 W、1/2 W、1 W、2 W 等额定功率的电阻。

按电阻值的精确度不同，电阻可分为：精确度为±5%、±10%、±20%等的普通电阻，精确度为±0.1%、±0.2%、±0.5%、±1%、±2%等的精密电阻。

电阻的种类如图 1-11 所示。

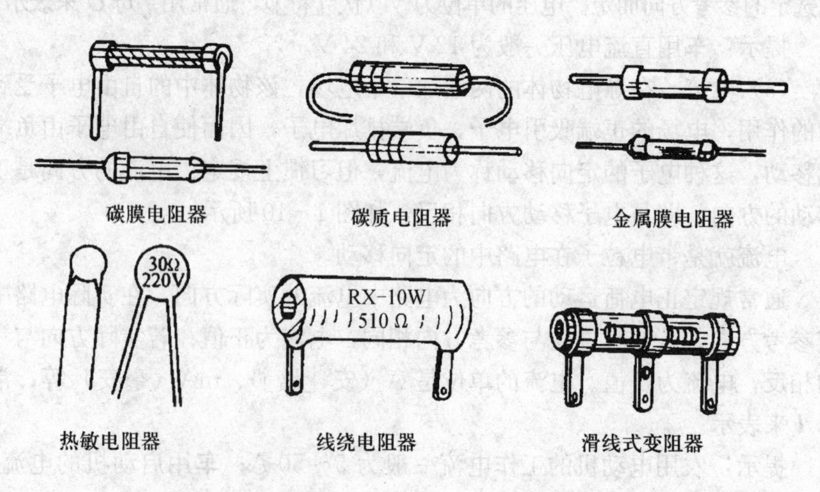

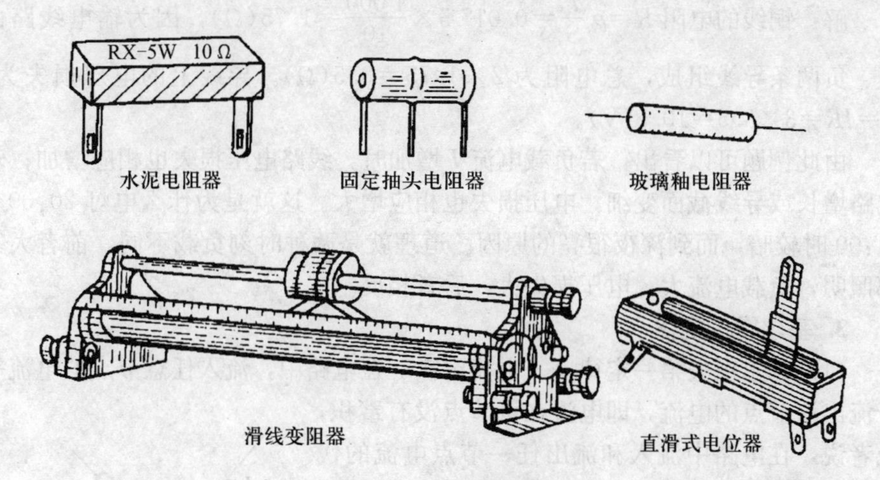

图 1-11　电阻的种类

通常，普通电路采用的是合成电阻、碳膜电阻；对高可靠性要求的部件则采用金属膜电阻；可变电阻使用时容易接触不良，它的使用寿命也比较短。

电路中进行一般调节时，采用价格低廉的碳膜电位器；在进行精密调节时，宜采用多圈电位器或精密电位器。

2. 欧姆定律　在纯电阻电路中，电器元件的端电压与电器元件的电流之比是一个定值，即 $R=\frac{U}{I}$，这就是欧姆定律。此比值就是该元件的电阻，通常用字母 R 来表示。单位是欧姆（Ω）、千欧（kΩ）等。

应用欧姆定律要注意电压、电流的参考方向，如果二者方向一致，则 $U=IR$；如果二者方向不一致，则 $U=-IR$，如图 1-12 所示。

+　$U=12$ V　$R=6$ Ω　$I=2$ A　−

+　$U=-12$ V　$R=6$ Ω　$I=-2$ A　−

图 1-12　欧姆定律的应用

例：有一只额定电压为 220 V 的电灯泡，其灯丝正常发光时的电阻为 500 Ω，试求灯丝的电流为多少安培？

解：$I=\frac{U}{R}=\frac{220}{500}=0.44(\text{A})$

例：今有长 1 000 m 照明直流输电线路，导线截面积为 10 mm² 铜线。负载电流为 3 A。试计算输电线路的电压损失为多少？（铜线的电阻率 ρ 为 0.017 5 Ω·mm²/m）

解：铜线的电阻 $R=\rho\frac{l}{S}=0.0175\times\frac{1000}{10}=1.75(\Omega)$，因为输电线路由正、负两条导线组成，总电阻为 $2\times1.75=3.5(\Omega)$。导线上的电压损失为：$U=IR=3\times3.5=10.5(\mathrm{V})$。

由此例题可以看出，若负载电流 I 增加时，线路电压损失也相应增加；若线路增长或导线截面变细，电压损失也相应增大。这就是为什么电灯 20:00～21:00 时较暗，而到深夜很亮的原因。道理就是两种时刻负载不同，前者大家都照明，负载电流大，电压损失大，后者相反。

3. 基尔霍夫定律

(1) 基尔霍夫第一定律——电流定律　在电路中，流入任意节点的电流等于流出该节点的电流，即电流在该节点没有蓄积；或者说，在电路中流入和流出任一节点电流的代数和恒等于零。如图 1－13 所示，对于节点 A 由 4 条支路连接而成，其中支路 I_1、I_2 电流是流入节点；而 I_3、I_4 为流出的。如将流入节点的电流视为“＋”，流出的视为“－”时，则对节点 A 的电流为：$I_1+I_2+(-I_3)+(-I_4)=0$，这个式子通常写成：

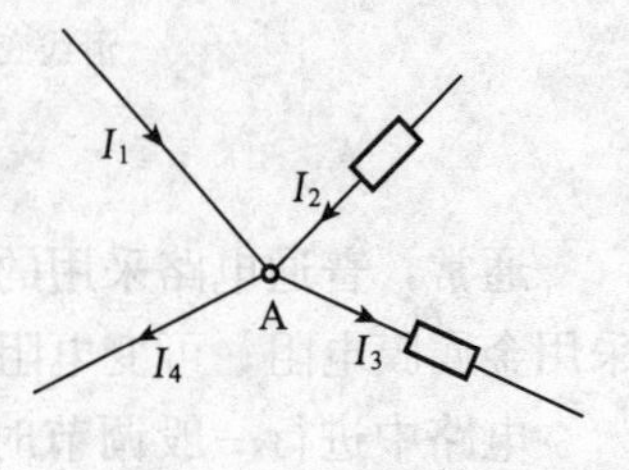

图 1－13　节点电路

$$\sum I=0$$

式中　$\sum$ ——电流的代数和，其中有的为“＋”，有的为“－”。

例：图 1－13 中，若已知 $I_1=10\ \mathrm{A}$、$I_2=6\ \mathrm{A}$、$I_3=-2\ \mathrm{A}$ 时，求 I_4。

解：$\sum I=10+6-2+I_4=0$，则 $I_4=-10-6+2=-14(\mathrm{A})$。

(2) 基尔霍夫第二定律——电压定律　对于任何一个回路，沿任一方向绕行一周，则各电源电动势的代数和等于各电压降的代数和。所谓回路是指由支路组成的任一闭合的电流的路径，如图 1－14 所示，由 5 条支路组成 3 个回路：abda、bcdb、abcda。

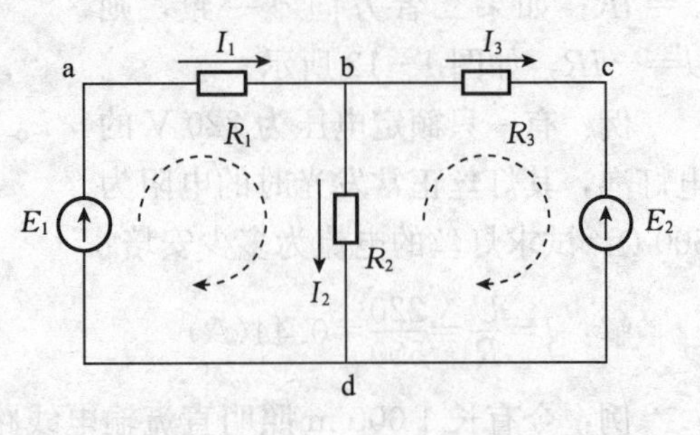

图 1－14　闭合电路

将基尔霍夫第二定律写成公式的形式为：

$$\sum E=\sum IR$$

式中　$\sum E$——电动势的代数和；

　　　$\sum IR$——电压降的代数和。

按图 1-14 可以列出 3 个回路方程，先选定绕行的方向。回路中凡与绕行方向一致的电势或电流取"+"，反之取"-"。例如图 1-14 中 2 个回路按虚线箭头方向绕行，全为"+"，如果取回路 abcda（顺时针方向绕行）时，则有如下方程式

$$E_1-E_2=I_1R_1+I_3R_3$$

例：如图 1-15 所示，已知电源电动势 E_1、E_2 及各电阻 R_1、R_2、R_3、R_4，求回路中的电流 I。

解：首先确定绕行方向，令取顺时针方向为正，如虚线箭头所示，然后列出方程式：

$$E_1-E_2=IR_1+IR_2+IR_3+IR_4=I(R_1+R_2+R_3+R_4)$$

由此可求出电流 $I=\dfrac{E_1-E_2}{R_1+R_2+R_3+R_4}$。

4. 电阻的串、并联

(1) 电阻的串联　在电路中有两个或多个电阻一个一个地顺序相连，并且在这些电阻中流过同一电流，这种连接方法称为电阻的串联，如图 1-16a 所示。

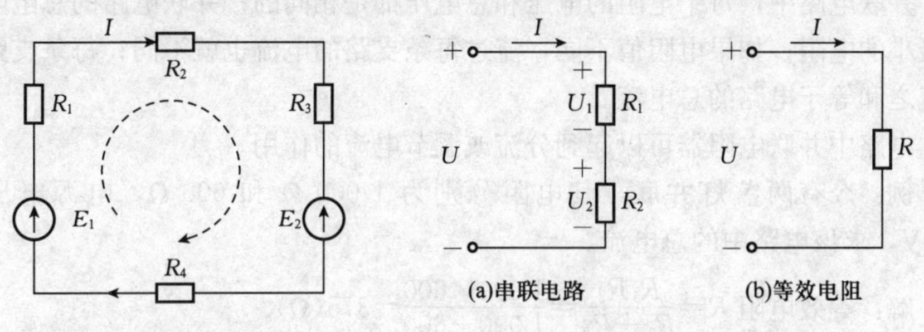

图 1-15　单回路　　　　图 1-16　电阻的串联及等效电阻

串联的几个电阻可用同一个等效电阻来替代（图 1-16b），等效电阻的阻值等于各个串联电阻之和，即

$$R=R_1+R_2+\cdots\cdots+R_N$$

由于这些串联电阻流过同一电流，所以每个电阻上的电压大小取决于通过的电流和每个电阻本身的阻值（符合欧姆定律）。

串联电路中，流过每点的电流都是相同的；总电阻大于各段电阻；总电压等于各段电压之和。

串联电阻具有分压作用，如需调节电路中的电压时，一般可在电路中串联一个可变电阻来调节。改变电阻的大小，可得到不同的电压。

应用电阻时要注意不但要考虑电阻的阻值，还要考虑电阻的耐压、耐流和功率。

(2) 电阻的并联　电路中有两个或多个电阻连接在两公共的节点之间，承受同一个端电压，这些电阻的连接关系称为并联，如图 1－17a 所示。

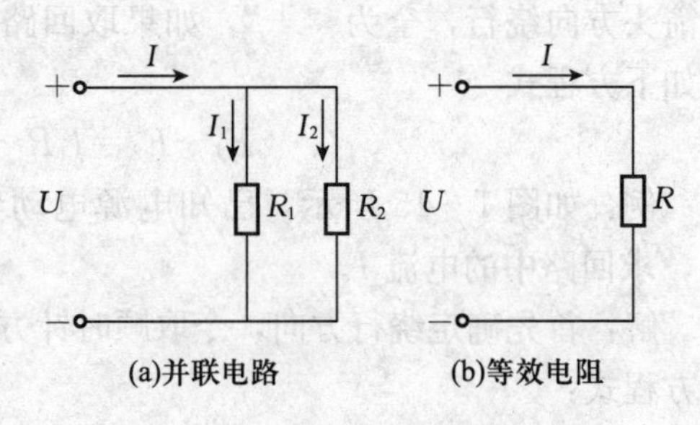

图 1－17　电阻的并联及等效电阻

两个并联电阻可以用一个等效电阻来替代（图 1－17b）。等效电阻的倒数等于各个并联电阻的倒数和，即

$$\frac{1}{R}=\frac{1}{R_1}+\frac{1}{R_2}+\cdots+\frac{1}{R_N}$$

因为并联电阻承受同一端电压，所以流过某个电阻的电流与其电阻成反比。由此可知，并联电路中并联电阻愈多，总电阻愈小。

并联电路中，每个电阻的电压和总电压都是相同的；并联电路的总电阻小于最小的电阻；如果电阻值不同，流过每条支路的电流也就不同；每条支路的电流之和等于电路的总电流。

电路中并联电阻器可以起到分流或调节电流的作用。

例：今有两盏灯并联，其电阻分别为 1 000 Ω 和 600 Ω，电源电压为 220 V，求该电路中的总电流。

解：等效电阻 $R=\frac{R_1R_2}{R_1+R_2}=\frac{1\,000\times600}{1\,000+600}=375(\Omega)$

总电流 $I=\frac{U}{R}=\frac{220}{275}=0.59(\mathrm{A})$

(3) 电阻的混联　在电路中，既有串联电阻又有并联电阻的连接叫电阻混联，如图 1－18 所示。

计算混联电路等效电阻的方法：先把并联电阻 R_2 和 R_3 的总电阻 $R_{2、3}$ 求出，然后，再求出 $R_{2、3}$ 与串联电阻 R_1 的等效电阻，即

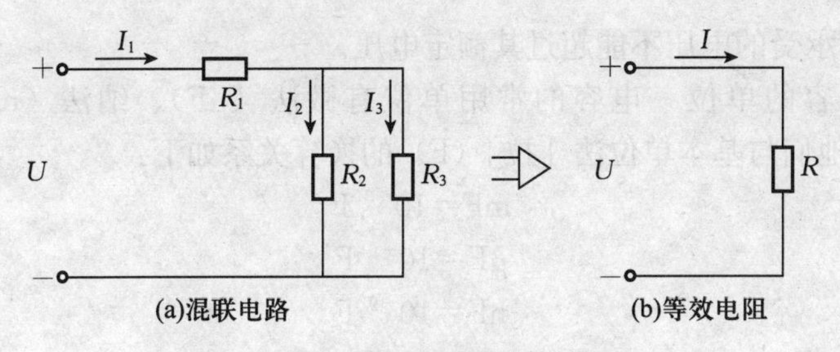

图 1-18　电阻的混联及等效电阻

$$R_{2、3}=\frac{R_2R_3}{R_2+R_3}$$

$$R=R_{2、3}+R_1$$

5. 电容　电容也是组成电子电路的基本元件，在电路中所占比例仅次于电阻。

（1）电容的基本性质　利用电容器充电、放电和隔直流、通交流的特性，在电路中用于隔直流、耦合交流、旁路交流、滤波、定时和组成振荡电路等。电容器用符号 C 表示，电容的单位是 F（法［拉］)。可以储存直流电能，它与电容量成正比，与充电电压的平方成正比。小容量的电容有陶瓷电容、云母电容和聚苯乙烯电容；中容量的电容有聚酯薄膜电容、油浸电容；有极性的电容叫电解电容，如图 1-19 所示。

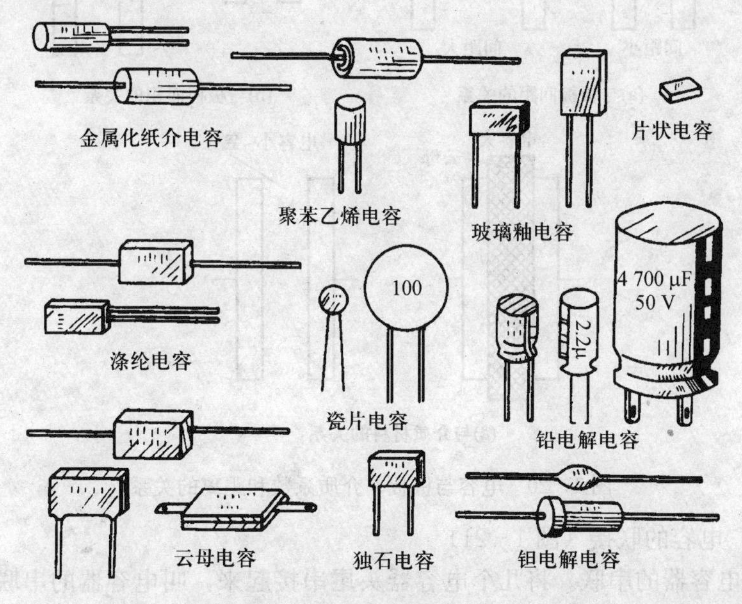

图 1-19　各种形式的电容

电容所承受的电压不能超过其额定电压。

(2) 电容的单位　电容的常用单位有微法（μF）、纳法（nF）和皮法（pF）等，他们与基本单位法［拉］（F）的换算关系如下：

$$mF = 10^{-3}\ F$$

$$\mu F = 10^{-6}\ F$$

$$nF = 10^{-9}\ F$$

$$pF = 10^{-12}\ F$$

电容的容量，即蓄积电荷的能力，称为电容量 C。电容量的大小，由下述 3 个因素有关（图 1-20）。

① 两极板间距离越小，电容量越大。

② 两极板相对面积越大，电容量越大。

③ 介质材料的介电常数越大，电容量越大。

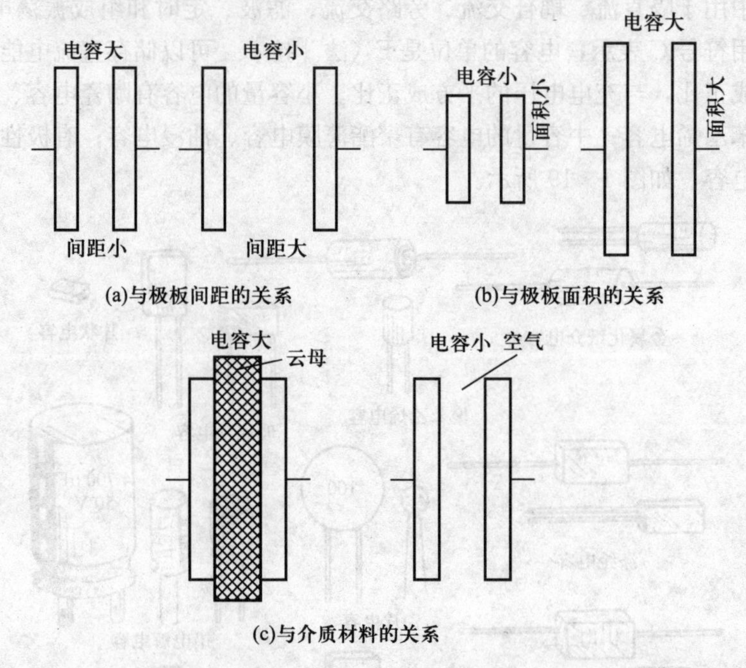

图 1-20　电容与极板、介质系数和距离的关系

(3) 电容的联接（图 1-21）

① 电容器的串联。将几个电容器头尾串接起来，叫电容器的串联，由于串联的结果等于增加了介质的厚度，使极板距离加大，因此电容量减小。串联

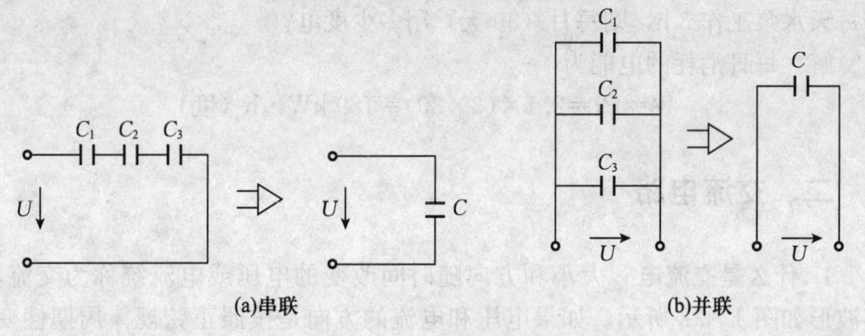

(a)串联　(b)并联

图 1-21　电容器的联接

电容器的电容 C 为：

$$C=\frac{1}{\frac{1}{C_1}+\frac{1}{C_2}+\frac{1}{C_3}+\cdots}$$

② 电容器的并联。将几个电容器并排地连在一起，然后接在电源上，叫电容器的并联。

电容器并联使得极板的面积增大，电容量增大。总电容 C 相当于各分电容之和，即

$$C=C_1+C_2+C_3+\cdots\cdots$$

（4）电容的额定直流工作电压　额定直流工作电压指在线路上能够长期可靠地工作而不被击穿时所能承受的最大直流电压（又称耐压）。额定直流工作电压的大小与介质的种类和厚度有关。如果电容器用在交流电路里，应注意所加的交流电压的最大值（峰值）不能超过额定直流工作电压。

6. 电能　电能是电场力在某一段时间内所作的功，用 kW·h（千瓦小时）表示。电能的公式

$$W=Pt$$

式中　W——电能（kW·h）习惯称度；

P——电功率（kW）；

t——时间（h）。

其中，电功率为电压与电流之积，即

$$P=UI=I^2R=\frac{U^2}{R}$$

由上式可以得出如下结论：

当电流一定时，功率与电阻成正比；当电压一定时，功率与电阻成反比。

例：某水泵用三相电动机驱动，该三相异步电动机的额定功率为 2.1 kW，

若每天水泵工作 3 h，则每月（30 天）用多少度电？

解：每日消耗的电能为

$$W=Pt=2.1\times(3\times30)=189\ \text{kW}\cdot\text{h（度）}$$

二、交流电路

1. 什么是交流电 大小和方向随时间改变的电压或电流统称为交流电，其波形如图 1－22 所示。如果电压和电流的方向是按照正弦规律周期性变化的，就称为正弦交流电。在电路图上所标的方向是指它们的参考方向。

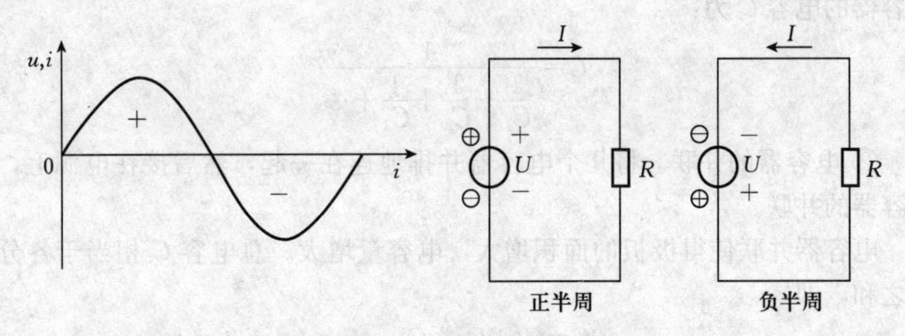

图 1－22 正弦交流电压和电流

工农业和家庭生活用电均为交流电，所以，在农村用的电动机均采用交流电作为电源。但车用电动机，则以直流电作为电源。

交流电路中，有用直流电路的概念无法理解和分析的物理现象，因此，在学习时必须建立交流的概念，否则容易引起错误。

2. 正弦交流电的三要素 一个正弦量可以由频率（或周期）、幅值（或有效值）和初相位三个特征或要素来确定。

(1) 频率和周期 正弦量变化一次所需要的时间称为周期（T）。每秒内变化的次数称为频率（f）它的单位是 Hz（赫［兹］）。频率是周期的倒数，即

$$f=\frac{1}{T}$$

我国和大多数国家都采用 50 Hz 作为电力标准频率，有些国家（如美国、日本等）采用 60 Hz，这种频率在工业上应用广泛，习惯上也称为工频。通常的交流电动机和照明设备都采用这种频率。

正弦量变化的快慢除用周期和频率表示外，还可以用角频率来表示。因为

一周期内经历了 2πrad，所以角频率为

$$\omega=\frac{2\pi}{T}=2\pi f$$

角频率的单位是 rad/s（弧度/秒）。

（2）幅值与有效值　正弦量在任一瞬间的值称为瞬时值，用小写字母来表示，如 i，u 及 e 分别表示电流、电压及电动势的瞬时值。瞬时值中最大的值，称为幅值或最大值，用带下标 m 的大写字母来表示，如 I_m、U_m 及 E_m 分别表示电流、电压及电动势的幅值。其数学表达式为

$$i=I_m\sin(\omega t)$$

正弦交流电流、电压和电动势的大小往往不是用它们的幅值，而是用有效值计量的。

有效值是根据电流的热效应来规定的，无论交流还是直流，只要它们在相等的时间内通过同一电阻并且两者产生的热效应相等，就把它们看作是相等的。就是说，在相等的时间内，如果某交流电流和直流电流分别通过同样大小的电阻，产生的热量相等，那么这个周期性变化的电流 i 的有效值在数值上就等于这个直流电流。

由此可得出正弦交流电的周期电流有效值 I 与其幅值 I_m 的关系：

$$I=\frac{I_m}{\sqrt{2}}=0.707I_m$$

交流电的周期电压有效值 U 与其幅值 U_m 的关系：

$$U=\frac{U_m}{\sqrt{2}}=0.707U_m$$

例：已知 30 W 的日光灯电路，正常工作时镇流器上的电压 U_1 为 178 V；灯关上的电压 U_2 为 90 V。试分别求出它们的电压最大值。

解：因 $U_1=178$ V，$U_2=90$ V，则

$$U_{m1}=\sqrt{2}U_1=1.414\times178=251(\text{V});$$

$$U_{m2}=\sqrt{2}U_2=1.414\times90=127(\text{V})。$$

有效值都用大写字母表示，与表示直流的字母一样。一般所讲的正弦电压或电流的大小，例如交流电压 380 V 或 220 V，都是指它们的有效值。一般交流电流表和交流电压表的刻度也是根据有效值来确定的。

（3）初相位　正弦量是随时间而周期性变化的，正弦量所取的计时起点不同，正弦量的初始值就不同，到达幅值或某一特定值所需的时间也就不同。正弦量可用下式表示为：

$$i=I_m\sin(\omega t+\varphi)$$

上式中的角度称为正弦量的相位角或相位，它反映出正弦量变化的进程。当相位角随时间连续变化时，正弦量的瞬时值随之连续变化，当 $t=0$ 时的相位角称为初相位角或初相位。

初相位不等于零的正弦波形如图 1-23 所示。

在一个正弦交流电路中，电压 u 和电流 i 的频率是相同的，但初相位不一定相同。

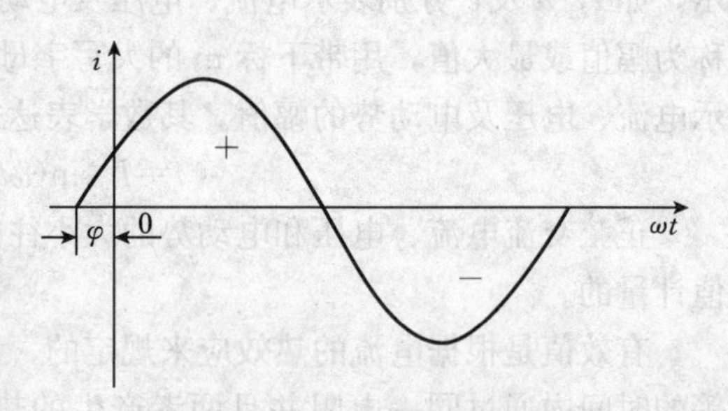

图 1-23　初相位不等于零的正弦波形

两个相同频率正弦量的相位角之差或初相位角之差，称为相位角差或相位差。当两个同频率正弦量的计时起点改变时，它们的相位和初相位不同，所以它们的变化步调是不一致的，即不是同时到达正的幅值或零值。一般称为相位超前或者滞后。

3. 交流电路中电阻、电感、电容的特性

(1) 电阻元件的交流电路　图 1-24 是一个线性电阻元件的交流电路。在电阻元件的交流电路中，电流和电压是相同的。电压和电流的参考方向是关联参考方向。两者的关系由欧姆定律确定，即

$$u=iR$$

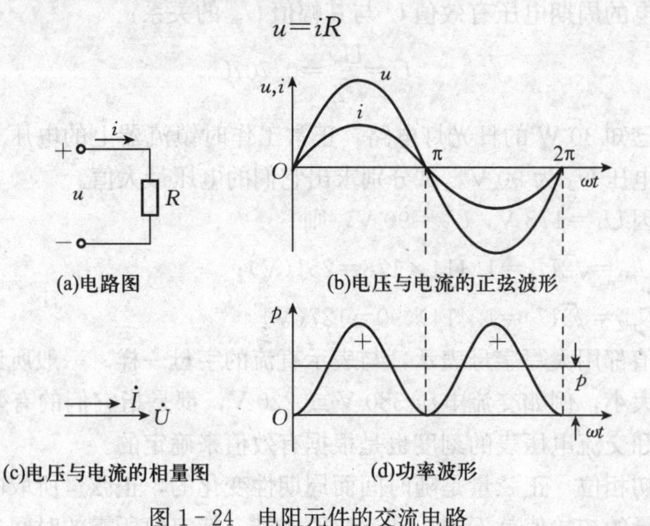

图 1-24　电阻元件的交流电路

由此可知，在电阻元件电路中，电压幅值（有效值）与电流幅值（或有效

值）的比值，就是电阻 R。

知道了电压与电流的变化规律和相互关系后，便可计算出电路中的功率。

在任意瞬间，电压瞬时值与电流瞬时值的乘积，称为瞬时功率，用小写字母 p 表示，即

$$p=ui$$

由于在电阻元件的交流电路中 u 和 i 同相，它们同时为正，同时为负，所以瞬时功率总是正值，即 $p>0$。瞬时功率为正，这表示外电路从电源取用能量，即电阻元件从电源取用电能而转换为能量。

例：一把电烙铁的功率为 750 W，额定电压为 220 V，试问电烙铁的电阻及工作时的电流多大?

解：烙铁的电阻：$R=\frac{U^2}{P}=\frac{220^2}{750}=64.5(\Omega)$

电流：$I=\frac{P}{U}=\frac{750}{220}=3.4(\text{A})$

（2）电感元件的交流电路　图 1-25 是一个线性电感元件的交流电路。

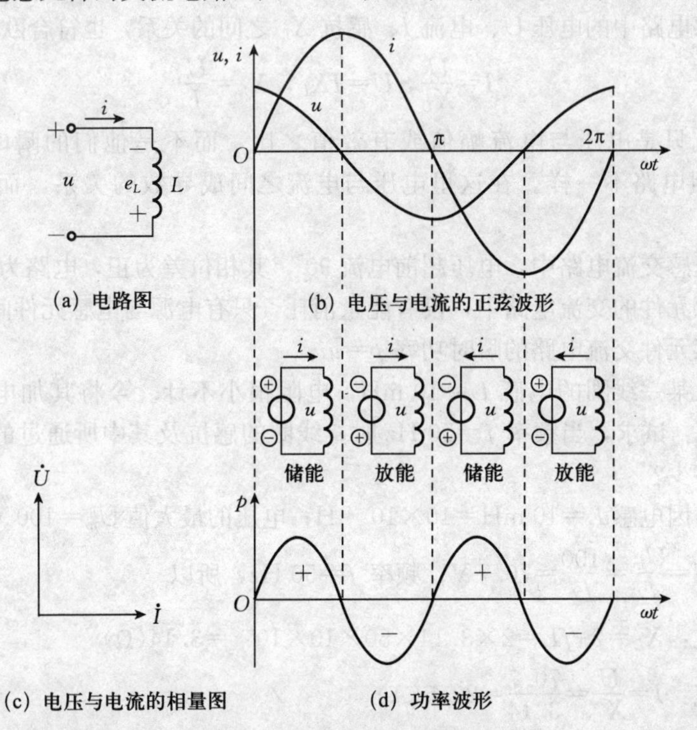

(a) 电路图　(b) 电压与电流的正弦波形

(c) 电压与电流的相量图　(d) 功率波形

图 1-25　电感元件的交流电路

当电感线圈中通过交流电流 i 时，产生自感电动势 e，设电流为正弦量，根据基尔霍夫电压定律得出，电压也是一个同频率的正弦量。在电感元件电路中，在相位上电流比电压滞后 90°。

在电感元件电路中，电压的幅值（或有效值）与电流的幅值（或有效值）的比值为 ωL，即

$$\frac{U_{\mathrm{m}}}{I_{\mathrm{m}}}=\frac{U}{I}=\omega L=2\pi fL=X_L$$

式中 U_{m}——电压的有效值；

I_{m}——电流的有效值；

ω——角频率（rad/s）；

L——电感（H，或 mH）；

f——频率（Hz）；

X_L——电感电抗，简称电抗（Ω）。

X_L 的定义是：电压的有效值与电流的有效值的比值，它也有阻碍电流的作用。

电感电路中的电压 U、电流 I、感抗 X_L 之间的关系，也符合欧姆定律：

$$I=\frac{U}{X_L},\ U=IX_L,\ X_L=\frac{U}{I}$$

感抗只是电压与电流幅值或有效值之比，而不是他们的瞬时值之比，这与电阻电路不一样。在这里电压与电流之间成导数的关系，而不是成正比关系。

纯电感交流电路中，电压超前电流 90°，其相位差为正，电路为电感性。

电感元件的交流电路中，没有能量消耗，只有电源与电感元件间的能量互换，电感元件交流电路的瞬时功率 $p=ui$。

例：某一线圈的电感 $L=10$ mH，电阻很小不计。今将其加电压 $u=100\sin(\omega t)$ V，试求，当频率 $f=50$ Hz 时，线圈的感抗及其中所通过的电流有效值各为多少？

解：因电感 $L=10\ \mathrm{mH}=10\times10^{-3}$ H；电压的最大值 $U_{\mathrm{m}}=100$ V，电压的有效值 $U=\frac{U_{\mathrm{m}}}{\sqrt{2}}=\frac{100}{\sqrt{2}}=70.7$ V；频率 $f=50$ Hz，所以

感抗：$X_L=2\pi fL=2\times3.14\times50\times10\times10^{-3}=3.14(\Omega)$

电流：$I=\frac{U}{X_L}=\frac{70.7}{3.14}=22.5(\mathrm{A})$

(3) 电容元件的交流电路 图 1-26 是一个线性电容元件的交流电路，电

流 i 和电压 u 的参考方向如图所示。

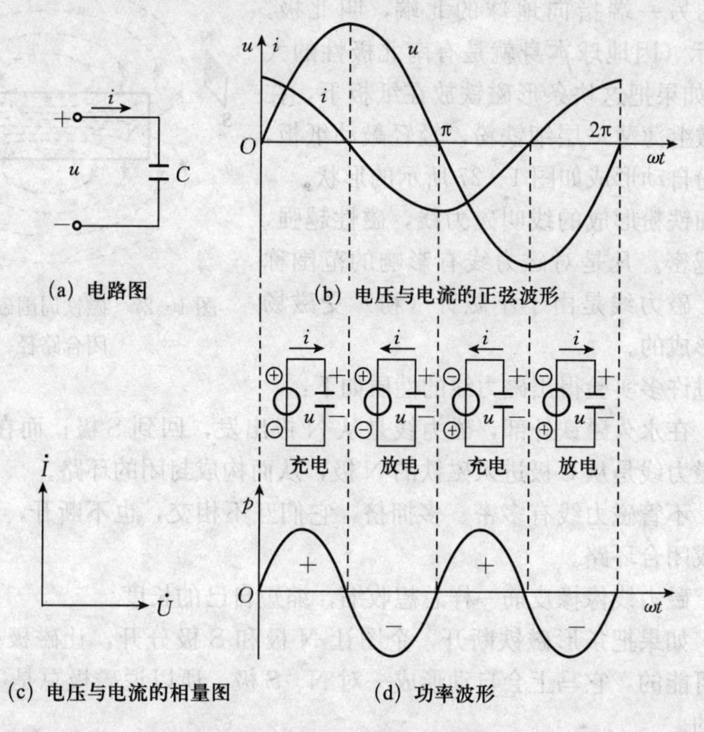

(a) 电路图　(b) 电压与电流的正弦波形

(c) 电压与电流的相量图　(d) 功率波形

图 1－26　电容元件的交流电路

如果在电容器的两端加一正弦电压 $u=U_{\mathrm{m}}\sin(\omega t)$，则电流 i 也是一个同频率的正弦量。在电容元件电路中，在相位上电流比电压超前 90°。

在电容元件电路中，电容对电流变化起阻碍作用所以称为容抗，用 X_c 表示。容抗 X_c 与电容 C、电流的频率 f 成反比。所以电容元件对高频电流所呈现的容抗很小，可视作短路；而对直流所呈现的容抗很大，可视作开路，故电容元件有隔断直流的作用。

通常人们规定：当电流比电压滞后时，其相位差为正；当电流比电压超前时，其相位差为负。这样规定便于说明电路是电感性还是电容性的。纯电容交流电路中，电流超前电压 90°，其相位差为负，电路也为电容性。

三、磁路

1. 磁力线的性质　把一块条形磁铁水平地悬吊空中，它会自由转动，最后它的一端指向地球南端，叫南极，用S表示，它的另一端指向地球的北端，叫北极，用N表示（因地球本身就是有南北极性的大磁铁）。如果把这块条形磁铁放在纸板下，在纸板上撒上薄薄一层细铁粉，轻轻敲动纸板，则细铁粉自动形成如图1-27所示的形状。

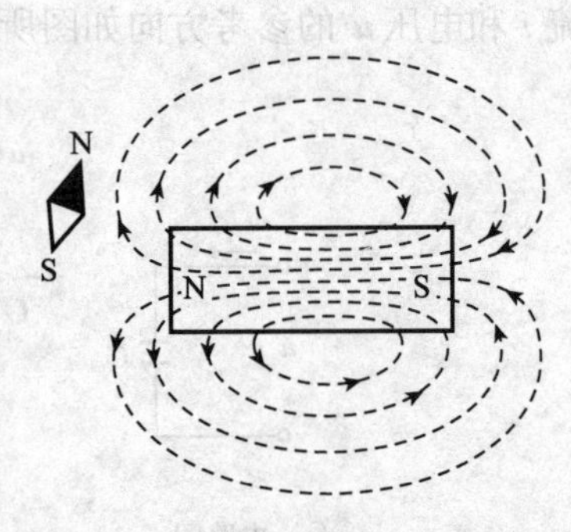

图1-27　磁铁周围磁力线的闭合路径

把细铁粉形成的线叫磁力线，磁性越强，磁力线越密。凡是对磁力线有影响的范围称为磁场。磁力线是由于小磁针（粉）受磁场影响而形成的。

通过许多实验得出磁力线的性质如下：

(1) 在永久磁铁外部，磁力线是从N极出发，回到S极；而在永久磁铁内部，磁力线是从S极进入磁铁的N极，从而构成封闭的环路。

(2) 不管磁力线有多密、多拥挤，它们互不相交，也不断开，无头无尾，总是形成闭合环路。

(3) 磁力线像橡皮筋一样总想收缩，缩短自己的长度。

(4) 如果把条形磁铁断开，企图让N极和S极分开，让磁极单独存在，这是不可能的，它马上会自动形成一对N、S极。所以说磁极总是N、S极成对出现的。

(5) 磁铁有同极相斥、异极相吸的性质，如图1-28所示。

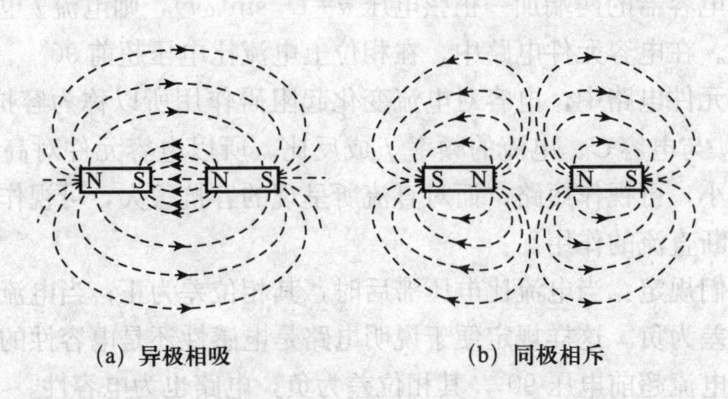

图1-28　磁铁有异极相吸、同极相斥的性质

2. 磁铁中的基本物理量

(1) 磁感应强度　磁感应强度 B 是表示磁场内某点的磁场强弱和方向的物理量，是一个矢量。它与电流（电流产生磁场）之间的方向关系可用右手螺旋定则来

确定。磁感应强度的单位是 T（特［斯拉］），也就是 Wb/m^2（韦［伯］/米^2）。

如果磁场内各点的磁感应强度的大小相等、方向相同，这样的磁场称为均匀磁场。

（2）磁通量　磁感应强度 B（如果不是均匀磁场，则取 B 的平均值）与垂直于磁场方向的面积的乘积，称为通过该面积的磁通量（Φ）。磁通量的单位是 Wb（韦［伯］），也就是 V·s（伏秒）。

（3）磁场强度　磁场强度（H）是计算磁场时所引用的一个物理量（矢量），通过它来确定磁场与电流之间的关系。磁场强度的单位是 A/m（安［培］/米）。

（4）磁导率　磁导率（μ）是一个用来表示磁场媒质磁性的物理量，也就是用来衡量物质导磁能力的物理量。它与磁场强度的乘积等于磁场强度，磁导率的单位是 H/m（亨［利］/米）。

磁性材料主要是指铁、镍、钴及其合金，将磁性材料放入磁场强度 H 的磁场（常为线圈的励磁电流产生）内，会受到强烈的磁化。但当磁场强度减为零时，磁感应强度并不为零，这种性质常为磁性改变磁场强度 H 的方向进行反向磁化的方法来实现。

3. 磁路的形成　电动机、变压器、电磁铁等很多电器设备，都用磁性材料做成各种形状的闭合铁芯。这是由于铁磁性材料具有很高的磁导率，铁芯线圈中只要通以较小的电流，便能得到较强的磁场或较大的磁通量。

由于存在高磁导率铁芯，电流产生的磁通量或磁感线基本都被约束在铁芯的闭合路径中，周围弱磁性物质中的磁场则很微弱，这种限定在铁芯范围内的磁通路径为磁路。因此，电动机、电器设备中既有电路，又有磁路。图1-29a所示为单相变压器的磁路，图 1-29b 所示为直流电动机的磁路。

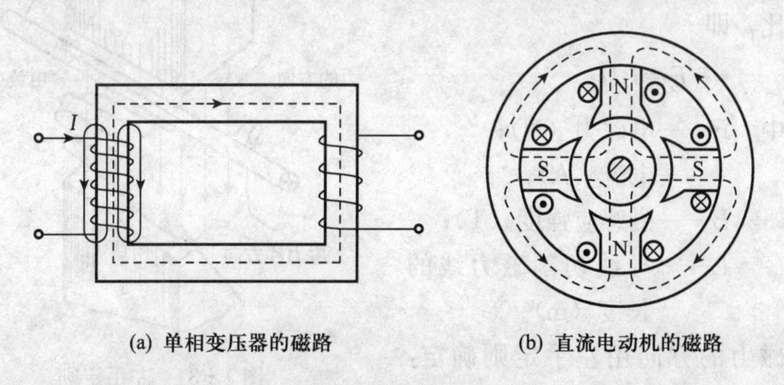

(a) 单相变压器的磁路　　(b) 直流电动机的磁路

图 1-29　两种常见的磁路

4. 电生磁的规律 当一个导体有电流流过时，导体周围就会产生磁场，这一现象称为电磁感应。

电流与它产生的磁场方向可用右手螺旋定则判定，如图 1－30a 所示，即用右手握住导线，大拇指的指向就是电流的方向，而弯曲的四指表示磁力线（磁场）的方向。

如果导体是螺旋线（图 1－30b），要用右手握住线管，弯曲的四指为电流方向，大拇指的指向是磁力线方向。

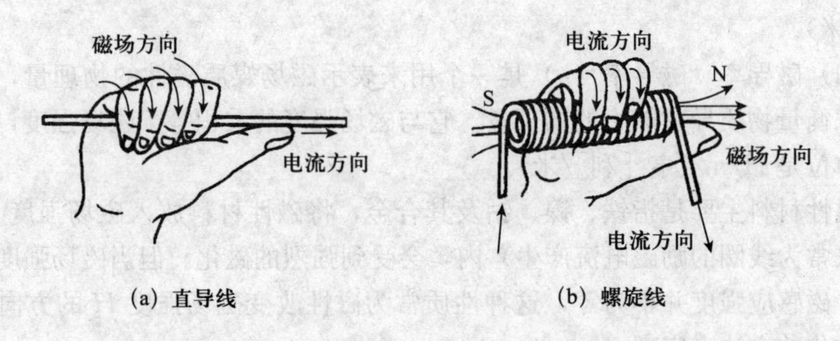

(a) 直导线　　(b) 螺旋线

图 1－30　用右手螺旋定则判断磁场方向

5. 电磁力 将通有电流的导体，简称载流导体放进磁场中，它会在磁场中按一定方向运动，这说明产生一种相互的作用力。将磁场对载流导体的作用力，称为电磁力，电磁力有大小及方向。

在均匀磁场中，当载流导体与磁场方向垂直时，电磁力的大小与磁感应强度成正比、与电流大小及导体长度成正比，即

$$F=BIL$$

式中 F——电磁力（N）；

I——电流（A）；

B——磁感应强度（T）；

L——导线切割磁力线的长度（m）。

电磁力的方向用左手定则确定，如图 1－31 所示。

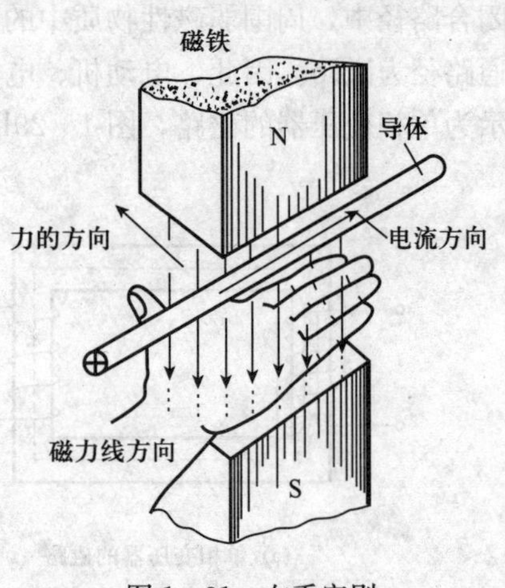

图 1－31　左手定则

第四节　电动机电路图的识读

一、电动机电路图中图形符号的识别

在电动机系统电路图中，为了规范各元件的识别，需采用标准化法，各电气图形符号应符合国家标准 GB/T4728—2005《电气图常用的图形符号》。

电动机系统的符号有图形符号和文字符号两大类别。电动机系统常用的图形符号见表 1-2。电动机系统中常用的文字符号见表 1-3。

表 1-2　电动机系统中常用的图形符号

	图形符号	说明
限定符号	⎓	直流
	～	交流
	N	中性
	M	中间线
	＋	正极线
	－	负极线
常用其他符号		接地，一般符号
		接地壳
		故障
		闪络
		永久磁铁
		动触点
连接器件		阴接触件
		阳接触件
		插头或插座
		插头和插座，多级（多线表示法）
	6	插头和插座，多级（单线表示法）

	图形符号	说明
电容器	优选型	电容器，一般符号
	优选型	穿心电容器
	优选型	极性电容器
	优选型	可调电容器
电刷		集电环或换向器上电刷
电机的类型	*	电动机的一般符号符号内的星形必须用下述字母代替：C旋转机（变）流机　G发电机　GS同步发电机　M电动机　MS同步电动机
	M	直线电动机
	M ⎓	直流电动机
	G ～	交流发电机
	M ～ 或 D 3～	交流电动机

（续）

	图形符号	说明
直流电动机	M	直流串励电动机
	M	直流并励电动机
	M	复励直流电动机
	M	永磁直流电动机
异步电动机	M 3～	三相鼠笼式（鼠笼式）感应电动机
	M 1～	单相鼠笼式（鼠笼式）感应电动机
	M 3～	三相绕线式转子感应电动机
导线		连线，一般符号
	或 3	导线组
	110 V 2×120 mm²Al	直流电路，110 V，两根铝导线，导线截面积为 120 mm²
	3 N～50 Hz 380 V 3×120 mm²+1×50 mm²	三相交流电路，50 Hz 380 V，三根导线截面积为 120 mm²，中性线截面积为 50 mm²
连接		连接
		端子
		端子板（示出带线端标记的端子板）
	或	T 形连接
	或	导线的双 T 连接

	图形符号	说明
电阻器	优选型	电阻器，一般符号
		可调电阻器
	U	压敏电阻器
	θ	热敏电阻器
		带滑动触电电阻器
		带滑动触电和断开位置的电阻器
电感器		线圈；绕组；一般符号
		带磁芯的电感器
		磁芯有间隙的电感器
内部连接的绕组		两相绕组
		中性点引出的四项绕组
		T 形连接的三相绕组
		三角形连接三相绕组
		星形连接的三相绕组
		中性点引出的星形连接的三相绕组
两个或三个位置的触点	或	动合（常开）触点 注：本符号也可以用作开关一般符号
	或	动断（常闭）触点
		先断后合的转换触点

（续）

	图形符号	说明		图形符号	说明
开关		手动操作开关，一般符号	多位开关	或	多位开关
		自动复位的手动按钮开关			
		自动复位的手动拉拨开关			
		无自动复位的手动旋钮开关			

表 1-3　电动机系统中常用的文字符号

文字符号		名称	旧符号	文字符号		名称	旧符号
单字母	双字母			单字母	双字母		
M	—	电动机	D	T	TA	自耦变压器	OB
M	MD	直流电动机	ZD	T	TR	整流变压器	ZB
M	MA	交流电动机	JD	T	TF	电炉变压器	LB
M	MS	同步电动机	TD	T	TS	稳压器	WY
M	MA	异步电动机	YD	T	—	互感器	H
M	MC	鼠笼式电动机	LD	T	TA	电流互感器	LH
W	—	绕组	Q	T	TV	电压互感器	YH
W	WA	电枢绕组	SQ	U	—	整流器	ZL
W	WS	定子绕组	DQ	U	—	交流器	BL
W	WR	转子绕组	ZQ	R	RP	电位器	W
W	WE	励磁绕组	LQ	R	RS	启动电阻器	QR
W	WC	控制绕组	KQ	R	RB	制动电阻器	ZDR
T	—	变压器	B	R	RF	频敏电阻器	PR
T	TM	电力变压器	LB	R	RA	附加电阻器	FR
T	T	控制变压器	KB	Y	YA	电磁铁	DT
T	TU	升压变压器	SB	Y	YB	制动电磁铁	ZDT
T	TD	降压变压器	JB	Y	YT	牵引电磁铁	QYT

（续）

文字符号		名称	旧符号	文字符号		名称	旧符号
单字母	双字母			单字母	双字母		
Y	YL	起重电磁铁	QZT	U	—	变频器	BP
Y	YC	电磁离合器	CLH	A	—	调节器	T
R	—	电阻器	R	W	—	天线	TX
R	—	变阻器	R	Q	QF	断路器	DL
A	—	放大器	FD	Q	QS	隔离开关	GK
A	AD	晶体管放大器	BF	Q	QA	自动开关	ZK
A	AV	电子管放大器	GF	Q	QC	转换开关	HK
A	AM	磁放大器	CF	Q	QK	刀开关	DK
B	—	变换器	BH	Q	QL	低压断路器	—
B	BP	压力变换器	YB	Q	QH	高压断路器	—
B	BQ	位置变换器	WZB	S	QV	真空开关	—
B	BV	速度变换器	SDB	S	SA	控制开关	KK
P	—	测量仪表	CB	S	ST	行程开关	CK
L	—	电感器	L	S	SL	限位开关	XK
L	—	电抗器	DK	S	SE	终点开关	ZDK
L	LS	启动电抗器	QK	S	SS	微动开关	WK
L	—	感应线圈	GQ	S	SF	脚踏开关	TK
W	—	电线	DX	S	SB	按钮开关	AN
W	—	电缆	DL	S	SP	接近开关	JK
W	—	母线	M	K	—	继电器	J
F	—	避雷针	BL	K	KV	电压继电器	YJ
F	FU	熔断器	RD	K	KA	电流继电器	LJ
E	EL	照明灯	ZD	K	KT	时间继电器	SJ
H	HL	指示灯	SD	K	KF	频率继电器	PJ
G	GB	蓄电池	XDC	K	KP	压力继电器	YLJ
B	—	光电池	GDC	K	KC	控制继电器	KJ
V	—	晶体管	BG	K	KS	信号继电器	XJ
V	XE	电子管	G	K	KE	接地继电器	JDJ
U	—	逆变器	NB	K	KM	接触器	C

（续）

文字符号		名称	旧符号	文字符号		名称	旧符号
单字母	双字母			单字母	双字母		
B	—	自整角机	ZZJ	B	—	耳机	EJ
B	BT	温度变换器	WDB	X	—	接线柱	JX
B	—	送话器	S	X	XB	连接片	LP
B	—	受话器	SH	X	XP	插头	CT
B	—	拾声器	SS	X	XS	插座	CZ
B	—	扬声器	Y				

二、电动机电气原理图的识读

在检修电动机时，电动机修理工必须要认真阅读该电动机的电气原理，才能正确查找故障部位。

1. 电动机的电气原理图　电气原理图简称原理图或电路图。原理图并不按元件的实际位置来绘制，而是根据工作原理绘制的。在原理图中，一般根据各个元件在电路中所起的作用，将其画在不同的位置上，而不受实物位置所限。有些不影响电路工作的元件，如插接件、接线端子等，大多可略去不画。原理图中所表示的状态，除非特别说明外，一般是按未接通电时的状态画出的。图 1－32 所示为三相异步电动机正反控制原理图。

原理图具有简单明了、层次分明、方便阅读等特点，适于分析电动机的工作原理和研究电动机的工作过程和状态。

2. 识读电动机电气原理图中的主电路　阅读电气原理图的步骤一般是从电源进线起，先看主电路电动机、电器的接线情况，然后再查看控制电路，通过对控制电路的分析，深入了解主电路的控制程序。

（1）先看供电电源部分　首先查看主电路的供电情况，是由母线汇流排或配电柜供电，还是由发电机组供电。弄清电源的种类，是交流电还是直流电；其次弄清供电电压的等级。

（2）看用电设备　用电设备指带动作业机运转的电动机，或耗能发热的电弧炉等电器设备。要弄清它们的类别、用途、型号、接线方式等。

（3）看对用电设备的控制方式　如有的采用闸刀开关直接控制；有的采用各种启动器控制；有的采用接触器、继电器控制。应弄清并分析各种控制设备

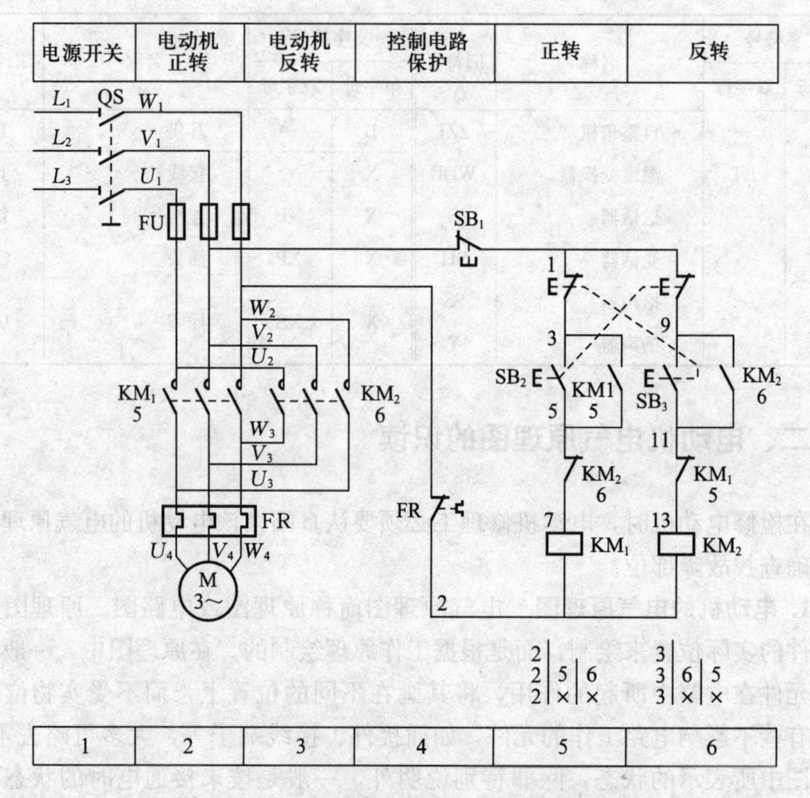

图 1－32　三相异步电动机正反转控制原理图

的作用和功能等。

3. 识读电动机电气原理图中的控制电路

（1）先看控制电路的供电电源　弄清电源是交流电还是直流电；其次弄清电源电压的等级。

（2）看控制电路的组成和功能　控制电路一般由几个支路（回路）组成，有的在一条支路中还有几条独立的小支路（小回路）。弄清各支路对主电路的控制功能，并分析主电路的动作程序。例如当某一支路（或分支路）形成闭合通路并有电流流过时，主电路中的相应开关、触点的动作情况及电气元件的动作情况。

（3）看各支路和元件之间的并联情况　由于各分支路之间和一个支路中的元件，一般是相互关联或相互制约的，所以，分析它们之间的联系，可进一步深入了解控制电路对主电路的控制程序。

第五节　电动机铭牌的识别

一、电动机铭牌的记载事项

电动机铭牌是使用和维修电动机的依据，必须按照铭牌上给出的额定值和要求去使用和维修。

通常电动机铭牌上要标出电动机的型号、额定值（额定功率、额定电压、额定电流、额定频率、额定转速）和电动机的绝缘等级、连接方式、温升、防护等级、噪声等级以及出厂编号、出场单位、出厂日期等。

二、电动机铭牌上各参数的识读

1. 型号　电动机型号通常由产品代号、规格代号和主参数表示。

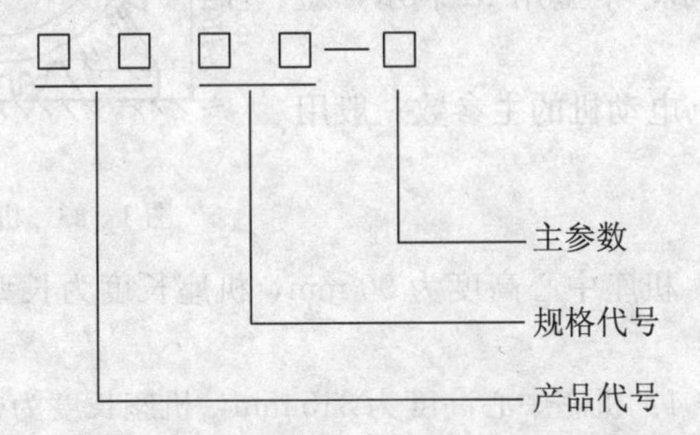

（1）产品代号　产品代号用汉语拼音字母表示，如异步电动机用 Y 表示，防爆异步电动机用 YB 表示，各产品代号中汉语拼音字母的含义见表 1-4。

表 1-4　电动机产品代号中汉语拼音字母的含义

字母	含义	字母	含义
A	安	G	辊（道）
B	爆、泵	H	船（用）、高（转速差）
C	齿（轮）、（电）磁、噪（声）	J	减（速）、力（矩）
D	电（动机）、多（速）	L	立（式）
E	制（动）	LJ	力矩
F	（防）腐、阀（门）	M	木（工）

（续）

字母	含义	字母	含义
O	封（闭式）	T	调（速）、（电）梯
P	旁（磁）	X	高（效率）
Q	高（启动转矩）、潜（水）	Y	异（步电动机）
R	绕（线）	Z	起（重）、（冶金）、振（动）
S	双（笼）	W	户（外）

（2）产品规格代号　产品规格代号一般由电动机的机座中心高度和机座长度组合表示。机座中心高度是指机座底脚平面与轴中心之间的距离，单位为 mm，如图 1－33 所示。

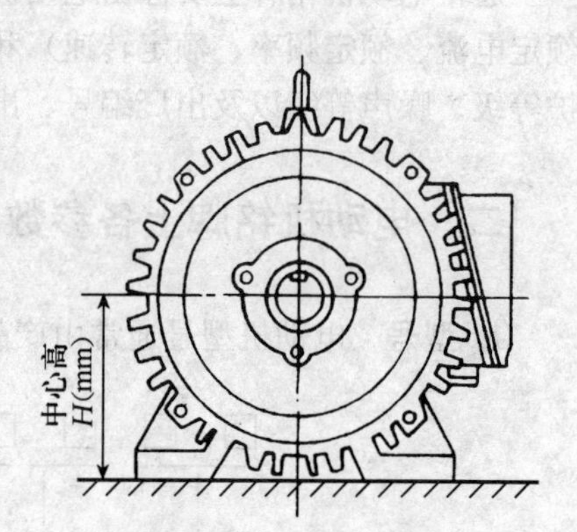

图 1－33　机座中心高度

机座长度分为长型、中型和短型 3 种，长型用 L 表示，中型用 M 表示，短型用 S 表示。

（3）主参数　电动机的主参数一般用极数表示。

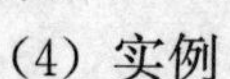

（4）实例

① Y90L－2：机座中心高度为 90 mm，机座长度为长型，极数为 2 极的异步电动机。

② YB315M－4：机座中心高度为 315 mm，机座长度为中型，极数为 4 极的防爆异步电动机。

③ Y112M－6：机座中心高度为 112 mm，机座长度为中型，极数为 6 极的异步电动机。

2. 额定功率　电动机在额定工况下运行时，转动轴上输出的机械功率 P_N 称为额定功率，单位为 kW。当电动机输出功率 $P_2>P_N$ 时，电动机过载；当 $P_2<P_N$ 时，为欠载。电动机的负载处于额定功率的 75%～100%时，电动机效率和功率因数较高。

3. 额定电压　是指施加在三相异步电动机定子绕组上的线电压，国内电源电压有 3 kV、6 kV、10 kV、220 V、380 V 等。要求电源电压波动不可超过 ±5%的额定电压。电压过低，启动困难；电压过高，电动机过热。

4. 额定电流　当电动机在额定状态下运行时，定子绕组的线电流称为额定电流。实际电流大于额定电流，说明电动机过载，电动机过热；小于额定电流，说明电动机欠载。

5. 额定转速　电动机接入额定电压、额定频率和频定负载时，电动机转轴上的转速称为额定转速。电动机过载时，转速降低；欠载时（空载时）转速比额定转速稍高些。

6. 额定功率因数 cos *ϕ*　当电动机在额定工况下运行时，定子相电压与相电流之间的相位差为 $\cos\phi$。

7. 绝缘等级　电动机的绝缘等级取决于所用的绝缘材料的耐热等级，按绝缘材料的耐热能力有 A 级、E 级、B 级、F 级、H 级 5 种常见的规格，C 级不常用。

各种绝缘等级的极限工作温度见表 1－5。

表 1－5　电动机绝缘等级、极限温度及温升关系

绝缘等级		A	E	B	F	H
极限工作温度（℃）		105	120	130	155	180
热点温差（℃）		5	5	10	15	15
温升（℃）	电阻法	60	75	80	100	125
	温度计法	55	65	70	85	105

注：环境温度规定为 40℃。

电动机运行时由于发热，绕组温度高于环境温度，我国规定的标准环境温度为 40 ℃，所以电动机的温升应是绕组绝缘最高允许温度减去环境温度再减去热点温度差所得的值。

例如：F 级绝缘的温升＝155－40－15＝100(℃)（电阻法)。

又如：B 级绝缘的温升＝130－40－10＝80(℃)（电阻法)。

8. 额定频率　电动机电源频率在符合铭牌要求时的频率，叫作电动机额定频率。我国工频为 50 Hz，国外一般为 60 Hz。

9. 额定效率 E_{ff}　当电动机在额定负载下运行时，轴上输出的机械功率为电动机额定输出功率 P_N，而从电源供给电动机的电功率为额定时的输入功率，用 P_1 表示，从电功率转化为输出的机械功率时要产生损耗 $\sum P$，主要是热能损耗，所以 $P_1 > P_N$，其比值称为电动机的效率，当额定运行时额定效率 E_{ff} 为

$$E_{ff}=\frac{P_N}{P_1}\times 100\%$$

10. 绕组接法　三相绕组每相有两个接头，三相共有 6 个端头，可以接成

△连接或Y连接，也有每相中间有抽头的，这样三相共有 9 个端头或更多，可以连接成双速电动机。一定要按铭牌指示接线，否则电动机不能正常运行，甚至烧毁。

我国低压小型电动机容量在 3 kW 及以下的 380 V 电压为Y-△启动器。电动机接线图如图 1 - 34 所示。

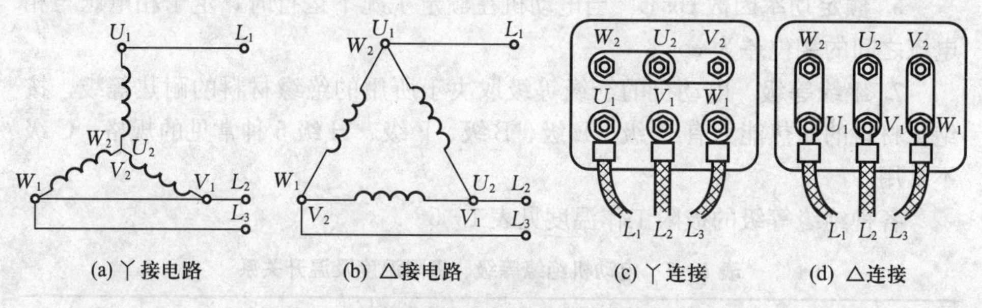

图 1 - 34　普通三相低电压电动机接线图

11. 定额　指电动机可以持续运行的时间，一般采用连续、短时和断续工作定额表示。

（1）连续工作制定额（S1）　在额定负载下不受时间限制可连续运行。

（2）短时工作制定额（S2）　短时运行的标准持续时间为 10 min、30 min、60 min 和 90 min 4 种。

（3）断续工作制定额（S3）　在额定负载下电动机只能间断运行，以 10 min为一个周期。电动机负载工作时间所占的百分比称为负载持续率。标准负载持续率分为 15%、25%、40%和 60% 4 种。

12. 防护等级 IP　防护等级一般有 IP23 和 IP44 两种。IP 为防护等级的标志符号，IP 后面二位数表示具体防护要求。如 IP23 后面第一位数字 2，表示这种电动机结构能够防止手指触及机壳内带电或转动部分，并能防止直径大于 12 mm 的小固体异物入内；第二位数字表示与沿垂直线成 60°角或小于 60°角的淋水对电动机内部应无有害的影响。IP44 的 IP 后面第一位数字 4 表示这种电动机结构能够防止厚度大于 1 mm 的工具、金属或类似的物体触及壳内带电或转动部分，并能够防止直径大于 1 mm 的小固体异物进入发动机内部，但不包括由外风扇吸风或送风的通风口和封闭式电动机的泄水孔，这些部分应具有 2 级防护性能；第二位数字 4 表示任何方向溅水于电动机，应无有害影响。

关于 IP 后其他数字可查表 1 - 6、表 1 - 7。表 1 - 6 表示不能进入电动机的固体尺寸，表 1 - 7 表示不能进入电动机内部的液体的能力。

表 1-6　IP 后第一位数字防止固体能力

数字	0	1	2	3	4	5	6
可防护的最小尺寸（mm）	无专门防护	$\phi 50$	$\phi 12$	$\phi 2.5$	$\phi 1.0$	尘埃	严密防护

表 1-7　IP 后第二位数字防止液态水的能力

数字	0	1	2	3	4	5	6	7	8
可防进入水的状态	无专门防护	滴水	15°角滴水	60°角方向的淋水	任何方向溅水	一定压力的喷水	海浪或强喷水	一定压力的浸水	长期潜水

13. 质量　是指电动机的总质量，单位为 kg。

14. 标准编号　是指根据某种标准来制定电动机铭牌各参数。GB 表示国家标准，JB 表示机械行业标准。

第六节　修理电动机的常用仪表与工具

电动机修理工需要借助各种仪表与工具对电动机进行检测、拆卸、安装、调试等工作，所以，电动机修理工必须掌握常用仪表和工具的使用知识。

一、电动机修理常用仪表的使用方法

在电动机修理中，常用的仪表主要有指针式万用表、数字式万用表、绝缘电阻表、钳形电流表、转速表等。

1. 指针式万用表　指针式万用表如图 1-35 所示。

（1）结构　指针式万用表在结构上由 3 部分组成：指示部分（表头）、测量电路、转换装置。

① 指示部分（表头）。表头是灵敏电流计，通常由磁电式直流微安表（少数为毫安表）组成，表头刻度盘上印有多种符号、多种量程的刻度和数值等。表头是万用表的关键部件，很多重要性能（如灵敏度、准确度等级、阻尼及指针回零位等）大部分都取决于表头的性能。

② 测量电路。测量电路是指把被测的电量变换成适合于表头指示用的电量。例如，将被测的大电流通过分流电阻，变换成表头所需的微弱电流；将被测的高电压通过分压电阻，变换成表头所需的低电压；将被测的交流电流（电压）通过电流（电压）互感器及整流器，变换为表头所需的直流电流（电压）

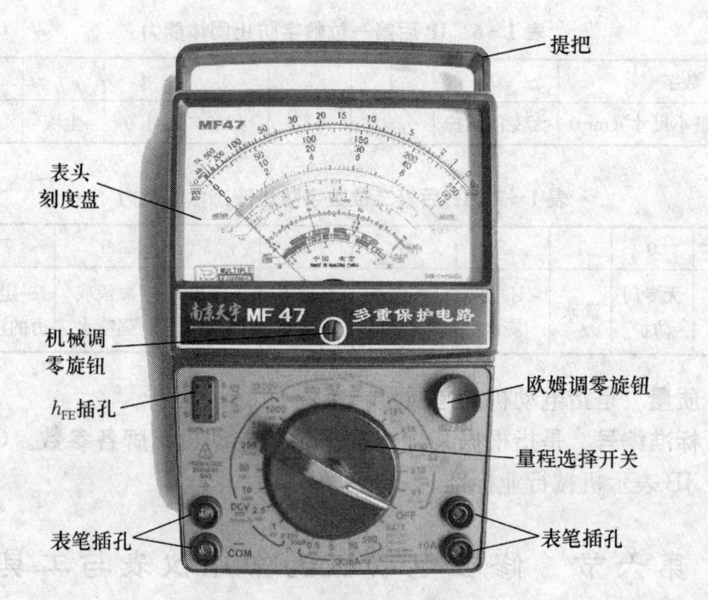

图 1-35　指针式万用表

等。因此，测量电路通常由分压电阻、分流电阻、电流或电压互感器、整流器等电子元件组成。

③ 转换装置。通常由选择（转换）开关、接线柱、按钮、插孔等组成。

指针式万用表面板各部分的功能见表 1-8。

表 1-8　指针式万用表面板各部分功能

面板部分	功　能
表头刻度盘	表头面板上有多条刻度线，主要用于电压、电流、电阻、电平等的测量读数
机械调零旋转	用于校正表针在左端的零位
欧姆调零旋钮	用于校正测量电阻时的欧姆零位（右端）
量程选择开关	用于选择和转换测量项目和量程："m$\underline{A}$"——直流电流；"$\underline{V}$"——直流电压；"$\underset{\sim}{V}$"——交流电压；"Ω"——电阻
表笔插孔	将表笔红黑插头分别插入"＋""－"插孔中，如测量交直流 2 500 V 或直流5 A时，红笔插头应分别插到标有"2 500 $\underset{\sim}{\underline{V}}$"或"5 $\underline{A}$"的插孔中
h_{FE}插孔	三极管检测的插孔
提把	用来携带或作倾斜支撑，便于读数

（2）直流电流的测量

① 选择量程。万用表直流电流挡标有“mA”，通常有 1 mA、10 mA、100 mA、500 mA 等不同量程，选择量程时应根据电路中的电流大小而定。若不知电流大小，可先用最高电流挡量程，然后逐渐减小到合适的电流挡。

② 测量方法。将万用表与被测电路串联。应将电路相应部分断开后，将万用表表笔串联接在断点的两端。红表笔接在和电源正极相连的断点，黑表笔接在和电源负极相连的断点。

③ 正确读数。待表针稳定后，仔细观察刻度盘，找到相对应的刻度线，正视刻度线并读出被测电流值。

（3）直流电压的测量

① 选择量程。万用表直流电压挡标有“V”，通常有 2.5 V、10 V、50 V、250 V、500 V 等不同的量程，选择量程时应根据电路中的电压大小而定。若不知电压大小，应先用最高电压挡量程，然后逐渐减小到合适的电压挡。

② 测量方法。将万用表与被测电路并联，且红表笔接被测电路的正极（高电位），黑表笔接被测电路的负极（低电位）。

③ 正确读数。待表针稳定后，仔细观察刻度盘，找到相对应的刻度线，正视刻度线并读出被测电压值。

（4）交流电压的测量　交流电压的测量与上述直流电压的测量相似，不同之处为交流电压挡标有“$\underset{\sim}{V}$”，通常有 10 V、50 V、250 V、500 V 等不同量程；测量时，不区分红黑表笔，只要并联在被测电路两端即可。

（5）电阻的测量

①选择量程倍率。万用表的欧姆挡通常设置多量程，一般有 $R\times1$、$R\times10$、$R\times100$、$R\times1k$ 及 $R\times10k$ 等 5 挡量程。欧姆刻度线是不均匀的（非线性），为了减小误差，提高精确度，应合理选择量程，使指针指在刻度线的 1/3～2/3。

②欧姆调零。选择量程后，应将两表笔短接，同时调节“欧姆调零旋钮”，使指针正好指在欧姆刻度线右边的零位置。若指针调不到零位，可能是电池电压不足或其他内部有问题。

③ 读数。测量时，待表针停稳后读数，然后乘以倍率，就是所测量的电阻值。

2. 数字式万用表　数字万用表的外形及组成如图 1-36 所示。

（1）结构特点　数字式万用表具有输入阻抗高、误差小、读数直观的优点，但显示较慢是其不足之处，一般用于测量不变的电流值、电压值。数字式

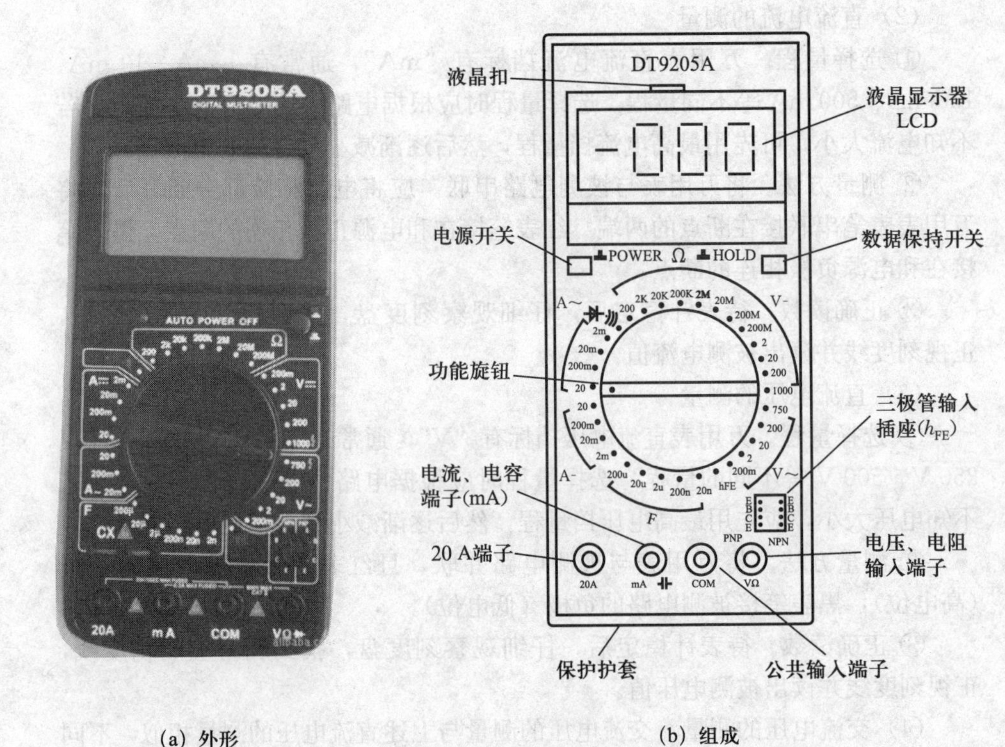

(a) 外形　　(b) 组成

图 1-36　数字式万用表

万用表由于有蜂鸣器，因而测量电路的通断比较方便。

数字万用表的种类很多。

按工作原理分：有比较型、积分型、V/T 型、复合型等。

按使用方式和外形分：有台式、便携式、袖珍式、笔式和钳式等，其中袖珍式应用比较普遍。

按量程转换方式分：有自动量程转换和手动量程转换。

按用途与功能分：有低挡型、中挡型和智能型。

（2）测量直流电压　按下电源开关 POWER，将量程选择开关拨到“DCV”区域内合适的量程挡，红表笔插入“VΩ”插孔，黑表笔插入“COM”插孔。这时即可以并联方式进行直流电压的测量，可读出显示值，红表笔所接的极性将同时显示于液晶显示屏上。

（3）测量交流电压　按下电源开关 POWER，将量程选择开关拨到“ACV”区域内合适的量程挡；表笔接法和测量方法同上，但无极性显示。

(4) 测量直流电流　按下电源开关 POWER，将功能量程选择开关拨到"DCA"区域内合适的量程挡，红表笔插入"mA"插孔（被测电流≤200 mA）或接"20 A"插孔（被测电流＞200 mA），黑表笔插入"COM"插孔，将数字万用表串联于电路中即可进行测量，红表笔所接的极性将同时显示于液晶显示屏上。

(5) 测量交流电流　将功能量程选择开关拨到"ACA"区域内合适的量程挡上，其余的操作方法与测量方法与测量直流电流时相同。

(6) 测量电阻　按下电源开关 POWER，将功能量程选择开关拨到"Ω"区域内合适的量程挡，红表笔插入"VΩ"插孔，黑表笔接"COM"插孔，将两表笔接于被测电阻两端即可进行电阻测量，并可读出显示值。

(7) 测量二极管　按下电源开关 POWER，将功能量程选择开关拨到二极管挡，红表笔插入"VΩ"插孔，黑表笔插入"COM"插孔，即可进行测量。测量时，红表笔接二极管正极，黑表笔接二极管负极，两表笔的开路电压为 2.8 V，测试电流为 (1.0±0.5) mA。当二极管正向接入时，锗管应显示 0.150～0.300 V，硅管应显示 0.550～0.700 V。若显示超量程符号，表示二极管内部断路；显示全为零，表示二极管内部短路。

(8) 检查线路通断　按下电源开关 POWER，将功能量程选择开关拨到蜂鸣器位置，红表笔插入"VΩ"插孔，黑表笔插入"COM"插孔，红黑两表笔分别接于被测导体两端，若被测线路电阻低于规定值 (50±20)Ω，蜂鸣器发出声音，表示线路是通的。

(9) 测量三极管　按下电源开关 POWER，将功能量程选择开关拨到"NPN"或"PNP"位置；确认晶体管是"NPN"型还是"PNP"型三极管，然后将三极管的三个管脚分别插入"hFE"插座对应的孔内即可。

(10) 测量电容　把功能量程选择开关拨到所需要的电容挡位置，按下电源开关 POWER。测量电容前，仪表将慢慢地自动回零；把红表笔插入"mA、⊣⊢"插孔，黑表笔插入"COM"插孔；把测量表笔连接到待测电容的两端，并读出显示值。

(11) 数据保持功能　按下仪表上的数据保持开关（HOLD），正在显示的数据就会保持在液晶显示屏上，即使输入信号变化或消除，数值也不会改变。

3. 绝缘电阻表　绝缘电阻表采用手摇发电机供电，其外形如图 1 - 37 所示。

(1) 结构特点　绝缘电阻表俗称摇表、高阻计、兆欧表等，是一种测量电器设备及电路绝缘电阻的仪表，在电动机维修中，常用绝缘电阻表测量电动机的绝缘电阻和绝缘材料的漏电电阻。

(2) 校表

①先校零点。将线路和地线端子短接，慢慢摇动手柄，若发现表针立即指在零点处，则立即停止摇动手柄，说明表的零点读数正确，如图1-38a所示。

②校满刻度（无穷大）。将线路、地线分开放置后，先慢后快逐步加速摇动手柄，待表的读数在无穷大处稳定指示时，即可停止摇动手柄，说明表的无穷大无异常，如图1-38b所示。

图1-37　手摇发电机供电式绝缘电阻表

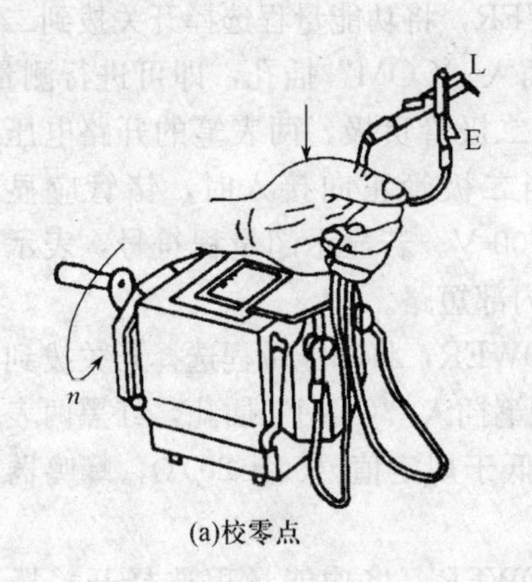

(a)校零点

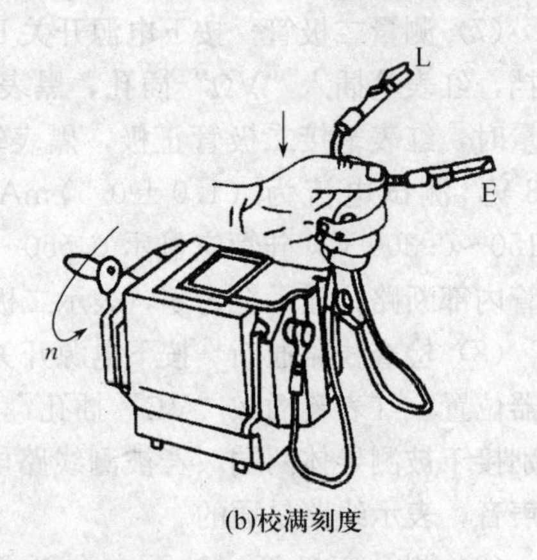

(b)校满刻度

图1-38　绝缘电阻表的校表

③进行测量。上述两项检测，证实仪表没问题，即可进行测量。

(3) 测试　在测试前必须正确接线。兆欧表有3个接线端子，“E”（接地端子）、“L”（线路端子）和“G”（保护环或叫屏蔽端子）。保护环的作用是消除表壳表面“L”与“E”接线端子间的漏电影响和被测绝缘物表面的漏电影响。在测量电器设备的对地绝缘电阻时，“L”用单根导线接设备的待测部位，“E”用单根导线接设备外壳，如图1-39a所示；在测量电器设备内两绕组之间的绝缘电阻时，将“L”和“E”分别接绕组的接线端，如图1-39b所示；在测量电缆的绝缘电阻时，为消除因表面漏电产生的误差，“L”接线芯，“E”接外壳，“G”接线芯与外壳之间的绝缘层，如图1-39c所示。线路接好后，可按顺时针方向转动摇把，摇动的速度应由慢而快，当转速达到120 r/min左右时，保持匀速转动，1 min后读数，并且边摇边读数，不能停下来读数。

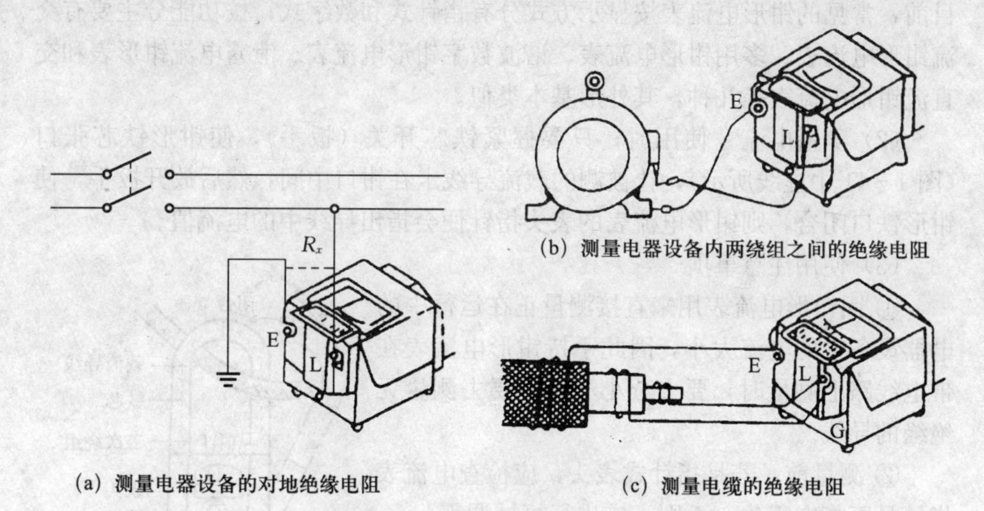

(b) 测量电器设备内两绕组之间的绝缘电阻

(a) 测量电器设备的对地绝缘电阻

(c) 测量电缆的绝缘电阻

图 1-39　绝缘电阻表的测试

4. 钳形电流表　钳形电流表的外形如图 1-40 所示。

图 1-40　钳形电流表

(1) 结构特点　测量交流电流时，一般是先将电路断开，然后串接电流表进行测量。在实际操作时，断开电路显然很不方便。在电路不能断开的情况下进行交流电流测量时，常使用装有钳式电流互感器的电流表。钳式电流表是一种不需要断开电路就可直接测量交流电流的便携式仪表，在电气检修中使用非常方便，因而应用相当广泛。

钳形电流表简称钳形表，其工作部分由电磁式电流表和穿心式电流互感器组成。穿心式电流互感器由铁芯制成活动开口，且成钳形，故名钳形电流表。目前，常见的钳形电流表按显示方式分有指针式和数字式；按功能分主要有交流钳形电流表、多用钳形电流表、谐波数字钳形电流表、泄露电流钳形表和交直流钳形电流表等几种，其外形基本类似。

(2) 测量电流　使用时，只要握紧铁芯开关（扳手），使钳形铁芯张口（图 1-41 中虚线所示），让被测的载流导线卡在钳口中间，然后放开扳手，使钳形铁口闭合，则钳形电流表的表头指针便会指出导线中的电流值。

(3) 使用注意事项

① 因钳形电流表用来直接测量正在运行中的电器设备中的电流大小，因此手持钳形电流表在带电线路上测量时，要十分小心，不要去测量无绝缘的导线。

② 测量前，若是指针式表头，应检查电流表指针是否指向零位，否则，应进行机械调零。

③ 测量前还应检查钳口的开合情况。钳口可动部分应开合自如，两结合面处应紧密，以减少漏磁通，提高测量精确度；当导线夹入钳口时，若发现有振动或撞碰声时，要将仪表把手转动几下，或重新开合一次，没有噪声时才能读取电流值。

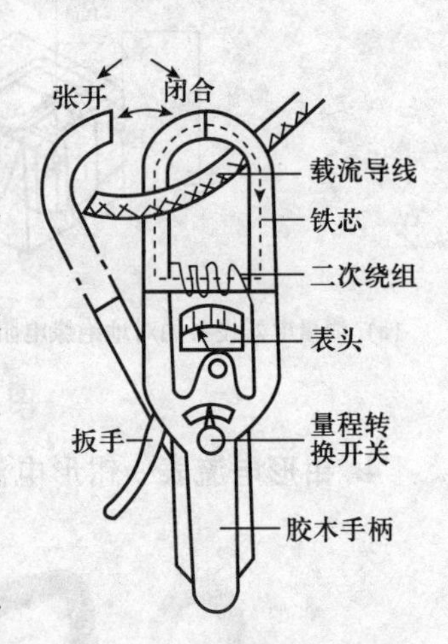

图 1-41　用钳形电流表测量电流

④ 测量前应先估计被测电流的大小，选择合适的量程。若无法估计则应先用较大量程测量，然后根据被测电流的大小再逐步换到合适的量程上。每次换量程时，必须打开钳口，再转换量程开关，钳形电流表的钳口必须保持清洁、干燥。

⑤ 测量时被测载流导线应放在钳口内的中心位置，以免误差增大。

⑥ 当被测电路电流较小时，为使读数较准确，可将被测载流导线在钳口部分的铁芯柱上缠绕几圈后再进行测量，实际电流值等于仪表的读数除以放在钳口中的导线圈数。

⑦ 测量完毕后，应将钳形电流表量程选择开关旋至最高量程挡，以免下次使用时不慎损坏仪表。

5. 转速表　测量电动机的转速是电动机修理工常见的测量项目之一，测量转速的方法有很多。转速表是一种测量转轴转速的专用仪表，按内部构造分为离心式转速表和数字式转速表两大类，常用的是手持式离心转速表。

(1) 结构特点　手持式离心转速表是一种多量程的机械式仪表，外形结构如图 1-42 所示。它主要由机心、变速器和指示器 3 部分组成，使用时将表轴顶住被测转轴心，即可测出转速。

图 1-42　手持式离心转速表

(2) 使用方法　使用方法和注意事项如下：

① 选择探头。测量前，应根据被测对象选择合适的探头安装在转速表的输入轴上。

② 选择挡位。测量前，应根据被测轴的转速选用调速盘的挡位。若不知被测轴的转速，应将调速盘由高速挡向低速挡逐挡测试，注意在测试过程中不能进行换挡，否则会损坏机构。

③ 测量转速。测量中，表轴与被测轴不要顶得过紧，以两轴能够接触不滑动为适当；指针偏转与被测转轴的转向无关，只要表轴与被测轴轴心对准，保持两轴线在同一直线上即可。

④ 看刻度，算转速。这种转速表的表盘上通常标有两列刻度，分度盘的外圈标 3～12，内圈标 10～40，分别对应于两组量程。若在Ⅰ、Ⅲ、Ⅴ挡位，测得的转速为分度盘外圈数再分别乘以 10、100、1 000；若在Ⅱ、Ⅳ挡位，测得的转速为分度盘内圈数再分别乘以 10、100。

二、电动机修理常用安全用具的使用方法

1. 安全用具的分类　按使用功能分类，安全用具的分类如图 1-43 所示。

2. 验电器　验电器又称为试电笔、测电笔，是用来检查低压带电设备是否有电的一种安全工具，其检查范围为 60～500 V，为了携带方便常做成钢笔式和旋凿式。验电笔通常是由氖管、电阻、弹簧和笔身部分组成(图 1-44)。

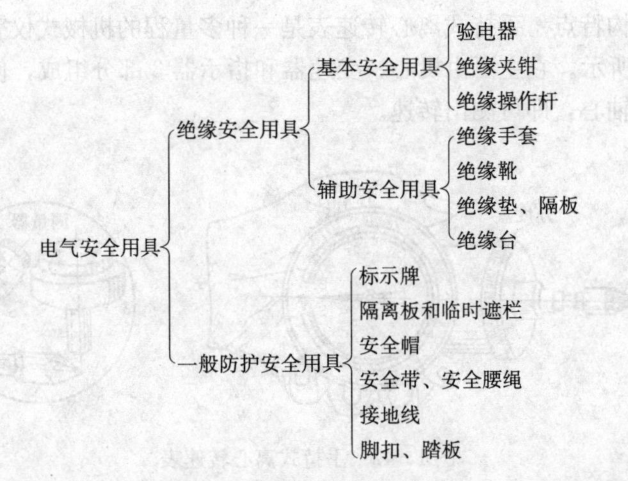

图 1-43　安全用具的分类

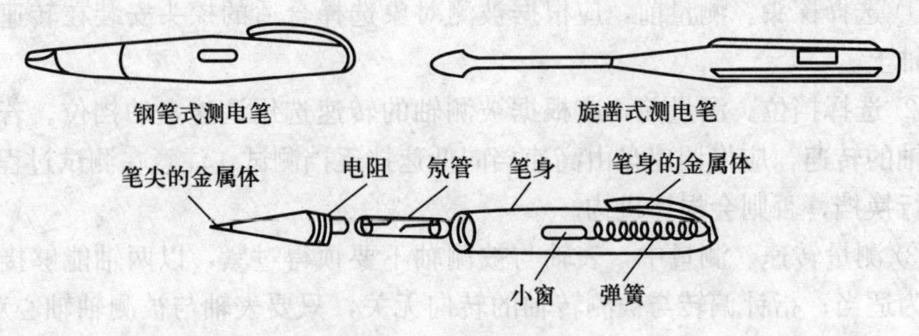

图 1-44　验电器结构

当被测体带电时，氖管发光，表示有电。

使用时一定要用手指或手掌压在检电器的铜笔或钢铆钉上（图 1-45），否则即使有电，氖管也不亮，容易造成安全事故。

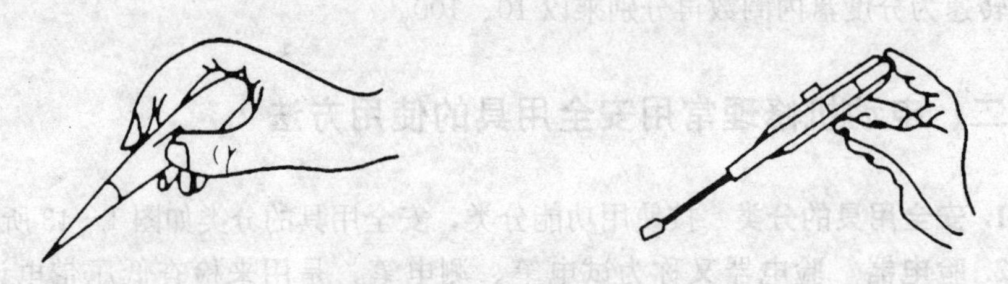

图 1-45　验电器的正确握法

3. 标示牌　标示牌又叫警告牌，用来警告人员不可靠近带电设备或禁止操作。有警告类和提示类两种，如“当心触电”、“止步、高压危险”、“禁止合闸”、“有人工作”等（图 1-46）。

图 1-46　几种警告标志

4. 隔离板　采用隔离板和临时遮栏进行防护，是防止人员走错位置，误入带电区或临近带电的危险区域的防护措施。

隔离板用干燥木板制成，高度不小于 1.8 m，下部离地面不大于 100 mm。要求制作牢固、稳定、轻便（图 1-47）。

图 1-47　隔离板

临时遮栏可以用线网或绳子拉成。

在高压设备附近安装遮栏的操作人员，要戴绝缘手套，站在绝缘台上，并有专人监护。

5. 绝缘手套　用于在高压电器设备上进行操作，使用前要认真检查，不许有破损和漏电、漏气现象。绝缘手套应有足够长度（超过手腕 100 mm），不许作他用。

6. 绝缘鞋（靴）　进行高压操作时，用来与地面保持绝缘。使用前要检查有无磨损、受潮，有明显破损不可使用。绝缘鞋（靴）不可与普通雨鞋混用，不可互相代用。绝缘鞋（靴）不要与石油类油脂接触。

7. 绝缘垫 在使用过程中绝缘胶皮垫应保持清洁、干燥，不得与酸、碱、油类和化学药品接触，以免受腐蚀后老化、龟裂或变质，降低绝缘性能。

8. 绝缘站台 要求绝缘站台放置在干燥、坚硬的地方，以免台脚陷于泥土或台面触及地面，使绝缘性能降低。要求绝缘站台下的绝缘子高度要大于100 mm，绝缘子应无破损和裂纹。

绝缘站台一般每用 3 次做 1 次电气试验，试验电压为交流 40 kV，加压时间为 2 min（图 1－48）。

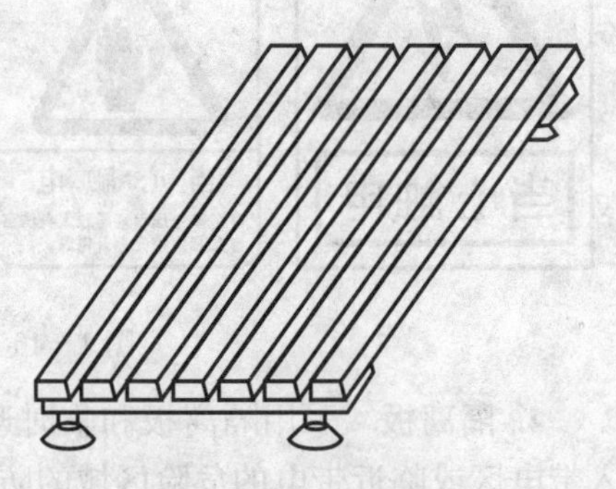

图 1－48 绝缘站台

9. 安全帽 为预防人体头部受外力伤害，安全帽可起到防护作用。

三、电动机维修常用工具的使用方法

在电动机维修中，常用的维修工具主要有试验灯、钢丝钳、旋具、活扳手、电工刀、电烙铁、拆线工具、嵌线工具、绕线工具等。

1. 试验灯 试验灯简称试灯。试验灯是电动机修理工自己制作的一种简易、直观的实验工具。常用的有两种：220 V 试验灯和干电池试验灯。

（1）220 V 试验灯 220 V 试验灯由一只灯头、一只灯泡、两根导线和两支测试笔组成，如图 1－49 所示。

220 V 试验灯可用以检查 220 V 电源电压、电路的通断、电器件内部电路的通断和电器件是否通地。为安全起见，一般将 220 V 灯泡装上保护罩。检查时，将试验灯接入电源插座，若灯不亮，则是插座无电。若灯亮，从灯的发亮程度可以判断出电源电压高低，亮则表示电源电压充足，暗则表示电源电压不足。

（2）干电池试验灯 干电池试验灯以干电池为电源，两支测试笔之间串接一节或几节干电池和小灯泡，如图 1－50 所示。

干电池试验灯可用以检查电路的通断、电器件内部电路的通断和负载件是否通地。使用时要把试验灯接成回路状态。若试验灯亮，则电路或电器件为通，或电器件接地，如图 1－51 所示。

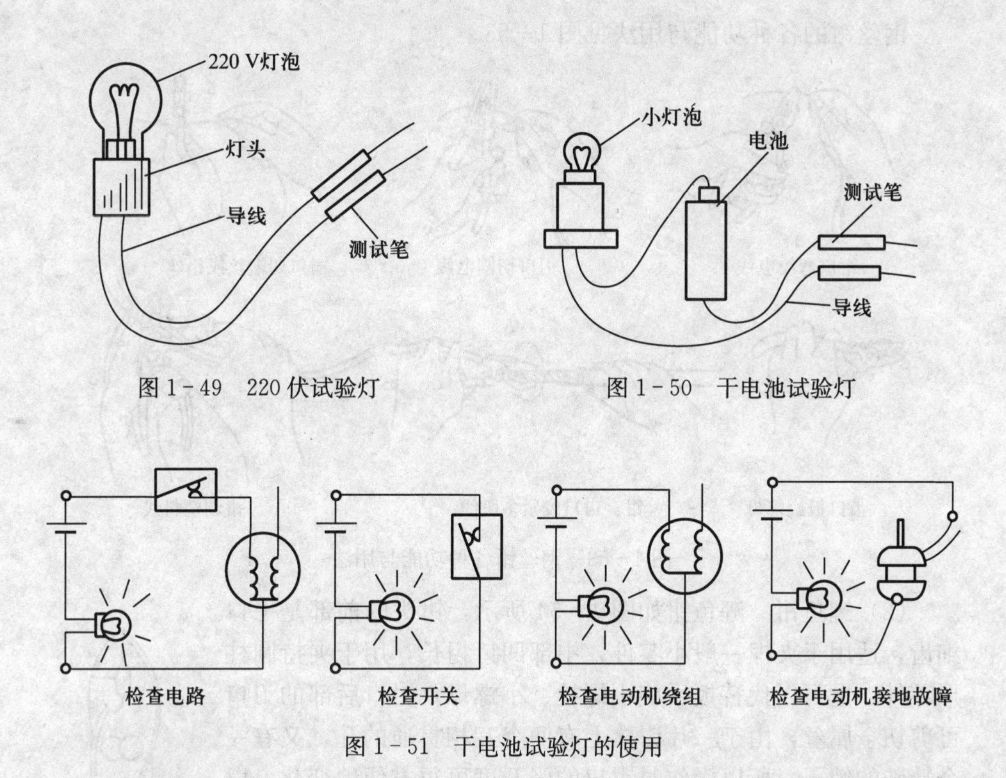

图 1-49　220 伏试验灯　　图 1-50　干电池试验灯

图 1-51　干电池试验灯的使用

2. 剪切工具

（1）钢丝钳　钢丝钳俗称钳子，由钳头和钳柄两部分组成，如图 1-52 所示。

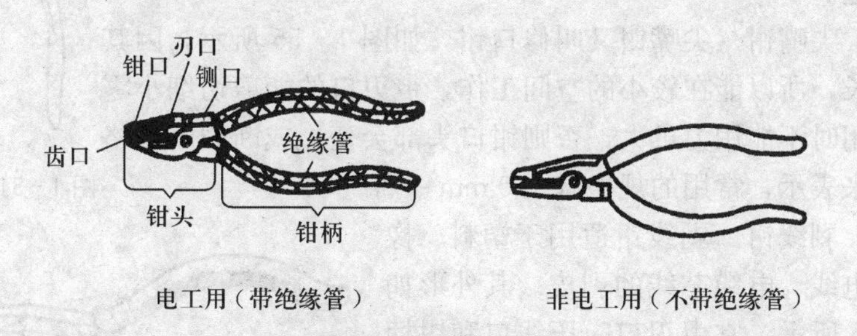

图 1-52　钢丝钳

钢丝钳的功能有：钳口用来弯绞或钳夹导线线头，齿口用来紧固或起松螺母，刃口用来剪切导线或剖切软导线绝缘层，铡口用来铡切电线线芯和钢丝、铝丝等较硬金属。

钢丝钳的各种功能与用法见图 1－53。

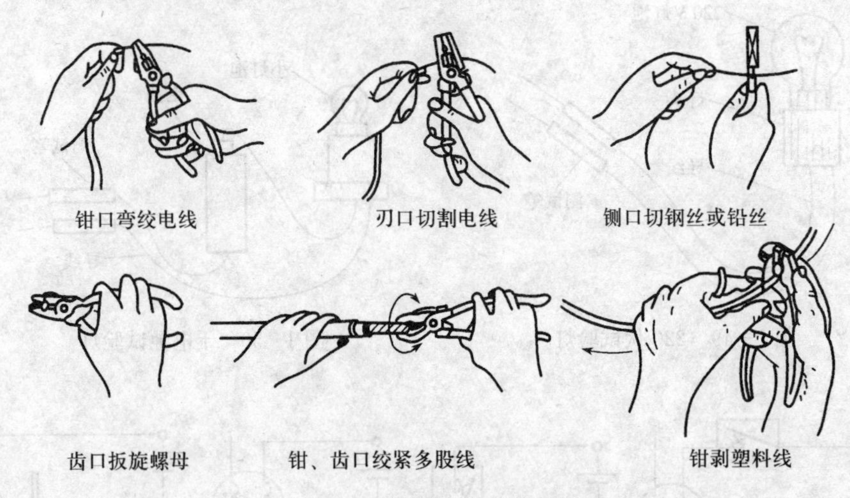

图 1－53　钢丝钳各种功能与用法

（2）鲤鱼钳　鲤鱼钳如图 1－54 所示，钳头的前部是平口细齿，适用于夹捏一般小零件，中部凹口粗长，用于夹持圆柱形零件，也可以代替扳手旋小螺栓、小螺母，钳口后部的刃口可剪切金属丝，由于一片钳体上有两个互相贯通的孔，又有一个特殊的销子，所以操作时钳口的张开度可很方便地变化，以适应夹持不同大小的零件，是电动机维修作业中使用最多的手钳，规格以钳长来表示，一般有 165 mm、200 mm 两种，用 50 号钢制造。

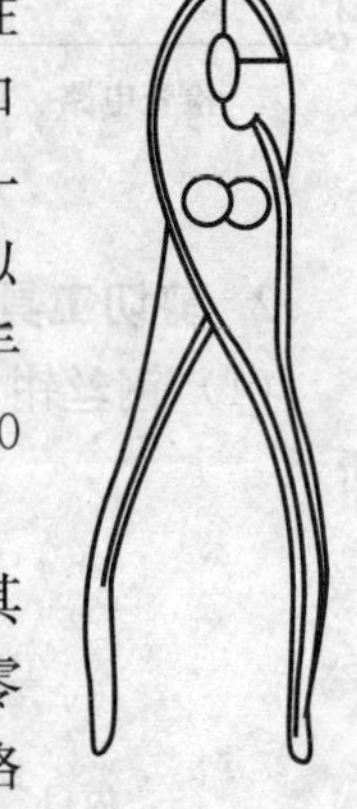

图 1－54　鲤鱼钳

（3）尖嘴钳　尖嘴钳又叫修口钳，如图 1－55 所示，因其头部细长，所以能在较小的空间工作，带刃口的能剪切细小零件，使用时不能用力过大，否则钳口头部会变形或断裂，规格以钳长来表示，常用的规格有 160 mm 一种。

（4）剥线钳　剥线钳适用于塑料、橡胶绝缘电线、电缆芯线的剥皮。其外形如图 1－56 所示，它由刃口、压线口和钳柄组成。剥线钳的钳柄上套有额定工作电压 500 V 的绝缘套管。

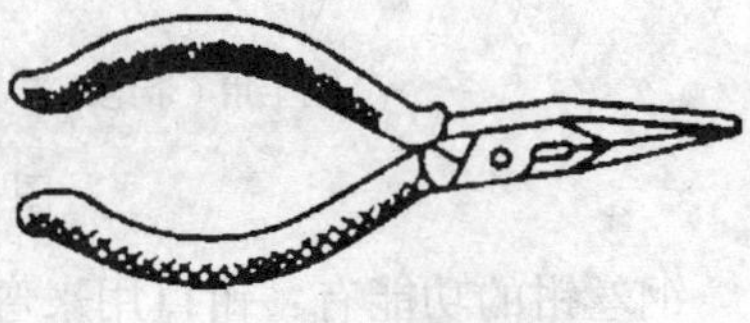

图 1－55　尖嘴钳

剥线钳使用方法：将待剥皮的线头置于钳头的刃口中，用手将两钳柄一捏，然后一松，绝缘皮便与芯线脱开。

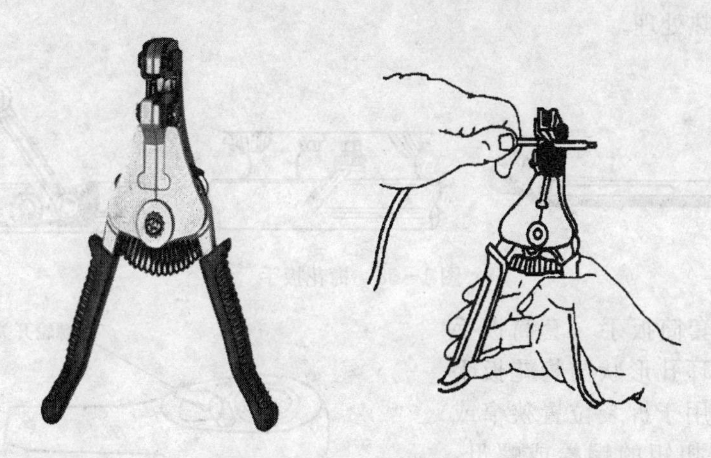

图 1-56　剥线钳

3. 旋具　旋具，俗称改锥、起子、螺丝刀或旋凿，是一种紧固或拆卸螺钉的工具。主要有平口和十字口两种，手柄又分为木质手柄和塑料手柄两种。

常用的旋具规格有 50 mm、100 mm、150 mm、200 mm 等规格。为避免旋具的金属杆触及皮肤及带电体，应在金属杆上穿套绝缘管。

4. 扳手　电动机修理工常使用的扳手主要有：开口扳手、梅花扳手、活动扳手、套筒扳手、扭力扳手、内六角扳手等。

（1）开口扳手　开口扳手是最常见的一种扳手，又称呆扳手，如图 1-57 所示。其开口的中心线和本体中心线成 15°角，这样既能适应人手的操作方向。又可降低对操作空间的要求。其规格是以两端开口的宽度来表示的，如 8～10 mm、12～14 mm等；通常是成套装备，有 8 件一套、10 件一套等；通常用 45 号、50 号钢锻造，并经热处理。

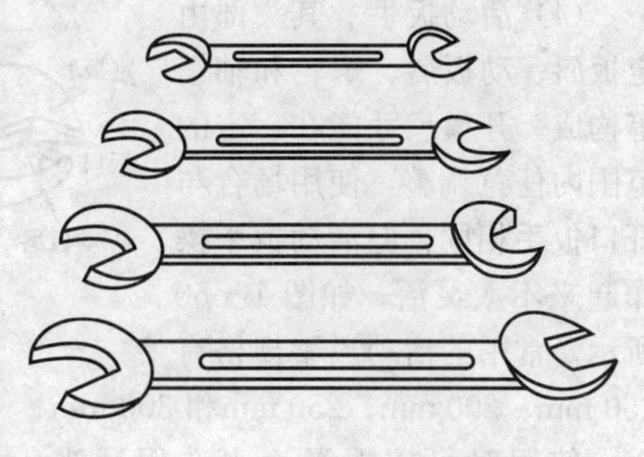

图 1-57　开口扳手

（2）梅花扳手　其两端是环状的，环的内孔由两个正六边形互相同心错转 30°而成，如图 1-58 所示。使用时，扳动 30°后，即可换位再套，因而适用于狭窄场合下操作，与开口扳手相比，梅花扳手强度高，使用时不易滑脱，但套上、取下不方便。其规格是以闭口尺寸来表示的，如 8～10 mm、12～14 mm 等，通常是成套装备，有 8 件一套、10 件一套等，通常用 45 号、50 号钢锻造，并经热处理。

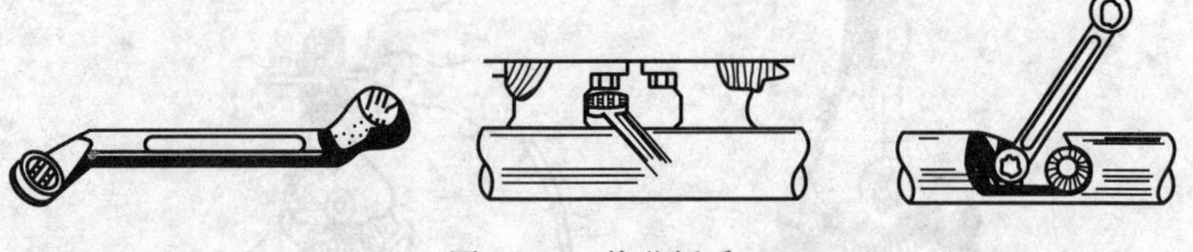
图 1－58　梅花扳手

（3）套筒扳手　套筒扳手的材料、环孔形状与梅花扳手相同，适用于拆装位置狭窄或需要一定扭矩的螺栓或螺母，如图 1－59 所示。套筒扳手主要由套筒头、开关、棘轮开关、快速摇柄、接头和接杆等组成，各种手柄适用于各种不同的场合，以操作方便或提高效率为原则，常用套筒扳手的规格是 10～32 mm。

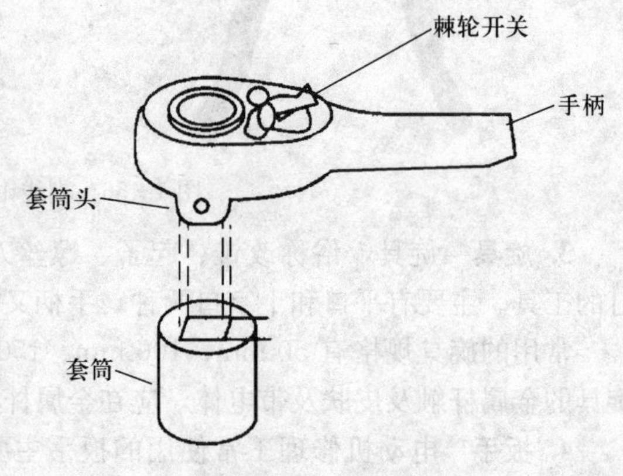

图 1－59　套筒扳手

（4）活动扳手　其头部由定扳唇、动扳唇、蜗轮和轴销等构成。开口尺寸能在一定的范围内任意调整，使用场合与开口扳手相同，但活动扳手操作起来不太灵活，如图 1－60 所示。常用的活动扳手规格有 150 mm、200 mm、250 mm和 300 mm 等，使用时可按螺母大小选用适当规格。

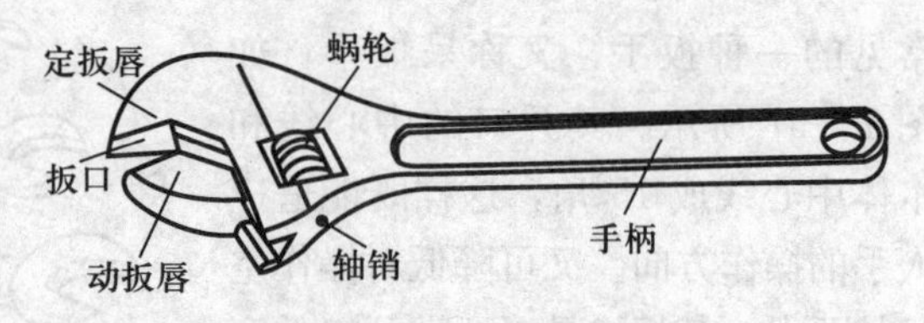

图 1－60　活动扳手

（5）扭力扳手　是一种可读出所施转矩大小的专用工具，如图 1－61 所示。其规格是以最大可测扭矩来划分的，常用的有 294 N·m、490 N·m两种；扭力扳手除用来控制螺

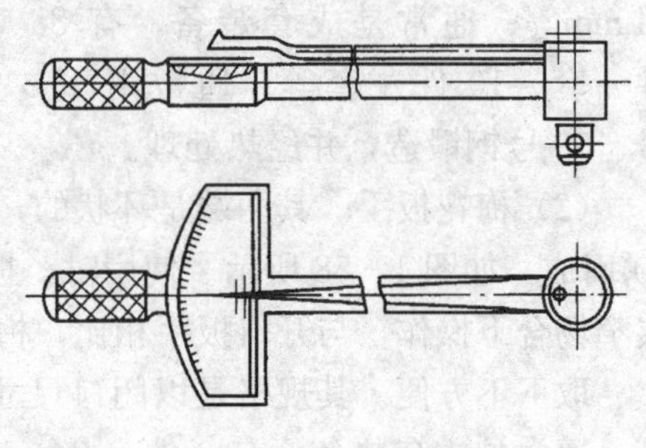
图 1－61　扭力扳手

纹件旋紧力矩外，还可以用来测量旋转件的启动转矩，以检查配合、装配情况。

（6）内六角扳手　是用来拆装内六角螺栓（螺塞）用的，如图 1－62 所示。规格以六角形对边尺寸 S 表示，有 3～27 mm 尺寸各种规格，电动机维修作业中使用成套内六角扳手拆装 M4～M30 的内六角螺栓。

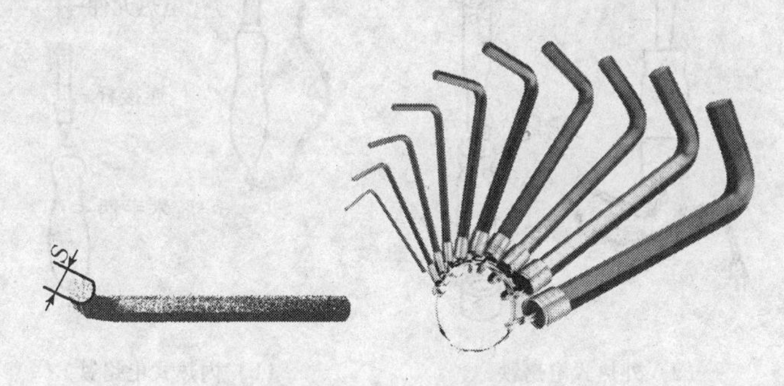

图 1－62　内六脚扳手

5. 电工刀　电工刀是电工常用的一种切削工具，其外形如图 1－63 所示。普通的电工刀由刀片、刀刃、刀把、刀挂等构成。使用电工刀时，刀刃应朝外部切削，切忌面向人体切削。剖削导线绝缘层时，应使刀面与导线成较小的锐角，以避免割伤线芯。电工刀刀柄无绝缘保护，不能接触或剖削带电导线及器件。新电工刀刀刃较钝，应先开启刀刃然后再使用。电工刀使用后应随即将刀身折进刀柄，注意避免伤手。

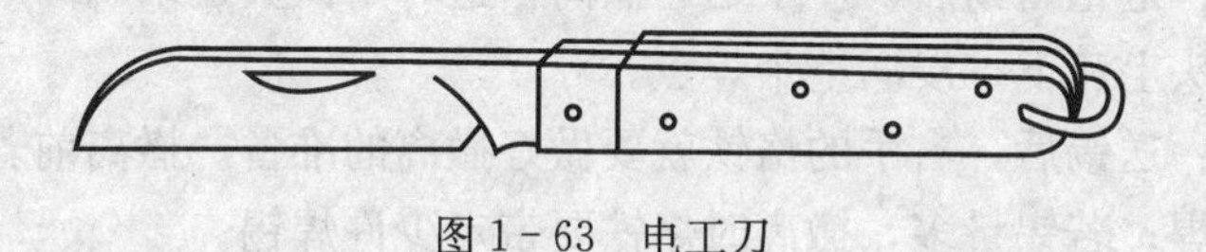

图 1－63　电工刀

6. 电烙铁

（1）结构特点　电烙铁是焊锡的专用工具，主要由手柄、电热元件、烙铁头等组成。根据烙铁头的加热方式不同，可分为内热式和外热式两种，如图 1－64 所示。

其规格以消耗的电功率表示，通常在 20～300 W 之间。在电动机维修中，一般采用 40 W 以上的外热式电烙铁。

（2）焊接方法

① 送锡焊接法。送锡焊接法，就是右手握持电烙铁，左手持一段焊锡丝进行焊接的方法。

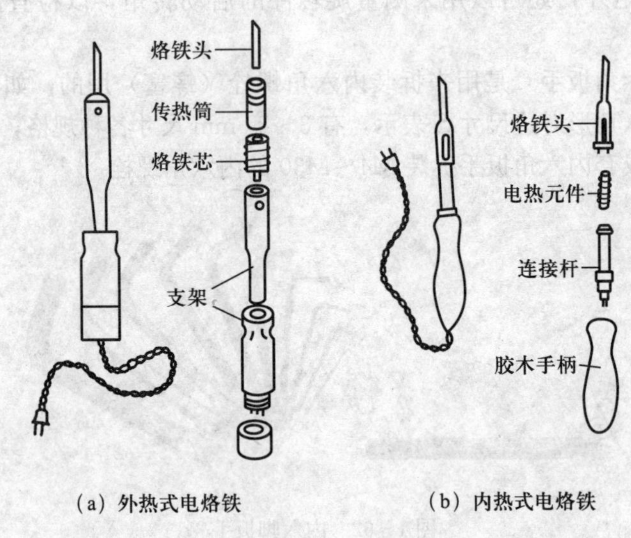

(a) 外热式电烙铁　　(b) 内热式电烙铁

图 1-64　电烙铁

送锡焊接法的具体操作步骤如下。

第 1 步：右手握持电烙铁，烙铁头先蘸取少量的松香，将烙铁头对准焊点（焊件）进行加热。

第 2 步：当焊件的温度升高到接近烙铁头温度时，左手持焊锡丝快速送到烙铁头的端面，送锡量的多少，可根据焊点的大小灵活掌握。

第 3 步：适量送锡后，左手迅速撤离，这时烙铁头还未脱离焊点，熔化的焊锡从烙铁头上流下，浸润整个焊点。

第 4 步：送锡后，右手的烙铁就要做好撤离的准备。撤离前若锡量少，可再次送锡补焊；若锡量多，撤离时烙铁要带走少许焊锡。

② 带锡焊接法。带锡焊接法是单手操作，就是右手握持电烙铁，烙铁头在焊接前自带锡珠而焊接的方法。

带锡焊接法的具体操作步骤如下。

第 1 步：烙铁头上先蘸适量的锡珠，将烙铁头对准焊点（焊件）进行加热。

第 2 步：当烙铁头上熔化的焊锡流下，浸润到整个焊点时，将烙铁迅速撤离。

第 3 步：所带锡珠的大小，要根据焊点的大小灵活掌握。焊后若焊点小，可再次补焊；若焊点大，可用烙铁带走少许焊锡。

7. 拆线工具

（1）錾子　在拆除损坏的线圈绕组时，需要用锋利的錾子从线圈与铁芯端面处錾断。錾子一般采用碳素工具钢锻成，切削部分呈楔形，经淬火热处理，如图1-65所示。

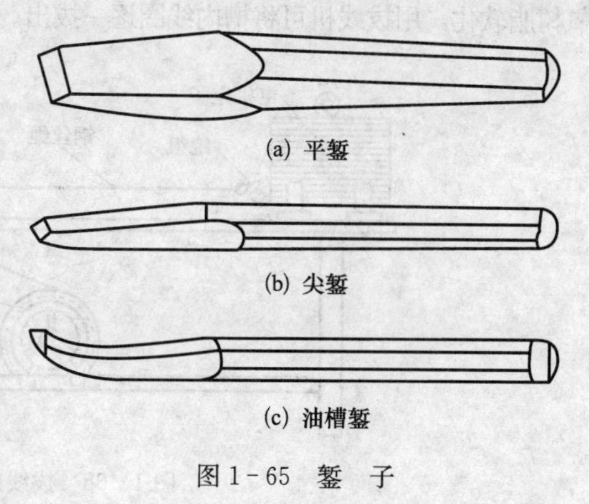

(a) 平錾

(b) 尖錾

(c) 油槽錾

图1-65　錾　子

（2）冲子　为了方便地冲出錾去了线圈端部后剩下的线圈，可以取直径为6～14 mm、长为200～400 mm的普通圆钢，将截面打制成椭圆形状（图1-66），与电动机定子槽形相适应，用于将所剩线圈冲出。

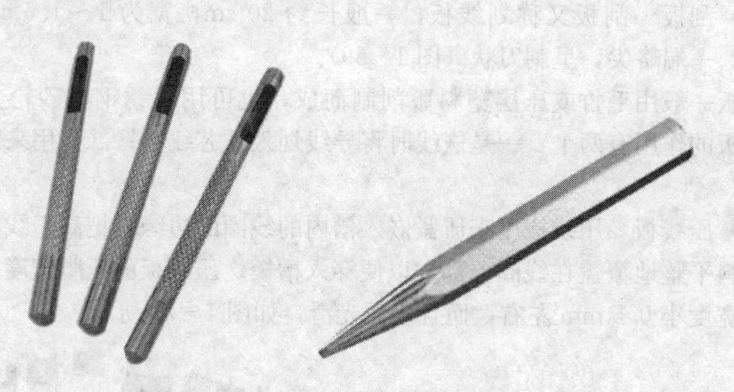

图1-66　冲　子

（3）钢丝刷　在冲出线圈后，定子槽内会残留部分绝缘物，要清除这些残留的绝缘物，常用的清理工具主要有钢丝刷（图1-67），钢丝刷要根据电动机线槽的大小进行选择。除此之外，还可以使用砂纸、清槽片等工具进行清理。

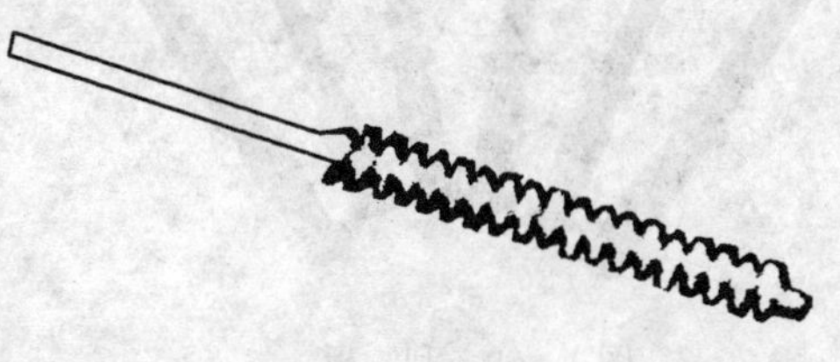

图1-67　钢丝刷

（4）拔线机　拔线机用于拆除浸渍环氧树脂旧绕线。定子绕组加热烧烤使环氧树脂软化，用拔线机可将槽内线圈逐一拔出。拔线机的结构如图 1－68 所示。

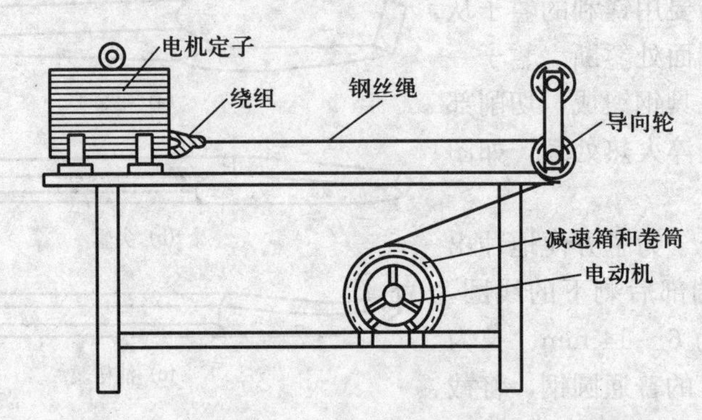

图 1－68　拔线机

8. 嵌线工具

（1）刮板　刮板又称划线板，一般长约 20 cm，宽为 1～1.5 cm，厚约 0.3 cm，一端略尖，呈刺刀状（图 1－69）。

刮板一般用毛竹或压层塑料版削制而成，也可用不锈钢在砂轮上磨制而成。刮板的作用有两个：一是嵌线时将导线划入铁芯线槽；二是用来整理槽内的导线。

（2）压线板　压线板用来压紧嵌入槽内的线圈的边缘，把高于线圈槽口的绝缘材料平整地覆盖在线圈上部，以便穿入槽楔。压线板的压脚宽度一般比槽上部的宽度小 0.5 mm 左右，而且表面光滑，如图 1－70 所示。

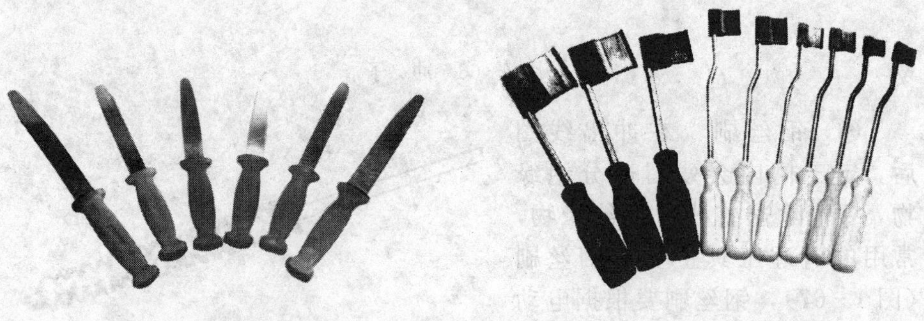

图 1－69　刮　板　　　　图 1－70　压线板

9. 绕线工具

（1）绕线机　绕线机是用于绕制绕组的专用工具。绕线机上配有计圈器、两个大齿轮和两个小齿轮，大齿轮可带动小齿轮转动，机轴上有两个锥形螺母，其中一个无螺纹，应放在里面，另一个有螺纹，应放在外边，用来夹紧绕组模，如图 1-71 所示。

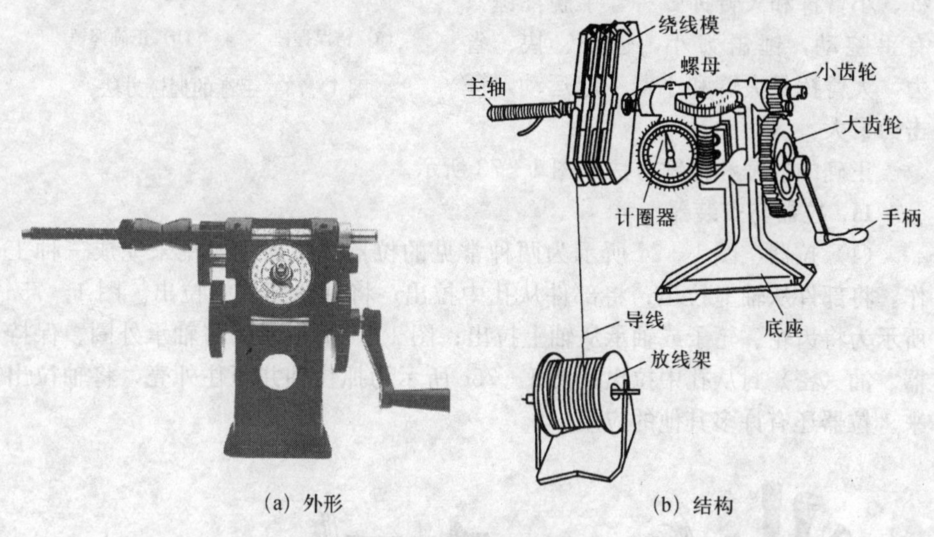

(a) 外形　　(b) 结构

图 1-71　绕线机

(2) 绕线模具　常见的绕线模具有固定模具和活动模具两种。应按国家统一规定的电动机数据自行制作，否则，绕制的线圈过小，不好嵌线，而且有时根本无法嵌线；绕制的线圈过大，不仅浪费原料，而且往往触碰端盖，产生相间或对地短路故障，而使电动机不能正常运行。

10. 手锤　手锤有硬手锤和软手锤之分，如图 1-72 所示。硬手锤又称圆顶锤，其锤头一端呈平面略有弧形，是基本工作面，另一端呈球面，用来敲击凹凸形状的工件。规格以锤头质量表示，以 0.5～0.75 kg 的最为常用，锤头用 45 号、50 号钢锻造，两端工作面热处理后硬度一般为 HRC50～57。软手锤的锤头一般为圆柱形、扁平形和圆锥形，其材料一般为橡胶、铜及其合金、铝及其合金、工程塑料等，可用于电动机的装配作业。

硬手锤　　软手锤

图 1-72　手　锤

使用手锤时，切记要仔细检查锤头和锤把是否楔塞牢固，握锤应握住锤把后部（图 1－73）。挥锤的方法有手腕挥、小臂挥和大臂挥 3 种，手腕挥锤只有手腕动，锤击力小，但准、快、省力，大臂挥是大臂和小臂一起运动，锤击力最大。

(a) 错误握锤　　(b) 正确握锤

图 1－73　手锤的握锤方法

正确的握锤和挥锤方法如图 1－73 所示。

11. 拉器与安装器

（1）拉器　图 1－74 所示为两种常见的拉器。拉器主要用来完成三种工作：将部件从轴上拉出；将部件从孔中拉出；将轴从部件上拉出。图 1－75a 所示为将齿轮、轮子或轴承从轴上拉出；图 1－75b 所示为将轴承外圈、保持器、油（密）封从孔中拉出；图 1－75c 所示为抓住轴并压住外壳，将轴拉出来。拉器还有许多其他的应用。

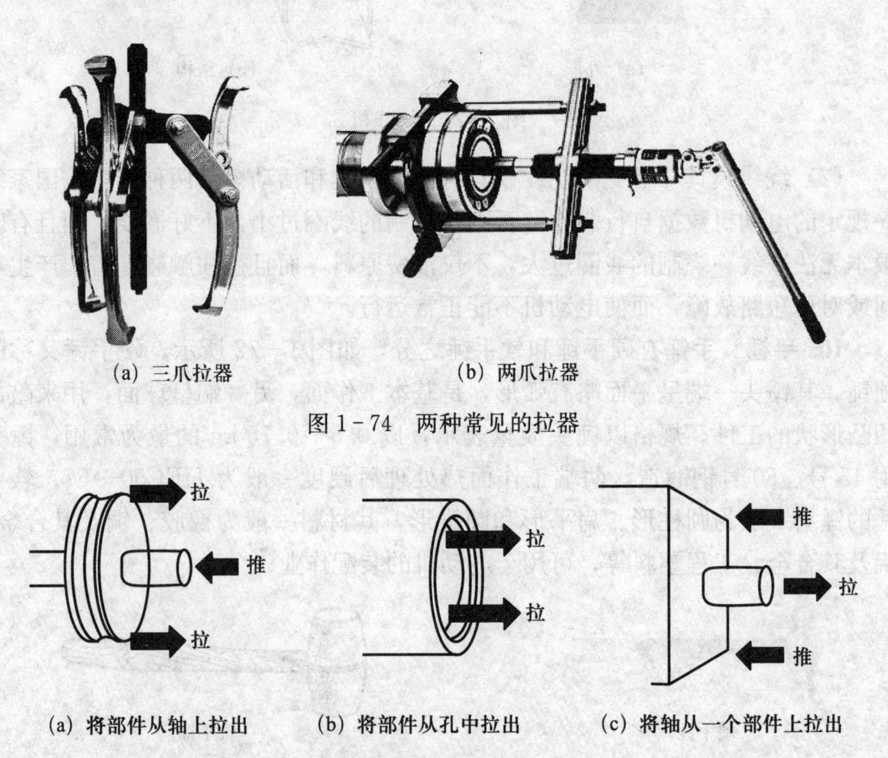

(a) 三爪拉器　　(b) 两爪拉器

图 1－74　两种常见的拉器

(a) 将部件从轴上拉出　　(b) 将部件从孔中拉出　　(c) 将轴从一个部件上拉出

图 1－75　拉器的三种特殊功用

（2）安装器　安装衬套、轴承和密封圈是一项很困难的工作。在安装过程中，这些部件必须正确定位，还必须施加一定的压力，衬套安装器可以用来完成这项工作。安装的三个步骤如图 1-76 所示。

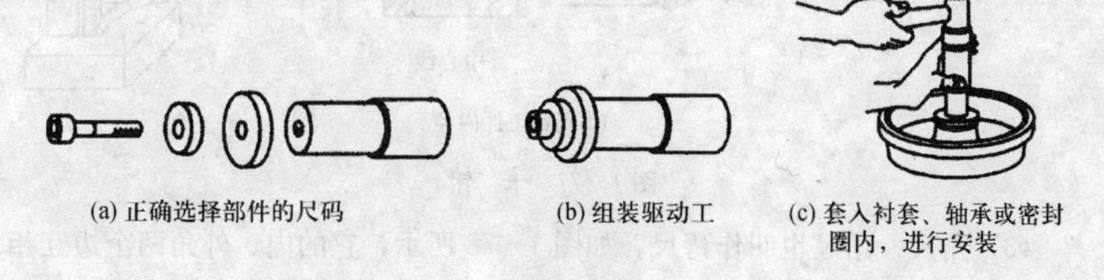

(a) 正确选择部件的尺码　(b) 组装驱动工　(c) 套入衬套、轴承或密封圈内，进行安装

图 1-76　用衬套安装器安装的步骤

12. 测量工具

（1）钢直尺　钢直尺是用不锈钢片制成的，尺面上刻有尺寸。

钢直尺的规格一般有 15 mm、200 mm、300 mm、500 mm 4 种，其测量精度一般只能达到 0.2～0.5 mm。如果要用钢直尺测量工件的外径或内径尺寸，则必须与卡钳配合使用。

（2）卡钳　卡钳有测外径尺寸和测内径尺寸的两种，如图 1-77 所示。测外径尺寸的卡钳可用于测量零件的厚度、宽度和外径等，叫作外卡钳。测内径尺寸的卡钳用于测量孔径及沟槽宽等，叫作内卡钳。卡钳一般用工具钢或不锈钢制成。

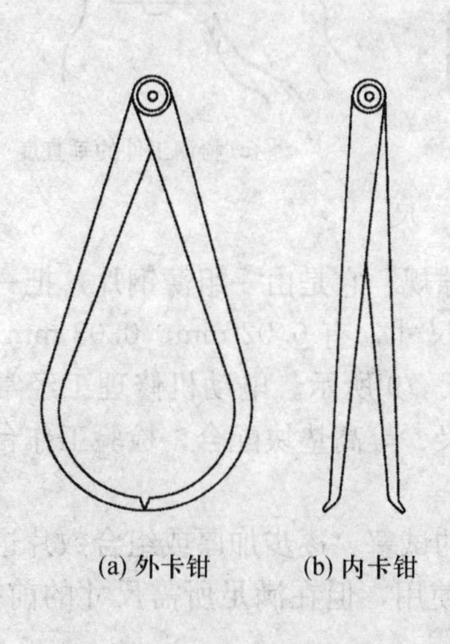

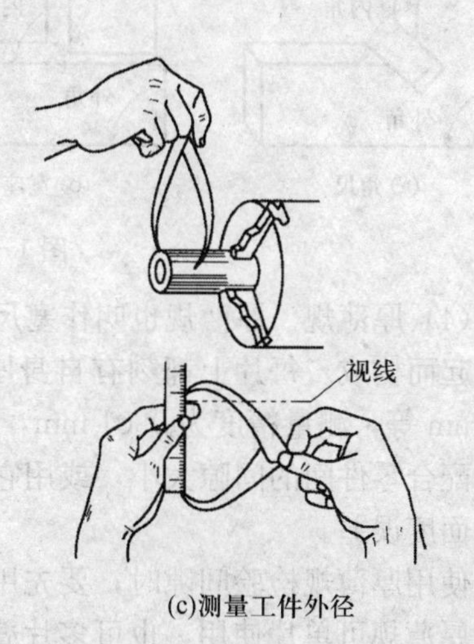

(a) 外卡钳　(b) 内卡钳　(c)测量工件外径

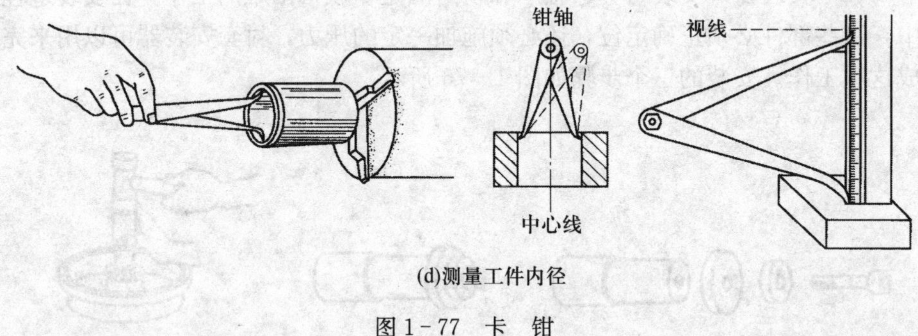

(d)测量工件内径

图1-77 卡 钳

(3) 角尺 角尺也叫作弯尺，如图1-78所示，它的内、外角两个边互相垂直。角尺用于检验直角、划线及安装定位。角尺的规格是用长边和短边的尺寸来表示的。例如，250 mm×160 mm的角尺，就是指长边为250 mm，短边为160 mm的角尺。测量时，先使一个尺边紧贴被测工件的基准面，根据另一尺边的透光情况来判断垂直度或90°角度的误差。

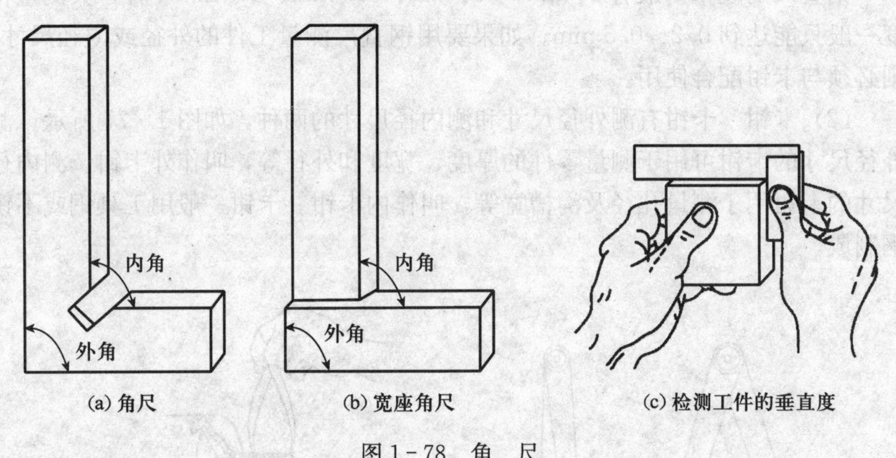

(a) 角尺　(b) 宽座角尺　(c) 检测工件的垂直度

图1-78 角 尺

(4) 厚薄规 厚薄规也叫作塞尺或间隙规，它是由一组薄钢片，把一端钉在一起而构成。每片上都刻有自身厚度的尺寸，有0.02 mm、0.03 mm、…、1.0 mm等，测量精度为0.01 mm，如图1-79所示。电动机修理工经常用它测量配合零件间的间隙大小，或用它与平尺、等高垫块配合，检验工作台台面的平面度误差。

使用厚薄规检验间隙时，要先用较薄的试塞，逐步加厚或组合数片进行测定。厚薄规可单片使用，也可多片叠起来使用，但在满足所需尺寸的前提下，片数越少越好。厚薄规容易弯曲和折断，测量时不能用力过大，也不能测量温度较高的工件，用完后要擦拭干净，及时合到夹板中。

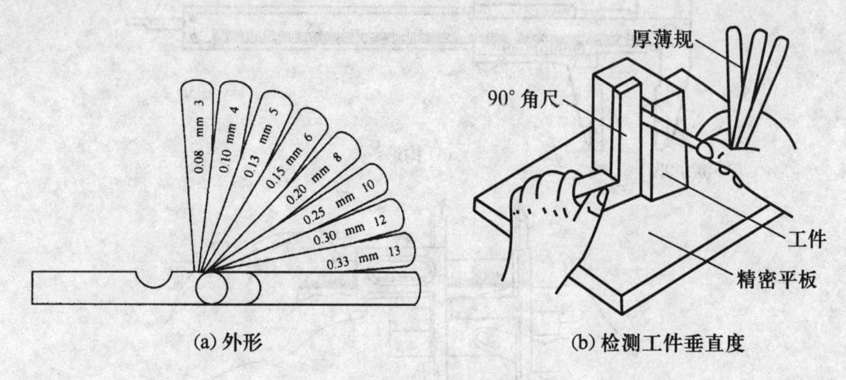

(a) 外形　　(b) 检测工件垂直度

图 1－79　厚薄规

（5）游标卡尺　游标卡尺是一种比较精密的量具，其结构简单，可以直接测量出工件的内径、外径、长度和深度等，游标卡尺按测量精度可分为 0.10 mm、0.05 mm、0.02 mm 3 个量级。测量尺寸范围有 0～125 mm、0～150 mm、0～200 mm、0～300 mm 等多种规格，使用时根据零件精度要求及零件尺寸大小进行选择。

常见游标卡尺的结构如图 1－80 所示，它由主尺、副尺和卡爪及紧固螺钉组成。内、外固定卡爪与主尺制成一整体，而内、外活动卡爪与副尺（即游标尺）制成一体，并可在主尺上滑动。主尺上的刻度，每格为 1 mm，副尺上的刻度，每格不足 1 mm。当两个卡爪合拢时，主、副尺上的零线应相重合。在两卡爪分开时，主、副尺刻线即相对错动。测量时，根据主、副尺的错动位置，即可在主尺上读出毫米整数，在副尺上读出毫米小数。紧固螺钉可使副尺固定在主尺某一位置，以便读数。

测量零件外部尺寸时，先把零件放在两个张开的卡爪内，贴靠在固定卡爪上，然后用轻微的压力，把活动卡爪推过去（指没有微动调节螺母的卡尺），当两个卡爪的测量面与零件表面紧靠时，即可由卡尺上读出零件的尺寸。

（6）千分尺的识别　千分尺是用微分套筒读数的示值为 0.01 mm 的测量工具，千分尺的测量精度比游标卡尺高。按照用途可分为外径千分尺、内径千分尺和深度千分尺几种，其中外径千分尺最常用。

外径千分尺用来测量零件的外径、长度和厚度等，按测量范围分有 0～0.25 mm、25～50 mm、50～75 mm 等多种规格。

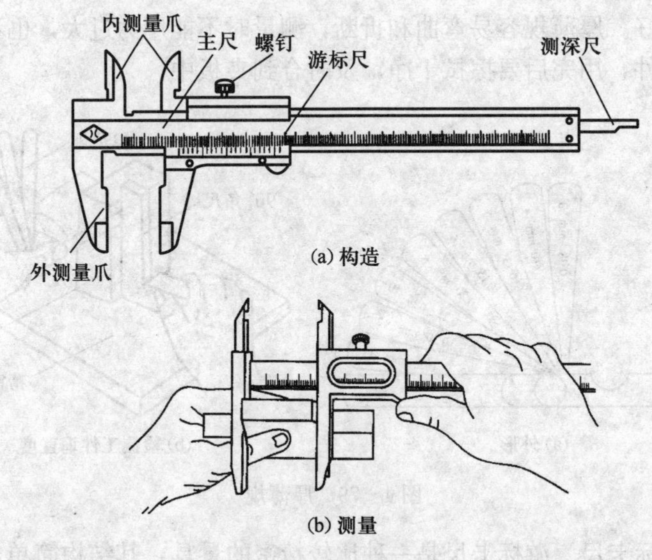

(a) 构造

(b) 测量

图 1-80 游标卡尺

外径千分尺由弓架、测轴螺杆等组成，如图 1-81 所示。螺杆是右旋螺纹，螺距为 0.5 mm，也有 1 mm 螺距的螺杆，螺杆的一端是圆柱测量杆，经淬硬并磨光，装在弓架上的固定套管内，它的端面与砧座量面平行。

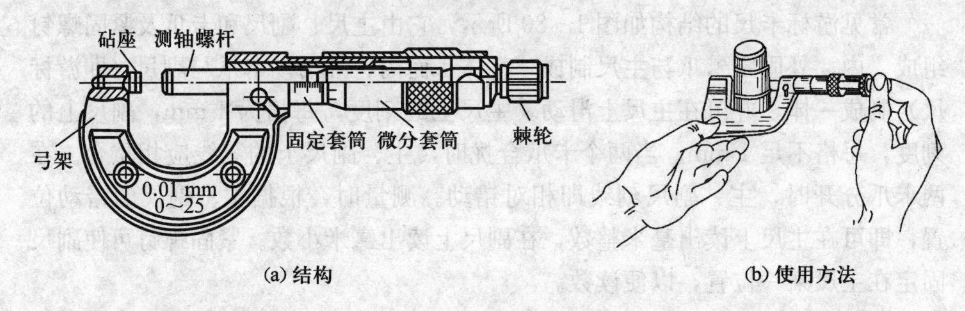

(a) 结构

(b) 使用方法

图 1-81 外径千分尺

固定套管一端与弓架相连，另一端有内螺纹，可与螺杆相配合。使螺杆在旋转过程中能同时轴向移动。固定套管外面有尺寸刻线，刻线间距为 1 mm，中间两侧的刻线相错半格（0.5 mm）。

活动套管套在固定套管上，并与测轴螺杆相连，当螺杆旋转时，活动套管可在固定套管上移动。在活动套管的锥面上有圆周等分刻线。当螺杆螺距是 0.5 mm 时，成 50 等分；当螺杆螺距是 1 mm 时，成 100 等分，所以活动套管每转一格，螺杆轴向移动 0.01 mm。

在螺杆的另一端装有摩擦棘轮，棘轮旋转时，带动螺杆转动，直到螺杆的测量面紧贴零件，螺杆停止转动，如再旋转棘轮就会发出响声，此时表示，已与测量面接触并达到适当的测量力。

(7) 百分表　百分表（图 1－82），是零件加工和机器装配中，检查零件尺寸和形状误差的主要量具，它常被用来测量零件表面的平面度、直线度、零件两平行面间的平行度和圆形零件的圆度、圆跳动等。百分表的测量范围有 0～3 mm、0～5 mm、0～10 mm 3 种规格。

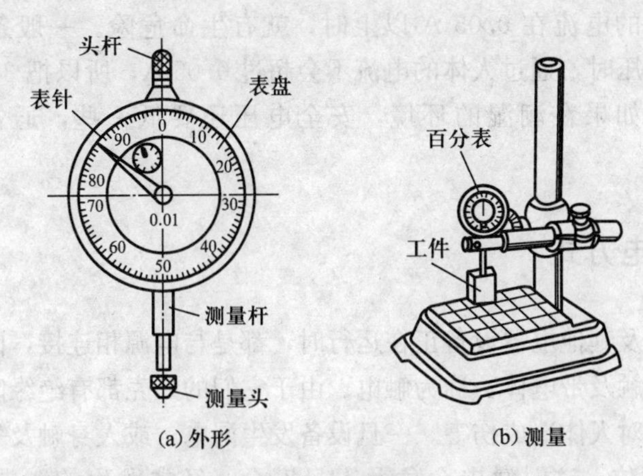

图 1－82　百分表

测轴的下端装有测头，测量时，当测头触及零件被测表面后，测轴能上下移动。测轴每移动 1 mm，指针转一整周，在表盘上的刻线把圆周分成 100 等分，因此，指针摆动一格时，测轴移动 0.01 mm。所以百分表的测量精度为 0.01 mm。

在检验零件时，用百分表夹持架夹持百分表。把零件放在平板上，使百分表的测头压到被测零件的表面上，再转动刻度盘，使指针对准零位，然后移动百分表（或零件），来测量零件的平面度或平行度。

测量轴时，将需要检验的轴，装在检验架上或 V 形铁上，使百分表的测头压到轴的表面上，用手转动轴，就可读出轴的圆跳动量。

第七节　电动机修理的安全知识

一、电流对人体的危害

由于不慎触及带电体，产生触电事故，会使人体受到各种不同的伤害。根据伤害性质可分为电击和电伤两种。电击是指电流通过人体，使内部器官组织受到损伤，如果受害者不能迅速摆脱带电体，则最后会造成死亡事故。电伤是指在电弧作用下或熔丝熔断时，对人体外部的伤害，一般会造成烧伤、金属溅伤等。

电击所引起的伤害程度与人体电阻的大小有关，人体的电阻愈大，通过的电流愈小，伤害程度也就愈轻；通过人体的电流越大，流通时间愈长，伤害愈严重。

一般情况下，当皮肤角质外层完好，并且很干燥时，人体电阻大约为10～100 kΩ。当角质层被破坏时，人体电阻通常会降到800～1 000 Ω。

通过人体的电流在0.05 A以上时，就有生命危险。一般条件下，接触36 V以下的电压时，通过人体的电流不会超过0.05 A，所以把36 V的电压作为安全电压。如果在潮湿的环境，安全电压还要低一些，通常是24 V或12 V。

二、触电方式

电动机以及其他电器设备正在运行时，都是与电源相连接，因而称之为带电体，当人身触及带电体，称为触电。由于它们的外壳都有绝缘防护装置，所以一般都不会对人体造成伤害。一旦设备发生漏电，或人身触及失去绝缘的电器设备裸体部位，这时触电会危及人身安全。经常发生的触电种类有以下几种。

1. 电源中性点接地的单相触电　电源中性点接地的单相触电如图1－83所示。

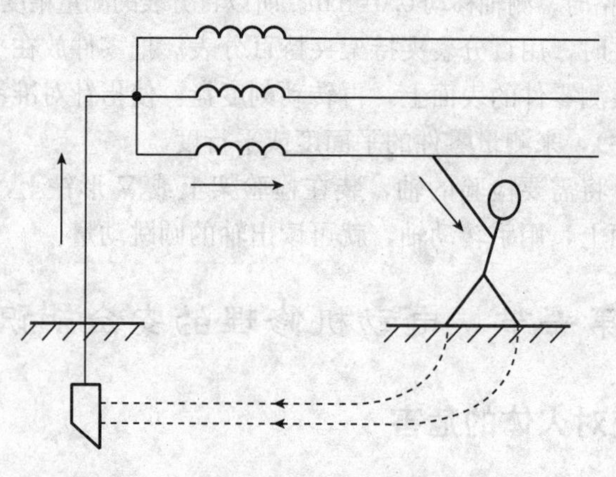

图1－83　电源中性点接地的单相触电

在 380 V/220 V 的低压电网中，如果中性点接地，当人体触及其中一相火线时，则人体承受 220 V 电压，这时通过人体的电流较大，非常危险。

2. 电源中性点不接地的单相触电　电源中性点不接地的单相触电如图 1－84 所示。

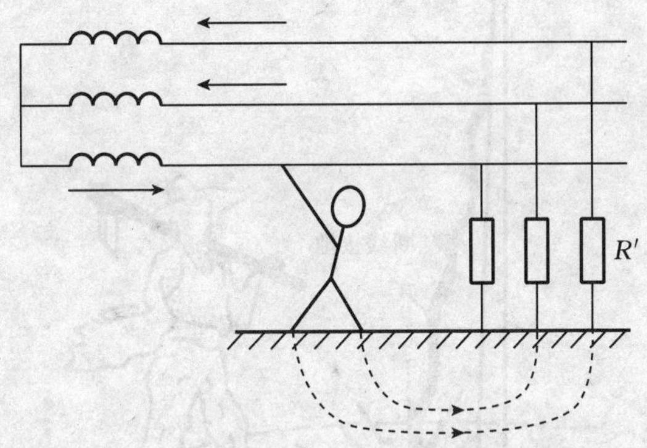

图 1－84　电源中性点不接地的单相触电

这种触电也有危险。乍看起来，似乎电源中性点不接地时，不能构成电流通过人体的回路。其实不然，要考虑到导线与地面间的绝缘可能不良，甚至有一相接地，在这种情况下人体中就有电流通过。

注意：在交流的情况下，导线与地面间存在的电容也可构成电流的通路。

3. 两相触电　当人体两处同时和两根火线接触，或者在高压系统中，人体距离高压带电体小于规定的安全距离，造成电弧放电时，电流从一相导体流入另一相导体，电流从一根导线经过人体流至另一根导线，这种情况称为两相触电，如图 1－85 所示。

图 1－85　两相触电

两相触电常发生在在电杆上工作时。这时，即使触电者穿上绝缘鞋，或站在绝缘台（或干燥的地板）上，也起不了保护作用。因此，两相触电最危险。

4. 跨步电压触电　当三相高压输电线路的一相导线断落在地面上时，就会有电流从接地点流入大地中。接地点电流密度最大，电位最高；远离接地点电流分散，电位变低。

如果在接地点周围走动时，两脚踩在不同地点，这时两脚间就会有电位差，这个电位差称为跨步电压（图 1－86）。一般而言，对于 10～35 kV 的线路，人在接地点 10 m 以内才产生跨步电压，最大可能高达 160 V。

图 1－86　跨步电压

5. 漏电触电　当一台电动机（或其他用电设备）由于线圈绝缘不良，机壳产生漏电现象，这时机壳对地产生电压，人身若接触外壳时，在人身接触点与脚之间的电压称触电压或漏电电压，由此造成触电事故。

人手触及带电的电动机（或其他电器设备）外壳，相当于单相触电。大多数触电事故属于这一种。

三、触电急救方法

人触电以后，会出现神经麻痹、呼吸中断、心脏停止跳动等现象，外表呈现昏迷不醒的状态。但不应该认为是死亡，而应该看作是假死，并且应迅速而持久地进行抢救，有触电者经过 4 h 甚至更长时间的紧急抢救而得救的事例。据统计：从触电后 1 min 开始救治者，90%有良好效果；从触电后 6 min 开始救治者，10%有良好效果；而从触电后 12 min 开始救治者，救活的可能性很小。由此可知，救治及时迅速是非常重要的。

1. 使触电者迅速离开电源　如果触电地点附近有电源开关或电源插座，可立即拉开开关或拔出插头，断开电源（图1-87）。用干燥的竹竿、木棒等工具将电线移开（图1-88）。必要时用绝缘工具切断电线，以断开电源（图1-89）。

图1-87　立即断开电源

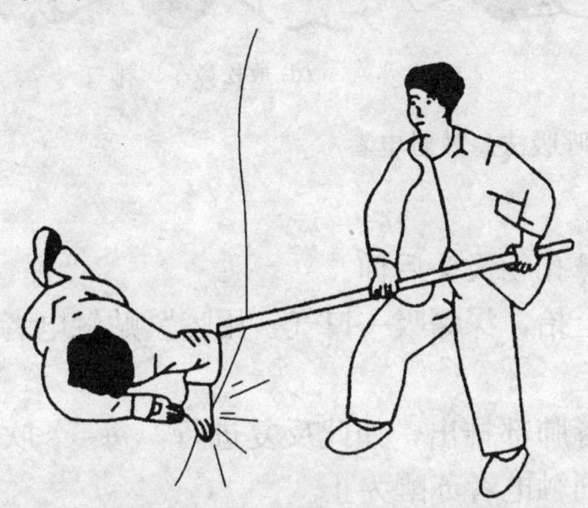

图1-88　用干燥的竹竿、木棒等工具将电线移开

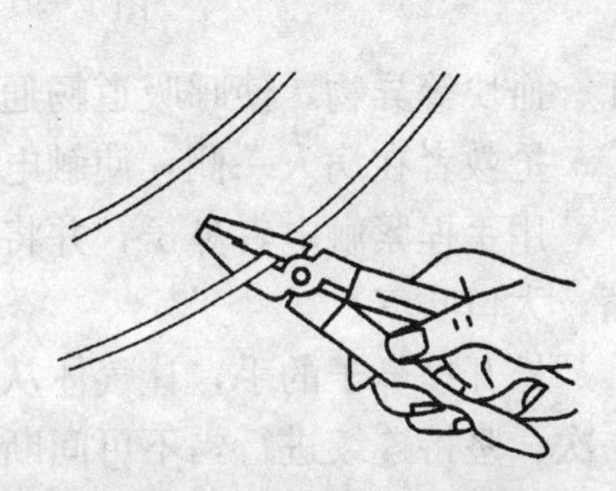

图1-89　用绝缘工具切断电线

如果触电者的衣服是干燥的，又没有紧缠在身体上，可以用一只手抓住他的衣服，拉离电源（图1-90）。因为触电者的身体是带电的，其鞋子的绝缘也可能遭到破坏，所以救护人员不得接触触电者的皮肤，也不能够触摸触电者的鞋子。

2. 人工呼吸法救治　对有心跳而呼吸停止的触电者，可采用口对口人工呼吸法进行急救（图1-91）。

将触电者仰卧，解开衣服和裤带，然后将触电者头偏向一侧，张开其嘴，用手指轻取口腔中的假

图1-90　用一只手抓住触电者的衣服，拉离电源

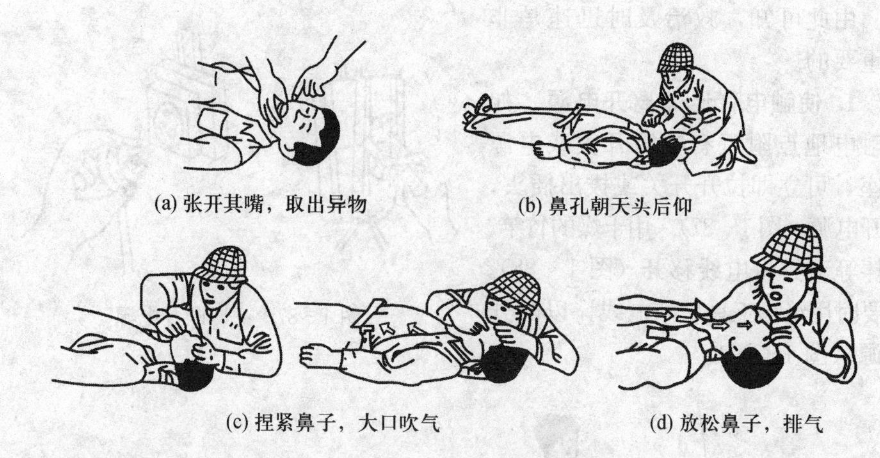

(a) 张开其嘴，取出异物　(b) 鼻孔朝天头后仰

(c) 捏紧鼻子，大口吹气　(d) 放松鼻子，排气

图 1-91　人工呼吸法急救触电者

牙、血块等异物，使呼吸道畅通。

抢救者在病人一侧，使触电者的鼻孔朝天头后仰。

用手捏紧触电者鼻子，并将颈部上抬，深深吸一口气，用嘴紧贴触电者的嘴，大口吹气。

松开捏鼻子的手，让气体从触电者肺部排出，如此反复进行，每 5 s 吹气一次，坚持连续进行，不可间断，直到触电者苏醒为止。

人工呼吸应就地进行，只要有一线希望都要坚持到底。一旦将人抢救过来，一方面加强护理，另一方面找医护人员或送往医院。

人工呼吸的注意事项：

(1) 争取时间，动作要快，并且要坚持连续进行。在请医生前来和送往医院的过程中，不许间断抢救。

(2) 应将触电人身上妨碍呼吸的衣服如领口、上衣、裤带等全部解开，愈快愈好。

(3) 迅速将口中的假牙或异物取出。

(4) 如果牙关紧闭，须使其口张开，可将下颌骨抬起，用两手四指托在下颌骨后角处，用力慢慢往前移动，使下牙移到上牙前，如还不开口，可用小木板等物插入牙缝，但不能从前面门齿插入，必须从口角伸入，注意不要损伤牙齿。

(5) 不能注射强心剂，必要时由医护人员用克拉明急救。

3. 胸外心脏按压法急救　对有呼吸但心脏停止跳动的触电者，应采用胸外按压法进行急救（图 1-92）。

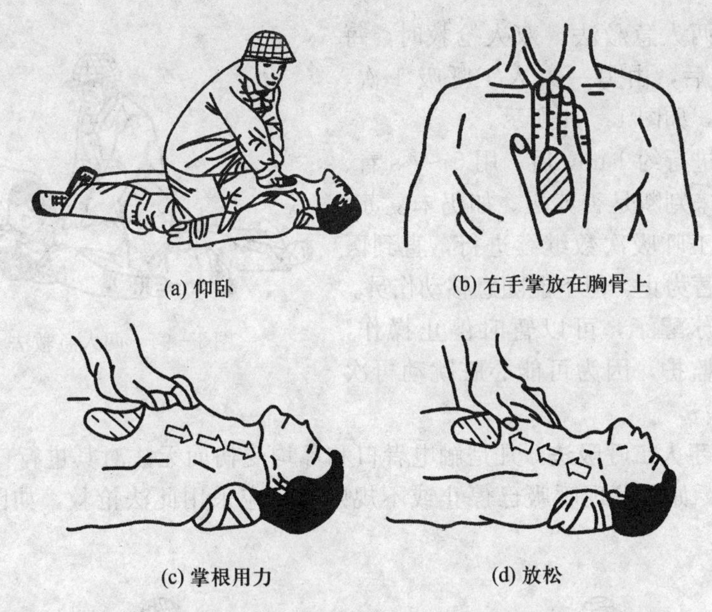

图 1－92　胸外心脏按压法急救触电者

将触电者仰卧在硬板上或地上，颈部垫枕物使头部稍后仰，松开衣服和裤带，急救者跨跪在触电者腹部。

急救者将右手掌根部按于触电者胸骨下 1/2 处，中指指尖对准其颈部凹陷的下缘，左手掌复压在右手背上。

掌根用力下压 3～4 cm。

突然放松，按压与放松的动作要有节奏，每秒进行一次，必须坚持连续进行，不可中断，直到触电者苏醒为止。

4. 人工呼吸法与胸外按压法同时急救　对于呼吸和心跳均已停止的触电者，应同时采用人工呼吸法和胸外心脏按压法进行急救。

（1）一人急救法　单人急救时，两种方法应交替进行，即人工呼吸 2～3 次，再按压心脏 10～15 次，且速度都应快些，如图 1－93 所示。

图 1－93　一人急救法

（2）两人急救法　双人抢救时，每按压 5 次后，由另一人人工呼吸 1 次，反复进行，如图 1－94 所示。

图 1－94　两人急救法

按压进行约 1 min 后，用 5～7 s 看、听、试，来判断是否苏醒。如仍未复苏，应增加人工呼吸次数继续进行，直到医务人员接替为止，但不能随意移动伤员。

如果苏醒了，可以暂时停止操作，但要严密监护，因为可能心脏跳动再次骤停。

5. 牵手人工呼吸法　凡是触电者口和鼻均受伤而无法对其进行口对口人工呼吸的，如果发现呼吸已停止或不规则时，应采用此法抢救，如图 1－95 所示。

图 1－95　牵手人工呼吸法急救触电者

第二章

三相异步电动机的结构与控制

在农村，广泛采用三相异步电动机作为动力，来驱动作业机旋转而工作，如驱动水泵进行农田排灌，驱动脱粒机进行农作物脱粒，驱动粉碎机进行谷物或饲料的粉碎加工，驱动搅拌机进行面粉、饲料等搅拌混合等。因此，作为农村电动机修理工应首先掌握三相异步电动机的构造原理与修理技巧。

第一节　三相异步电动机的结构

一、三相异步电动机的基本组成

三相异步电动机主要有两种：一种是鼠笼式异步电动机，具有启动扭矩小、启动电流较大、结构简单、成本较低、维修方便等特点。另一种是绕线式异步电动机，又称滑环式异步电功机，其启动扭矩较大，启动电流较小，但制造成本较高，维修也较困难，因此在一般场合采用较少。

三相异步电动机在构造上主要由两个部分组成：固定不动的部分，叫作定子；旋转的部分，叫作转子。转子装在定子当中，它们之间留有气隙。三相异步电动机的气隙一般为 0.25～2.0 mm，其大小对异步电动机的性能有很大影响。鼠笼式或绕线式异步电动机的构造大致相同，在定子上装有通入三相电流的定子绕组，三相绕组的始末端，引到装在机壳的引线盒上。定子铁芯牢固地装在机座外壳中。转子的中心装有转轴，转轴在轴承中旋转。在小型三相异步电动机中，轴承就装在端盖上。端盖用螺栓紧装在三相异步电动机的机座外壳上，这样，转子就支持在端盖上旋转，转子转轴的一端可装上皮带轮或其他传动装置，以便带动各种作业机。

三相异步电动机的外形如图 2 - 1 所示。

鼠笼式三相异步电动机的结构如图 2 - 2 所示，绕线式三相异步电动机的结构如图 2 - 3 所示。

图 2－1　三相异步电动机的外形

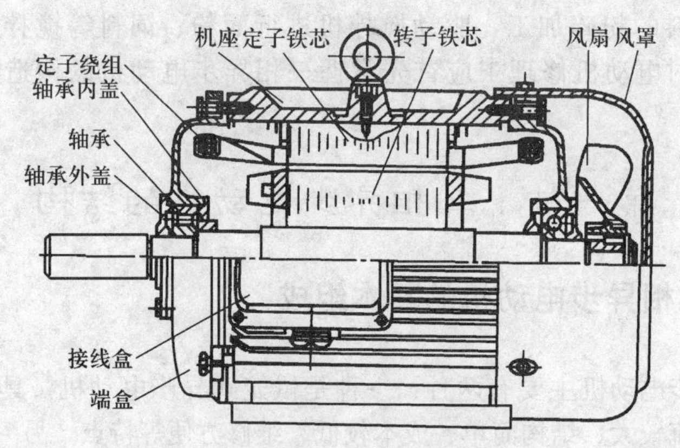

图 2－2　鼠笼式三相异步电动机

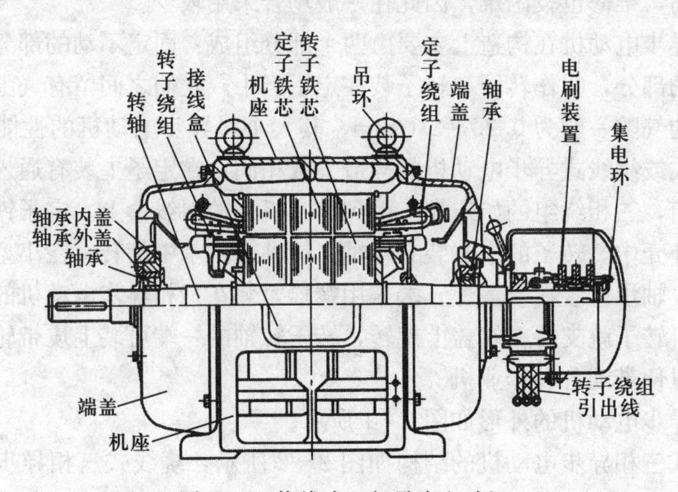

图 2－3　绕线式三相异步电动机

三相异步电动机的零件分解图如图 2－4 所示。Y 系列三相异步电动机的主要零部件如图 2－5 所示。

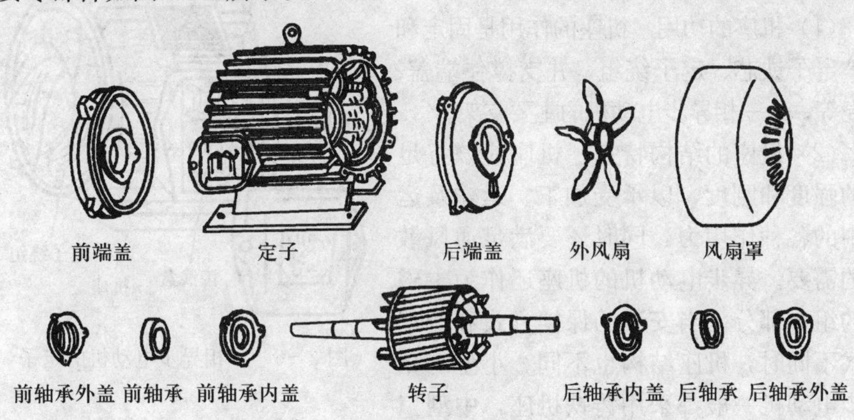

图 2－4　三相异步电动机的零件分解图

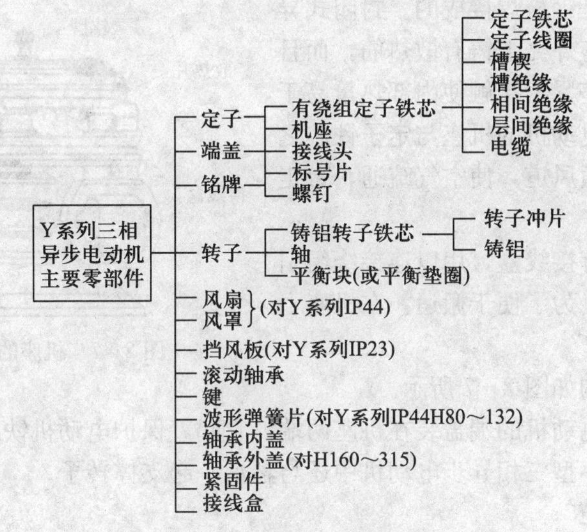

图 2－5　Y 系列三相异步电动机的主要零部件

二、定子

1. 定子的作用　定子是三相异步电动机固定不动的部分，其功用是专门产生一个旋转磁场，驱使转子旋转。

2. 定子的基本组成　三相异步电动机的定子主要由定子铁芯、定子绕组、端盖、接线盒等组成，如图 2－6 所示。

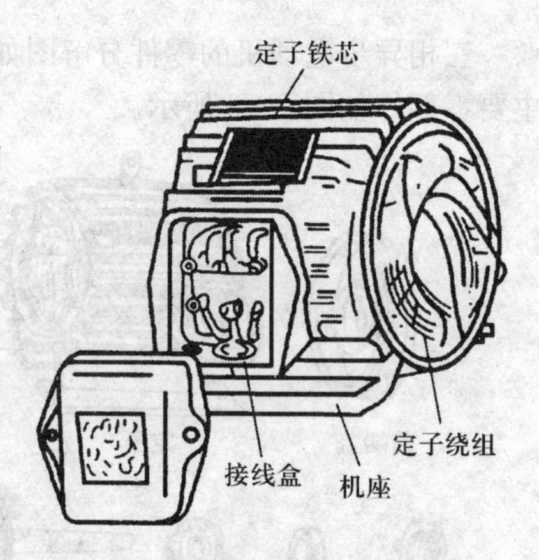

图 2－6　三相异步电动机的定子

3. 机座

（1）机座的功用　机座的作用是固定和保护定子铁芯、定子绕组，并支撑住端盖、罩壳等，是三相异步电动机的主要支架。

（2）机座的结构特点　机座应该有足够的强度和刚度，以承受加工、运输及运行中的各种作用力，同时还要满足通风散热的需要。异步电动机的机座还作为主磁路的组成部分。当安装的保护方式和冷却方式不同时，机座结构也不同。小型三相异步电动机一般都采用铸铁机座，中型三相异步电动机除采用铸铁机座外，也有采用钢板焊接的机座，大型三相异步电动机的机座都是钢板焊接成的。封闭式异步电动机的机座外壳上铸有散热筋，而且定子铁芯与机座紧密接触使内部热量易于散出。保护式电动机的机座与定子铁芯之间留有一定的通风道，使空气疏通，带走机内热量。

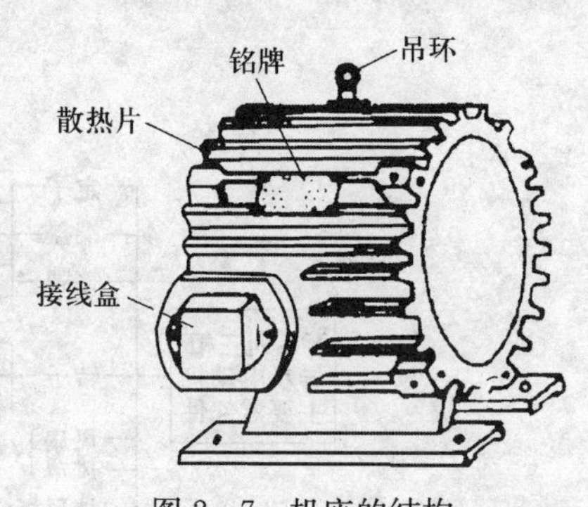

图 2－7　机座的结构

机座上设有接线盒，用以连接绕组引线和接入电源。为了便于搬运，在机座上面还装有吊环。

机座的结构如图 2－7 所示。

三相异步电动机的端盖装在机座两端，它起着保护电动机铁芯和绕组端部的作用，在中小型三相异步电动机中还与轴承一起支撑转子。

4. 定子铁芯

（1）定子铁芯的功用　构成三相异步电动机的磁路。

（2）定子铁芯的结构特点　定子铁芯是由 0.35～0.5 mm 厚的相互绝缘的硅钢片叠压而成。未装绕组的异步电动机定子形状如图 2－8 所示。它是三相异步电动机磁路的一部分。由于异步电动机的磁场是交变的，所以铁芯中要产生涡流损耗和磁滞损耗，为了减少铁芯的损耗，铁芯是用相互绝缘的硅钢片叠压而成。一般小容量的三相异步电动机主要利用硅钢片的表面氧化层来达到片间的绝缘，而容量较大的三相异步电动机所用的硅钢片必须涂绝缘漆。

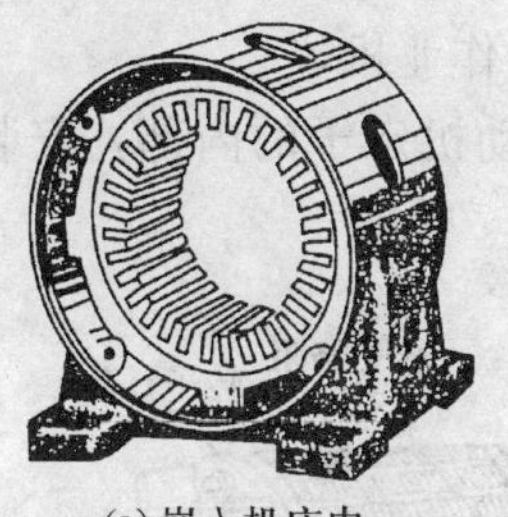

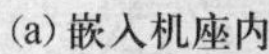

(a) 嵌入机座内

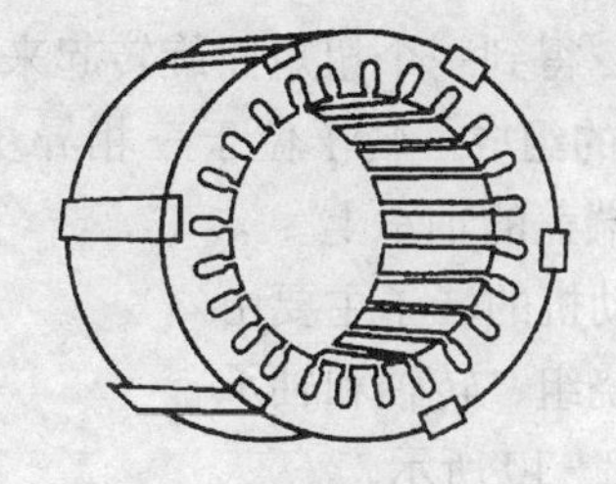

(b)定子铁芯

图 2-8　未装定子绕组的定子铁芯

5. 定子绕组

（1）定子绕组的功用　产生旋转磁场，使转子产生电磁力而转动。

（2）定子绕组的结构特点　定子绕组是三相异步电动机的电路部分。三相异步电动机有 3 个独立的绕组（即三相绕组），每个绕组包含若干线圈，每个线圈又由若干匝构成，如图 2-9 所示。

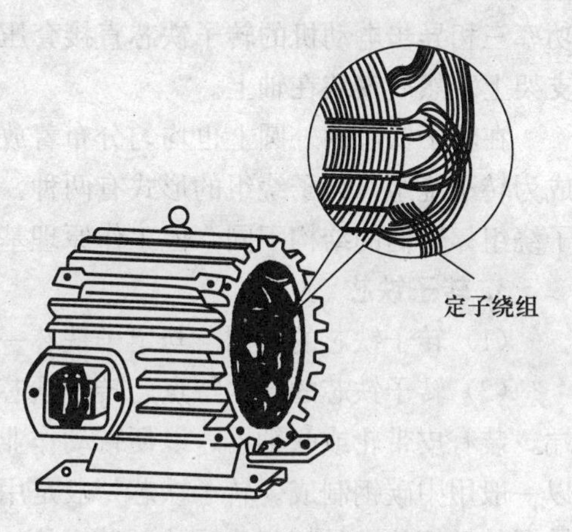

图 2-9　定子绕组

定子绕组有成形硬绕组和散嵌软绕组两类。散嵌软绕组多用于小容量三相异步电动机，它是由高强度漆包线绕制成的线圈按一定规律依次嵌入槽中，形成的三相定子绕组。大、中容量三相异步电动机由于电流大、电压高、导线截面积大、绝缘强度要求高，故采用扁线绕制的成形线圈比较合适。散嵌绕组可分为单层、双层及单双层混合绕组 3 种，而成形硬绕组只采用双层一种形式，先绕成单个线圈，包扎对地绝缘后，热压或冷压成形，然后嵌入定子槽中。一般三相绕组的 6 个端线都引到机座侧面的接线板上，在与电源相接时，可根据情况将 6 个端线接成三角形或接成星形。

三相绕组按照一定的规律依次嵌放在定子槽内，并与定子铁芯之间绝缘。定子绕组通以三相交流电时，便会产生旋转磁场。

三、转子

1. 转子的作用　转子是三相异步电动机的转动部分，其功用是在旋转磁场的作用下，得到一个扭矩而旋转起来带动作业机。

2. 转子的组成 转子位于三相异步电动机定子的内部，安装于三相异步电动机两侧端盖的轴承上。

异步电动机的转子主要由铁芯、转子绕组、转轴和轴承组成，如图 2－10 所示。

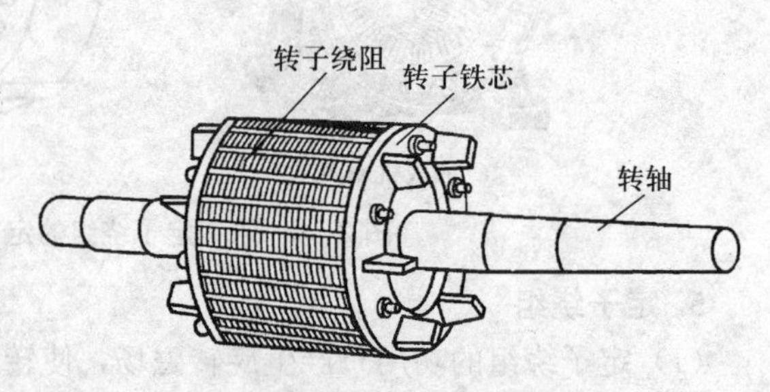

图 2－10 转子的组成

转子铁芯是主磁路的一部分。在正常运行时，转子转速接近同步转速。旋转磁场相对于转子的转速很低，转子中的铁损很小，所以原则上转子铁芯用普通硅钢片叠装就可以了。但是通常仍用从定子冲片的内圆冲下来的原料做转子叠片。小功率三相异步电动机的转子铁芯直接套压在轴上；功率较大时，铁芯压在转子支架上，然后安装在轴上。

在转子铁芯的外圆上也均匀分布着放线圈或导条的槽。各槽中的线圈连接成为转子绕组。转子绕组的形式有两种：一种是鼠笼式绕组；另一种是绕线转子绕组；它们的结构不同，但工作原理基本相同。

3. 转子铁芯

（1）转子铁芯的功用　与定子铁芯一起，构成三相异步电动机的磁路。

（2）转子铁芯的结构特点　转子铁芯装在转轴上，在转轴的端部叫作轴伸端，装有皮带轮或联轴器，以便带动作业机，由于转轴要承受很大的扭矩，所以一般用中碳钢制成。转子铁芯一般是用 0.5 mm 的硅钢片叠成，和定子一样转子的硅钢片也是互相绝缘的，硅钢片的外缘上均匀地冲有线槽，作为嵌放转子绕组用。转子铁芯的结构如图 2－11 所示。

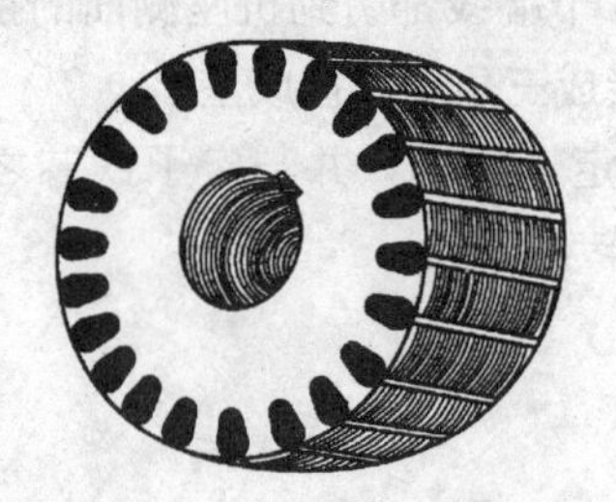

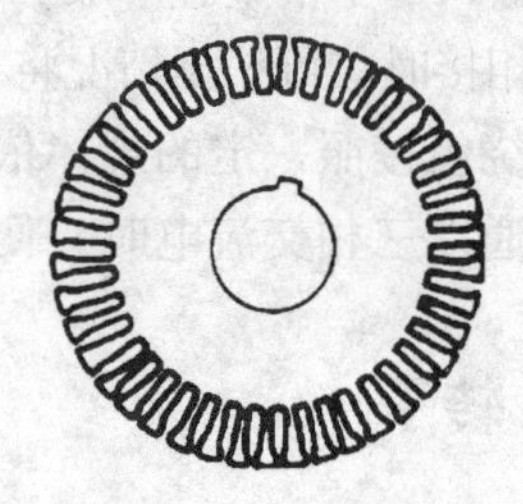

图 2－11 转子铁芯

4. 转子绕组

（1）转子绕组的功用　其主要作用是产生感应电动势与电流，并与定子绕组产生的磁场作用而产生扭矩输出机械功率。

（2）转子绕组的结构特点　转子绕组分为鼠笼式和绕线式两种。

① 鼠笼式转子绕组。鼠笼式转子绕组是由插入每个转子铁芯槽中的裸导条与两端的环形端环连接组成。如果去掉铁芯，整个绕组就像一只笼子，故称为鼠笼式转子绕组，如图 2－12 所示。中小型异步电动机的鼠笼式转子绕组，一般都用熔化的铝液浇入转子铁芯槽中，并将两个端环与冷却用的风扇翼浇注在一起。对于容量较大的异步电动机，由于铸铝质量不易保证，常用铜条插入转子槽中，再在两端焊上端环。

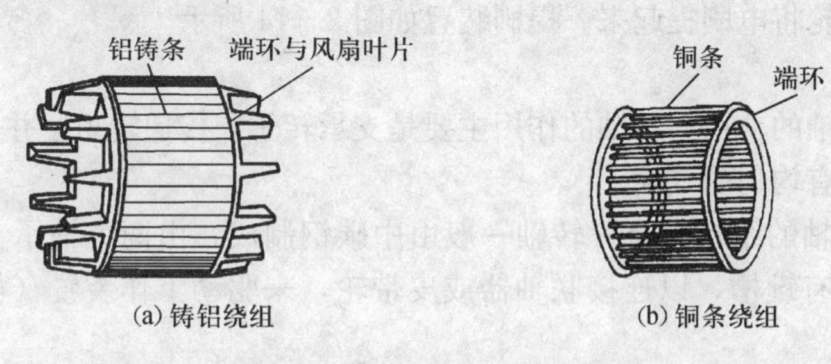

(a) 铸铝绕组　(b) 铜条绕组

图 2－12　鼠笼式转子绕组

② 绕线式转子绕组。绕线式转子绕组与定子绕组相似，也是把绝缘导线嵌入槽内，接成三相对称绕组，一般采用星形（Y）连接，3 根引出线通过转轴内孔分别接到固定在转轴上的 3 个铜制的相互绝缘的集电环（俗称滑环）上，转子绕组可以通过集电环和电刷与外接变阻器相连，用以改善三相异步电动机的启动性能或调节电动机的转速。绕线转子如图 2－13a 所示，绕线转子绕组与外加变阻器的连接如图 2－13b 所示。

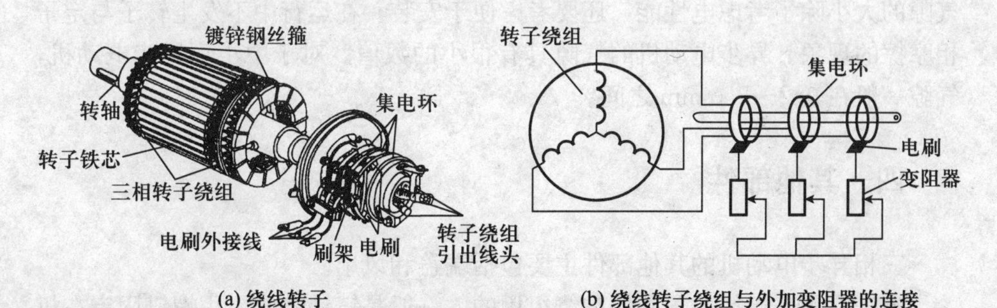

(a) 绕线转子　(b) 绕线转子绕组与外加变阻器的连接

图 2－13　绕线转子

在一般工作条件下，要求转子绕组是短路的。在大中型绕线转子电动机中还装有提刷短路装置，以使三相异步电动机在启动时将转子绕组接通外部电阻（或频敏电阻器），而在启动完毕，又不需要调速的情况下，将外部电阻等全部切除。为了消除电刷和滑环之间的机械摩擦损耗及接触电阻损耗以提高运行的可靠性，通常利用一套机构将转子三相出线短接后再由凸轮将电刷提起来。提刷装置如图 2-14 所示。

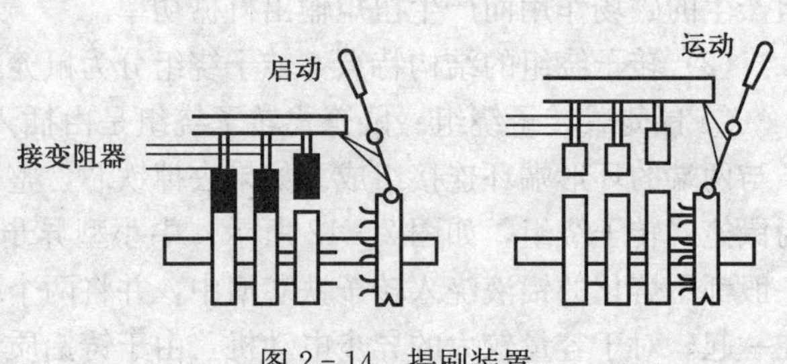

图 2-14　提刷装置

5. 转轴

（1）转轴的功用　转轴的作用主要是支承转子，传递转矩，并保证定子与转子之间具有均匀的气隙。

（2）转轴的结构特点　转轴一般由中碳钢制成，由两个轴承支承。转轴的输出端设有键槽，以连接联轴器或皮带轮，来驱动工作装置（如水泵、脱粒机等）。

6. 气隙　三相异步电动机的气隙是指定子与转子之间的间隙。

气隙的大小对于异步电动机的性能影响很大。气隙大则磁阻大，励磁电流就大，由于异步电动机的励磁电流是取自电网的，增大气隙将使气隙中消耗的磁动势增大，导致三相异步电动机的功率因数降低。从这一角度来考虑，气隙应制造得小一些，但三相异步电动机负载运行时，转轴有一定的挠度，气隙过小，就可能发生定子、转子铁芯相摩擦的现象；另外，从减少谐波磁动势产生的磁通，减少附加损耗及改善启动性能来考虑，则气隙应大一些为好。因此，气隙的大小除了考虑电性能，还要考虑便于安装，在运行中不发生转子与定子相摩擦的现象。异步电动机的气隙具有很小的数值。对于中小型异步电动机，气隙一般在 0.2～2.0 mm 之间。

四、其他部件

三相异步电动机的其他部件主要包括端盖和风扇。

端盖是用来支持转子并保护绕组用的，一般是铸铁铸成，用螺钉固定在机座的两端。端盖部分，除了端盖本体之外，还包括前后两只轴承和轴承盖。两只轴承用来支承转轴，转轴在轴承内旋转，可以大大减小摩擦力。小型三相异步电动机的两只轴承均为滚珠轴承；较大型的三相异步电动机，一只用滚珠轴承，而在皮带轮的一端用滚柱轴承，因滚柱轴承所能承受的负荷较大。轴承盖也是铸铁制成的，用以保护轴承并防止润滑油脂外流。

风扇用来通风冷却。

第二节　三相异步电动机的工作原理

一、异步电动机为何称之为感应电动机

一般电动机的旋转原理都是转子作为带电导体处在定子产生的磁场中，转子因受到电磁力的作用而旋转，异步电动机也不例外。但是异步电动机的转子是不通电的，转子导体上的电动势是通过电磁感应原理产生的，如图 2-15 所示。

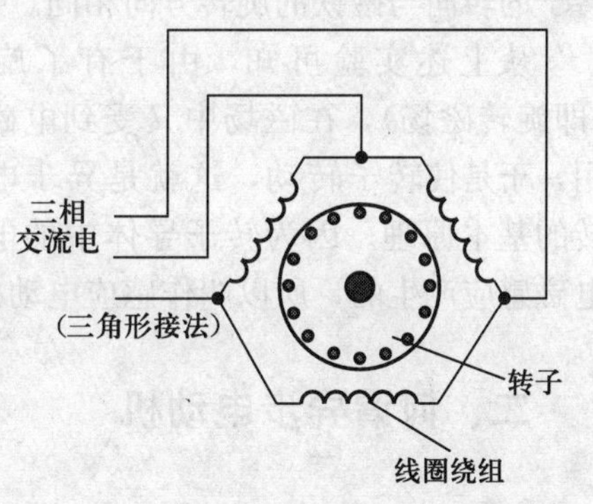

图 2-15　异步电动机的转子是不通电的

为了说明异步电动机的基本原理，先做一个简单的实验（图 2-16）。一个装有手柄的马蹄形磁铁，在它的两极间放着一个可以自由转动的，由许多铜条组成的导体。铜条两端分别用金属环短接，与鼠笼相似，称为鼠笼式转子，磁铁和转子之间没有机械联系，当用手摇手柄使马蹄形磁铁旋转时，鼠笼式转子就会跟着它一起旋转。这是什么道理呢？根据法拉第电磁感应定律，当导体和磁场之间有相对运动时，即导体在磁场中作切割磁感线运动时，导体中就会产生感应电动势。

在图 2-16 中，当马蹄形磁铁沿顺时针方向旋转时，转子导体与磁场就有相对运动，也相当于磁铁不动，转子顺时针方向转动，于是导体中产生感应电动势。由于导体两端被金属环短接而成闭合回路，在导体中就会有

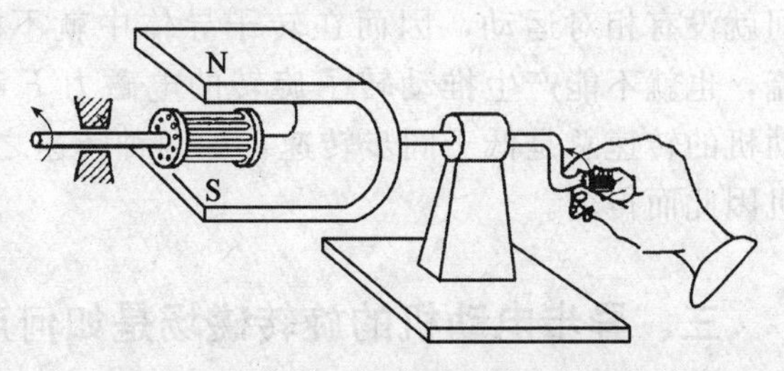

图 2-16　旋转磁场拖动鼠笼式转子旋转

感应电流产生（图 2－17）。感应电流的方向可以按右手定则判定，当导体在N极范围内时，感应电流的方向是由外向内，用“⊗”表示。在S极范围内的导体，感应电流的方向是由里向外，用“⊙”表示。载流导体在磁场中会受到电磁力的作用，电磁力的方向可按左手定则判定。

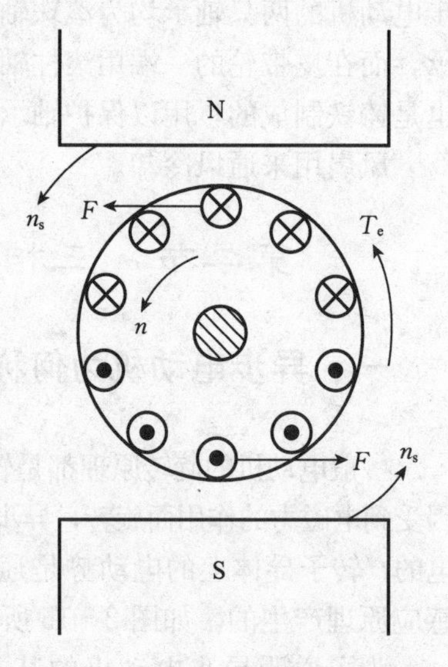

图 2－17　旋转磁场拖动鼠笼式转子旋转原理分析

在图 2－17 中，N极范围内导体的受力方向是向左，而S极范围内导体的受力方向则向右。这一对力形成逆时针方向的力矩，于是转子同旋转磁铁一样也按逆时针方向旋转起来了。若旋转磁铁按顺时针方向旋转，同理转子的旋转方向也会改为顺时针。可见转子的转向与磁铁的旋转方向相同。

从上述实验可知，由于有了旋转磁铁（即旋转磁场），在磁场中又受到电磁力的作用，于是使转子转动，这就是异步电动机旋转的基本原理。因为转子导体中的电流是靠电磁感应产生的，所以叫作感应电动机。

二、何谓异步电动机

实际的三相异步电动机是利用定子三相对称绕组通入三相对称电流产生旋转磁场的，这个旋转磁场的转速 n_s 又称为同步转速。三相异步电动机转子的转速 n 不可能达到定子旋转磁场的转速，即电动机的转速 n 不可能达到同步转速 n_s。因此，如果达到同步转速，则转子导体与旋转磁场之间就没有相对运动，因而在转子导体中就不能产生感应电动势和感应电流，也就不能产生推动转子旋转的电磁力 F 和电磁转矩 T_e，所以异步电动机的转速总是低于同步转速，即两种转速之间总是存在差异，异步电动机因此而得名。

三、异步电动机的旋转磁场是如何产生的

1. 构建一个星形三相定子绕组　若有 3 个尺寸、匝数完全相同，空间相

差 120°的绕组，它们的首端分别用字母 A、B、C 表示，末端分别用字母 x、y、z 表示。

这样，导体 A 与导体 x 组成一个线圈，导体 B 与 y，C 与 z 分别组成另外两个线圈，3 个线圈在空间相互相隔 120°，每个线圈为一相绕组，如图 2－18a 所示。将这 3 个绕组对称地放置于定子铁芯内，如图 2－18b 所示。将这 3 个绕组接成星形，如图 2－18c 所示。

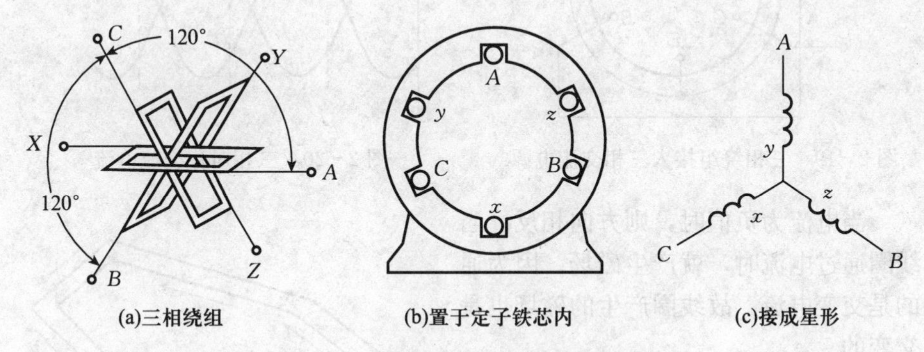

(a)三相绕组　(b)置于定子铁芯内　(c)接成星形

图 2－18　构建一个星形三相定子绕组

2. 给三相绕组分别接入三相交流电　把各相首端 A、B、C 接到三相交流电源上，就有三相交流电流通过相应的定子绕组，如图 2－19 所示。

$$i_A = I_m \sin\omega t$$
$$i_B = I_m \sin(\omega t - 120°)$$
$$i_C = I_m \sin(\omega t - 240°)$$

式中　i_A——A 相电流（A）；

i_B——B 相电流（A）；

i_C——C 相电流（A）；

I_m——电流的峰值（A）；

ω——定子电流的角频率（rad/s），$\omega = 2\pi f_1$［f_1 为定子电流的频率（Hz）］；

t——时间（s）。

各相电流随时间变化的曲线如图 2－20 所示。

假定三相交流电流为正值时，电流从绕组的首端流进，而从末端流出，即电流从导体 A、B、C 流入，用符号⊗表示，而从导体 X、Y、Z 流出，用符号⊙表示，如图 2－21 所示。

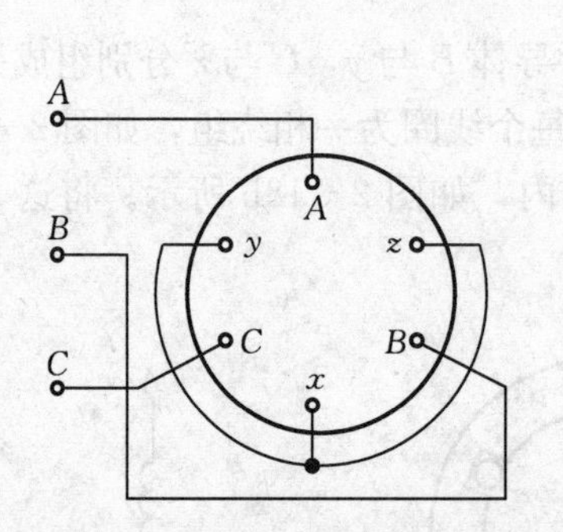

图 2-19　三相绕组接入三相交流电源

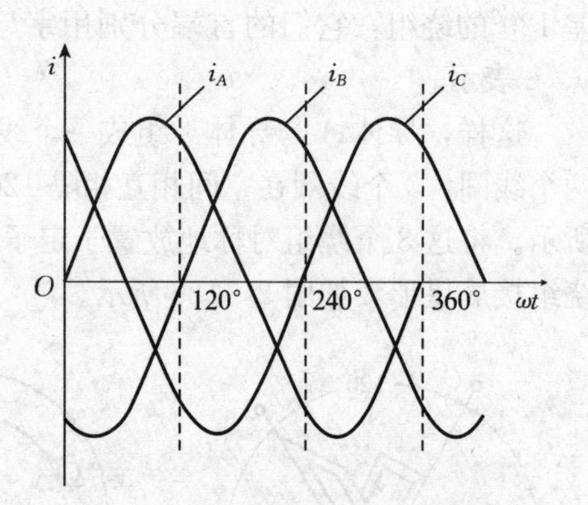

图 2-20　三相对称交流电流

当电流为负值时，则方向相反。当线圈通过电流时，就产生磁场。因为通的是交变电流，故线圈产生的磁场也是交变的。

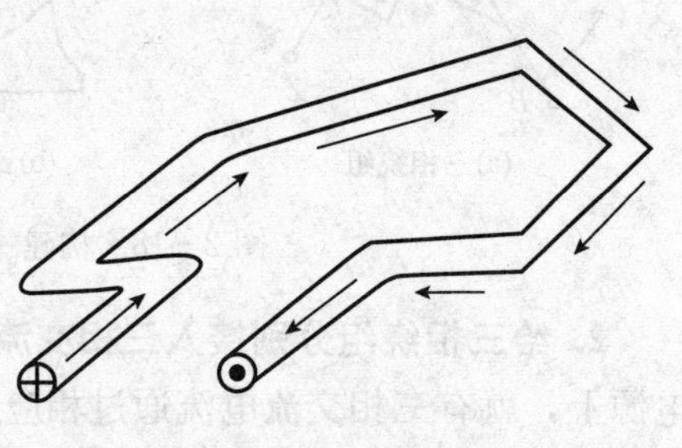
图 2-21　电流的流向

3. 不同瞬时定子三相绕组产生的合成磁场

（1）在 $\omega t=0°$瞬时　A 相电流 $i_A=0$，B 相电流 i_B 为负值，C 相电流 i_C 为正值，但 i_B 和 i_C 的大小相等。在绕组 Ax 中没有电流，绕组 By 中的电流方向为负，即电流从 B 相绕组的末端 y 流向首端 B。B 端以⊗表示，y 端以⊙表示。绕组 Cz 中的电流方向为正，即电流从 C 相绕组的首端 C 流向末端 z，C 端以⊙表示，z 端以⊗表示。绕组里有电流就要产生磁场，磁场方向可用右手定则判定。因右半部分导体的电流都是⊗，所以电流产生的磁场方向在定子里面是由下向上，左半部分导体的电流都是⊙，因而磁场方向在定子里面也是由下向上。在定子铁芯内，磁力线穿出铁芯的部分空间为 N 极，穿入铁芯的部分空间即为 S 极。由此可知，3 个绕组在这一瞬间所形成的合成磁场是一个两极磁场。

$\omega t=0°$时的合成磁场如图 2-22 所示。图中磁场的轴线方向正处于垂直的方位。

（2）在 $\omega t=120°$瞬时　此时 A 相电流 i_A 为正值，B 相电流 $i_B=0$，C 相电流 i_C 为负值，但 i_A 与 i_C 的大小相等，在绕组 Ax 中电流为正，即电流从 A 相绕组的首端 x（A 端以⊙表示，x 端以⊗表示），绕组 By 中没有电流，绕组

Cz 中的电流方向为负，即电流从 C 相绕组的末端 z 流向首端 C（C 端以⊗表示，z 端以⊙表示）。3 个绕组在这一瞬间所产生的合成磁场仍然是一个两极的磁场，但是它的磁场极轴方向已沿顺时针方向转过 120°。

$\omega t=120°$瞬时的合成磁场如图 2－23 所示。

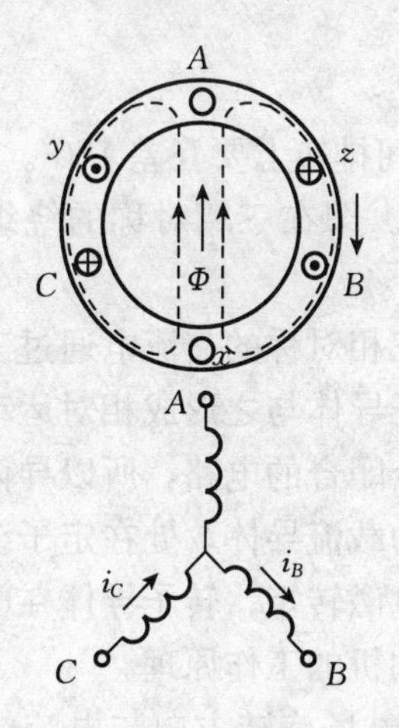

图 2－22　$\omega t=0°$时的合成磁场

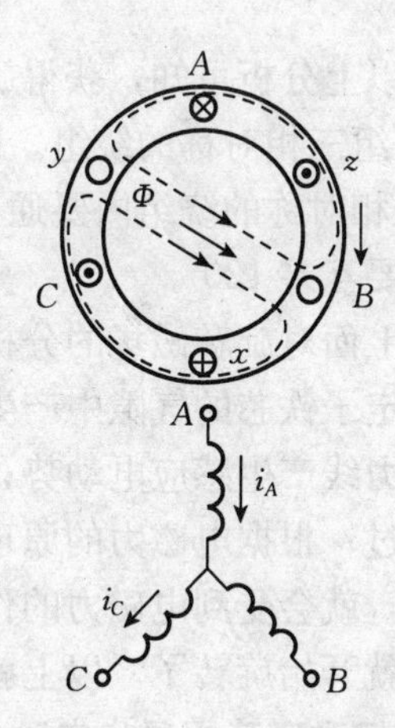

图 2－23　$\omega t=120°$瞬时的合成磁场

（3）在 $\omega t=240°$瞬时　$\omega t=240°$瞬时的合成磁场如图 2－24 所示。合成磁场的轴线方向比 $\omega t=120°$瞬时又沿顺时针方向向前转过 120°。

（4）在 $\omega t=360°$瞬时　$\omega t=360°$瞬时的合成磁场如图 2－25 所示。合成磁场的轴线方向比 $\omega t=240°$瞬时又继续向前转过 120°。

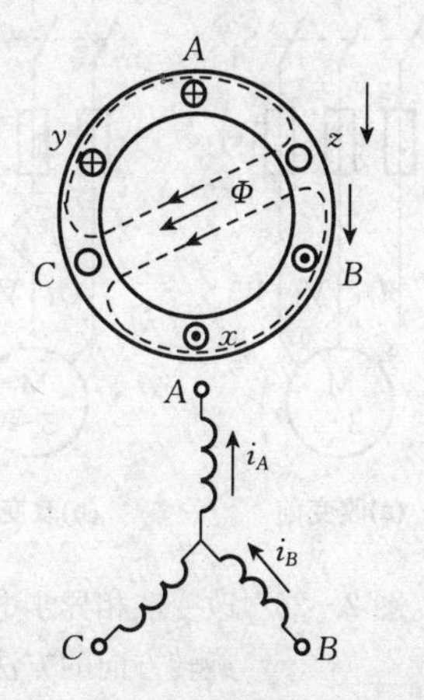

图 2－24　$\omega t=240°$瞬时的合成磁场

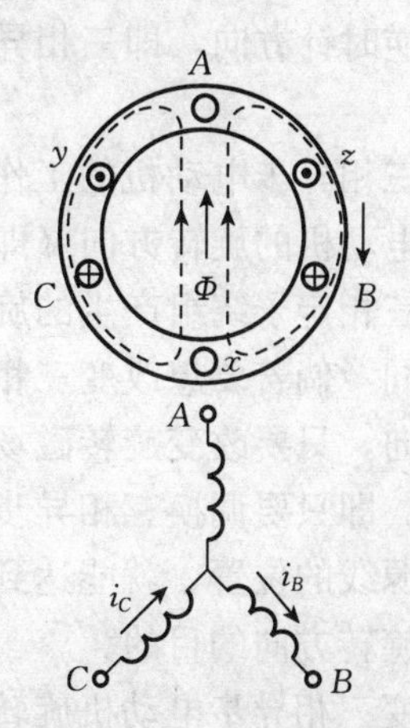

图 2－25　$\omega t=360°$瞬时的合成磁场

以上虽然是取的几个特定瞬时经过分析得到的结果，但是这些特定瞬时是任意选取的，如取其他各点，用同样的方法来分析，也可得到类同的结果。

如果在定子铁芯内对称放置两副三相绕组，每副三相绕组的各个首端之间在空间互差60°排列，两副绕组串联成三相星形绕组，则可形成三相四极旋转磁场。

综合以上分析可知，获得旋转磁场的条件是：

① 一组三相对称的绕组。即三相绕组在空间排布上要互差120°。

② 三相对称的绕组内要通有三相对称电流。即在三相对称的绕组内电流在相位上要互差120°。

通过上面对旋转磁场的分析，可以得出：三相对称的交流电通过三相对称绕组，在定子铁芯的气隙中产生旋转磁场；转子导体与之形成相对运动，因此而切割磁力线产生感应电动势；转子导体是一个闭合的电路，所以导体上就会有电流流过；根据电磁力的原理，转子导体作为载流导体，处在定子绕组产生的磁场中，就会受到电磁力的作用，从而产生电磁转矩；转子导体在电磁转矩的作用下就开始旋转了。以上就是三相异步电动机的工作原理。

4. 如何改变三相异步电动机的旋转方向 磁场旋转方向与电流的相序是一致的。当定子绕组中电流的相序按顺序相序 $A \to B \to C$ 排列时，旋转磁场也对应地按顺时针方向旋转。反之，如果把三相电流中任意两相颠倒，例如，B 和 C 两相接线互换，这就是说把电源的 B 相接到 C 相绕组，电源的 C 相接到 B 相绕组；绕组中的电流的相序为 $A \to C \to B$，应用同样的分析方法得出，旋转磁场的方向为逆时针方向，即三相异步电动机实现反转。

由三相异步电动机的工作原理可知，三相异步电动机的旋转方向（即转子的旋转方向）与三相定子绕组产生的旋转磁场的旋转方向相同。倘若要想改变三相异步电动机的旋转方向，只要改变旋转磁场的旋转方向就可实现。即只要调换三相异步电动机中任意两根电源线的位置，就能达到改变三相异步电动机旋转方向的目的。

改变三相异步电动机旋转方向的方法如图2－26所示。

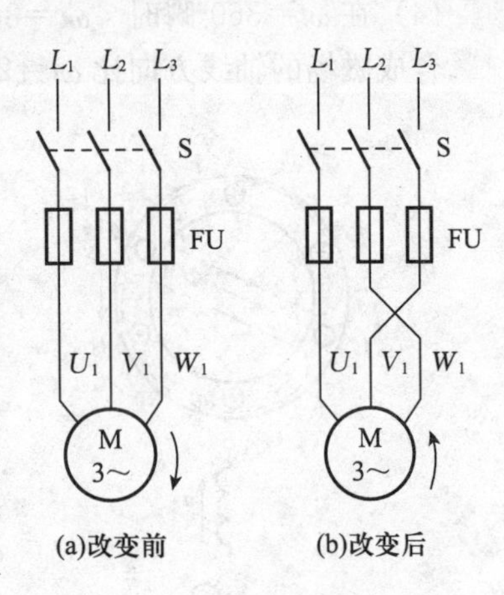

图2－26 改变三相异步电动机旋转方向的方法

5. 旋转磁场转速

（1）磁场转速　旋转磁场的转速又称为同步转速，用 n_s 表示。

旋转磁场的转速（即同步转速）与电流频率有关。对两极磁场而言，电流经过一个周期的变化，按顺时针方向旋转一周。随着三相交流电流不断地随时间变化，这个磁场在空间就不断地旋转，若三相交流电的频率为 50 Hz，则磁场的同步转速为每秒钟旋转 50 转，每分钟转 50×60=3 000（转）。

对于四相磁场而言，当旋转磁场有两对磁极时（定子绕组由 6 组线圈组成，每相绕组由两个线圈，每个线圈在空间相差 60°），按照前述旋转磁场的分析方法，就可以得到三相交流电在半个周期内产生的旋转磁场的情况。当交流电变化 1/2 周期时，旋转磁场只转过 90°即 1/4 周。所以当交流电变化一周时，磁场在空间只旋转半周，因此 1 min 内旋转磁场的转数是 50×60/2=1 500（转）。

由此可得，旋转磁场转速与电源频率、磁极对数的关系：

$$n_s=\frac{60f}{p}$$

式中　n_s——旋转磁场的转速（r/min）；

f——定子电源的频率（Hz）；

p——旋转磁场的磁极对数。

上式说明，当电源频率固定不变时，旋转磁场的转速与磁极对数成反比。旋转磁场的磁极对数越多，它的转速越低。由于磁极对数只能是整数，因此，旋转磁场的转速是成倍变化的，例如：

$p=1$，$n_s=3\,000$ r/min

$p=2$，$n_s=1\,500$ r/min

$p=3$，$n_s=1\,000$ r/min

$p=4$，$n_s=750$ r/min

$p=5$，$n_s=600$ r/min

（2）转速差

① 为何会形成转速差。三相异步电动机的旋转磁场和转子都是转动的，它们转速之间的关系，从三相异步电动机的工作原理中可以看出，它们转速之间不能相等而且在正常情况下，转子的转速总是小于旋转磁场的转速。如果它们的转速相同，转子导体与旋转磁场之间就不会有相对运动，转子导体就不能作切割磁线运动，那么它也就不会产生感应电，它也就不会受到电磁力的作用，三相异步电动机也就不会旋转。所以转子的转速必须小于旋转磁场的转速，即小于同步转速。

② 转速差的计算。根据异步电动机的运行性能的要求，旋转磁场和转子转速之间差别不大。磁场的转速（同步转速）与转子转速之差称之为转速差，用 Δn 表示，$\Delta n = n_s - n$。转速差与同步转速的比值称为转差率，用 s 表示。

$$s = \frac{n_s - n}{n_s} \times 100\%$$

式中 s——转差率；

n_s——同步转速（r/min）；

n——三相异步电动机的转速（r/min）。

③ 异步电动机转差率的变化范围。异步电动机在工作时，通常有三种状态：启动状态、空载状态和额定运行状态。这三种状态的转差率 s 是不同的。

启动状态：三相异步电动机刚接上电源启动的瞬间，转子处于静止不动状态，则 $n=0$，$s=100\%$。此时转差率 s 最大。

空载状态：三相异步电动机不带任何负载只是空转，称为空载。由于三相异步电动机本身的摩擦力很小，所以电机转速 n 很高，接近同步转速 n_s，此时 $\Delta n = n_s - n \approx 0$，则 $s \approx 0$ 为最小。

额定运行状态：当电机空载运行时逐渐增加三相异步电动机的负载，则电机转速随之降低。如果负载增加到额定时，电机的转速就降到额定转速 n_e 下运转。此时转差率称为额定转差率 s_e，其值为：

$$s_e = \frac{n_s - n_e}{n_s} \times 100\%$$

异步电动机的额定转差率 s_e 一般为 2%～5%。因此，异步电动机的 s 变化率为：$100\% \geqslant s > 0$。

例：一台四极异步电动机，额定转速为 1 455r/min，电源频率 $f=50$ Hz。试求电机旋转磁场的转速及额定转速下的转差率（额定转差率）。

解：$n_s = \frac{60f}{p} = \frac{60 \times 50}{2} = 1\,500(\text{r/min})$

$$S_e = \frac{n_s - n_e}{n_s} \times 100\% = \frac{1\,500 - 1\,455}{1\,500} \times 100\% = 3\%$$

第三节　三相异步电动机的启动控制

将三相异步电动机与电源相连接，使三相异步电动机旋转起来，这种过程叫作启动。

一、三相异步电动机的启动性能

1. 启动电流很大

（1）启动电流很大的原因　异步电动机在合闸瞬间，在转子转速 $n=0$ 时的定子绕组中的电流称为启动电流 I_{st}。由于此时转子速度 n 等于零，旋转磁场以最大的速度（n_s）及转差率（$s=100\%$）扫过转子导条，在其中产生很大的感应电流，反应到定子中电流也很大。通常要比额定电流 I_e 大 5～7 倍，即

$$\frac{I_{st}}{I_e}\approx 5\sim 7\text{，或 } I_{st}\approx (5\sim 7)I_e$$

但当三相异步电动机启动以后，转子转速 n 逐渐升高，转差率 s 变小，即转子铜导条切割旋转磁场的磁力线的速度降低，则感应电流变小，直至变为正常运行时的电流。

例：一台 Y100L－2 三相异步电动机，其额定电流为 11 A。问它的启动电流多大?

解：因 $I_{st}=(5\sim 7)I_e$；$I_e=11$ A，故得 $I_{st}=(5\sim 7)I_e=55\sim 77$ A。

（2）过大启动电流的危害

① 使电网电压降低。很大的启动电流会在输电线上造成较大的电压损失，而使负载端的电压在短时间内降低。这不仅使三相异步电动机本身的启动转矩减小（三相异步电动机的转矩与电源电压的平方成正比），甚至不能启动（如果三相异步电动机带负载启动），而且影响同一线路的其他负载的正常工作。例如，对临近的照明负载来讲，电灯的灯光要发生闪烁，临近的其他异步电动机，往往会因为电压的降低而影响它们的转速与电流，甚至可能使最大转矩 M_{max} 降低到小于负载转矩，以致使三相异步电动机停下来。

② 使三相异步电动机发热。过大的启动电流会使三相异步电动机严重发热。但这个问题一般来说是不严重的。因为三相异步电动机一经启动起来，电流便很快减小了，所以三相异步电动机的启动电流虽然大，但不致使三相异步电动机本身过热。不过，对于启动频繁的三相异步电动机（如电梯、吊车用电动机），由启动电流引起的三相异步电动机发热问题还是要考虑的。因为频繁的启动将造成热量的积累，而使三相异步电动机过热。在一般情况下，应尽量避免三相异步电动机频繁启动。例如，在机床上，一般是用离合器将机床主轴与电动机轴脱开，让主轴停下来，以便更换加工工件，而不停三相异步电动机。

2. 启动转矩过小

（1）为何启动转矩过小的原因　三相异步电动机启动瞬间的电磁转矩称为启动转矩。在刚启动时，虽然转子电流很大，但是由于转子感抗也很大，所以这时的转子功率因数很低，启动转矩 T_{st} 并不大。与额定转矩相比，通常启动转矩仅为额定转矩 T_e 的 1.8～3 倍。

$$\frac{T_{st}}{T_e}=1.8\sim3，或\ T_{st}=(1.8\sim3)T_e$$

（2）启动转矩过小的危害　启动转矩过小，就不能带负载启动，或使启动时间拖得很长。

3. 对异步电动机的启动要求

（1）有足够大的启动转矩。因为启动转矩必须大于启动时三相异步电动机的反抗转矩，三相异步电动机才能启动。启动转矩越大，加速越快，启动时间越短。

（2）在具有足够启动转矩的前提下，启动电流应尽可能的小。

（3）启动设备应简单、经济。

（4）操作应可靠、方便。

（5）启动过程中能量损耗要小。

为了限制启动电流，并得到适当的启动转矩，对不同容量的异步电动机应采用不同的启动方法。

二、鼠笼式三相异步电动机的启动方式

鼠笼式异步电动机的启动方法有两种：直接启动（全压启动）和间接启动（降压启动）。

1. 直接启动（全压启动）

（1）直接启动的方法　用闸刀开关或接触器把三相异步电动机的定子绕组直接接到具有额定电压的电网上，称为直接启动（或称全压启动），这是最简单的启动方法。三相异步电动机直接启动的控制电路如图 2－27 所示。

（2）可采用直接启动的异步电动机

① 有独立的变压器时，对于不经常启动的异步电动机，其容量小于变压器容量的 30%时，允许直接启动；对于需要频繁启动的三相异步电动机，其容量小于变压器容量的 20%时，才允许直接启动。

② 无专用的变压器供电（动力负载与照明共用一个电源），则只要三相异

步电动机直接启动时的启动电流在电网中引起的电压降落不超过 10%～15%（对于频繁启动的三相异步电动机取 10%，对于不频繁启动的三相异步电动机取 15%），就允许采用直接启动。

③ 4.5 kW 以下的三相异步电动机均可以直接启动。

所以，如果是小功率，即功率小于 4.5 kW 的鼠笼式三相异步电动机可采用直接启动，否则就要采用其他启动方式。

(3) 直接启动的优点　直接启动的设备简单、投资省，启动时间短，启动方式可靠。如果电源容量足够大，应当尽量采用直接启动。

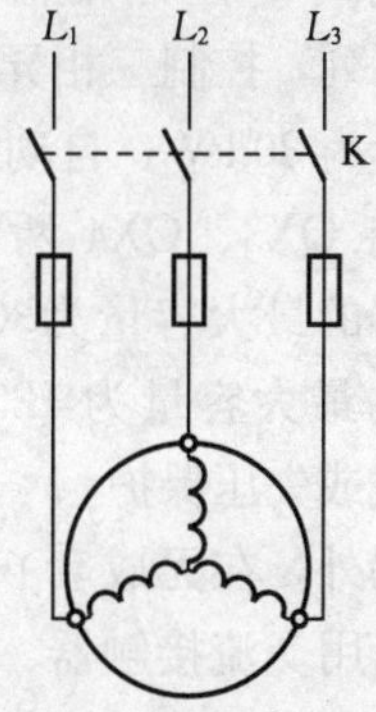

图 2－27　三相异步电动机直接启动的控制电路

为了利用直接启动的优点，现在设计的鼠笼式三相异步电动机都是从直接启动时的电磁力和发热来考虑它的机械强度和热稳定性的。因此，从三相异步电动机本身来说，鼠笼式三相异步电动机都允许直接启动。这样，直接启动方法的应用主要是受电网容量的限制。

(4) 直接启动的缺点　直接启动的缺点主要是启动电流对电网的影响较大。

2. 间接启动（降压启动）　如果不具备上述条件，就必须设法限制启动电流。鼠笼式电动机通常采用启动设备降低加在定子绕组上的电压，用以降低启动电流，等启动结束后再使三相异步电动机定子绕组上的电压恢复到额定值即降压启动。常见的降压启动的方法有自耦补偿启动、星三角换接启动、定子电路串电阻启动和延边三角形启动。

(1) 星三角（Y-△）换接启动

① 星三角（Y-△）换接启动的方法。星三角换接启动是现在常采用的一种降压启动方法，正常运行时，定子绕组为△形连接的三相异步电动机可以采用星三角形启动方式。即在启动时，将定子绕组接成Y连接，使加在每相绕组上的电压降至额定电压的 $1/\sqrt{3}$，因而启动电流可减小到直接启动时的 1/3，待三相异步电动机转速接近额定转速，再通过开关改接成三角形连接，使三相异步电动机在额定电压下运转。由于电压降为 $1/\sqrt{3}$，启动转矩与电压的平方成正比，所以启动转矩也降为△连接直接启动时的 1/3。图 2－28 所示为星三角（Y-△）启动电路图。

② 星三角（Y-△）启动器。Y-△启动器有空气式和浸油式两种。常用的手

动空气式Y-△启动器有 QX1、QX2 两个系列，控制三相异步电动机的最大容量为 30 kW；自动空气式Y-△启动器有 QX3、QX4 两个系列，QX3 控制器的最大容量为30 kW，QX4 控制器的最大容量为 125 kW，它们具有过载或失压保护。

另外，在无成套Y-△启动器时，也可以用交流接触器、继电器等组成Y-△启动装置，以按钮来操作。

③ 星三角（Y-△）换接启动的特点。Y-△启动方式的优点是设备比较简单，成本较低，维修方便，可以频繁启动；缺点是启动转矩较小，只有直接启动时的 1/3。

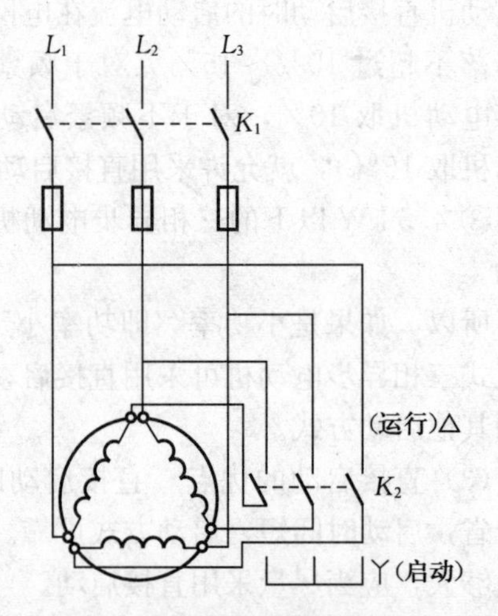

图 2-28　三相异步电动机星三角（Y-△）启动的控制电路

④ 星三角（Y-△）换接启动的应用条件。

条件 1：只适用于正常运行时定子绕组为△接法的异步电动机，且必须引出 6 个出线端。

条件 2：由于启动转矩减小为直接启动转矩的 1/3，所以只适用于空载或轻载启动。

(2) 自耦补偿降压启动　自耦补偿降压启动又称为启动补偿器降压启动、自耦变压器降压启动。

① 自耦补偿降压启动的方法。这种启动方法只利用一台自耦变压器来降低加于三相异步电动机定子绕组上的端电压，其控制电路如图 2-29 所示。

三相异步电动机启动时，自耦变压器接在电路中（开关向下，接在启动侧），启动完毕后，可将自耦变压器切除，使三相异步电动机直接接在三相电源上（开关向上，接在运行侧）。

自耦变压器的二次侧通常有两个抽头，可以得到不同的输出电压（一般为电源电压的 80％和 65％），根据对启动转矩的要求选用。自耦补偿启动的原理接线图如图 2-30 所示。

② 自耦补偿降压启动的特点。这种启动方法的特点是启动电流小。例如，当自耦变压器接入 65％抽头的电压时，三相异步电动机的启动电流（即变压器的二次电流）减小到直接启动电流的 65％，可是，自耦变压器一、二次电流与

电压成反比关系，一次电流是二次电流的65%。所以线路上（即变压器一次侧）的启动电流减小到直接启动电流的42.25%[即，$(65\%)^2=42.25\%$]。与其他启动方法相比，在得到相同启动转矩的情况下，自耦补偿启动方式启动电流小。

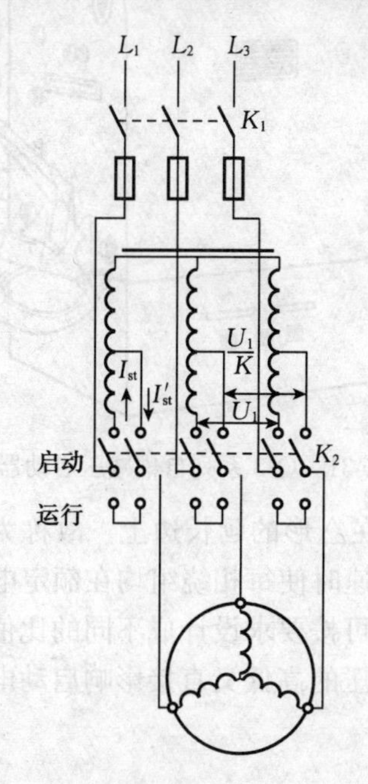

图2-29　自耦变压器降压启动的控制电路

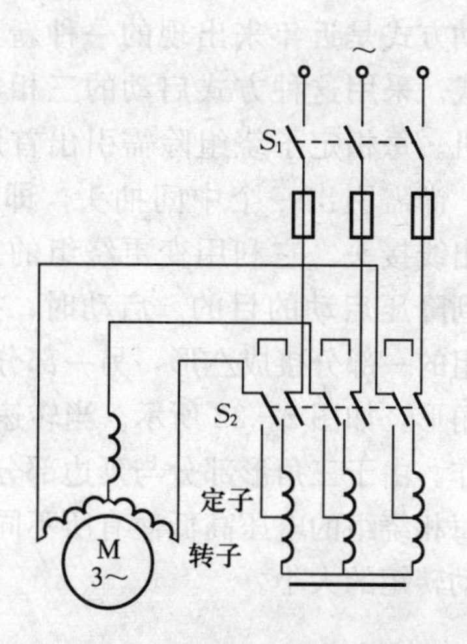

图2-30　自耦补偿启动的原理接线图

自耦补偿启动的优点是启动电压的大小可通过改变自耦变压器的抽头来调整，正常运行时为Y或△连接的三相异步电动机均可采用。缺点是结构比较复杂，维修麻烦，价格昂贵，不允许频繁启动，适用于启动转矩要求较大的场合。

与Y-△启动相比，自耦变压器启动有几种电压可供选择，比较灵活，在启动次数少，容量大的鼠笼式异步电动机上应用较为广泛。

③ 自耦补偿降压启动器。常用的自耦减压启动器有QJ2和QJ3系列，前者自耦变压器抽头有73%、64%和55% 3种，控制三相异步电动机的容量为40～130 kW；后者有80%和65%两种，控制三相异步电动机容量为10～75 kW。图2-31为QJ3系列自耦减压启动器外形。

(3) 定子串电阻启动（或电抗启动）　定子串电阻（或电抗）启动时，在定子回路中串接电阻器或电抗器，借以降低在定子绕组上的电压，待转速上升到一定程度，再将电阻器或电抗器短路，三相异步电动机以全压运转。这可通过一个三极刀开关来启动。可以通过继电器控制来实现。

串电阻启动方式的优点是设备简单、造价低；缺点是能量损耗较大，可用于中、小容量三相异步电动机的空载或轻载启动。串电抗启动方式的优点是能量损耗小，可用于高压三相异步电动机的启动；缺点是电抗器成本高。

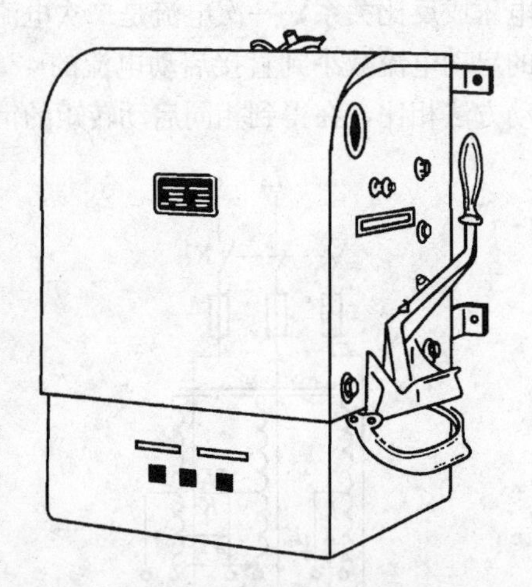
图 2-31　QJ3 系列自耦减压启动器外形

(4) 延边三角形启动　延边三角形启动方式是近年来出现的一种新型启动方式。采用这种方式启动的三相异步电动机。每相定子绕组除需引出首尾端头外，尚需引出一个中间抽头，即需有 9 个出线接头。它利用变更绕组的接法而达到降压启动的目的。启动时，把定子绕组的一部分接成△形，另一部分接成Y形接在△形的延长边上，故称为延边三角形，如图 2-32 所示。当转速接近额定转速时使每相绕组均在额定电压下工作。由于三角形部分与延边部分的线圈匝数可按要求设计成不同的比值，所以每相绕组的电压高低便有所不同，而每相电压的高低又直接影响启动电流和启动转矩的大小。

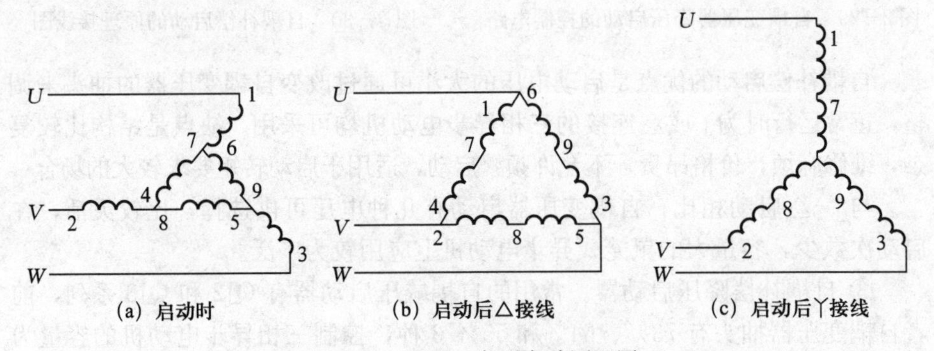

图 2-32　延边三角形启动原理图

延边三角形启动是通过电动机绕组本身的改接实现降压的，所以极为经济，而且适用于频繁启动。但其抽头较多，结构复杂。

提示：鼠笼式转子三相异步电动机降压启动方法，主要目的是减小启动电流，但是三相异步电动机的启动转矩也都跟着减小，因此，只适合空载或轻载启动。对于重载启动，不仅要求启动电流小，而且要求启动转矩大的场合，就应考虑采用启动性能较好的绕线转子三相异步电动机。

三、绕线式三相异步电动机的启动方式

绕线转子三相异步电动机的转子上有对称的三相绕组，正常运行时，转子三相绕组通过集电环短接。启动时，可以在转子回路中串入启动电阻 R_{st}，如图 2-33 所示。在三相异步电动机的转子回路中串入适当的电阻，不仅可以使启动电流减小，而且可以使启动转矩增大。如果外串电阻 R_{st} 的大小合适，则启动转矩 T_{st} 可以达到三相异步电动机的最大转矩 T_{max}，即可以做到 $T_{st}=T_{max}$。启动结束后，可以切除外串电阻，三相异步电动机的效率不受影响。

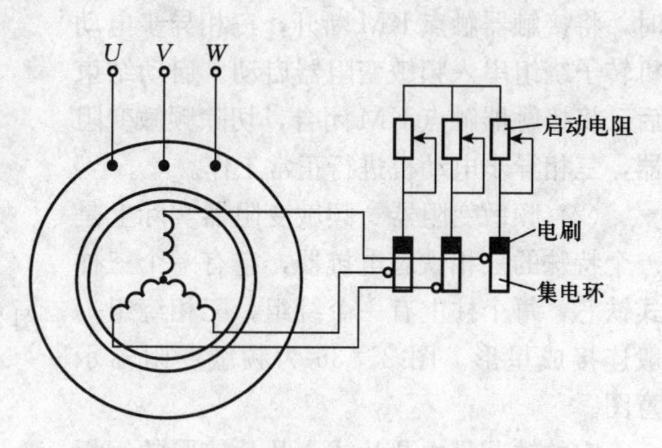

图 2-33　绕线转子三相异步电动机的启动

1. 转子电路串电阻器启动　绕线转子异步电动机转子电路串入电阻器启动方法就是在三相异步电动机启动时转子绕组电路中接入一段电阻，在启动过程中逐级将电阻切除，最后通过短路装置将转子绕组短接，如图 2-34 所示。转子电路接入电阻后一方面可以使转子电流减小，从而使定子启动电流也相应减小；另一方面转子电路的功率因数得到了提高，只要串联的电阻值适当，使功率因数的增加大于转子电流的减小，就能使转子电流的有功部分增加，亦就可以增加三相异步电动机的启动转矩。因此，它允许在重载下启动，这对于启动频繁、要求启动时间短和重负载启动的机械龙门吊床、卷扬机以及起重机械等都是合适的。但是这种启动方式所需要的设备多、结构复杂，运行中的维护工作量也比较大。

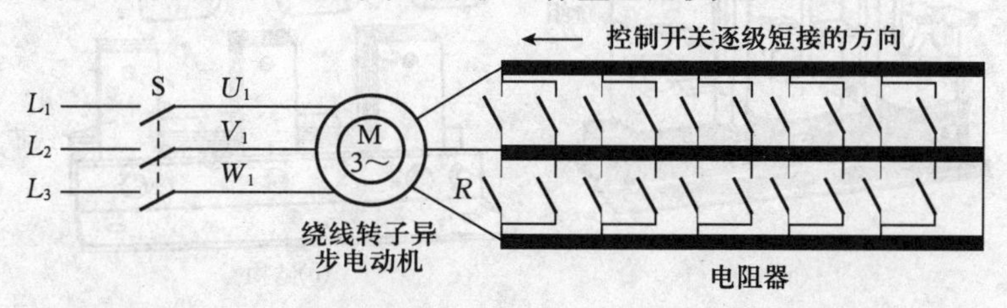

图 2-34　绕线转子异步电动机转子电路串入电阻器启动

2. 转子电路串频敏变阻器启动

(1) 启动方法　近年来，绕线转子异步电动机还采用转子电路串接频敏变阻器的方法启动。

绕线转子三相异步电动机转子回路串频敏变阻器启动接线图如图 2-35 所示。启动时，将接触器触点 KM 断开，三相异步电动机转子绕组串入频敏变阻器启动。启动结束后，将接触器触点 KM 闭合，切除频敏变阻器，三相异步电动机进行正常工作。

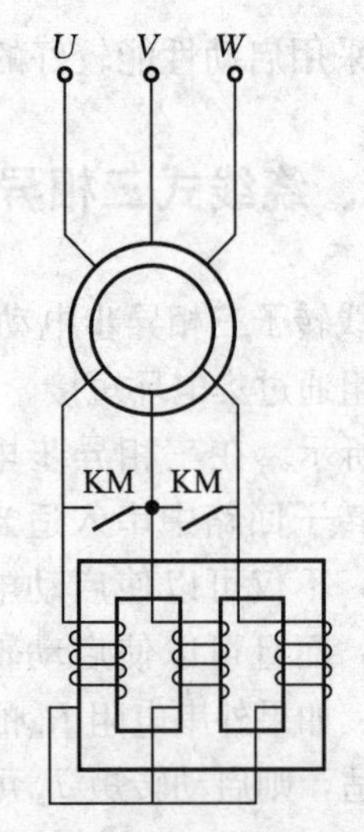

图 2-35　绕线转子三相异步电动机转子回路串频敏变阻器启动接线图

(2) 频敏变阻器　频敏变阻器实际上是一个特殊的三相铁芯电抗器，它有一个三柱式铁芯，每个柱上有一个绕组。三相绕组一般连接成星形。图 2-36 为频敏变阻器示意图。

它的铁芯是由几片或十几片较厚的钢板或铁板制成，板的厚度一般为30～50 mm。因而涡流损耗很大。于是，频敏变阻器的等效电阻抗相当于变压器的励磁阻抗和一次绕组漏阻抗之和，其电阻 R_p 为

$$R_p = R_1 + R_m$$

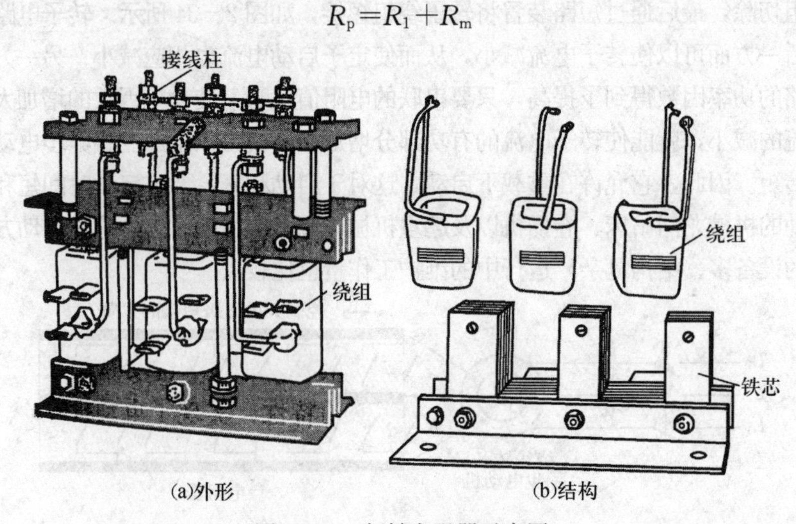

图 2-36　频敏变阻器示意图

式中　R_p——频敏变阻器的等效电阻；

R_1——频敏变阻器线圈电阻；

R_m——反映频敏变阻器铁芯中涡流损耗的等效电阻。

由于涡流损耗与铁芯中磁通量变化频率的平方成正比，当频率改变时，R_m 发生显著变化，所以称为频敏变阻器。

频敏变阻器的功率因数较低，有适用于轻载启动、重轻载启动和重载启动的不同型号。

（3）启动原理　采用频敏变阻器作为绕线转子三相异步电动机转子绕组中串入的启动电阻时，由于转子电流的频率 $f_2=sf_1$（f_1 为电动机定子绕组所接电源的频率，s 为电动机的转速差），启动时，$s=100\%$，$f_2=f_1$，转子电流的频率非常高，频敏变阻器铁芯中的涡流损耗也非常大，随之它的等效电阻 R_m 也很大，相当于此时在转子绕组的回路中串入了一个很大的启动电阻，所以限制了启动电流，并提高了启动转矩。启动后，随着转子转速的升高，s 变小，f_2 逐渐降低，于是频敏变阻器的涡流损耗减小，电阻 R_m 跟着减小，而起到自行切除电阻的作用。由此可见，采用频敏变阻器启动，能自动地减小电阻，使三相异步电动机平稳地启动起来。

（4）特点　这种启动方式的优点是可实现无触点启动，减少控制元件，简化控制电路，降低初投资，减轻维护工作量，启动平稳，加速均匀等。其缺点是频敏变阻器的电抗增加了转子电路的漏电抗，使功率因数减小，故启动转矩较串电阻启动时要小。它可以在很多场合代替转子串联电阻的启动方式，其应用极为广泛。

第四节　三相异步电动机的调速控制

调速是指在一定负载下，根据作业机的需要，人为地改变三相异步电动机的转速。由三相异步电动机的工作原理可知，三相异步电动机转速 n 的表达式为

$$n=n_s(1-s)=\frac{60f_2}{p}(1-s)$$

可见，要改变三相异步电动机转速 n，可以从下列几个方面着手。

（1）改变电动机定子绕组的极对数 p，以改变定子旋转磁场的转速（又称电动机的同步转速）n_s，即所谓变极调速。

（2）改变电动机所接电源的频率 f_1，以改变定子旋转磁场的转速 n_s，即

所谓变频调速。

(3) 改变电动机的转差率 s，即所谓变转差率调速。

一、变频调速

1. 变频调速的原理 由公式 $n_s=\frac{60f_1}{p}$ 可知，当三相异步电动机的极对数 p 不变时，其同步转速（即旋转磁场的转速）n_s 与电源频率 f_1 成正比，因此，若连续改变三相异步电动机电源的频率 f_1 就可以连续改变电动机的同步转速 n_s，从而可以平滑地改变电动机的转速 n，达到调速的目的。

2. 变频器 变频器就是一个专用的变频电源。三相异步电动机配上变频器就可以进行电动机无级调速。

变频器是应用变频技术制造的一种频率变换器，它是利用半导体器件的通断作用将频率固定的交流电变换成频率连续可调的交流电的电能控制装置，如图 2-37 所示。

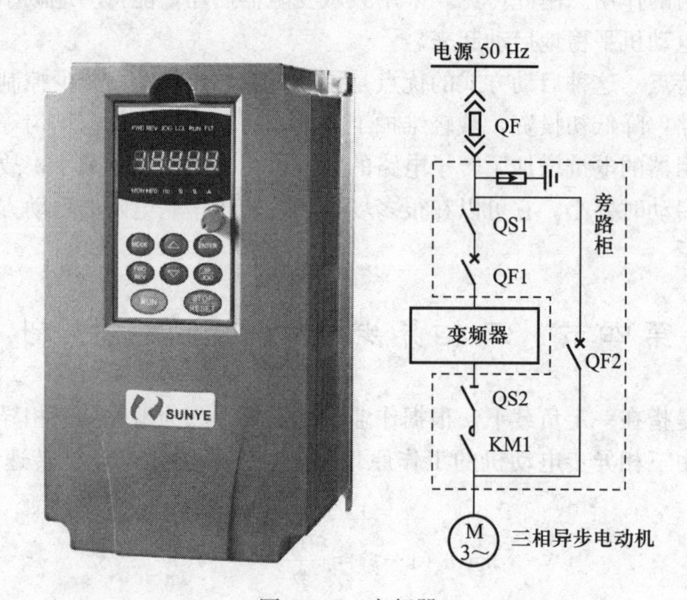

图 2-37 变频器

三相异步电动机的额定频率称为基频，即电网频率 50 Hz。变频调速时，可以从基频向上调，也可以从基频向下调。但是这两种情况下的控制方式是不同的。

(1) 从基频向下变频调速　从 50 Hz 往下变频调速时，由于$U\propto nf_1\phi$，如果降低频率 f_1 而保持电压 U 不变，则随 f_1 的下降将会使磁通量 Φ 变大，三相异步电动机将无法正常运行，所以在降低电源频率的同时，必须降低电源电压，保持 U/f_1 比值不变。这样才能保持 Φ 在调速过程中不变，电磁转矩也不变，这属于恒转矩的调速方法。

(2) 从基频向上变频调速　从 50 Hz 往高频调速时，如果也按比例升高电压，则电压会超过三相异步电动机的额定电压，这是不允许的，因此只好保持电压不变，频率越往高调，磁通量越小，是一种弱磁调速方法，这属于恒功率的调速方法。

3. 变频调速的应用　三相异步电动机变频调速具有范围较大的调速性能，在很多领域内已获得广泛应用，如轧钢机、辊道、纺织机、球磨机、鼓风机、核能及化工企业中的某些设备等。这种方法的调速性能良好，具有较大的调速范围，调速平滑，机械特性较硬。

二、变极调速

1. 变极调速的原理　由公式 $n_s=\dfrac{60f_1}{p}$可知，在电源频率 f_1 不变的条件下，三相异步电动机的同步转速 n_s 与极对数 p 成反比，改变极对数就可以改变三相异步电动机的同步转速（即旋转磁场的转速）n_s，从而改变电动机转子的转速 n。

2. 变极调速只适于鼠笼式转子三相异步电动机　改变极对数调速的三相异步电动机，一般都是鼠笼式转子。因为极对数的改变必须在定子和转子上同时进行。而鼠笼式转子电动机中，其转子本身没有固定的极数，即鼠笼式转子的极数是随定子极数的改变而自动改变的，所以改变极对数比较方便，变极时只考虑定子方向即可。这种通过改变定子绕组的极对数 p，而得到多种转速的三相异步电动机称为变极多速电动机。

3. 变极调速不适于绕线转子三相异步电动机　绕线转子异步电动机的转子绕组在嵌线时就已确定磁极对数，一般情况很难改变极对数，所以，绕线转子异步电动机不能用改变定子绕组的磁极对数来进行调速。

4. 变极调速的方法　改变定子绕组的接法，可以改变定子绕组的磁极对数，现以图 2-38 来说明变极调速原理。图中只画出了一相绕组，这相绕组由两部分组成，即 $U_1\rightarrow U_2$ 和 $U_1\rightarrow U_2$。如果两部分反向串联，即 $U_1\rightarrow U_2\rightarrow U_2\rightarrow$

U_1，则产生两个磁极，如图 2－38a 所示。如果两部分正向串联，即头尾相连，如 $U_1 \to U_2 \to U_1 \to U_2$，则可产生 4 个磁极，如图 2－38b 所示。

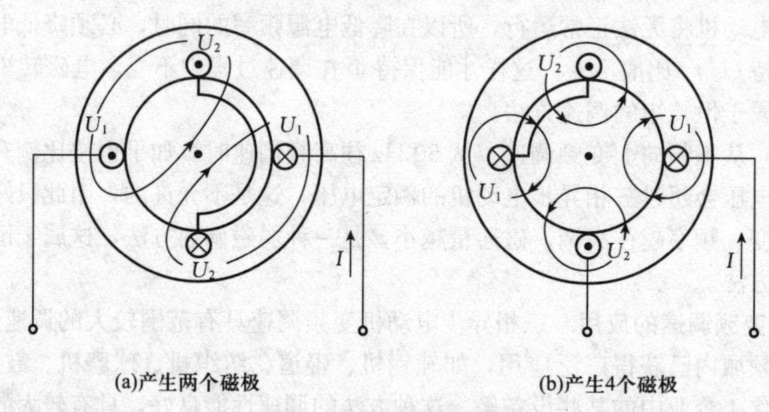

图 2－38　变极调速原理图

变极多速三相异步电动机一般有 3 种类型：

（1）在定子槽内放置一套绕组，改变其不同的接线组合，得到不同的极数，即单绕组变极多速电动机，简称单绕组多速电动机。

（2）在定子槽内放置两套具有不同极对数的独立绕组，即双绕组双速电动机。

（3）在定子槽内放置两套具有不同极对数的独立绕组，而每套绕组又可以有不同的接线组合，得到不同的极对数，即双绕组多速电动机。

上述 3 种变速方法，第一种方法绕制简单，引出线较少，用铜量也较省，所以被广泛采用。

5. 变极调速的特点　变极调速的优点是设备简单、运行可靠，既可获得恒转矩调速，又可获得恒功率调速，能适应不同作业机的需要；缺点是三相异步电动机结构较复杂、调速不平滑、调速的挡位很少，在机床上应用必须与齿轮箱配合，才能得到更多挡次的速度。

三、改变转差率调速

改变三相异步电动机转差率的方法有两种：改变外加电源电压（即调压调速）或改变转子电路的电阻。

1. 调压调速

（1）调压调速的原理　由三相异步电动机的机械特性的参数表达式可知，

三相异步电动机的电磁转矩 T_e 与定子电压 U_1 的平方成正比，因此，改变异步电动机定子绕组的端电压 U_1，也就可以改变异步电动机的电磁转矩和机械特性，从而实现调速。这是一种比较简单而方便的方法。

（2）调压调速的方法　在三相异步电动机电路上串联一个饱和电抗器，或交流调压器，或电子调压器，改变输入电动机的交流电压就可以调节电动机的转速。

（3）调压调速的特点　改变定子绕组电压的调速特性适用于风机、泵类负载，而对于恒转矩负载，因单独改变定子绕组电压调速效果不佳，必须在提高转子电阻的基础上，配合转速负反馈的闭环控制，才能得到比较满意的调速特性。

采用降低定子绕组电压调速需注意：三相异步电动机在低速运行时，由于降低了供电电压，为保持恒转矩负载，电动机的电流会相应增大，除降低了电动机的效率外，还会引起电动机过热。

2. 转子回路串联电阻的调速　这种调速方法仅适于绕线转子异步电动机。

（1）转子回路串联电阻调速的原理　绕线转子异步电动机转子串联电阻调速的电路原理与启动原理相同，但两者是有区别的。用作启动的变阻器，只适于短时工作，而作调速用的变阻器必须能够长时间工作。常见的经转子集电环串联可改变电阻器，用以改变转子电路电阻，从而使发生最大转矩的临界转差率发生变化。转子电阻越大，临界转差率越大，在负载转矩不变的情况下，三相异步电动机转速便降下了。

绕线转子三相异步电动机转子回路串电阻调速控制线路如图 2-39 所示。

（2）转子回路串联电阻调速的特点　这种调速方法设备简单，操作方便，而且调速平滑，调速过程中最大转矩不变，三相异步电动机过载能力不变。缺点是在调速范围很大时，机械特性将变软，运行稳定性下降，且外接电阻要消耗电能，随外接电阻增大转速下降，三相异步电动机效率下降。绕线转子异步电动机的这种调速方法所用的调速电阻又可作为启动电阻使用，所以，在桥式起重机上几乎全部采用这种方法调速和启动。

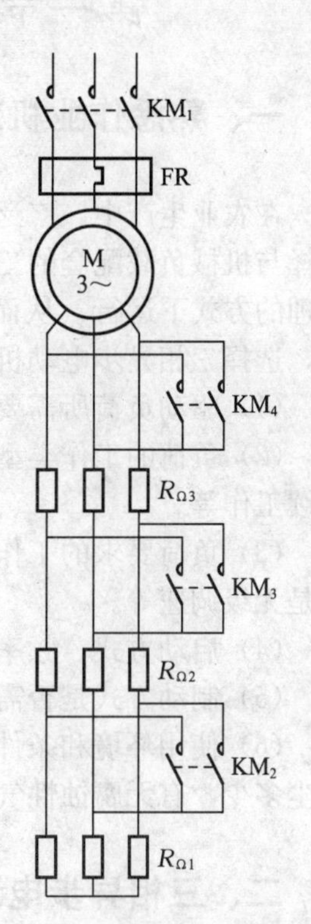

图 2-39　绕线转子三相异步电动机转子回路串电阻调速控制线路

第三章 三相异步电动机的安装与调试

在农村，经常需要移动三相异步电动机去驱动水泵、脱粒机、粉碎机，以适应野外工作场地的要求，所以，电动机修理工必须掌握三相异步电动机的选型、安装、调试等技能。

第一节　三相异步电动机的选型

一、熟悉作业机对三相异步电动机的要求

在农业生产中，广泛应用三相异步电动机来驱动各种作业机，因此正确地选择与机械负载配套的三相异步电动机，可以使三相异步电动机在最经济、最合理的方式下运行，从而达到降低能耗、提高效率的目的。结合农村具体情况，选择三相异步电动机时应考虑如下内容：

(1) 驱动负荷所需要的功率。

(2) 负荷的工作类型，分清负荷是连续工作、短时工作、变负荷工作还是断续工作等。

(3) 负荷要求的工作转速以及是否需要调速，如需要调速，则是有级调速还是无级调速等。

(4) 启动方式、频率。

(5) 制动方式是否需要反转。

(6) 使用环境和条件。例如室内还是室外，温度高低，湿度大小，灰尘或粉尘多少，有无腐蚀性气体、爆炸性气体或液体等。

二、三相异步电动机选型的步骤

若三相异步电动机不是按照一定的选择步骤去选定，很可能将因考虑不周致使三相异步电动机匹配不当而发生故障和损伤等。因此，选择三相异步电动机时应全面考虑。

选择三相异步电动机的步骤和内容主要有：应从被拖动机械、设备的具体要求出发，并考虑使用场所的电源、工作环境、防护等级，以及三相异步电动机的功率因数、效率、过载能力、安装方式、传动设备、产品价格、运行和维护费用等情况来选择三相异步电动机的电气性能和机械性能，使被选定的三相异步电动机能安全、经济、节能和合理地运行。

选择三相异步电动机的过程中对功率的确定极为重要，选择原则应该是在三相异步电动机能够满足被拖动负载要求的前提下，最经济、合理地确定三相异步电动机功率的大小。如果三相异步电动机的功率选择过大，不仅使设备投资费用增加，而且还会因三相异步电动机长期轻载运行致使其功率因数和效率降低。相反，若三相异步电动机的功率选得过小，三相异步电动机将经常过载运行，从而使三相异步电动机温升增高，绝缘老化以致使用寿命缩短。此外还有可能出现启动困难和经受不起冲击性负载等情况。因此，必须慎重权衡、正确合理地选择三相异步电动机的功率。

三相异步电动机选型的基本程序如图 3－1 所示。三相异步电动机电气性能的选择内容如图 3－2 所示。三相异步电动机机械性能的选择内容如图 3－3 所示。

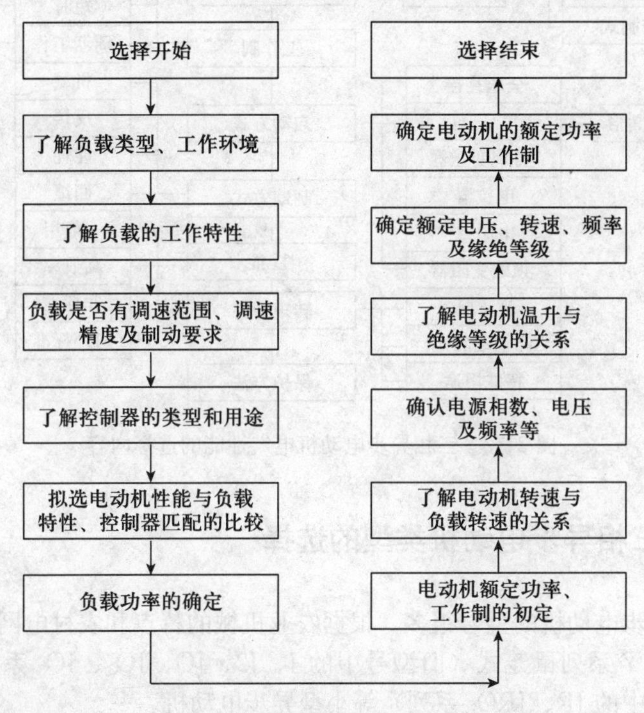

图 3－1　三相异步电动机选型的基本程序

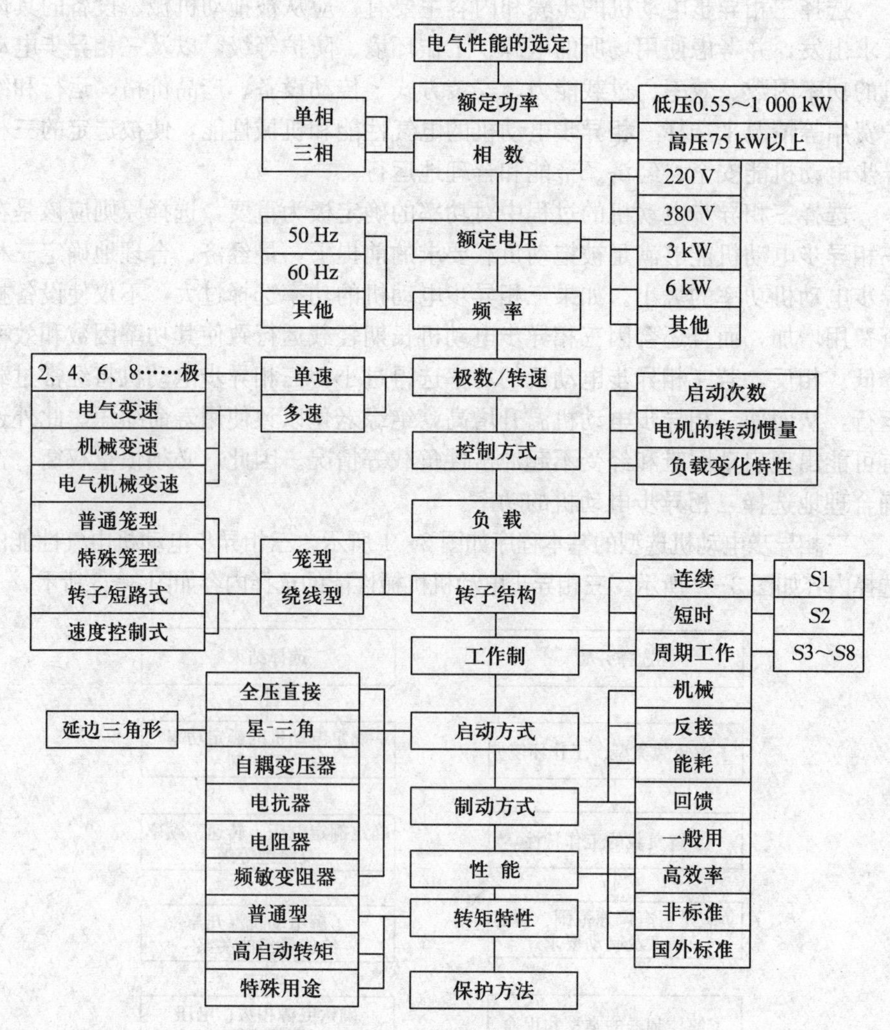

图 3-2 三相异步电动机电气性能的选择内容

三、三相异步电动机类型的选择

三相异步电动机的型号很多，根据农业机械的特点和农村电网的情况，通常可以选用 Y 系列鼠笼式（旧型号中的 J、J2、JO、JO_2、JO_3 系列）与绕线式（旧型号中的 JR、JRO_2 系列）等小型异步电动机。

交流鼠笼式转子异步电动机具有价格低廉、结构简单、维护方便等优点，

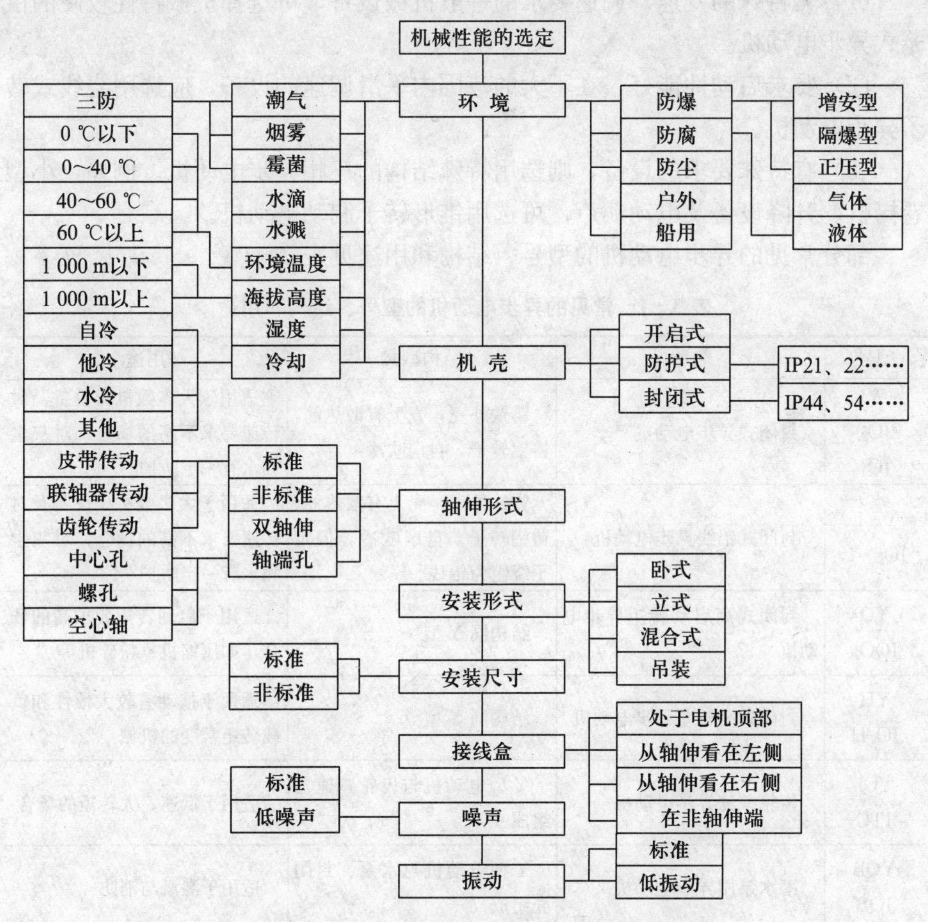

图 3-3　三相异步电动机机械性能的选择内容

但其调速困难，功率因数较低，启动性能较差。因此，在要求机械特性较硬而无特殊要求的一般作业机，如农副产品加工、通风机、运输机、传送带及水泵等作业机上的应用十分广泛。但是近几年随着变频技术的发展，鼠笼式转子异步电动机已大量应用在要求无级变速的作业机上。绕线式电动机启动性能较好，并可在不大的范围内平滑调速。但是，其价格较鼠笼式电动机高，维护亦较不便。因此，只有在某些必须采用绕线式电动机的场合，如起重机、锻压机、卷扬机等才采用。

根据机械设备对三相异步电动机的启动特性、机械特性的要求选择三相异步电动机种类的原则如下：

(1) 无特殊的变速、调速要求的一般机械设备，可选择机械特性较硬的鼠笼式异步电动机。

(2) 要求启动性能好、在不大的范围内平滑调速的设备，应选用绕线式转子异步电动机。

(3) 有特殊要求的设备，则选用特殊结构的三相异步电动机。例如，小型卷扬机、升降设备及电动葫芦，可选用锥形转子制动电动机。

部分常见的异步电动机的型号、结构和用途见表3-1。

表3-1 常见的异步电动机的型号、结构和用途

型号	名称	结构型式	用途
Y JO_2 JO_3	封闭式异步电动机	铸铁外壳，壳上有散热筋，铸铝转子，自扇吹冷	适用于大多数机床设备及对转速要求不高的场合，对灰尘和水有一定防护
Y-L JO_2-L	封闭式铝线异步电动机	铸铁外壳，壳上有散热筋，铸铝转子，自扇吹冷，但定子绕组为铝线	适用于大多数机床设备及对转速要求不高的场合，对灰尘和水有一定防护
YQ JQO_2	封闭式高启动转矩异步电动机	结构同Y型	适用于启动转矩要求高的场合，如压缩机、粉碎机等
YH JO_2H	封闭式高转差异步电动机	结构同Y型	适用于拖动有较大惯性和负载转矩常变的机械
YCJ JTC	齿轮减速异步电动机	Y型电动机与齿轮减速器组成	适用于低速、大转矩的场合
YQB JQB	潜水泵用异步电动机	Y型电动机与水泵、封闭壳组成	适用于灌溉与消防
YZ-H JQ_2-H	封闭式船用（海洋用）异步电动机	结构同Y型（外壳用钢板焊成）	适用于海洋船舶
YB JB	防爆式异步电动机	钢板外壳	适用于有易燃易爆的场合
YZR JZR	起重用绕线转子异步电动机	结构同Y型，绕线转子	适用于起重机、冶金设备
YZZ JZZ	封闭式锥形转子制动异步电动机	结构同Y型，锥形转子	适用于断电后能迅速制动的场合
YCT JZT	电磁调速式异步电动机	Y型电动机与电磁离合器组成	适用于需要调速的场合

（续）

型号	名称	结构型式	用途
YK JK	快速异步电动机	结构同Y型	适用于电力、冶金等部门的通风及供排水设备
YD JDO_2	封闭式多速异步电动机	结构同Y型	适用于需要调速，但要求不高的场合
Y-F JO_2-F	化工防腐用异步电动机	结构同Y型	适用于有腐蚀性气体的场合
Y-W JO_2-W	封闭式户外用异步电动机	结构同Y型	适用于户外不需要加防护措施的机械

四、三相异步电动机电压的选择

要求三相异步电动机的额定电压必须与电源电压相符。三相异步电动机只能在铭牌上规定的电压条件下使用，允许工作电压的上下偏差为＋10％～－5％。例如，额定电压为380 V的异步电动机，当电源电压在361～418 V范围内波动时，此三相异步电动机可以使用。如超出此范围，电压过高时将引起电动机绕组过载发热，电压过低时电动机出力下降，甚至拖带不动机械负载引起“堵转”，也可能发热烧毁。

如果三相异步电动机铭牌上标有两个电压值（220 V/380 V），则表示这台电动机有两种额定电压。当电源电压为380 V时，将电动机绕组接成Y形使用；而电源电源为220 V时，将绕组接成△形使用。

五、三相异步电动机功率的选择

选择三相异步电动机功率的依据是根据作业机而确定，即根据作业机需要的功率，再考虑其安全备用系数，就可以确定三相异步电动机的功率，即

$$P_{配}=K\times P_{作}$$

式中　$P_{配}$——三相异步电动机配套的功率（kW）；

K——安全备用系数；

$P_{作}$——作业机需要的功率（kW）。

安全备用系数K的大小是根据作业机的特性而定。例如，水泵在工作中

会出现以下现象：

① 水泵的性能曲线可能有误差，或者水泵不完全符合要求，在运转过程中就可能发生超负荷现象。

② 在水泵工作期间，进水池水位有变化时，实际扬程也就变化，可能引起水泵轴功率的增加。

③ 水泵和管路用久以后，会增加摩擦阻力，往往也会增加水泵的轴功率。安全备用系数 K 值要稍大些，轴功率较大时，采用的 K 值可以小些。水泵配备的动力功率的安全备用系数见表 3-2。

表 3-2　水泵配备的动力功率的安全备用系数表

水泵轴功率（kW）	K（电机）
＜5	1.3～2
5～10	1.15～1.30
10～50	1.08～1.15
50～100	1.05～1.08
＞100	1.05

例：某村排灌站已选定了一台型号为 IS125-100-400 的离心泵，其额定流量为 100 m^3/h，额定扬程为 50 m，额定效率为 65%，水泵轴功率为 20.9 kW，如用联轴器与三相异步电动机配套直接传动，问这台配套三相异步电动机的功率应是多少？

解：该水泵的轴功率为 20.9 kW，则配套三相异步电动机的安全备用系数 $K=1.08\sim1.15$，选 $K=1.10$。则配套三相异步电动机的功率为：

$$P_{配}=K\times P_{轴}=1.10\times20.9=22.99\ (\text{kW})$$

答：该离心泵应选择功率为 25 kW 的三相异步电动机。

六、三相异步电动机转速的选择

作业机有其额定转速，三相异步电动机有电动机的额定转速。工作时，两者的转速必须相互配合，才能使机组正常运转。所以三相异步电动机的选配，除了满足功率的要求外，转速也要与作业机相称。转速不配套，会带来很多不利影响。作业机的转速如果相对三相异步电动机的额定转速过高，就容易产生三相异步电动机过载，会出现烧坏三相异步电动机或加快电动机磨损等现象；转速过低，容易产生作业机不工作。

转速配套就是指三相异步电动机按照它的额定转速运转时，拖动的作业机也在额定转速下运行，即两者都在额定转速下同时运转。当作业机和电动机的额定转速相等，转向也相同时，转速配套的问题比较容易解决。如果转速不等或转向也不相同时，就要用传动装置来使两者的转速配合，以达到传递功率的目的。

1. 直接传动　作业机和电动机的额定转速相等或很接近时，可采用直接传动。直接传动方式用联轴器把作业机和电动机连接起来，如图 3-4 所示。

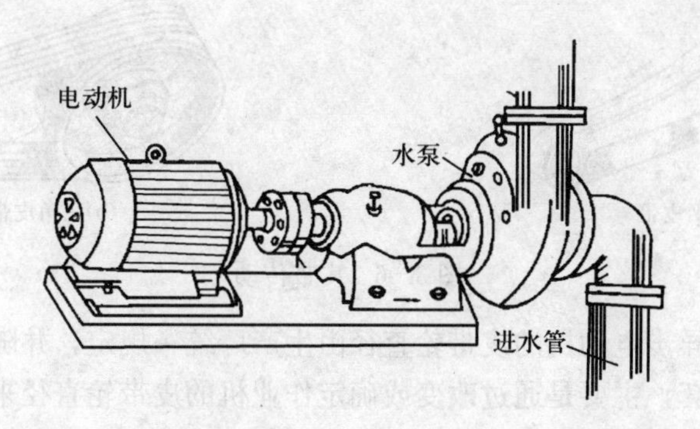

图 3-4　三相异步电动机与水泵（作业机）采用直接传动

其特点是：具有结构紧凑、占地面积小、传动平稳、效率高、运转可靠、经济、安全等优点。

联轴器分为刚性联轴器、弹性联轴器和爪型联轴器 3 种，如图 3-5 所示。

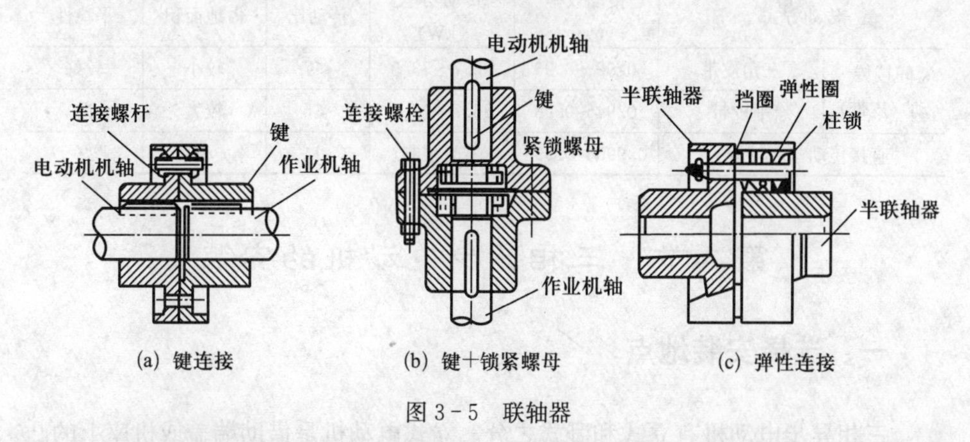

图 3-5　联轴器

目前我国的水泵转速一般都按异步电动机转速设计，所以三相异步电动机带动水泵的机组大多数为直接传动。

2. 间接传动 当作业机与三相异步电动机的额定转速不相配，或轴线不在同一直线，或转向不同时，必须采用间接传动，使用三相异步电动机的作业机机组均采用皮带传动。

皮带传动特点：传动平稳，可起缓冲、减震作用。当出现过载时，皮带即打滑，以保护机械零件免遭破坏，结构简单，使用维修方便。

皮带传动又分为平皮带传动和三角皮带传动两种，如图 3-6 所示。

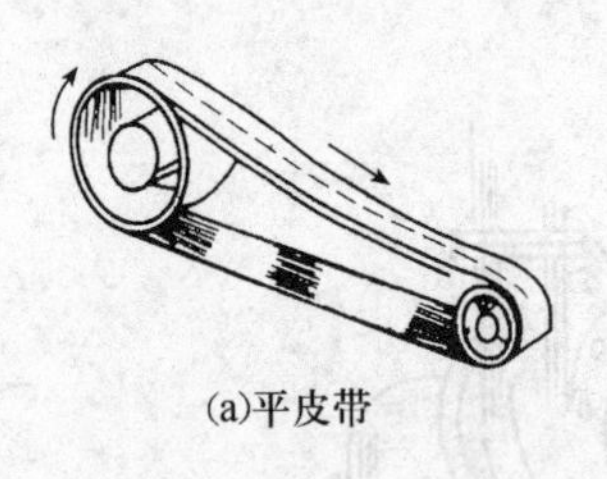

(a)平皮带

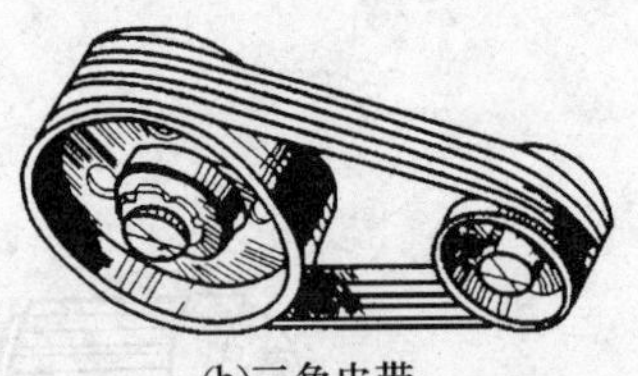

(b)三角皮带

图 3-6 皮带传动

一般三相异步电动机的皮带轮直径由生产厂统一规定，并随机附带。因此机组的转速配套，主要是通过改变或确定作业机的皮带轮直径来实现。

$$\text{作业机皮带轮直径（mm）}=\frac{\text{电动机皮带轮直径（mm）}\times\text{电动机的转速（r/min）}}{(1.02\sim1.05)\times\text{作业机的转速（r/min）}}$$

不同传动方式的对比分析见表 3-3。

表 3-3 不同传动方式的对比分析

传动方式		传动效率（%）	传动功率（kW）	传动比	占地面积	平稳性
间接传动（皮带）	三角皮带	0.92～0.96	36.7～73.5	<7	较小	较好
	平皮带	0.94～0.98	36.7～73.5	<5	较大	差
直接传动（联轴器）		0.990～0.995	不受限制	1	小	好

第二节 三相异步电动机的安装

一、选择安装地点

三相异步电动机有立式和卧式之分。立式电动机是借助端盖或机座上的凸缘来进行安装的。工作时，它的轴与地面垂直，如农村用的深水泵。卧式电动机在工作时，它的轴与地面平行。这种电动机多是靠地脚来进行安装的，也有的卧式电动机端盖上带有凸缘，而不带地脚。农村多用带地脚的卧式电动机。

选择三相异步电动机安装地点时应注意以下几点：

(1) 尽量安装在干燥、灰尘较少的地方。

(2) 尽量安装在通风较好的地方。

(3) 尽量安装在较宽敞的地方，以便日常操作和维修。

二、三相异步电动机安装基础的制作

三相异步电动机的安装基础是用来固定作业机和电动机的位置、承受作业机和电动机的质量以及机组运转时的振动力。所以，基础除了应有足够的强度和刚度外，还必须有正确的安装尺寸。

如果安装基础制作不好，安装位置不够吻合，三相异步电动机或作业机就会产生严重的振动，使基础下沉，从而造成轴承或轴损坏。

三相异步电动机组的基础如图 3-7 所示。

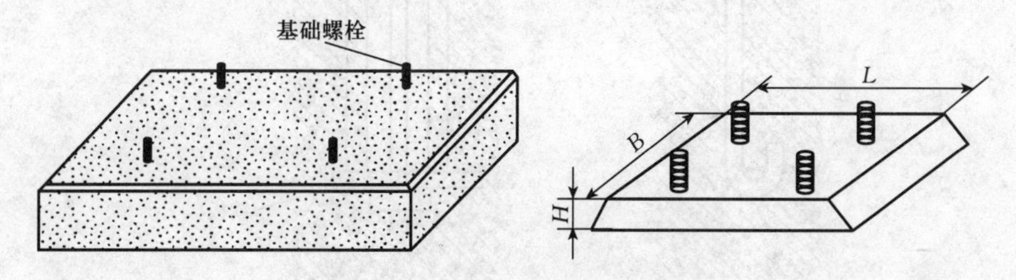

图 3-7　三相异步电动机组的基础

对基础的尺寸要求：

H 一般为 100～150 mm，具体高度应根据三相异步电动机的规格、传动方式和安装条件来决定。

B 和 L 的尺寸应根据底板或三相异步电动机机座尺寸来定，但四周一般要放出 50～250 mm 的余量，通常外加 100 mm 左右。

1. 浇筑基础　固定安装的基础，一般用混凝土浇筑。水泥、沙子和石子的比例为 1∶2∶5。基础的尺寸可以较机组长、宽各大 10～15 cm，高出地面 5～10 cm 计算。根据底脚螺钉固定方法的不同，基础浇筑一般分为一次浇筑和二次浇筑两种。

(1) 一次浇筑　一次浇筑是指在浇筑混凝土前，把弯钩式地脚螺钉预先安装固定在基础模板上，然后一次将它浇筑固定于基础内（图 3-8a）。

这种方法的优点是：地脚螺钉浇筑得坚固牢靠，抗拉抗震能力强。缺点是：地脚螺钉如果摆放得不正，或在捣实混凝土时因受力而发生移动，安装时机组底座上的螺钉孔和地脚螺钉可能对不上，从而给安装工作带来困难。

为了便于安装，也可以采用锚定式活动螺钉（图 3－8b）。这种地脚螺钉依靠方形铁板固定在基础中，套在地脚螺钉外的套筒铁管的内径为螺钉直径的 2～3 倍，这样地脚螺钉在基础内仍可以稍为偏动，因而在安装时，地脚螺钉孔和地脚螺钉之间就会比较容易对准。

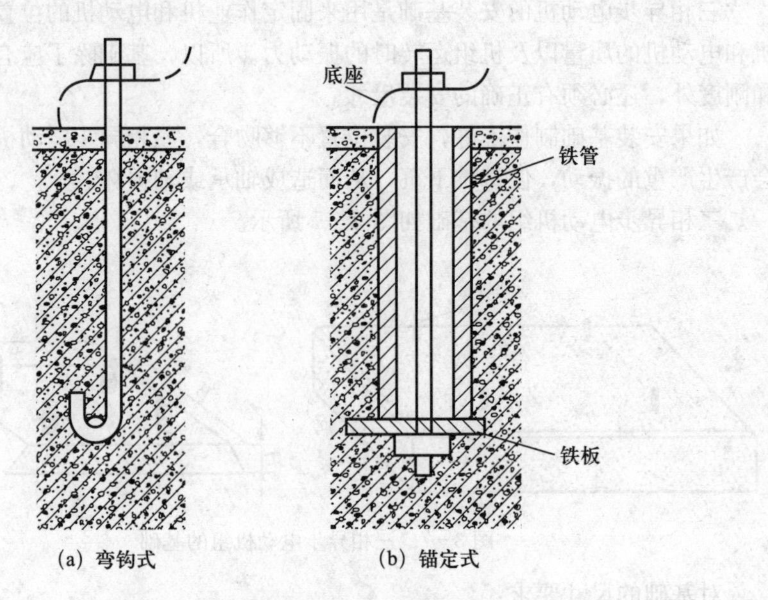

图 3－8 地脚螺钉的一次浇筑方法

（2）二次浇筑　二次浇筑是指在浇筑基础时，在基础中预留地脚螺钉孔，待机组设备安装就位并调整结束后再向预留孔内灌注砂浆，使地脚螺钉固结于基础内。采用弯钩式地脚螺钉的二次浇筑方法如图 3－9 所示。

这种方法的优点是便于机器的安装，其缺点是由于机组安装结束后向预留孔内灌注的砂浆与原来的基础之间不容易结合牢固，因此地脚螺钉的抗拉抗震能力比较差；同时因要预留螺钉孔，从而增加了模板的工作量。但对于一些大型机组，因安装调整比较困难，安装尺寸难以控制，最好采用二次浇筑法。

在实际操作过程中，究竟采用哪种方法固定底脚螺钉，可以根据三相异步电动机的功率大小来决定。

小型三相异步电动机组的基础一般都采用一次灌浆法。通常按照规定尺寸要求用木板或砖头立好模框，同时在各地脚螺栓的位置钉上有螺栓孔的纵横板条，以固定底脚螺钉位置，然后再浇筑混凝土。

浇筑前注意以下几点：

① 基础的地基必须夯实。

② 预先安装在模板上的地脚螺栓位置固定准确。

③ 作业机与三相异步电动机的安装基础要保持水平。

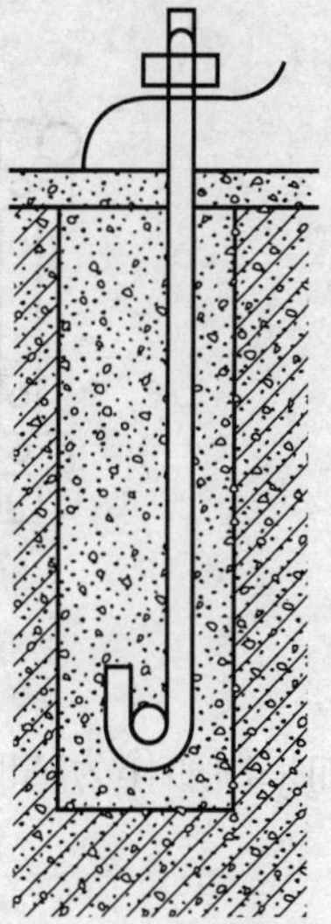

图 3-9 采用弯钩式地脚螺钉的二次浇筑方法

2. 临时性木桩基础 在农村，常用的临时性安装基础有两种，一种是作业机与电动机装在同一底座上；另一种是作业机和电动机基础的分开。

（1）临时性同一基础 临时性同一基础一般是用两根长短合适的方木作底脚板，并按作业机和电动机的地脚螺栓钻孔，安上底座，装上地脚螺栓，把方木与机组底座固定在一起即可，如图 3-10 所示。

安装的现场先要夯实，然后在地面上挖出两道沟，将底脚木放在沟内，再把四周夯实。为了使机组地脚牢固，也可以在底脚木的四周打几根木桩。这种底脚木基础的安装和移动都很简单、方便，很适合农村小型水泵的安装。

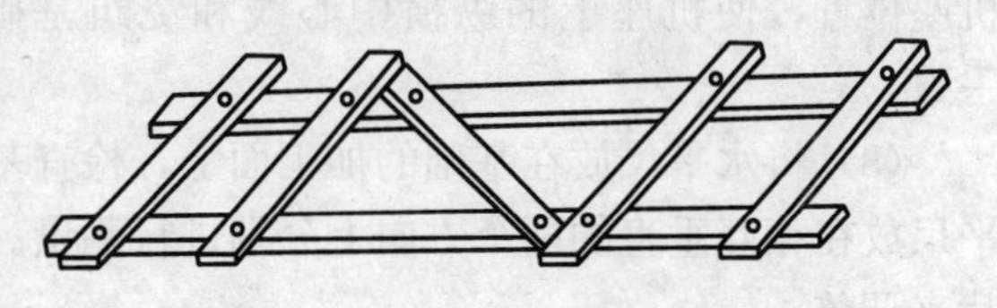

图 3-10 作业机与电动机临时性同一基础

（2）临时性分开基础 临时性分开基础，是专门为作业机和电动机分别各做一个木机座。使用时，用木桩分别固定好。

临时性分开基础在安装时较为麻烦，固定也较费事。但两基础之间的长度不受材料及其他条件的限制，宜用作皮带传动的小型电动机组安装。

临时性安装基础所用底脚木的大小，要根据作业机与电动机的功率来确定。通常，采用 100 mm×150 mm 或 150 mm×200 mm 的方木。木料的长度可根据作业机和电动机的地脚尺寸以及它们之间的安装距离来确定，如图 3-11所示。

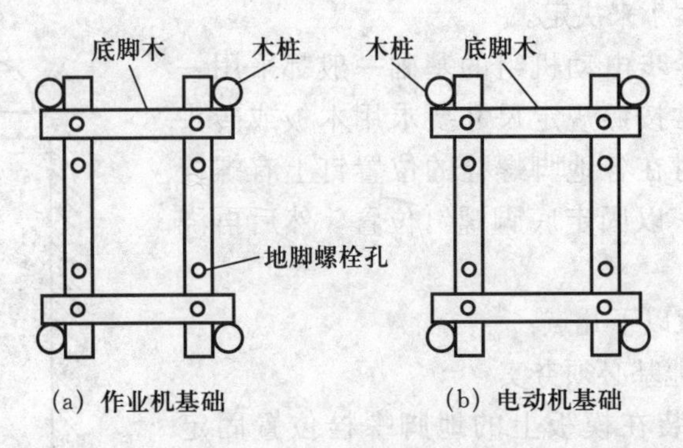

(a) 作业机基础　　(b) 电动机基础

图 3-11　临时性分开基础

如果用船作为临时性水泵基础，则可用直角螺丝将底脚木紧固在船的肋木上。

三、将三相异步电动机安装在基础上

1. 安装程序　三相异步电动机安装在基础上的程序如下：

(1) 先在基础上画出三相异步电动机的纵横中心线。

(2) 把三相异步电动机吊放在基础上。套上地脚螺栓、螺母，调整电动机机座位置，使机座上的纵横中心线和浇筑基础时所定的电动机纵横中心线一致。

(3) 将水平尺放在基础的加工面上，检查基础的水平度。检查时，应将水平尺放在相互垂直的两个方向上分别进行测量。若发现不平，可在基础下垫铁片来调整。

(4) 机座找正校平后，拧紧地脚螺母。在拧紧螺母之前，若发现铁垫片数很多，应用经过加工的平整铁板代替。并在拧紧之后对机座再校正一次水平，直至纵向、横向都水平为止。至此，机座安装完毕。

注意：

① 为了防止震动，安装时应在三相异步电动机与基础之间垫衬防震物。

② 4 个地脚螺栓上均要套上弹簧垫圈；拧紧螺母时要按对角交错次序逐步拧紧，每个螺丝要拧得一样紧。

③ 安装时，还应注意将三相异步电动机的接线盒接近电源管线的管口，再用金属软管伸入接线盒内。

2. 三相异步电动机的校正　三相异步电动机在基础上安装好以后，还应进行校正，校正的内容有：水平校正、带传动的校正、联轴器传动的校正、齿轮传动的校正。

3. 三相异步电动机安装注意要点　三相异步电动机安装得好坏，会直接影响电机是否能正常运转，同时又关系到能否安全运行的大问题。所以，安装工作十分重要。其注意事项如下：

（1）在三相异步电动机搬运过程中，要注意保证人身和机器的安全。尤其对于较大型电动机，要统一指挥，分工合作，对吊装工具要事先检查以防止因承受不了重力而发生断裂等事故。抬、吊电动机时，绳索要拴在吊环或底座上，不得拴在轴头或端盖处，以免损坏轴颈及轴承等。

（2）安装地点选择适当，因为电动机的工作地点适当与否，会影响其正常运行、操作和维护方便以及有关传动机械的合理布局等方面。要考虑防潮湿、雨淋、日晒，要通风良好。

（3）在不影响安装质量的前提下，可以因地制宜，就地取材，达到节约的目的。

（4）要保证机组安装位置正确，有牢固的基础，以保证机组运行平稳，不因机组运行的振动而发生坍塌、位移等。

（5）三相异步电动机的外壳一定要良好接地，以确保运行安全。

第三节　三相异步电动机传动方式的选择与安装

一、三相异步电动机传动方式的选择

1. 传动方式　三相异步电动机作为原动力拖动作业机运转时，将三相异步电动机的电能传输给作业机变成机械能的连接方式，称为传动。生产中传动方式有以下两种：

（1）直接传动　直接传动是将三相异步电动机和作业机用联轴器（常称联轴节或靠背轮）直接连接起来的传动方式。它的优点是传动效率高，设备简单可靠。例如，水泵机组，在水泵厂就已经将三相异步电动机与水泵直接连接装在一台底座上，成为成套设备。显然，三相异步电动机与作业机的转速与转动的方向必须相同。所以凡是三相异步电动机的转速与作业机的转速相同时，都应尽量采用直接传动方式。

（2）间接传动　当三相异步电动机的转速与作业机的转速不同时，需要采用变换速度（简称变速）的办法来解决，这时通常采用间接传动。间接传动又

分为胶带传动（简称带传动）及齿轮传动两种。间接传动的特点是三相异步电动机的转速与作业机的转速不同，它们的转动方向，可以相同也可以不同。一般而言齿轮传动要比带传动造价高又不易制作，而带传动比较起来易于实现。带传动的优点是构造较为简单，拆卸方便，但结构不够紧凑，有些打滑（俗称丢转）等缺点。带传动分为平带传动和三角带传动两种。

2. 平带传动

（1）平带传动的类型　平带传动主要采用开口式、交叉式和半交叉式3种（图3-12）。三相异步电动机轴上的皮带轮叫主动轮，其直径记作D_1，作业机轴上的皮带轮是被动轮，其直径记作D_2。

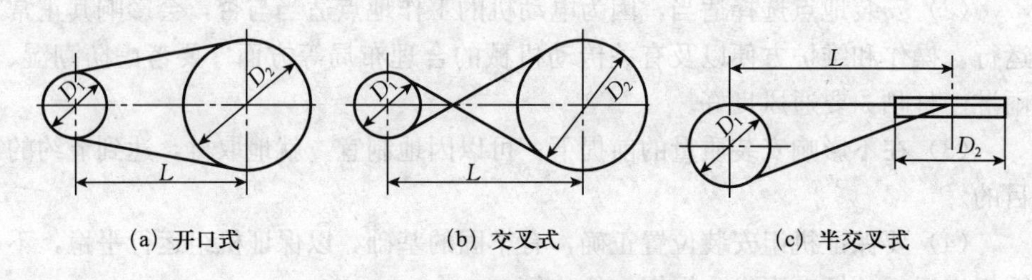

图3-12　平带传动的类型

当三相异步电动机的轴与所带动作业机的轴平行，而且转动方向相同时，可以采用开口式。

如果三相异步电动机的轴与作业机的轴平行，但转动方向相反，则可用交叉式。

如果三相异步电动机的轴与作业机的轴垂直，则用半交叉式。

（2）传动比　无论采用哪种方式的皮带传动，两个皮带轮的转速与这两个轮的直径成反比。主动轮与被动轮的转速比叫作传动比，用符号i表示，即

$$i=\frac{n_1}{n_2}=\frac{D_2}{D_1}$$

式中　i——传动比；

n_1——主动轮的转速（r/min）；

n_2——被动轮的转速（r/min）；

D_1——主动轮的直径（mm）；

D_2——被动轮的直径（mm）。

采用平皮带传动，传动比不宜大于3，否则打滑严重，传动效率低。

（3）平带传动带轮直径的确定　根据理论分析，三相异步电动机的转速与电动机带轮直径的乘积，等于作业机的转速与其带轮直径的乘积，其计算公

式为：

$$D_1 n_1 = D_2 n_2 \text{，或 } D_1 = \frac{n_2}{n_1} D_2$$

式中　n_1——电动机的转速（r/min）；

n_2——作业机的转速（r/min）；

D_1——电动机带轮直径（cm）；

D_2——作业机带轮直径（cm）。

从上可知，只要知道3个数值，另一个即可求出来。在实际的传动中，带轮与平带接触摩擦时，要发生打滑现象，因此为了弥补这一转速损失，常将上式放大一些：

$$D_1 = (1.02 \sim 1.05)\ \frac{n_2}{n_1} D_2$$

例：今有一台水泵，转速为1 000 r/min，轴上的带轮直径为20 cm。为它选配的电机转速为1 440 r/min，试求采用平带传动时，电机轴上的带轮直径为多大?

解：因 n_2＝1 000 r/min，D_2＝20 cm，n_1＝1 440 r/min，则电机带轮的直径 D_1 为：

$$\begin{aligned} D_1 &= (1.02 \sim 1.05)\frac{n_2}{n_1} D_2 \\ &= (1.02 \sim 1.05)\frac{1\,000}{1\,440} \times 20 \\ &= 14.2 \sim 14.6(\text{cm}) \end{aligned}$$

各种规格的皮带轮所允许的最小皮带轮直径不同，并且这些皮带用于不同极数的三相异步电动机。

平皮带传动的功率最好不超过40 kW。平皮带与三相异步电动机的配合选择见表3-4。

(4) 平带传动中心距的确定　两个带轮中心之间的直线距离，称为中心距。这个距离的长短不能随意决定，因为如果过短会减少胶带的牵引能力，降低传递效率，并且胶带容易脱落；若过长也不好，一方面多占用场地，另外平带传动还会跳动，易损伤，效率也会降低等。

两带轮中心距离 L，较为合适的长度为：两带轮直径之和的3～5倍，最小也不小于两带轮直径之和的2倍。

在采用交叉式传动时，两皮带轮之间的距离要更大一些，以免皮带相交时摩擦。采用半交叉传动，皮带轮要适当宽一些，否则皮带容易脱落。

表 3-4　平皮带与三相异步电动机的配合选择表

平皮带规格（mm）		电动机皮带的最小直径（mm）	允许使用电动机的最大容量（kW）	电动机的极数			
宽	厚			8	6	4	2
75	3	100		1.7	2.2	4	5.5
75	4	125		3	4	5.5	7.5
100	3	125		2.2	3	4.5	7
100	4	150		4	5	7.5	10
100	5	175		5	7	10	13
125	4	150		5.5	7.5	10	13
125	5	200		7	10	13	—
125	6	250		10	13	17	—
150	4	150		7	10	13	—
150	5	200		13	17	22	—
150	6	250		22	30	40	—
175	5	200		17	22	30	—
175	6	250		30	40	50	—

3. 三角带传动　当三相异步电动机轴与被拖动的作业机轴之间的距离不大时，可采用三角带传动。三角带传动平稳，不易振动，不易打滑，传动比可达到 7～10。当增加皮带的根数时，其传动的功率更大，可达 100 kW 以上。

（1）三角皮带型号的选择　三角皮带可分为 O、A、B、C、D、E、F 等 7 种型号。应根据三相异步电动机的功率来选用三角带的型号，见表 3-5。

表 3-5　根据三相异步电动机功率选用三角皮带的型号

电动机功率（kW）	三角皮带型号
0.4～0.75	O
0.75～2.2	O、A
2.2～3.7	O、A、B
3.7～7.5	A、B
7.5～20	B、C
20～40	C、D
40～75	D、E
75～150	E、F

选择型号时，应该在许可的范围内尽量选用较小截面的三角皮带（O型皮带截面最小，F型最大），以利于延长传动皮带的使用寿命。

（2）三角皮带根数的选择　三角皮带型号确定后，再选定电动机的最小皮带轮直径及需用三角皮带的根数，见表3-6。

表3-6　三角皮带与三相异步电动机的配合关系

三角皮带型号	电动机皮带的最小直径（mm）		电动机的极数			
			8	6	4	2
O	70	单根三角皮带允许传递功率（kW）	0.15	0.2	0.3	0.6
A	100		0.3	0.6	0.9	1.5
B	140		0.87	1.2	1.6	2.5
C	200		2.6	3.6	4.8	—
D	315		7.5	9.5	9.4	—
E	500		17	17.7	—	—
F	800		31	—	—	—

例如，一台4 kW 4极三相异步电动机，根据三角皮带与电动机的配合关系可选用A型皮带，最小皮带轮直径为100 mm。因为A型皮带用于4极电动机时，每根皮带允许传递功率为0.9 kW，所以4 kW的电动机应该用5根皮带。如果电动机皮带轮直径取得稍大一些，比如125 mm，采用4根A型皮带也是可以的。

使用皮带传动时，应该注意下列事项：

① 皮带长度要合适。过松易打滑，过紧皮带和轴承容易损坏。要求皮带的松边在上，紧边在下，以增加皮带与皮带轮的接触面积，提高传动效率。

② 注意搭接皮带的运行方向，防止运行中因为接口不断撞击皮带轮使轴承容易损坏。

③ 要保持皮带的清洁，不要沾染机油、汽油等，也不可浸水。防滑的皮带蜡要尽量少用。如长时间不用，应在皮带上撒一些滑石粉，卷起来，收藏好。

④ 同用在一个皮带轮上的几根三角皮带要长度一致，新旧皮带不要混用，以免拉力分配不均，缩短皮带的使用寿命。

⑤ 在皮带和皮带轮周围设置防护罩，至少要设置栏杆，以免发生危险。

二、三相异步电动机传动的安装

1. 联轴器的安装 联轴器由驱动盘、从动盘和弹性圆柱销组成。采用弹性圆柱销连接，联轴器具有较强的缓冲和吸振能力。

在作业机和三相异步电动机之间安装联轴器时，要求作业机和电动机必须同心（在同一条直线上），且在联轴器两个盘之间保持一定的间隙。否则，开机后会发生振动，不但浪费功率，而且易造成轴承损坏。

联轴器连接方法如图 3－13 所示。

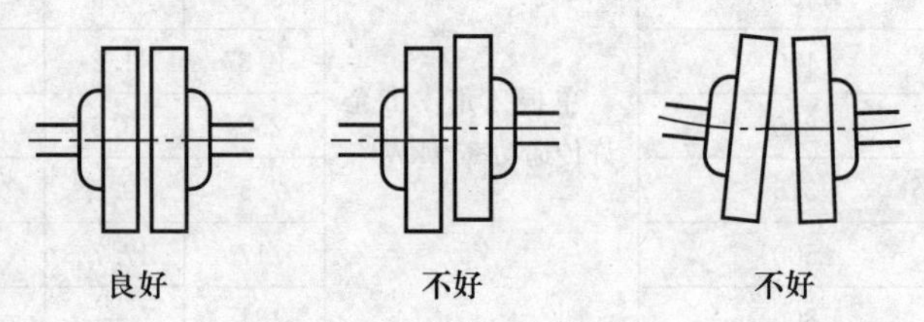

图 3－13 联轴器连接方法

对联轴器传动校正时，可以被传动的机械为基准调整联轴器。使两联轴器的轴线重合，同时使两联轴器的端面平行。

校准联轴器可用钢直尺和厚薄规进行，如图 3－14 所示。

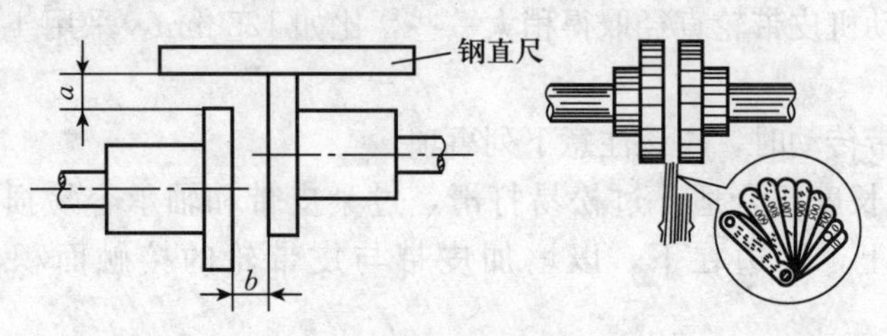

图 3－14 联轴器传动的校正

将钢直尺搁在联轴器上，分别测量纵向水平间隙 a 和联轴器间隙 b，再用手转动电动机端的联轴器，每转 90°测量一次 a 和 b 的数值。若在各位置上测得的 a、b 值不相同，应在机座下加垫或减垫钢片。如此反复调整，直到联轴器转动 360°时，a、b 值不变即可。两联轴器容许的轴向间隙应符合表 3－7 中的要求。

表 3－7 两联轴器容许的轴向间隙值

联轴器直径（mm）	90～140	140～260	260～500
容许轴向间隙（mm）	2.5	2.5～4	4～6

2. 带传动的安装

（1）平带连接方式　若传动皮带过长或损坏，可重新连接，其连接方法主要有以下两种方法。

① 用皮带扣对接。

适用范围：皮带宽度小于 100 mm 的平皮带。

对接方法如图 3－15 所示。

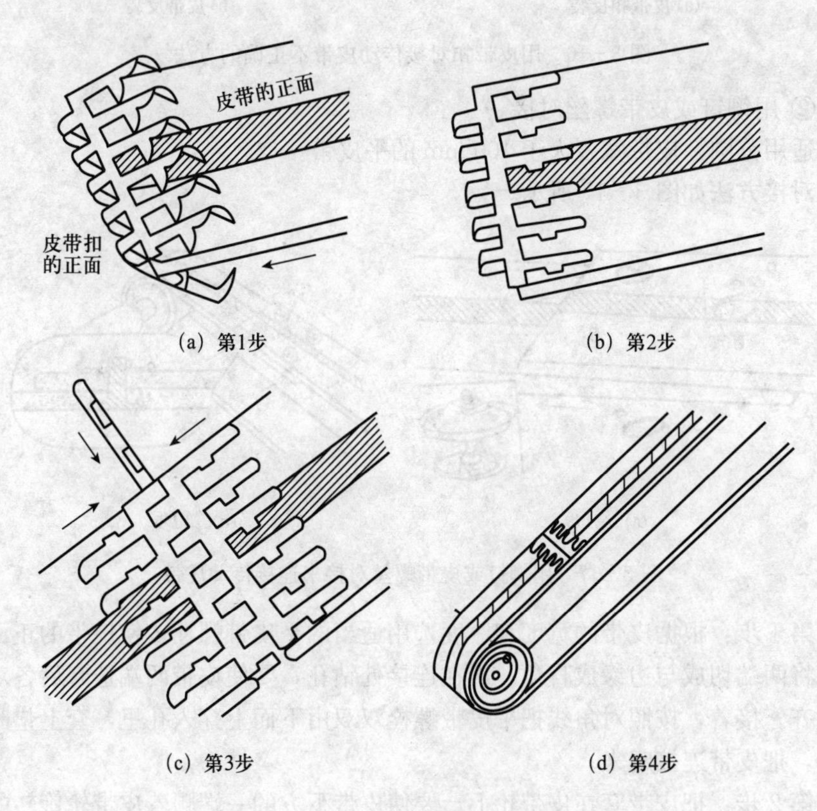

图 3－15　用皮带扣对接来连接传动皮带

第 1 步：将平皮带的正面向上，用刀将两端切成与边缘成直角后，分别伸入两个皮带扣横挡处，对齐。若皮带扣比皮带略宽，可截去一些。

第 2 步：用锤子将皮带扣钉入皮带。

第 3 步：将两个皮带扣连接起来，插入皮带扣插销。

第 4 步：将平皮带套上动力机与水泵的皮带轮上。

用皮带扣对接传动皮带不正确的方法常见有皮带扣反装和皮带反装（图 3－16）。

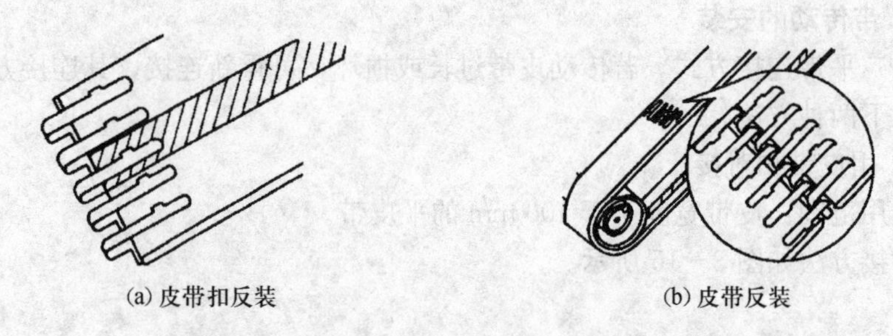
(a) 皮带扣反装　　(b) 皮带反装

图 3-16　用皮带扣对接传动皮带不正确的方法

② 用铆钉或皮带螺丝对接。

适用范围：皮带宽度大于 100 mm 的平皮带。

对接方法如图 3-17 所示。

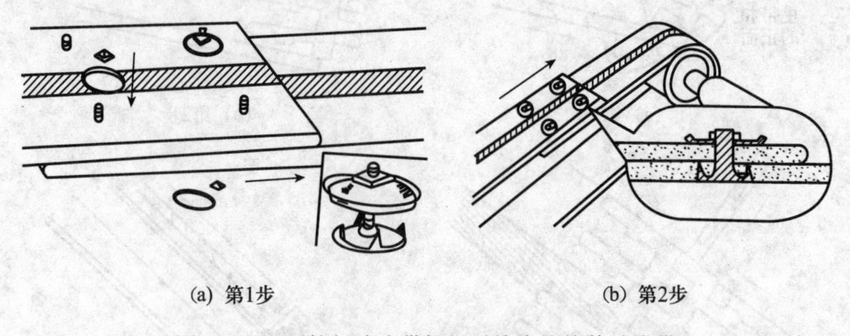
(a) 第1步　　(b) 第2步

图 3-17　用铆钉或皮带螺丝对接来连接传动皮带

第 1 步：根据皮带的宽度和厚度选用适当的平皮带螺栓，使皮带的正面向上，将两端切成与边缘成直角。再在连接处钻孔，要使皮带两端迭起后各对应孔对齐。接着，按照对角线把平皮带螺栓双双由下而上穿入孔里，套上垫圈和螺母，把皮带连接起来。

第 2 步：把皮带套在皮带轮上，要使皮带下方的一端顺着皮带轮旋转的方向，以免转动时发生撞击。

用铆钉或皮带螺丝对接传动皮带不正确的方法常见有螺丝反装和皮带反装（图 3-18）。

（2）皮带的传动方向　电动机与作业机用皮带连接时，应注意皮带的传动方向。

（3）带传动的校正　采用带传动的电动机和被带动的作业机，能平稳运行，应当满足如下两个条件：

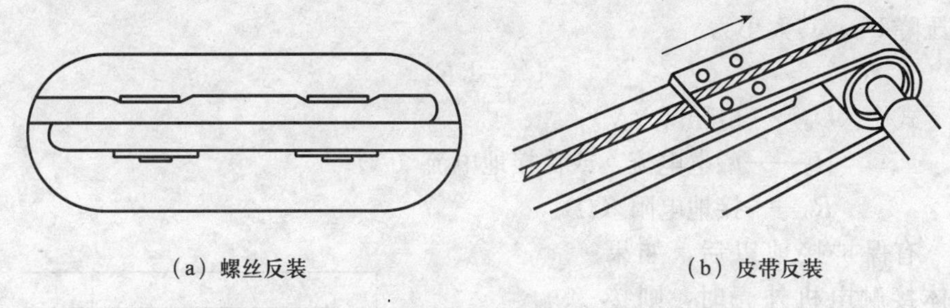

（a）螺丝反装　　（b）皮带反装

图 3－18　用皮带扣对接传动皮带不正确的方法

① 两带轮的轴要相互平行。

② 两带轮的宽度中心线应当在一条直线上。

传动装置的校正就是调整两带轮的相对位置，使其满足这两个条件。

校正时首先准确地画好两带轮宽度中心线，然后拉一根细绳，使其对准作业机带轮的宽度中心线，如果电动机带轮中心线与细绳重合，说明安装符合要求。如果不重合，应移动电动机或在机座下垫薄铁片等，直到电动机带轮的宽度中心线与细绳重合为止。

如果两带轮的宽度相同，则不必画宽度中心线，可以直接将拉直的细绳紧贴在作业机带轮的侧面，然后校正电动机，直至电动机带轮的侧面也紧贴细绳为止。

第四节　三相异步电动机的接地及其安装

一、三相异步电动机的接地方式

三相异步电动机的接地方式有工作接地、保护接地、保护接零和重复接地等几种方式。

1. 工作接地　为了保证电器设备可靠运行，而必须在电力系统中某一点进行的接地称工作接地，如电动机中性点的接地，变压器中性点的接地等。其目的是可降低人体的接触电压及降低设备的绝缘等级；也可迅速切断事故。

2. 保护接地　为了防止绝缘损坏而遭受触电的危险，将与电器设备带电部分相绝缘的金属外壳或支架进行的接地称保护接地。比如三相异步电动机的外壳（机座）用导线和接地体相连，实现直接接地，如图 3－19 所示。一旦某

相绕组或外壳漏电（绝缘破损），则电流通过外壳接地体的接地电阻 R_d 产生电压降 U_d，其大小为

$$U_d = I_d R_d$$

式中 U_d——电压降（V）；

I_d——漏电电流，或称接地电流（A）；

R_d——接地电阻（Ω）。

有保护接地以后，如果人体接触电机外壳时，则接地电流同时通过接地装置与人体两条通路。因一般而言，人体电阻比接地电阻 R_d 大得多，如果 R_d 值很微小，则通过人体的电流可视为零，因此只要 R_d 不超过规定的安全值，就可以保证人身安全。

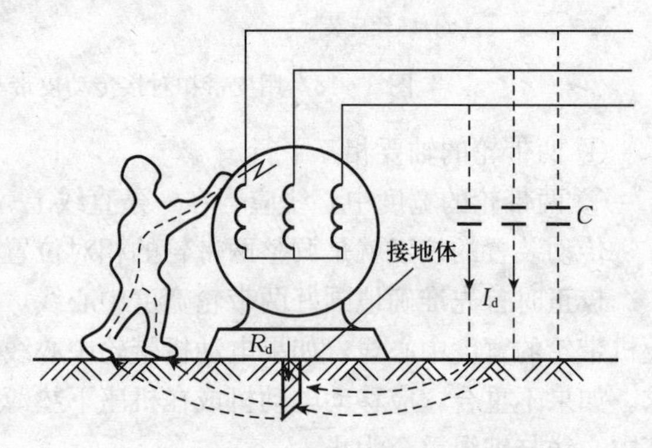

图 3－19　保护接地

3. 保护接零　在中性点接地的三相四线制 380/220 V 的低压电路中，为了保证人身安全，将用电设备如三相异步电动机的金属外壳与电源接地的中性线直接相连接，这种接地方式为接零保护，如图 3－20 所示。三相异步电动机进行保护接零后，当发生绝缘损坏而使电动机外壳带电时，因为接地零线电阻值很小，所以这时中线（地）的短路电流很大，将使电路的保护装置如保险丝、自动空气保护开关等迅速动作而切断电源，以达到保护人身安全的目的。

需要说明的是，在中性点直接接地的低压三相四线制配电网络中，单纯采用保护接地，是不能确保安全的。因为一旦人体触及电机带电外壳时，是处于与保护接地并联的位置，故仍有一定的危险电流通过人体，甚至有致命危险。所以在电源中性点

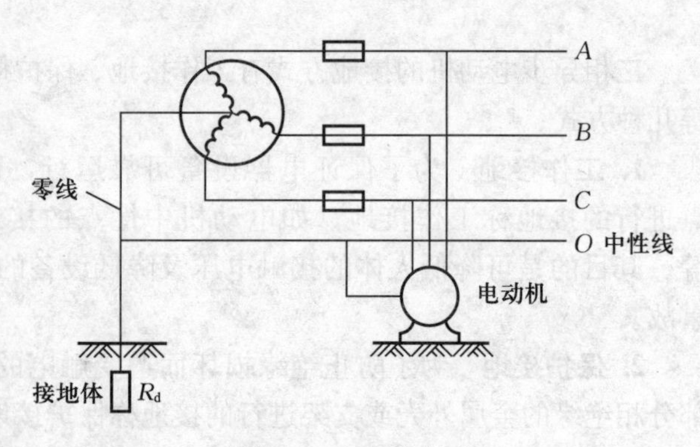

图 3－20　保护接零

直接接地系统中，采用接地保护是不够安全的，而应用接零保护。

4. 重复接地　将零线上的一点或多点与大地作金属接地，称重复接地。其目的是当零线一旦断线时，保护接地不致失效，仍可降低零线的对地电压，以减轻事故。如果只有一处中性线接地，一旦中性线断线，就会失去保护接零的作用，机壳上的电压，可高达接近于相电压，是很危险的。

二、三相异步电动机的接地安装

三相异步电动机的金属外壳接地，是将接地体或称接地装置，按一定要求埋入地下。接地装置包括接地极与接地线两部分，如图 3－21 所示。

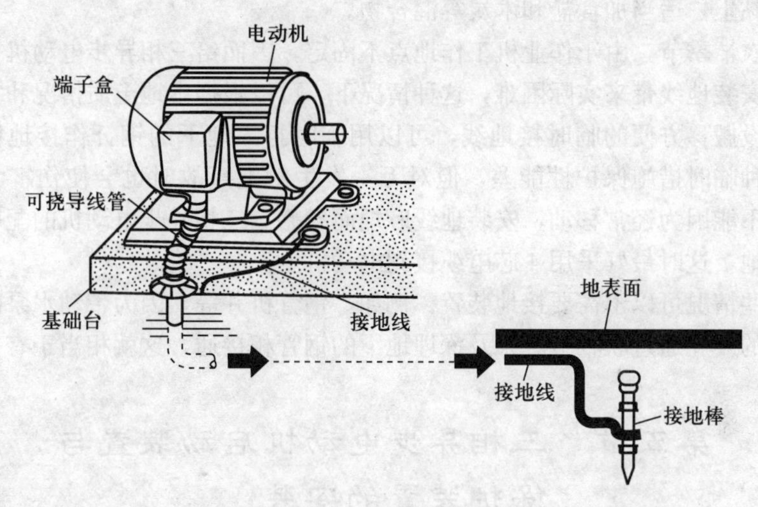

图 3－21　接地装置的组成

1. 接地棒的安装　接地棒一般多用钢管、钢筋、角钢之类金属制成；如用钢管，其直径一般为 20～50 mm；钢筋的直径为 10～12 mm；角钢为 20 mm×20 mm×3 mm 或者 50 mm×50 mm×5 mm 规格。长度为 2.5～3.0 m。

利用保护盖保护接地棒头部，用锤子等将接地棒打入地下。

由于在三相异步电动机的端子盒或定子机座上已安装有接地用螺栓，则可以利用地脚螺栓作为接地棒，如图 3－22 所示。

2. 接地线的安装　接地线为接地极与电器设备外壳连接的导线。

裸铜线、铝线、钢线都可以作为接地线，铝线易断最好不用。铜线断面不小于 4 mm^2，铝线断面不小于 6 mm^2。接地线与接地极最好用焊接方法连接。

与设备相接时需要用螺栓拧紧接牢。

三相异步电动机底座的接地线与金属管的连接，要使用接地衬套。

3. 接地电阻大小的确定 为了使接地装置发挥作用，关键是接地电阻 R_d 要小，一般要求保证接地电阻 $R_d \leqslant 10\ \Omega$。有时遇到土壤地下水位等因数的影响，往往接地电阻过大保证不了要求的数值。因此可适当增加地极根数（地极间距离不小于 2.5 m），土坑可埋些黏土，适当加食盐和木炭等混合物。

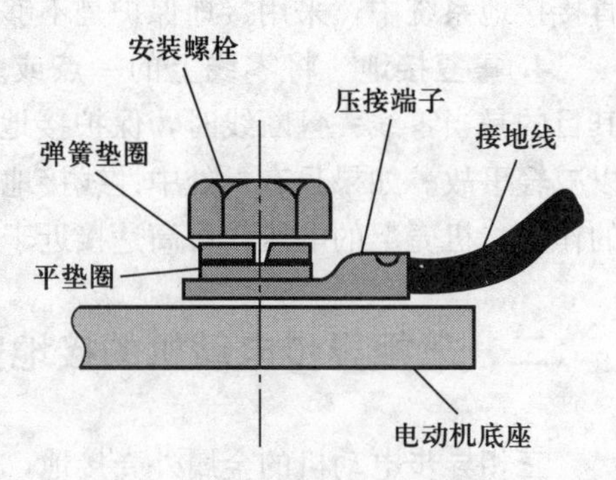

图 3－22 地脚螺栓作为接地棒

在农忙季节，由于作业机工作地点不固定，因而给三相异步电动机按照上述要求安装地线带来实际困难，这种情况下，可以根据本地土质情况和实践经验，装设搬移方便的临时接地线，可以用临时打入地下的钢钎作接地极。当然，这种临时措施保护性能差，但对万一发生触电事故时也会使伤害大大减轻。决不能因为经常移动，安装地线麻烦而省略。三相异步电动机的配电箱外壳要接地，这时最好采用 4 芯电缆接到电动机上。

有些情况可以不需要接地装置。例如，钢管机井等，因为带动水泵的电动机，它的外壳通过联轴节、泵及深埋地下的钢管相接通，这就相当于有接地装置了。

第五节 三相异步电动机启动装置与保护装置的安装

一、简单的三相异步电动机控制电路的安装

1. 简单的三相异步电动机控制电路的布置 简单的三相异步电动机启动与保护电路主要由启动开关与熔断器组成，如图 3－23 所示。启动开关用于接通三相电源，熔断器用于短路保护。

2. 启动开关 用于农村 500 V 级的电动机启动开关主要有：石板闸开关、胶盖闸开关、铁壳开关、自动空气开关等。

（1）石板闸开关 石板闸开关是工厂用电设备中常用的开关设备。石板闸（HRTO 系列），通常用于交流电压 500 V、电流 400 A 以下的低压线路中，作

线路的过载、短路保护和切断及接通电源用。在中小企业中的配电盘以及车间配电箱中，作不频繁的接通与切断电路之用。

石板闸开关，是由手柄、主刀片、速断刀刃、夹座及熔断器等部件组成，如图 3-24 所示。它们全都固定在石板上，由此而得名。为防止拉闸时产生较大的电火弧，在容量较大的闸刀上还装有速断刀刃，拉闸时闸刀片先脱离夹座而速断刀刃仍留在夹座内，当继续拉开时，在弹簧的作用下速断，刀刃与夹座迅速脱离，这样最易熄弧。

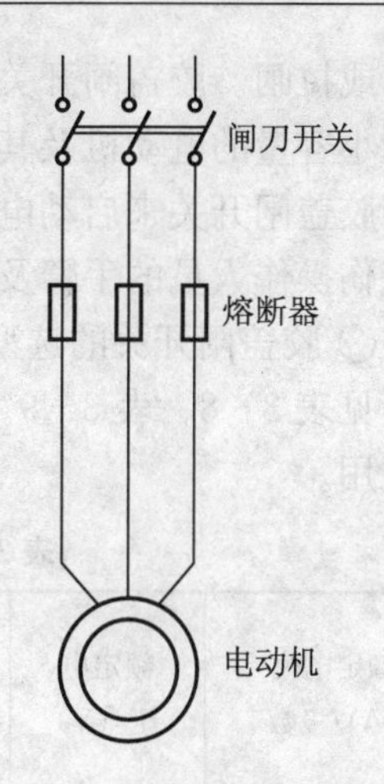

图 3-23　简单的三相异步电动机控制电路

(2) 胶盖闸开关

① 胶盖闸开关的功用与组成。胶盖闸开关广泛用于工农业生产中。它是由瓷座、三极或二极刀闸、熔丝及胶盖组成，如图 3-25 所示。开关刀闸由夹座（常称静触点）、刀片（也称动触点）主要零件组成。

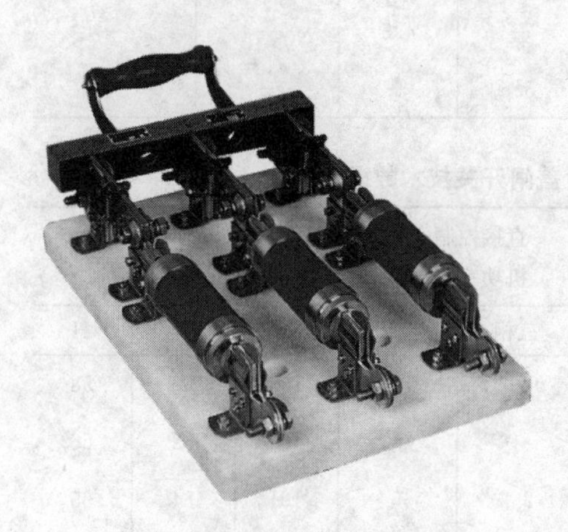

图 3-24　石板闸开关

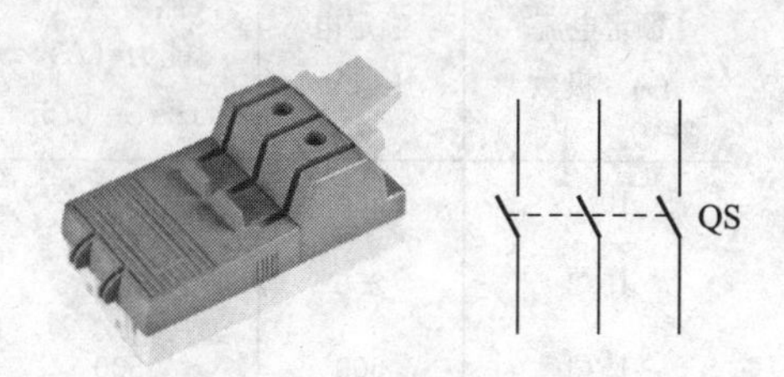

图 3-25　胶盖闸开关

胶盖闸开关的作用是将带电的部位扣装起来进行保护，以防止拉闸时的电火弧伤人。熔丝俗称保险丝也称熔断器，是作为短路保护用的。当电路通过很大的短路电流时，熔丝很快熔断从而切断电路，保护电动机及其他设备免遭损坏。

电路的接通或断开是由刀片嵌入夹座或脱离夹座的动作来实现的，即常称合闸或拉闸。胶盖闸开关的安装及维护都较简单，价格又便宜，所以适合用来控制小容量的电动机及其他电器设备。对于电动机容量超过 7 kW 时，尽量不采用胶盖闸开关来启动电动机，因为在这种情况下易产生较大的电火弧，可能会烧伤操作人员的手臂及其他配电设备，并且刀闸本身也易烧损。

② 胶盖闸开关的选型。常用的胶盖闸开关分有 HK1、HK2 型，其技术数据，见表 3－8、表 3－9。也有二极胶盖闸开关，专供单相照明线路的电源开关之用。

表 3－8　HK1 型胶盖闸开关的技术数据

额定电流 (A)/极数	额定电压（V）	极限分断能力（A） $\cos\varphi=0.6$	直接控制电动机功率（kW）		电寿命（次）	机械寿命（次）
			三相	单相		
15/2	220	500	—	1.5	—	—
15/3	380	500	2.2	—	—	—
30/2	220	1 000	—	3.0	—	—
30/3	380	1 000	4.0	—	2 000	10 000
60/2	220	1 500	—	4.5	—	—
60/3	380	1 500	5.5	—	—	—

表 3－9　HK2 型胶盖闸开关技术数据

额定电流 (A)/极数	额定电压（V）	极限分断能力（A） $\cos\varphi=0.6$	直接控制电动机功率（kW）		外形尺寸（mm）		
			三相	单相	L	B	H
10/2	250	500	—	1.1	133	55	58
15/2	250	500	—	1.5	166	62	66
15/3	500	500	2.2	—	191	84	65
30/2	250	1 000	—	3.0	189	62	64
30/3	500	1 000	4.0	—	226	100	78
60/2	250	1 500	—	4.5	—	—	—
60/3	500	1 500	5.5	—	280	130	93

例：一台额定电压为 380 V、型号为 Y132S1－2 的电动机。其额定电流为

11.1 A。试为其选配全压启动胶盖闸开关。

解：3倍额定电流＝3×11.1＝33.3(A)，因此，由表3-8和表3-9选出500 V、60/3型的胶盖闸开关。

③ 胶盖闸开关的安装。安装前，应对刀开关进行全面地检查，触头接触应良好，无烧伤，瓷座底和胶盖、手柄无破损，手柄及其闸刀不歪斜，底座螺孔封闭严密，各部螺丝紧固，绝缘良好。刀开关安装地点应干燥，无尘土，不受振动影响。

安装时，闸刀底板应垂直于地面，手柄向上，静触头位于上方接电源，动触头位于下方接负荷。这样在切断电路时产生的电弧，热空气上升，将电弧拉长而易于熄灭。同时也可避免刀开关处于切断位置时，闸刀可动触头因重力或者受震动而自由落下，发生误合闸以及当闸刀断开时，闸刀不带电，更换熔丝安全。不允许闸刀倒装和水平安装。

刀开关的进出线连接的地方，要接触严密，螺丝要拧紧。从闸座接出来的绝缘线，金属部分不应外露，以免引起人身触电伤亡事故。刀片和夹座接触，应不歪扭，以免刀片合入夹座时造成接触不良。

安装后刀开关的胶盖应盖好，在上胶盖的时候，位置应对正，不得歪斜。胶盖上不准只拧一个胶木螺丝，当合闸刀时，应做到刀片不碰胶盖。

（3）铁壳开关　铁壳开关又称为封闭式负荷开关，由于全部零部件都装在一个铁壳盒中，由此得名，如图3-26所示。

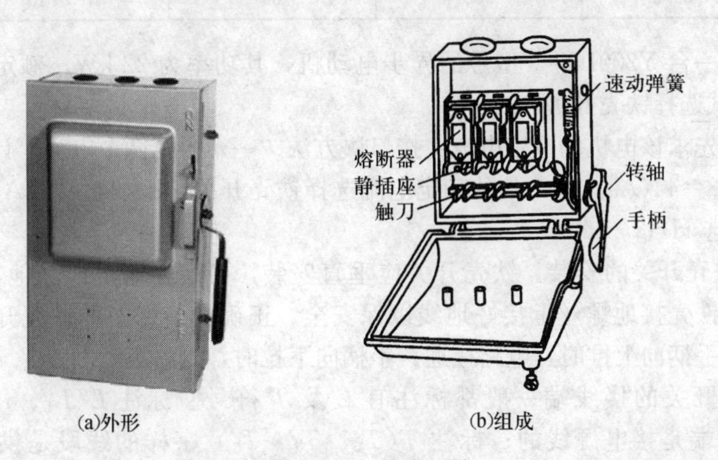

图3-26　铁壳开关

① 组成。铁壳开关是在刀闸开关的基础上发展起来的一种分断电路负荷的开关设备。主要是由刀闸开关与熔断器组合而成的。由于全部零件都装在铁

壳内，拉闸时电弧不会跑出铁壳，操作安全。使用手柄进行合闸与拉闸操作。铁壳与手柄间有一凸缘的连锁装置，当开关合闸通电工作时，壳盖不能打开；而壳盖打开时，开关是处于拉闸状态，不接通电路，这样可以避免带电操作，确保运行安全。

铁壳开关适用于农村电力排灌、照明等的各种配电装置中，供手动不频繁接通和分断负荷电路之用。并具有短路保护特性，可作为小型异步电动机的启动设备。

② 铁壳开关的选型。铁壳开关的选择是按电动机额定电流的 2 倍选取。我国生产的规格有 HH3、HH4 等型号，其有关技术数据见表 3－10。

表 3－10　铁壳开关的技术数据

型　号	额定电压（V）	额定电流（A）	电动机容量（kW）
HH3－15/3	440	15	3
HH3－30/3	440	30	5.5
HH3－60/3	440	60	10
HH3－100/3	440	100	13
HH3－200/3	440	200	22
HH4－15/3	380	15	3
HH4－30/3	380	30	5.5
HH4－60/3	380	60	10

例：一台 Y200L2－6 型号的异步电动机，其功率为 22 kW；额定电压为 380 V。试选择铁壳开关。

解：先求该电机的额定电流：按口诀方法“一个千瓦两个电流”计算，则得：2×22＝44(A)。按 2 倍的额定电流选择铁壳开关：2×44＝88(A)，查表 3－10 可选 HH3－100/3 型。

③ 铁壳开关的安装。铁壳开关应垂直安装，可装在墙上或其他支架上。使用时在铁壳接地螺丝上接好地线以保安全。正确安装好了的铁壳开关应当是：操作手柄向上推时，电路接通；手柄向下拉时，电路断开。

铁壳开关的接线端一般都标注有 L 及 T 符号。标注 L(L_1、L_2、L_3）字样的线端是接电源线的；标注 T(T_1、T_2、T_3）字样的线段是供接电动机引线的。这样，电流先通过盒式熔断器，然后到刀闸开关部分。当铁壳开关的刀闸部分发生相间短路故障时，熔丝熔断起到保护作用。当打开铁壳盖进行检修时，拉开熔丝盒上盖，刀闸部分便不再带电了，可无电检修，保障安全。

3. 熔丝与熔断器

（1）熔丝与熔断器的作用和类型　保险丝（熔丝）是最简单最经济的保护装置。当电路中的电流过大时，接在电路中的保险丝就熔断了（俗称“烧了”，“爆了”），切断了电源，从而保护电动机与线路。

熔丝通常装在一定的器具中，这种器具叫熔断器，如图 3-27 所示。

我国现在生产的熔断器有无填料熔断器、有填料熔断器、螺旋式熔断器、快速熔断器等。无填料熔断器有插入式和封闭管式两种。有填料熔断器中的填料是石英沙细粒，不宜用其他东西来代替。快速熔断器主要用于电子设备中。

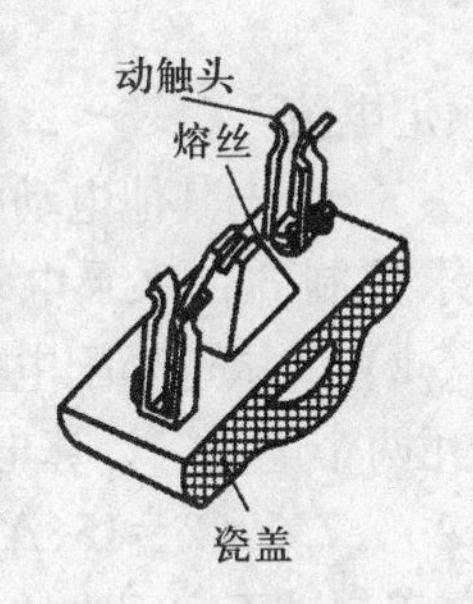

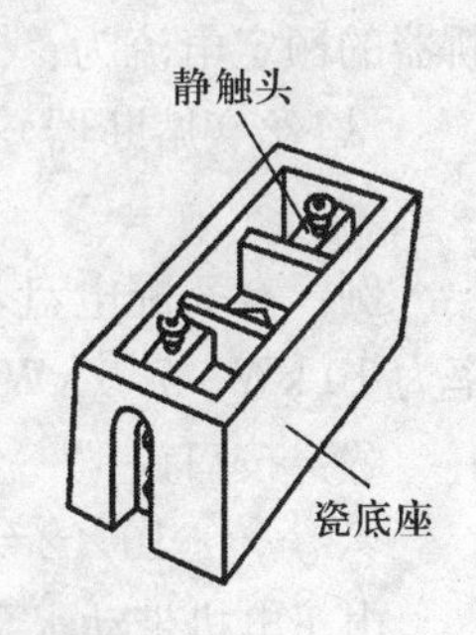

图 3-27　熔断器

比如，闸刀开关的下部装有熔丝，铁壳开关中往往装有插入式熔断器或封闭管式熔断器。

（2）熔丝与熔断器的选择

① 熔丝与熔断器的额定电流。每种熔丝或熔断器都有一个额定电流值，这个数值标明在熔断器上或者一盘熔丝的铁轴上。熔丝或熔断器的额定电流值并不是指熔断电流值。也就是说，当通过熔丝的电流等于熔丝的额定电流时，它不会爆断，只有熔丝上的电流超过额定电流很多时，熔丝才迅速爆断。

熔丝的熔断特性见表 3-11。

表 3-11　熔丝的熔断特性

额定电流的倍数	1	1.3	1.6	3	5	10
熔断的时间	不熔断	1 h 以上	1 h	5 s	1 s	0.1 s

② 熔丝与熔断器的选择。选择熔断丝与熔断器，需要确定它们工作时的额定电流。

对于一台三相异步电动机，供电导线上熔丝（熔断器）的额定电流为：

熔丝（熔断器）的额定电流＝(2～3)×电动机的额定电流

如果三相异步电动机启动困难，应该选用较大额定电流的熔断器（可取电动机额定电流的 3 倍）；如果三相异步电动机启动轻松，则可取较小额定电流的熔断器。

常见的几种容量的三相异步电动机选择熔丝时，可参考表3-12。

表3-12　常见三相异步电动机的熔丝选择

电动机容量（kW）	2.8	4.5	7	10	14	20	28
熔丝额定电流（A）	10～15	15～25	25～35	35～50	45～70	60～100	90～150

当一条线路给几台三相异步电动机供电时，这条线路总开关上的熔丝或熔断器的额定电流为：

熔丝（熔断器）的额定电流＝(1.5～2.5)×最大的电动机额定电流
＋其他电动机额定电流的总和

例：有一配电盘，要求控制3台水泵电动机（380/220 V，Y/△），其功率为10 kW、7.5 kW、5.5 kW。试选择配电盘的总熔丝及每台电动机的熔丝。

解：按口诀"一个千瓦两个电流"计算电动机额定电流：

10×2＝20(A)，7.5×2＝15(A)，5.5×2＝11(A)

由于电机带动水泵，属于启动不太困难的负载，所以取倍数为2；因此配电盘总熔丝的额定电流≥20×2＋(15＋11)＝40＋26＝66(A)，故选70 A熔丝。

按表3-12，10 kW电机可选40 A熔丝；7.5 kW电机可选30～35 A熔丝；5.5 kW电机可选25 A熔丝。

(3) 熔丝的安装与更换

① 安装或更换熔丝时必须切断电源。

② 如果在三相异步电动机启动或运行中连续发生熔丝烧断的现象，则应检查各方面的原因。不能任意换用额定电流大的熔丝，也不能用粗铝线或粗铜线代替熔丝。

③ 不能用几股额定电流小的熔丝来代替额定电流大的熔丝。把额定电流值较大的熔丝压扁、拉细或刻上刀痕来替代额定电流值小的熔丝也是不可以的。可用适当粗细的铜丝来代替超市售的保险丝，代用铜丝的额定电流应该与要求的数值相近。

④ 安装熔丝时，熔丝两头应沿螺钉拧紧的方向绕钉一周，要绕在垫圈的下面，不要绕在垫圈与螺钉头之间，免得拧紧螺钉时，熔丝被挤出来。压紧熔丝的螺钉要拧得松紧合适，感到熔丝已经有些压扁就可以了。因为过松容易发生接触不良而发热或跳火；过紧，可能把熔丝压伤，压伤的熔丝在较小的电流下就会熔断。采用铜丝时，可压得紧一些。

⑤ 熔丝与熔断器只能用作三相异步电动机的短路保护，而不能作为电动机的过载保护。否则，当电动机处于过载状态，其电流比额定电流虽然要大一

些，但增加的数值又不多，那么熔丝长时间内不会熔断，而在此期间内，电动机可能因为发热严重而损坏。

二、一般性启动的三相异步电动机控制电路的安装

1. 三相异步电动机的保护　三相异步电动机的保护包括过载保护、短路保护、失压保护、欠压保护，如果电路中有这四个方面的保护就是一种较复杂的电路。

2. 一般性启动的三相异步电动机控制电路

（1）电路的构成　一般性启动三相异步电动机控制电路如图 3 - 28 所示。

① 主回路由断路器 QF_1、交流接触器 KM、热继电器 FR 及电动机 M 组成。

② 控制回路由断路器 QF_2、启动按钮 SB_2、停止按钮 SB_1、交流接触器 KM 及热继电器 FR 常闭触点组成。

③ 保护器件由断路器 QF_1 作为主回路短路保护，断路器 QF_2 作为控制回路短路保护，热继电器 FR 作为电动机 M 的过载保护。

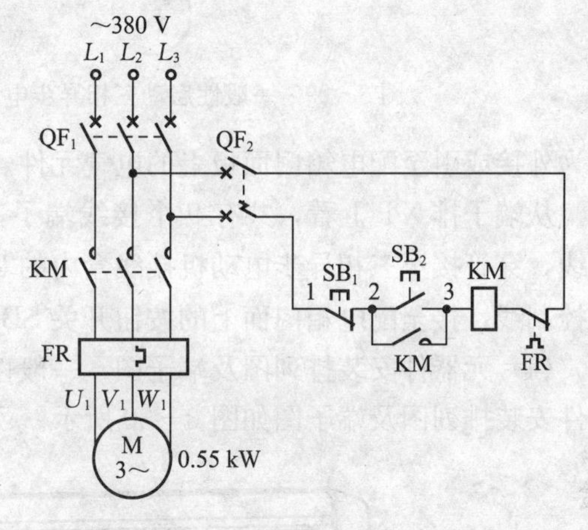

图 3 - 28　一般性启动三相异步电动机控制电路

（2）工作原理　首先合上主回路断路器 QF_1、控制回路断路器 QF_2，为电路工作提供准备条件。

① 启动。按下启动按钮 SB_2，交流接触器 KM 线圈得电吸合且 KM 辅助常开触点闭合自锁，KM 三相主触点闭合，电动机 M 得电运转，拖动设备开始工作。

② 停止。按下停止按钮 SB_1，交流接触器 KM 线圈断电释放，KM 三相主触点断开，电动机 M 失电停止运转，拖动设备停止工作。

③ 电路布线图　一般性启动三相异步电动机控制电路布线图如图 3 - 29 所示。从图 3 - 29 中可以看出，XT 为接线端子排，通过端子排 XT 来区分电气元件的安装位置，XT 的上方为放置在配电箱内底板上的电气元件，XT 的下

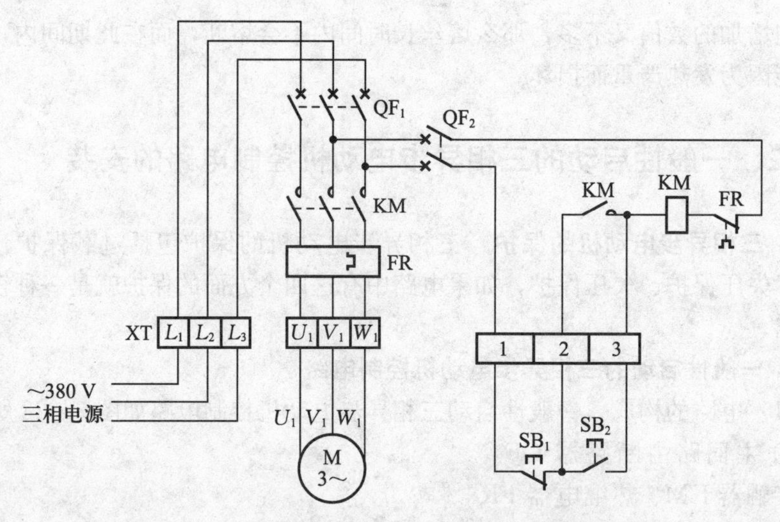

图 3-29　一般性启动三相异步电动机控制电路布线图

方为外接或引至配电箱门面板上的电气元件。

从端子排 XT 上看，共有 9 个接线端子，其中，L_1、L_2、L_3 三根线为电机线，穿管接至三相异步电动机接线盒内的 U_1、V_1、W_1 上；1、2、3 三根线为控制线，接至配电箱门面上的按钮开关 SB_1、SB_2 上。

（4）元器件安装排列图及端子图　一般性启动三相异步电动机控制电路中元件安装排列图及端子图如图 3-30 所示。

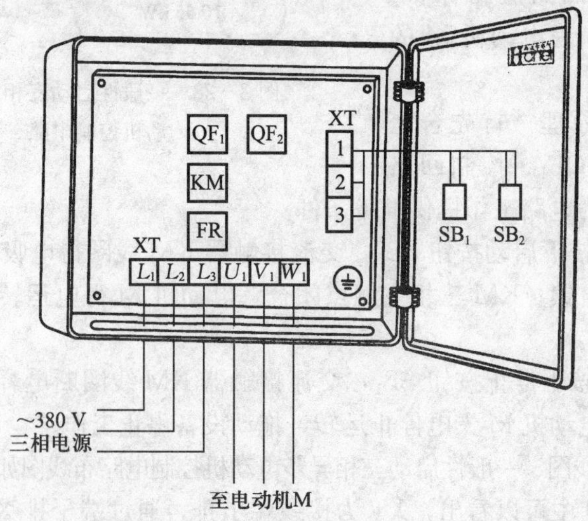

图 3-30　一般性启动的三相异步电动机控制电路中的元件安装排列图及端子图

从图 3－30 可以看出，断路器 QF_1、QF_2，交流接触器 KM，热继电器 FR，安装在配电箱内底板上；按钮开关 SB_1、SB_2 安装在配电箱门面板上。

通过端子 L_1、L_2、L_3 将三相 380 V 交流电源接入配电箱中。

端子 U_1、V_1、W_1 接至电动机 M 接线盒中的 U_1、V_1、W_1 上。

端子 1、2、3 将配电箱内的元件与配电箱门面板上的按钮开关 SB_1、SB_2 连接起来。

(5) 电气元件作用表　一般性启动的三相异步电动机控制电路中电气元件作用见表 3－13。

表 3－13　电气元件作用表

名称符号	元件外形	作用
断路器 QF_1	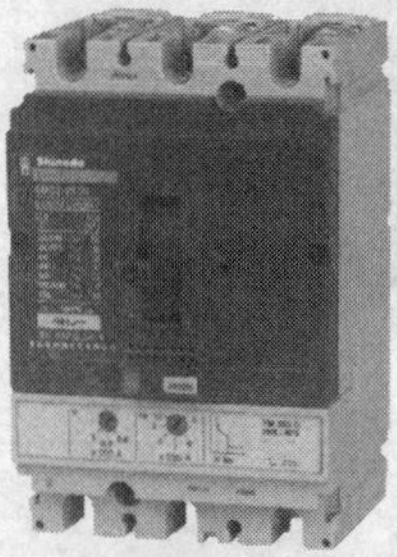	主回路过流保护
断路器 QF_2	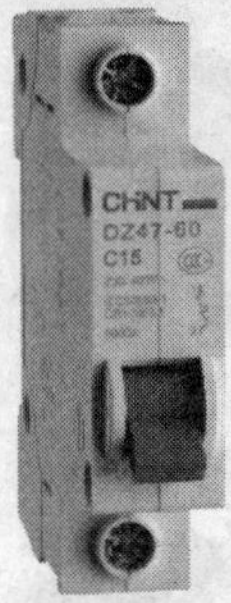	控制回路过流保护
交流接触器 KM		控制电动机电源

（续）

名称符号	元件外形	作用
热继电器 FR	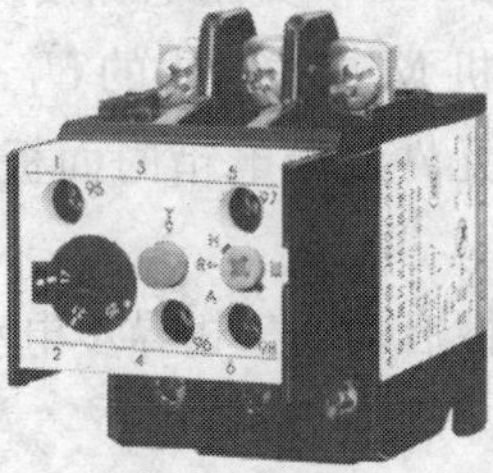	电动机过载保护
按钮开关 SB_1		停止电动机
按钮开关 SB_2		启动电动机
三相异步电动机 M		拖动

3. 热继电器——过载保护

（1）热继电器的动作原理　先将热继电器中的热元件与三相异步电动机的

一相供电线路串联，即电网中的电流先经过热元件再流入电动机。当电动机中的电流较大时，热元件上通过的电流也较大，热元件发热就增加，热元件烘热了在它附近的双金属片，双金属片受热膨胀。组成双金属片的两种金属的膨胀系数不同，下面一片伸长得多，上面的伸长得少，它们又被焊在一起，所以双金属片向上弯曲，使得它的右端与扣板脱离。当扣板失去了双金属片的支撑后，上端被弹簧拉向左边，下端向右带动绝缘拉板，自动分离。热继电器上的触头是和交流接触器中的铁芯线圈串联的，当热继电器的触头断开时，就切断了接触器线圈中的电流，电动机就脱离了电源，从而达到了保护的目的。热继电器的结构与动作原理如图 3-31 所示。

（a）热继电器外形图

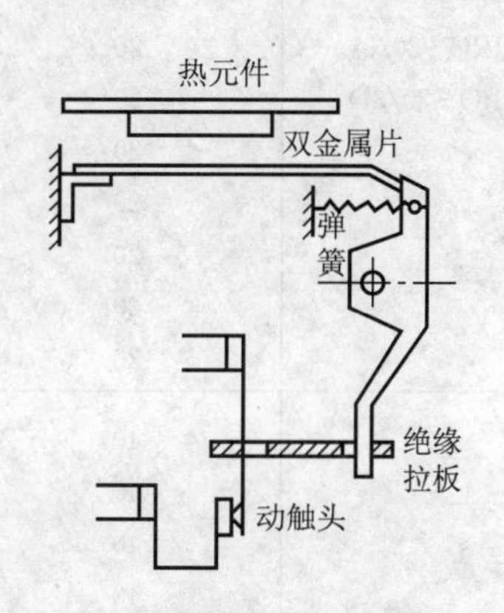

（b）热继电器动作原理示意图

图 3-31 热继电器

（2）热继电器为何只能作过载保护而不能作短路保护 由热继电器工作原理可知，当被保护对象电动机过载，电流增大使加热元件发热温度升高，从而使双金属片被烘热弯曲变形才使常闭触电打开，电路断电实现过载保护。这样，发热元件发热、双金属片弯曲变形使常闭触电打开，需要一段时间，如它的工作条件那样需要 20 min 左右，而负载发生短路事故，电流瞬间变成很大，这个很大的短路电流在没有使发热元件发热，未使双金属片变形之前，就已将负载（电动机）烧毁了。所以热继电器不能作短路保护之用。

（3）热继电器的选择与应用 热继电器的热元件可以根据三相异步电动机的额定电流来选用。热继电器上设有调节刻度电流的旋钮，刻度电流并不是动作电流。一般可以把刻度电流调到与电动机额定电流相等或略低于额定电流。

JRO系列热继电器的技术数据见表3-14，其保护特性见表3-15。

表3-14 JRO系列热继电器的技术数据

型号	额定电流（A）	热元件	
		额定电流（A）	刻度电流调节范围（A）
JRO-20/3 JRO-20/3D	20	0.35	0.25～0.35
	20	0.50	0.32～0.50
	20	0.72	0.45～0.72
	20	1.1	0.68～1.10
	20	1.6	1.0～1.6
	20	2.4	1.5～2.4
	20	3.5	2.2～3.5
	20	5	3.2～5.0
	20	7.2	4.5～7.2
	20	11	6.8～11.0
	20	16	10～16
	20	22	14～22
JRO-40	40	0.64	0.40～0.64
	40	1	0.64～1.00
	40	1.6	1.0～1.6
	40	2.5	1.6～2.5
	40	4	2.5～4.0
	40	6.4	4.0～6.4
	40	10	6.4～10.0
	40	16	10～16
	40	25	16～25
	40	40	25～40
JRO-60/3 JRO-60/3D	60	22	14～22
	60	32	20～32
	60	45	28～45
	60	63	40～63
JRO-150/3 JRO-150/3D	150	63	40～63
	150	85	53～85
	150	120	75～120
	150	150	100～150

表 3-15　JRO 热继电器的保护特性

刻度电流倍数	三相（不带断相保护的）动作时间	附　注
1.0	长期不动作	—
1.2	<20 min	从热态开始
1.5	<20 min	从热态开始
6.0	>5 s	从冷态开始

由于三相异步电动机过载造成热继电器动作，切断了电动机的电路后，若要恢复供电，就必须使热继电器“复位”，也就是让热继电器中断开的触头重新闭合。复位可分为手动与自动两种。在热继电器上有一螺丝可以调整触头的位置以选择不同的复位方式。由于双金属片的冷却需要一段时间，所以手动复位（按一下热继电器上的复位按钮）只有在热继电器动作 2 min 后才能有效。自动复位需要 5 min 左右的冷却时间。

例：一台 Y160L-8 型号的三相异步电动机，电压为 380 V，功率为 7.5 kW。试求其选用热继电器。

解：该三相异步电动机的额定电流值，按“1 个千瓦两个电流”的口诀，得 2×7.5=15(A)。因此由表 3-14 选用 JRO-20/3D 型，热元件额定电流 16 A，其调节范围为 10～16 A。可调节为 15 A（整定值）。

（4）热继电器的安装

① 首先应按说明书正确安装。一般都应安装在其他电器的下方，以免其他电器发热影响他的动作准确性。

② 热元件的动作电流可以调整（常称整定），这个调整的电流值（简称整定值）一般等于电动机的额定电流。若系启动频繁或启动时间较长的电动机，可使动作电流等于额定值的 1.1～1.15 倍，略大一些为好。

③ 热继电器自动作后，可在 2 min 后按手动的复位按钮，使它恢复原来的状态，否则它不再动作。一般复原在 3～5 min 后，才允许重新启动电动机。

④ 若热元件损坏后，应采用同样规格的热元件更换，不得随意更改规格。

4. 交流接触器——失压保护与欠压保护

（1）交流接触器的功用　三相异步电动机中安装交流接触点，可以起到以下作用：

① 远距离频繁启动或停止电动机。

② 当三相交流电压过低时，自动切断电源，使电动机停止运转，以防止电动机因电压过低造成过载事故。

③ 当突然停电后再恢复供电时，能防止电动机自行启动。

(2) 交流接触器的结构　交流接触器主要由电磁铁、主触头、辅助触头、熄弧装置等组成，如图 3-32 所示。

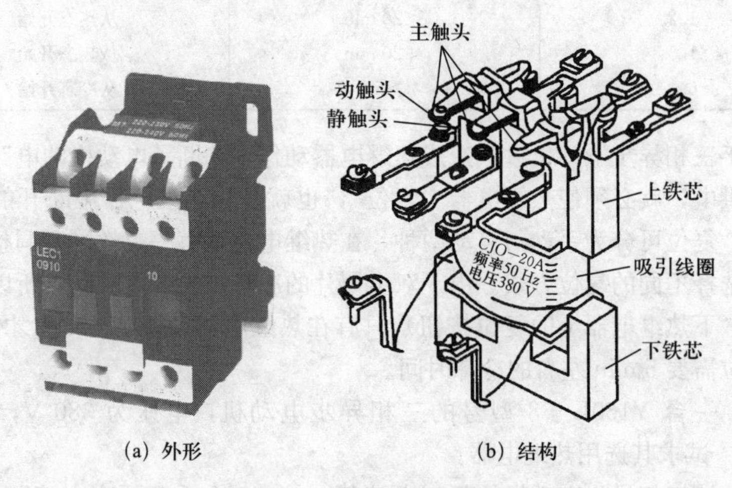

(a) 外形　　(b) 结构

图 3-32　交流接触器

① 电磁铁。由 E 形静铁芯上套以吸引线圈及动铁芯等组成。当吸引线圈通入交流电流时产生磁场，其磁力线将铁芯（常称衔铁）吸合，使其动作的同时带动动触点动作，这样动触头就与相应的静触头接合而使电路接通。衔铁可以在自重及弹簧力的作用下离开静铁芯，从而恢复到吸合以前的状态。

当电源电压低于额定电压 85%时，接触器因吸力不足而不能可靠吸合。当电源停电时，交流接触器由于它的吸引线圈断电，使衔铁复原，从而使电路断开，使被它控制的电动机处于停止运转状态。当电源恢复供电时，接触器不会自行合闸，这样可避免电动机自行启动，所以接触器能起到失压保护作用。

② 主触头。分为动触头和静触头两种，它的触点是由烧蚀的银基合金制成。静触头有两个接线端，一个接电源，另一个接负载。动触头有相互连通的两个触点，可以分别和两个静触头接通，并与衔铁机械固定。当电磁铁的衔铁吸合时，带动动触头与静触头接合。

触头在多次分断后，表面往往被电火弧烧黑腐蚀氧化，这是正常的，并不影响它的导电能力，因此可以不必维修锉磨。

③ 辅助触头。也称副触头或连锁触头，是作为辅助操作或接通信号用的，其触头面积一般要比主触头的面积小，所以通过电流也小。

当衔铁吸合时，除主触头接合外也带动辅助触头动作。辅助触头是双断点式，其主要类型是：常开辅助触头（也叫动合触头，衔铁吸合时辅助触头闭合）和常闭辅助触头（也叫动断触头，衔铁吸合时辅助触头分开）。

④ 熄弧装置。在主触头的上方装有将相间隔开的石棉制成的灭弧罩，借助触头电路的磁场排斥力（常称磁吹力）将电弧引入灭弧罩的灭弧板的窄缝中，予以冷却迅速熄灭。辅助触头由于它分断电流小，产生的电弧不大，所以不装熄弧罩。

（3）交流接触器控制电动机的工作原理

① 电路的启动。启动电动机时，先合上闸刀开关，然后按一下启动按钮，此时套在铁芯上的线圈被通电。通电路径是：L_1→铁芯上线圈→启动按钮→停止按钮→L_2，如图 3-33 所示。

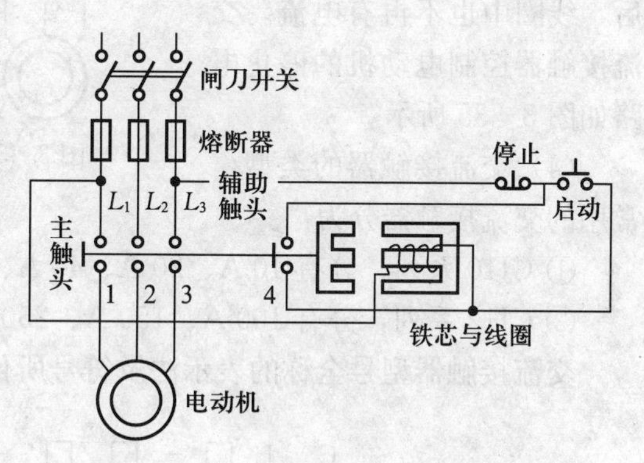

图 3-33　交流接触器控制三相异步电动机的启动电路（1）

铁芯上的线圈通电时，产生吸力，把左半边的铁芯吸向右边，使主触头 1、2、3 闭合，接通电动机的三相电路，电动机开始运转。同时，右移的铁芯也带动了辅助触头 4 闭合而接通启动按钮的两边。

当人手离开启动按钮后，铁芯上线圈仍然保持通电，此时通电的路径是：L_1→铁芯上线圈→辅助触头 4→停止按钮→L_3，如图 3-34 所示。

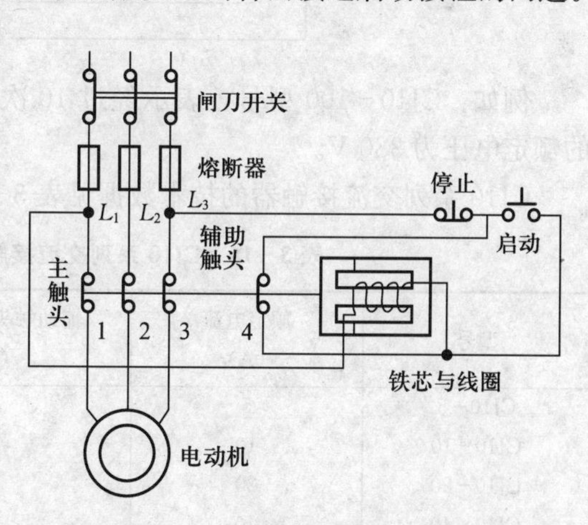

图 3-34　交流接触器控制三相异步电动机的启动电路（2）

这里利用接触器内的辅助触头，起到保持线圈继续通电的作用（通常称为自保持或自锁）。辅助触头上通电电流较小，所以它的体积小，装在接触器的侧面，很容易与通过大电流（流向电动机的电流）的主触头区别开来。

② 三相异步电动机的停止。

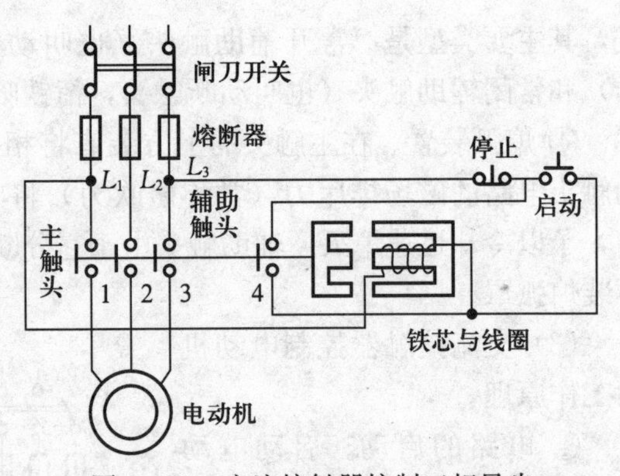

图 3-35　交流接触器控制三相异步电动机的停止电路

当需要停止电动机时，只要按一下停止按钮就可以了，停止按钮切断了线圈的电流，左边的铁芯返回原来位置，电动机的电源被切断。同时辅助触头4也断开，手离开停止按钮后，线圈中也不再有电流。交流接触器控制电动机的停止电路如图 3-35 所示。

(4) 交流接触器的类型

常用的交流接触器分为：

① CJ10 系列，分有 10 A、20 A、40 A、60 A、100 A、160 A 等。

② CJ12 系列，分有 100 A、150 A、250 A、400 A、600 A 等。

交流接触器型号全称的表示法及符号所代表的含义如下：

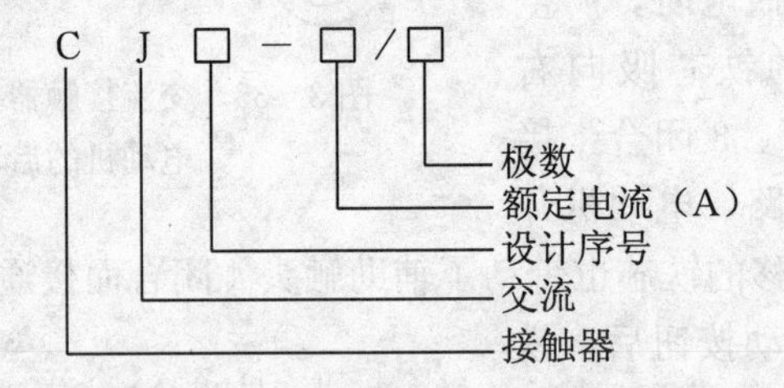

例如：CJ10-100 型号，表示经过 10 次设计的 100 A 交流接触器。它们的额定电压为 380 V。

CJ10 系列交流接触器的技术数据见表 3-16。

表 3-16　CJ10 系列交流接触器的技术数据

型号	额定电流（A）	辅助触头额定电流（A）	控制 380 V 三相电动机的最大容量（kW）
CJ10-5	5	5	2.2
CJ10-10	10	5	4
CJ10-20	20	5	10
CJ10-40	40	5	20
CJ10-60	60	5	30
CJ10-100	100	5	50
CJ10-160	160	5	70

（5）交流接触器的选型　交流接触器的选用，应根据负荷的类型和工作参数合理选用。选择步骤如下：

第 1 步：选择接触器的类型。交流接触器按负荷种类一般分为一类、二类、三类和四类，分别记为 AC1、AC2、AC3 和 AC4。一类交流接触器对应的控制对象是无感或微感负荷，如白炽灯、电阻炉等；二类交流接触器用于绕线式异步电动机的启动和停止；三类交流接触器的典型用途是鼠笼式异步电动机的运转和运行中分断；四类交流接触器用于鼠笼式异步电动机的启动、反接制动、反转和点动。

第 2 步：选择接触器的额定参数。根据被控对象和工作参数如电压、电流、功率、频率及工作制等确定接触器的额定参数。

① 接触器的线圈电压，一般应低一些为好，这样对接触器的绝缘要求可以降低，使用时也较安全。但为了方便和减少设备，常按实际电网电压选取。

② 三相异步电动机的操作频率不高，如压缩机、水泵、风机、空调、冲床等，接触器额定电流大于负荷额定电流即可。接触器类型可选用 CJ10、CJ20 等。

③ 对重任务型电机，如机床主电机、升降设备、绞盘、破碎机等，其平均操作频率超过 100 次/min，运行于启动、点动、正反向制动、反接制动等状态，可选用 CJ10Z、CJ12 型的接触器。为了保证电寿命，可使接触器降容使用。选用时，接触器额定电流大于电机额定电流。

④ 对特重任务型电机，如印刷机、镗床等，操作频率很高，可达 6 000～12 000 次/h，经常运行于启动、反接制动、反向等状态，接触器可按启动电流选用，接触器型号选 CJ10Z、CJ12 等。

⑤ 交流回路中的电容器投入电网或从电网中切除时，接触器选择应考虑电容器的合闸冲击电流。一般地，接触器的额定电流可按电容器额定电流的 1.5 倍选取，型号选 CJ10、CJ20 等。

⑥ 用接触器对变压器进行控制时，应考虑浪涌电流的大小。例如交流电弧焊机、电阻焊机等，一般可按变压器额定电流的 2 倍选取接触器，型号选 CJ10、CJ20 等。

⑦ 对于电热设备，如电阻炉、电热器等，负荷的冷态电阻较小，因此启动电流相应要大一些。选用接触器时可不用考虑启动电流，直接按负荷额定电流选取，型号可选用 CJ10、CJ20 等。

⑧ 由于气体放电灯启动电流大、启动时间长，对于照明设备的控制，可按额定电流的 1.1～1.4 倍选取交流接触器，型号可选 CJ10、CJ20 等。

⑨ 接触器额定电流是指接触器在长期工作下的最大允许电流，持续时间≤8 h，且安装于敞开的控制板上，如果冷却条件较差，选用接触器时，接触器的额定电流按负荷额定电流的110%～120%选取。对于长时间工作的电机，由于其氧化膜没有机会得到清除，使接触电阻增大，导致触点发热超过允许温升。实际选用时，可将接触器的额定电流减小30%使用。

（6）交流接触器的接线　一般三相接触器一共有8个点，三路输入，三路输出，还有线圈控制两个点。输出和输入是对应的，很容易看出来。如果要加自锁的话，则还需要从输出点的一个端子将线接到控制点上面。交流接触器的接线如图3-36所示。

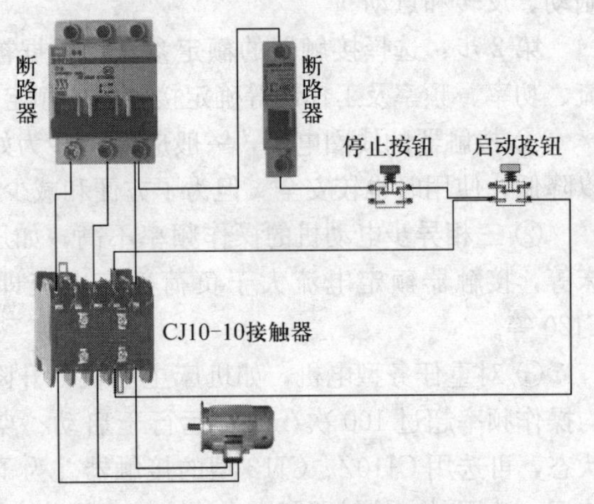

图3-36　交流接触器的接线

其工作原理是：当外加电源加在交流接触器线圈上时，即产生电磁场；加电吸合，断电后接触点断开。应弄清楚外加电源的接点：线圈的两个接点，一般在接触器的下部，并且各在一边；其他的几路输入和输出一般在上部，一看就知道。还要注意外加电源的电压是多少（220 V或380 V），一般都有标注。并且注意接触点是常闭还是常开。如果有自锁控制，根据原理整理一下线路即可。

（7）交流接触器的安装与使用

① 安装前应检查铭牌及线圈额定电压，是否与要求相符。

② 用手分合接触器活动部分，检查是否灵活，有无卡滞现象。

③ 新接触器铁芯极面上涂有防锈油，安装前应擦净，以免产生线圈断电后衔铁不被释放复原，从而使触头处于不分断状态。

④ 使用中应定期检查，及时更换损坏的零部件。更换吸引线圈时，注意其额定电压应相符；烧损的触头应及时更换。

⑤ 使用时，对带灭弧罩的接触器，不准将罩摘下不用，灭弧罩如有损坏应及时更换，否则在工作中因失去完好灭弧能力，可能造成相间短路事故。

需要指出的是，交流接触器内部没有过流保护，故一般情况下都必须和熔断器配合使用。

第六节 三相异步电动机的试机

如果一台新安装的三相异步电动机或者一台长期不用的三相异步电动机准备投入运转，必须首先进行详细地检查，然后通过试机，才能正式投入运行。

一、试机前的检查

(1) 检查三相异步电动机的绕组绝缘电阻是否符合要求。若没有兆欧表，至少要检查三相异步电动机绕组与机座之间，各相绕组之间有否短路的现象。检查三相异步电动机是否受潮，是否有水进入三相异步电动机内部的痕迹，若有这种迹象，则一定要测量绝缘电阻或采取干燥措施。

(2) 检查三相异步电动机铭牌上标明的额定电压和接法是否与实际情况相符。

(3) 检查三相异步电动机内部和外部有无杂物。清除电动机各部分的灰尘。内部灰尘不能用水冲或用湿布擦，也不能用汽油擦，最好用“皮老虎”或者打气筒（一般用于自行车打气的就可以）吹去灰尘。

(4) 用手扳动电动机轴或皮带轮，检查转子能否灵活转动，如果有卡住或相擦的现象，则要加以排除。

(5) 三相异步电动机轴承室内有无润滑油，也是一项检查内容，对于新电动机，一般不必检查。对长期放置不用的电动机要检查其润滑油是否已经变质或干涸，根据情况加以补充或更换。

(6) 用扳手检查电动机地脚螺丝是否紧固，同时观察接零线（接地线）是否牢固可靠。

(7) 检查启动设备是否合乎要求，熟悉启动设备的操作过程。不仅要熟悉如何启动电动机，而且要熟悉如何停车和切断电源，免得发生故障时手忙脚乱。

(8) 对于某些只允许单方向旋转的作业机（反向旋转将造成设备损坏），要首先判断合闸后电动机的转向。转向的判断可以在电动机与作业机未连接之前来进行。判断正确后，不能再任意改动电源到电动机的连接导线。

(9) 检查与电动机相连接的作业机是否有故障，传动与连接是否符合要求。

二、三相异步电动机的启动

对于新装的三相异步电动机或长期不用的三相异步电动机，经过上面的检查准备之后，应该按照下列的步骤进行启动试车。对于日常运行的三相异步电动机，在停车后再次启动时，也要参考下列的第 4、第 5、第 6、第 8、第 9 步进行启动。

第 1 步：用试电笔检查三相电源是否全部有电。

第 2 步：检查保险丝是否合乎规定，接触是否良好。

第 3 步：导线与三相异步电动机接线端、启动设备的接线端、电源开关等的连接要可靠、接触良好。三相异步电动机接线盒盖，开关设备的防护盖都要安装好。三相异步电动机接线盒盖不要装颠倒，否则可能造成短路。

第 4 步：合闸前要注意三相异步电动机和作业机周围是否有人或其他东西。要清除附近的杂物，提醒在场人员注意。

第 5 步：合闸启动时，操作人员要眼看三相异步电动机、耳听声响。如果发现三相异步电动机不转或有冒火冒烟现象，或者三相异步电动机虽然转动，但发出强烈的振动或异常声响，都应该立即切断电源。只有等到三相异步电动机启动完毕，正常运行 1 min 左右后，才可离开操作的位置。

第 6 步：在降压启动时，启动设备的操作要根据三相异步电动机启动情况来进行。采用星三角启动时，启动开始一定要扳向星接的方向，等到转速不再升高（可以听出来）再倒向三角接一边。在利用自耦减压启动器启动三相异步电动机时，操作手柄应该在启动位置上停留一段时间，不要在三相异步电动机转速还没有升高的时候就把手柄推向运转位置。

第 7 步：在启动时发现三相异步电动机转向与要求方向不符，则应切断电源，把三根电源线中的任意两根对调一下。根据方便，也可以在三相异步电动机接线板上或在启动设备上任意对调两根导线。

第 8 步：同一台三相异步电动机不能连续多次启动，因为较大的启动电流会使三相异步电动机过热。一般连续启动的次数不宜超过 2～3 次。

第 9 步：当需要几台三相异步电动机同时工作时，应以容量最大到容量最小的顺序来进行启动。如果同时启动，由于几台三相异步电动机的启动电流加在一起，会造成电压严重下降，三相异步电动机可能启动困难，熔丝也可能爆断。

三、三相异步电动机启动后的检查

三相异步电动机启动后的检查要点如下：

（1）检查三相异步电动机的旋转方向是否正确。

（2）在启动加速过程中，三相异步电动机有无强烈振动和异常声响。

（3）启动电流是否正常，电压降大小是否影响周围电器设备正常工作。

（4）启动时间是否正常。

（5）负载电流是否正常，三相电压电流是否平衡。

（6）启动装置是否正确。

（7）冷却系统和控制系统动作是否正常。

四、三相异步电动机运行中的监视

一般来讲，三相鼠笼式异步电动机运行是相当可靠的。但是，为了防止意外的发生，延长三相异步电动机的使用寿命，必要的运行监视和定期维修也是需要的。

1. 监视三相异步电动机工作环境状况　三相异步电动机运行地点的周围要保持清洁、干燥，通风良好。在多尘环境下工作的三相异步电动机，其外部的灰尘要经常打扫，否则会影响三相异步电动机的散热。在多雨季节里，要防止三相异步电动机被水淹没。在热天时，三相异步电动机应避免直接受到日晒。

2. 监视电流表和电压表　如果控制线路中装有电流表和电压表，要经常注意观察仪表上的指示，防止三相异步电动机的电流或电压超过其铭牌上所规定的额定数值。

电压表无指示或不正常，则表明电源电压不平衡、熔断器烧断、转子三相电阻不平衡、单相运转、导体接触不良等；电流表指示过大，则表明三相异步电动机过载、轴承故障、绕组匝间短路等。

三相异步电动机停转，造成的原因有电源停电、单相运转、电压过低、三相异步电动机扭矩过小、负载过大有故障、电压降过大、轴承烧毁、机械卡住等。

当三相异步电动机周围的气温超过 40 ℃时，三相异步电动机的容量应该降低；当周围的气温低于 40 ℃时，三相异步电动机的电流可以比额定值略高一些，但最多不要超过额定值的5%。不同环境温度时三相异步电动机电流的增减见表3-17。

表3-17　不同环境温度时三相异步电动机电流的增减（额定电流值为100%）

环境温度（℃）	80以下	40	45	50	55
电流的增减（%）	5	0	−5	10	−20

实际运行时，三相异步电动机的三相电流往往不相等，一般可取3个电流的平均值同额定电流值进行比较。

3. 监视三相异步电动机各部分的温度

（1）各部分温升的规定

① 定子内部的温升，即定子内部温度比周围环境温度高出的数值不要超过三相异步电动机铭牌上规定的数值减去15 ℃。

② 如果铭牌上没有温升的规定，那么对于A级绝缘的三相异步电动机，其定子内部的温升不要超过50 ℃；K级绝缘三相异步电动机不要超过65 ℃；B级绝缘三相异步电动机不要超过70 ℃。

③ 无论是什么绝缘等级的三相异步电动机，其轴承的温度（不是温升）不要超过95 ℃。

（2）各部分温升的测量

方法1：用温度计来测量。

① 温度的测量要采用酒精温度计（玻璃泡内是红色液体），而不要采用水银温度计。因为三相异步电动机中的磁场会在水银中感应电流，使得测量结果不准确。

② 当测量定子内部的温度时，要用锡箔（香烟盒里的银白色薄片就可以）把温度计下部的玻璃泡包上，再把三相异步电动机的吊环拧下来，把温度计的下部塞入吊环孔内，尽量使锡箔充满温度计与吊环孔之间的空隙，以增加传热的面积。吊环孔的出口再用棉花堵严。经过一段时间，发现温度计的读数不再升高，就可记录下来，减去周围环境温度后获得三相异步电动机定子内部的温升。因为温度计不可能测出定子内部最热点的温度，所以采用温度计测量的温升要比铭牌上规定的低，一般可以估计为低15 ℃。

方法2：简易感觉法。

① 把手放在三相异步电动机机座的散热片上，如果能够长时间地保持接触而不感到很烫，则说明散热片的温度不超过60 ℃；如果与散热片接触5 s左右就觉得不能忍受，说明散热片的温度可能超过60 ℃了。由于散热片在机座

的最外边，又有风不断地吹过，它的温度与定子内部的温度要相差三、四十度或更多。所以，当散热片温度超过 60 ℃时，三相异步电动机内部可能已经过热了。

三相异步电动机机壳表面温度与手感的关系见表 3－18。

表 3－18　三相异步电动机机壳表面温度与手感的关系

机壳表面温度（℃）	手感	说明
30	稍冷	由于比体温低，所以感觉稍冷
40	稍温	感到温和的程度
45	温和	用手一摸就感到暖和
50	稍热	长时间用手摸时，手掌变红
55	热	仅可用手摸 5～6 s
60	更热些	仅可用手摸 3～4 s
65	非常热	仅可用手摸 2～3 s，离开后还感到手热
70	非常热	用一个手指触摸，只能坚持 3 s
75	极热	用一个手指触摸，只能坚持 1～2 s
80	极热	手指稍触便要离开，用乙烯树脂带测试时发生卷缩
80～90	极热	用手指稍触摸一下，就感到烫得不得了

② 可在三相异步电动机外壳上，两条散热片之间滴上几滴水，若水发出“嗞嗞”的声音，则可断定电动机内部已经过热了。

③ 三相异步电动机轴承的温度一般不会接近 95 ℃，用手接触轴承盖只会觉得稍有些热。如果感觉很烫，则可能轴承部分已有毛病。当用手去接触轴承盖时，要注意防止触及三相异步电动机与作业机的转动部分，最好先停车，再检查轴承的温度。

注意：如果发现三相异步电动机内部或轴承过热要停止运行，检查原因。

4. 监视三相异步电动机的声响、振动和气味等情况

（1）正常三相异步电动机转动时发出轻微的“嗡嗡”声，还可以听到风扇扇动空气的“呼呼”声。如果三相异步电动机发出的“嗡嗡”声突然变大，振动也强烈起来，就说明三相异步电动机出现了故障，要停车加以检查。可能的原因是：电源一相断电或保险丝烧断；也可能是作业机有问题，使得三相异步电动机的负载加重。

（2）突然出现的金属撞击声，轴承发出的声响都是应该注意的，可使用听诊棒监听三相异步电动机内部异响（图 3－37）。

（3）有时，并没有觉得整个三相异步电动机发热，但是由于定子与转子在一小块面积上相摩擦或者绕组发生短路等原因，三相异步电动机局部范围内的温度已经很高，在这种情况下，由于三相异步电动机定子绕组上的漆被烤得很热，会发出一种特殊的气味，严重时可闻到焦煳的气味，并可看到有细微的烟缕从三相异步电动机内部冒出，只要留心，这些现象是很容易发现的。

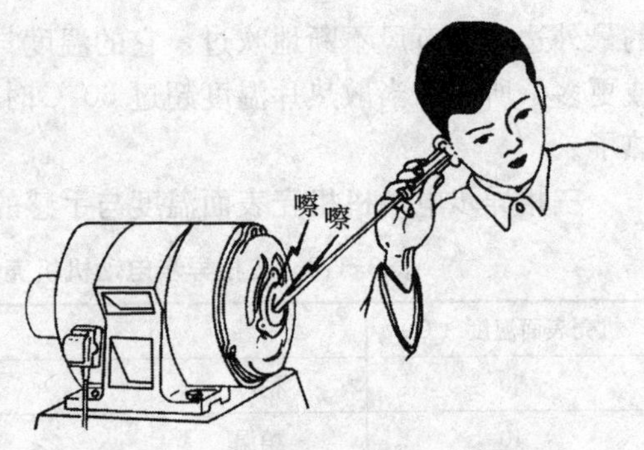

图 3－37　监听电动机内部异响

5. 监视作业机的工作情况　三相异步电动机运转的目的是拖动作业机，所以要随时了解作业机的工作情况。一旦作业机不正常也要立即停车检修。如果在一段较长的时间内不需要作业机工作，则应该停机。如让三相异步电动机带着作业机空转既浪费了电能，又增加了设备的磨损。

对采用皮带传动的三相异步电动机和作业机，要注意保持皮带合适的松紧程度。当皮带打滑严重时，可适当擦一些“皮带油”或者叫“皮带蜡”，不能在皮带上涂松香、清漆等黏性物质。

三相异步电动机的外观故障现象和主要原因见表 3－19。

表 3－19　三相异步电动机的外观故障现象及主要原因

感觉	故障现象	主要原因
视觉	外观损坏	污损、尘埃、腐蚀、损伤
	变色、冒烟	过热、烧损、接触不良
	仪表失常、不平衡	电压不平衡、转子电阻不平衡、层间短路、断线
	无指示	单相运转、接触不良、熔丝烧断
	电流表不平衡	转子电阻不平衡、转子绕组故障
	指示过大	过负载、堵转、轴承烧损
	运转停止	停电、轴承烧毁，定子和转子接触、单相运转、电压低、扭矩不够、负载过大、离心开关不好、电压降过大
听觉	噪声	机械原因：松动、连接不良、机械不平衡、轴承故障 电气原因：电压不平衡、单相运转、堵转、层间短路、断路、启动及升速不好

（续）

感觉	故障现象	主要原因
嗅觉	有臭味	电动机过热烧毁、层间短路、堵转、过载、单相运转、润滑不良、轴承烧损
触觉	振动异常	机械不平衡、电压不平衡、单相运转、层间短路、断线
	温度	过热、过载、堵转、单相运转、冷却不良、低电压运行、升速不好

第七节　三相异步电动机的维护

三相异步电动机一旦出现故障，将导致农用机械停止运行而影响生产，贻误农时，严重的还会造成安全事故。引起农用三相异步电动机故障的原因，除部分是由于自然老化引起的外，有相当部分的故障是因为忽视了对农用三相异步电动机的日常维护、保养和定期检修造成的。为延长三相异步电动机的使用寿命，保证农用机械正常运行，提高农业机械的利用率和劳动生产率，就必须充分重视三相异步电动机的日常维护、保养和定期检修工作。

一、日常维护保养

1. 保持三相异步电动机表面清洁　如果三相异步电动机的表面积灰过多，会影响其散热性能，导致绕组过热。由于农用电动机的使用环境往往尘土飞扬，因此对农用电动机应有防尘土措施。要经常对三相异步电动机的外部进行打扫清理，不要让三相异步电动机的散热筋内有尘土和其他杂物，确保其散热状况良好。

2. 检查通风、防水　各种类型的三相异步电动机都应保持良好的通风条件。三相异步电动机的进、出风口必须保持畅通无阻，风扇应完好无损，不要倒装。不允许有水、油污和其他杂物落入机内，以免造成短路而烧毁三相异步电动机。

3. 检查三相异步电动机的绝缘电阻　对工作环境条件较差的三相异步电动机应经常检查绝缘电阻。农用三相异步电动机通常采用380 V的低压三相异步电动机，其绝缘电阻至少为0.5 MΩ，才能使用。对工作在正常环境下的三相异步电动机，也应定期进行检查绝缘电阻。若发现三相异步电动机的绝缘电阻低于规定标准，应做相应处理后，重新检查绝缘电阻，达到标准规定的数值后才能继续使用。

4. 三相异步电动机启动前的检查 启动前，首先应检查三相异步电动机的装配是否灵活，转动部分有无卡阻，还要检查三相异步电动机的启动和保护设备是否合乎要求，比如三相异步电动机接地装置是否完好，所选的低压断路器、接触器、熔断器配置是否正确等。三相异步电动机启动时，启动次数不能过多，否则三相异步电动机可能过热烧坏。

5. 避免超负荷运行 经常查看三相异步电动机是否有超负荷运行的情况，通常用钳形电流表查看三相电流是否在正常范围之内。负荷过大，电压过低或被带动的机械卡滞等都会造成三相异步电动机过载运行。若过载运行时间过长，三相异步电动机从电网中吸收大量的有功功率，电流便急剧增大，温度也随之上升，在高温下三相异步电动机的绝缘便老化失效而烧毁。因此，三相异步电动机在运行中，要注意经常检查传动装置运转是否灵活、可靠；联轴器的同心度是否标准；齿轮传动是否灵活等，若发现有卡滞现象，应立即停机排除故障后再运行。

6. 经常检查三相异步电动机三相电流是否平衡 经常用钳形电流表查看三相电流是否平衡。对于三相异步电动机而言，其三相电流中任一相电流与其他两相平均值之差不允许超过10%，才能保证三相异步电动机的正常安全运行。如果超过则表明三相异步电动机有故障，必须查明原因及时排除。

7. 经常检查三相异步电动机的温度和温升 要经常检查三相异步电动机的轴承、定子、外壳等部位的温度有无异常变化，尤其对无电压、电流和频率监视及没有过载保护的三相异步电动机，对温升的监视更为重要。三相异步电动机轴承是否过热、缺油，若发现轴承附近的温升过高，就应立即停机检查。轴承的滚动体、滚道表面有无裂纹、划伤或损缺，轴承间隙是否过大，内环在轴上有无转动等。出现上述任何一种现象，都必须更新轴承。

8. 日常维护中密切监视异常情况 在日常的维护中，应密切监视三相异步电动机有无异常杂音或振动，检查螺丝是否脱落或松动，并注意观察三相异步电动机的启动是否困难，发现异常情况应尽快停机。

二、定期维护与检修

没有故障的三相异步电动机经过一段时间的运行后，也要进行维护，即定期维护。定期维护可安排在三相异步电动机比较空闲的时候来进行。

一般每隔半年左右，要检查一次三相异步电动机轴承室内的润滑油情况，缺了补充，脏了要更换。

1. 定期检修及其周期　三相异步电动机的定期检修包括小修、中修和大修三种。检修周期要根据三相异步电动机的型号、工作条件确定。

连续运行的中、小型鼠笼式电动机小修周期为1年，中修周期为2年，大修周期为7～10年。

连续运行的中、小型绕线式电动机小修周期为1年，中修周期为2年，大修周期为10～12年。

短期反复运行、频繁启制动的三相异步电动机小修周期为半年，中修周期为2年，大修周期为3～5年。

2. 检修项目

（1）小修项目　当三相异步电动机使用一段时间后，必须进行较为全面地检查与维修保养。不能认为没有问题就放松这项工作。小修的项目有：

① 清除三相异步电动机外壳上的积尘，进行外观检查。

② 检查接线盒压线螺丝的紧固状态。

③ 拆下轴承端盖检查润滑油脂，缺少应补充，变脏应更换新油。

④ 拆下一边大端盖，检查定子、转子之间空气间隙是否均匀，以判定轴承磨损情况。如果发现不均匀，应拆下轴承进行检修，磨损严重的要更换。

⑤ 清扫启动等各种电器设备，检查触头和导线接头处松动、腐蚀情况。检查三相触头的同时接触同时分离状况，如发现其中有一相触头不合要求，必须修理。

（2）中修项目　中修项目除包含全部小修项目外还包括：对三相异步电动机进行清扫和干燥，更换局部线圈和修补加强绕组绝缘；对三相异步电动机进行解体检查，处理松动的线圈和槽楔以及各部的紧固零部件；更换槽楔，加强绕组端部绝缘；处理松动的零部件，进行点焊加固；对转子做动平衡试验；改进机械零部件结构并进行安装和调试；做检查试验和分析试验。

（3）大修项目　大修项目除包含全部中修项目外还包括：绕组全部重绕更新；更换三相异步电动机的铁芯、机座、转轴等工作；对于机械零部件进行改造、更换、加强和调整等工作；对转子调校动平衡；对三相异步电动机进行浸漆、干燥、喷漆等处理；做全面试验和特殊检查试验。

三、保管

经过检修以后的三相异步电动机如果暂时或长期不用，要加以妥善保管。

三相异步电动机要放在干燥清洁的场所，不要直接放在泥土地上。要防止三相异步电动机受雨淋和日晒。三相异步电动机各处的螺钉、轴上的键、风罩、风扇等零件，最好都装在三相异步电动机上或者固定在三相异步电动机的某些部位上，比如可用胶布把键固定在键槽内，不要乱堆乱放，以免丢失。在三相异步电动机轴上可涂一些润滑脂，防止生锈。机座或端盖掉漆的地方，若能刷一些漆则更好。

第四章

三相异步电动机的拆装、检修与故障诊断

三相异步电动机发生故障后，应对其进行故障诊断，并进行检修，而一些重大故障还需要进行解体检修。对于解体检修通常包括拆卸、检查、修复、安装、调试等工艺过程。三相异步电动机的修理工艺流程如图 4-1 所示。

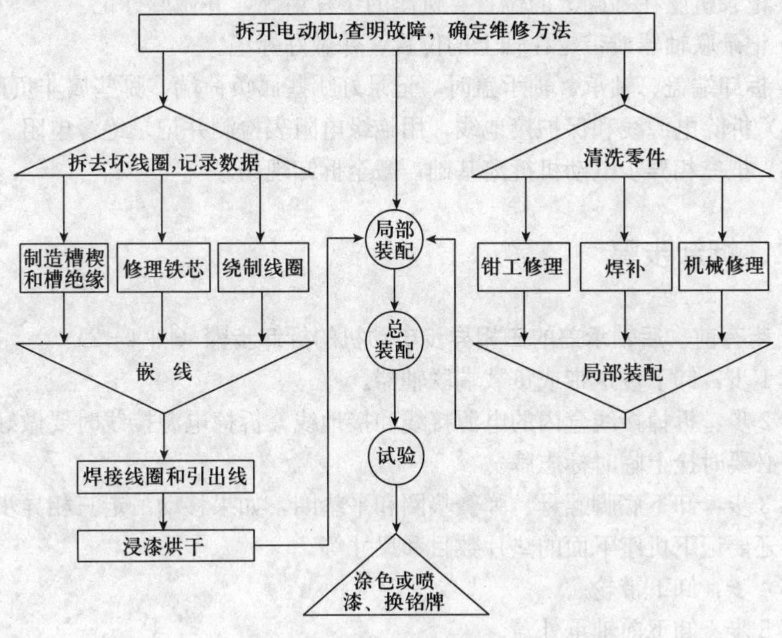

图 4-1　三相异步电动机修理的工艺程序图

第一节　三相异步电动机的拆卸

在修理三相异步电动机时，需要把三相异步电动机拆开，如果拆得不好，会把三相异步电动机拆坏，或修理质量得不到保证。因此，必须掌握正确拆卸和装配三相异步电动机的技术，学会在复杂情况下正确拆卸的方法。

一、拆卸前的准备工作

(1) 准备好拆卸工具，特别是拉具、套管等专用工具，认真检查工具的状态。

(2) 选择宽敞干净的拆卸场合，并认真清理现场环境。

(3) 根据三相异步电动机铭牌或相关技术资料，熟悉待拆三相异步电动机的结构、参数等基本情况。

(4) 做好标记和相关记录。

① 记录电源线在接线盒中的相序，并做好标记。

② 记录机座在基础上的位置、机座的垫片情况，并做好标记。

③ 记录联轴器或带轮在轴上的位置，并做好标记。

④ 拆卸端盖、轴承、轴承盖时，记录好哪些属负荷端，哪些属非负荷端。

(5) 拆除电源线和保护接地线，用绝缘电阻表检测并记录绝缘电阻。

(6) 把三相异步电动机拆离基础，搬至拆卸现场。

二、拆卸步骤

1. 带有前、后轴承盖的三相异步电动机的拆卸步骤（图 4－2）

第 1 步：卸下传送带或负载端联轴器。

第 2 步：拆掉接线盒内的电源接线和接地线，拆掉电源接线时要做好原始记录，必要时拴上临时标志牌。

第 3 步：卸下底脚螺母、弹簧垫圈和平垫圈，如果移动吊走三相异步电动机时，还要记下机座下面的垫片数目和尺寸等。

第 4 步：卸下带轮。

第 5 步：卸下前轴承外盖。

第 6 步：做好前端盖与机座配合处的原始记录（如果原来有，可确认后不再记录），然后拆下前端盖。

第 7 步：拆下风扇罩，所有螺栓、螺钉、垫圈放在专用盒内保存，以免遗失。

第 8 步：取下外风扇卡箍，卸下外风扇。

第 9 步：卸下后轴承外盖。

第 10 步：卸下后端盖，事先也要做好与机座配合处的记录。

第 11 步：抽转子，放在转子支架或平坦的干净地面上。

第 12 步：拆卸转子上的前后轴承和前后轴承内盖。

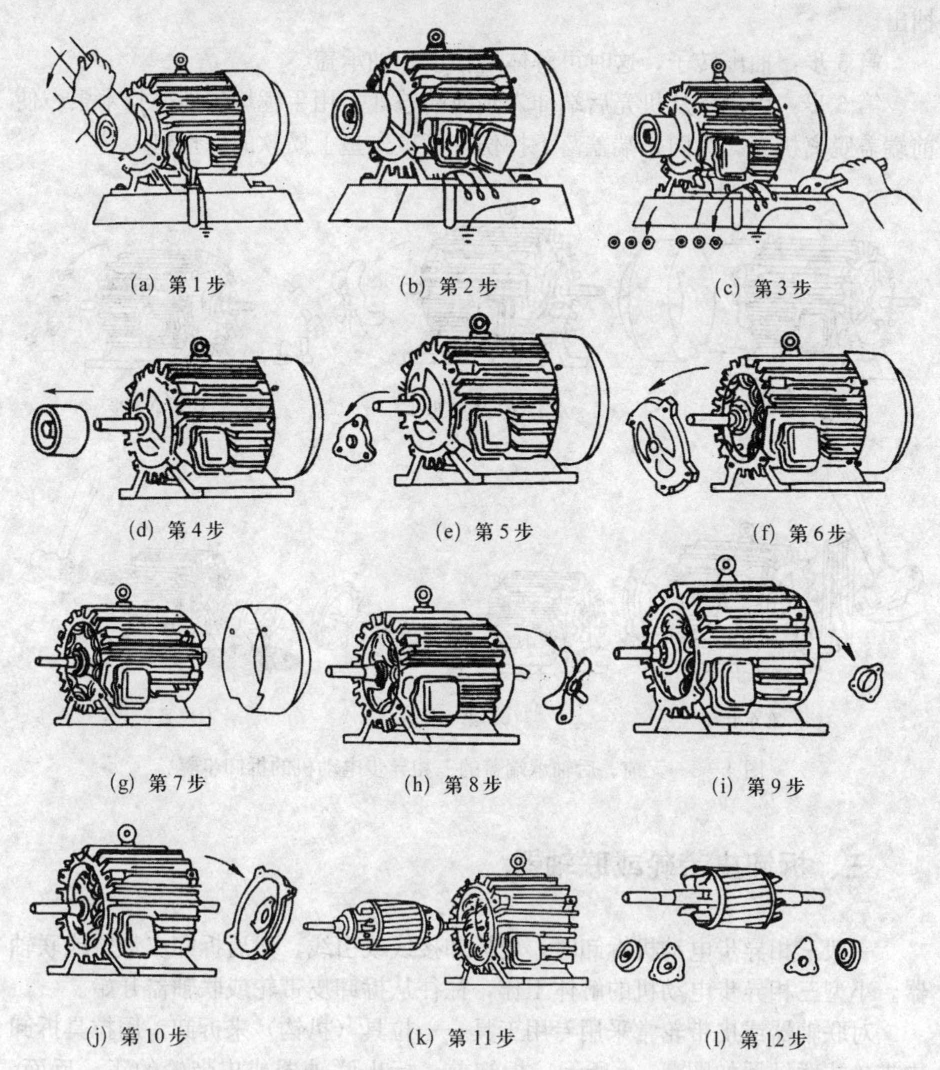

图 4-2　带有前、后轴承端盖的三相异步电动机的拆卸步骤

2. 无前、后轴承端盖的三相异步电动机的拆卸步骤　带有密封轴承的小型三相异步电动机，因无前后轴承盖，结构简单，所以可按下面拆卸步骤进行（图 4-3）。

第 1 步：拆下风扇罩。

第 2 步：拆下风扇卡箍，拿下外风扇，（或解体后抽出转子后再拆）。

第 3 步：卸去后端盖螺钉，同时拆下前端盖螺钉。

第 4 步：用手锤头垫上木板敲打轴端，使后端盖脱离机壳，这时可将转子抽出。

第 5 步：抽出转子，这时可解体后轴承和轴承盖。

第 6 步：用木条从机壳后端伸入到前端盖处，用手锤均匀地敲打木条，使前端盖脱离机壳。为防止端盖落下摔伤，可事先垫上质软的保护垫。

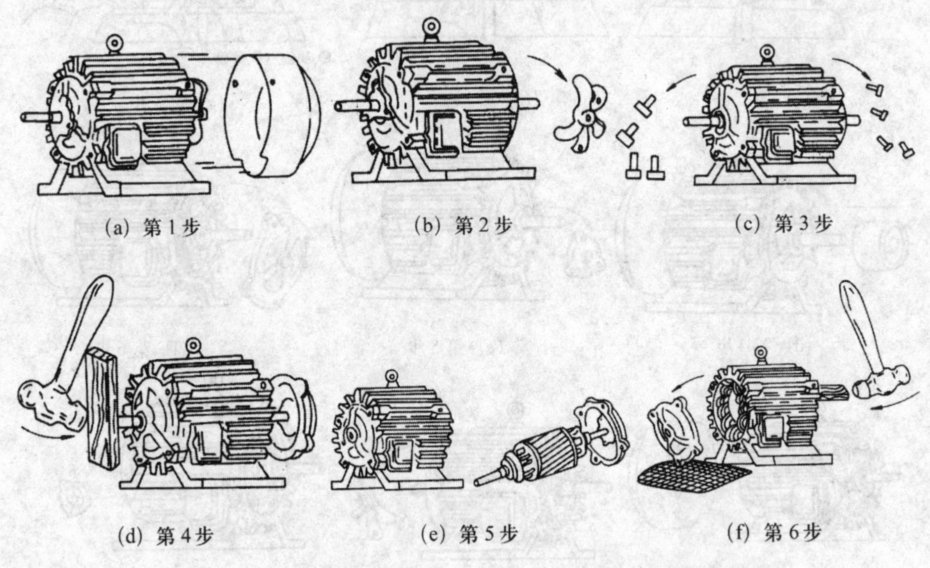

(a) 第 1 步　(b) 第 2 步　(c) 第 3 步

(d) 第 4 步　(e) 第 5 步　(f) 第 6 步

图 4－3　无前、后轴承端盖的三相异步电动机的拆卸步骤

三、拆卸皮带轮或联轴器

一般三相异步电动机拆卸时，先拆卸接线或引线，然后拆卸皮带轮或联轴器。小型三相异步电动机的解体工作，往往从拆卸皮带轮或联轴器开始。

对联轴器或皮带轮常采用专用工具——拉具（扒钩）来拆卸。用拉具拆卸皮带轮或联轴器如图 4－4 所示。拆卸前，标出联轴器或皮带轮的正、反面，记下联轴器或皮带轮在轴上的位置。拆掉联轴器或皮带轮上的固定螺钉和销子，将拉具与联轴器或带轮固定好，扳动拉具的丝杠，就可以将联轴器或皮带轮从轴上卸下来。固定拉具时，要将丝杠顶点与电动机转轴的中心槽（加工电动机轴用的）对准，拉钩要与联轴器或皮带轮接触面尽量大（有些拉钩这部分可调）。操作时应两人进行，一人握住拉钩使其不能转动，另一人转动丝杠。如是一人操作，则要一只手握住拉钩，另一只手转动丝杠。

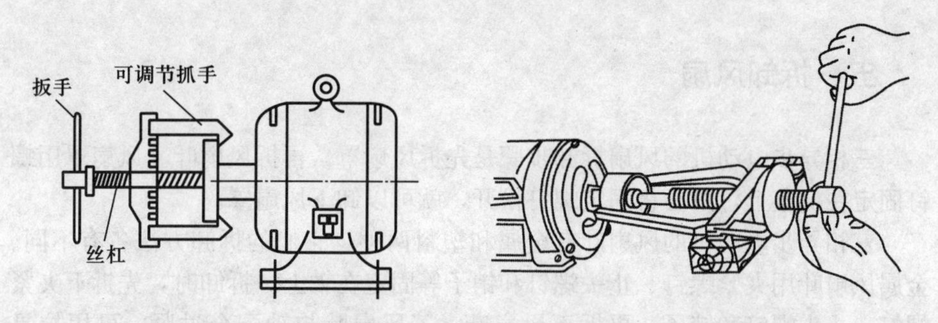

图 4－4　用拉具拆卸三相异步电动机的皮带轮或联轴器

如果联轴器或皮带轮与轴配合过紧，可先用柴油或煤油滴入联轴器或皮带轮与轴配合处，待其完全浸润后再拆。特别紧的，可用加热的方法拆卸。加热时，用湿棉丝或石棉包住电动机轴，防止热量传入，损坏电动机。将氧炔焰或喷灯快速而均匀地加热皮带轮（联轴器）外部，待温度升高至 250 ℃左右，用拉具迅速把皮带轮拉下。

四、拆卸轴承端盖

在拆卸滚动轴承端盖时，必须在机壳和端盖上做记号，以免装配时弄错位置。卸时可先卸小盖，然后松下大盖螺丝，再卸大盖。一般小型三相异步电动机都只拆风扇一侧的端盖，将另一侧的轴承盖螺丝拆下，并将转子、端盖、轴承盖和风扇一起抽出。

第 1 步：用扳手或套管扳手旋下端盖的固定螺钉（图 4－5a）。

第 2 步：用专用撬棍插入端盖凸起（“耳朵”）的根部撬动端盖，小型三相异步电动机可用大旋具插入端盖“耳朵”根部撬端盖（图 4－5b）。

第 3 步：在四周、上下均匀撬动。撬下后的端盖要标记好，以防前后装错（图 4－5c）。

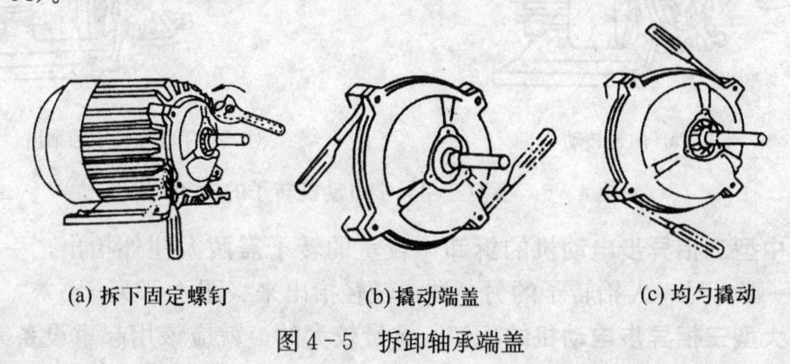

(a) 拆下固定螺钉　(b) 撬动端盖　(c) 均匀撬动

图 4－5　拆卸轴承端盖

五、拆卸风扇

三相异步电动机的风扇拆卸步骤是先拆风扇罩，再拆风扇叶。风扇罩用螺钉固定在机座上，只要将固定螺钉松开，就可以卸下风扇罩。

三相异步电动机的风扇叶有金属和塑料两种，它们的拆卸方法各有不同。金属风扇叶用夹紧螺钉、止头螺钉和销子等固定在轴上。拆卸时，先拆下夹紧螺钉、止头螺钉和销子，再拆下风扇叶。若风扇叶与轴配合过紧，可用拉具拆卸。

新型 Y 系列电动机采用整体注塑的塑料扇叶，它不宜用敲打或撬动的方法拆卸，以避免扇叶破损。拆卸时，先拆下定位销和定位圈，若扇叶与轴配合较松，可用手对称地握住扇叶，边摇边拉将其拆下。配合过紧的，可用拉具拆卸。固定拉具时，应将拉钩钩在扇叶与轴配合处的较厚部位，不能钩在扇叶上，以避免扇叶破损。

六、拆卸转子（抽转子）

1. 小型三相异步电动机转子的拆卸 对小型三相异步电动机，可用一只手握住转轴往外移动，将转子抽出机壳外，用另一只手托住转子拿出来，如图 4-6 所示。

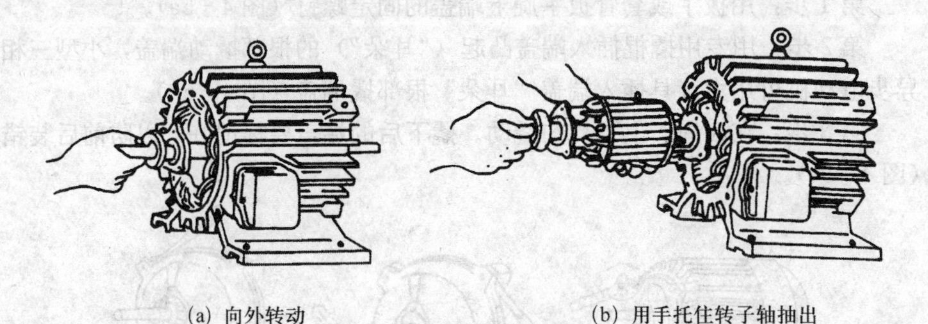

(a) 向外转动　　(b) 用手托住转子轴抽出

图 4-6　小型三相异步电动机转子的拆卸

2. 中型三相异步电动机的拆卸 较重的转子需两人往外抬出，一人抬住转轴的一端，另一人抬转子的另一端，轻轻抬出来（图 4-7）。

3. 大型三相异步电动机的拆卸 重量较大的，就应该用起重设备来吊出，

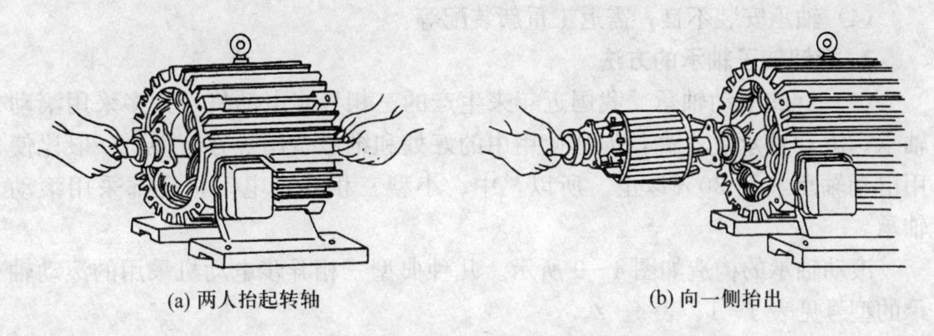

图 4-7　中型三相异步电动机转子的拆卸

操作步骤如图 4-8 所示。先将转子轴两端套以起重用钢丝绳用起重设备吊住转子，慢慢移出，注意防止碰坏线圈。再在轴的一端套上一根钢管，为了不使钢管刮伤轴颈，可在钢管内衬一层厚纸板，继续将转子逐步移出，待转子的重心已移到定子外面时，在转子轴端下垫一支架，将钢丝绳套在转子中间，即可将转子全部抽出。

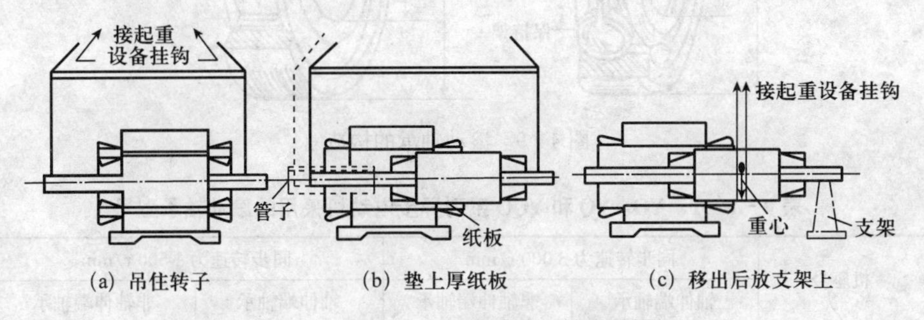

图 4-8　大型三相异步电动机转子的拆卸

七、拆卸转子滚动轴承

1. 需要拆卸转子轴承的情形　由于拆卸滚动轴承时会磨损配合表面，降低配合强度，所以不应轻易拆卸轴承。经过对转子轴承的清洗和检查，认为轴承质量完好，可不拆卸轴承，清洗涂上润滑脂后可以继续使用。在检修中，遇到下列情况时才考虑拆卸轴承。

（1）修理或更换有故障的轴承。

（2）轴承正常磨损已超过使用寿命，需更新。

（3）更换其他零部件必须拆卸轴承方能进行时，比如换轴。

(4) 轴承安装不良，需返工重新装配等。

2. 拆卸转子轴承的方法

(1) 拆卸滚动轴承　我国近年来生产的三相异步电动机，大多采用滚动轴承。滚动轴承成本高，但从使用中的好处和维修费用等方面讲，一般比使用滑动轴承节约30%以上。所以，中、小型三相异步电动机全部采用滚动轴承。

滚动轴承的构造如图4-9所示。几种典型三相异步电动机采用的滚动轴承的型号见表4-1、表4-2。

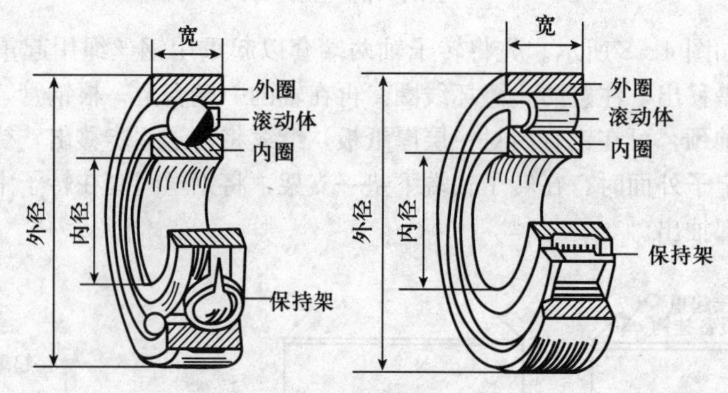

图4-9　滚动轴承的构造

表4-1　Y、YO、YQ和YQO系列异步电动机采用的滚动轴承型号

机座号	同步转速为3 000 r/min		同步转速为1 500 r/min	
	轴伸端轴承	非轴伸端轴承	轴伸端轴承	非轴伸端轴承
3	304	304	304	304
4	306	306	306	306
5	308	308	308	308
6	308	308	310	310
7	310	310	2 310	312
8	312	312	2 314	314
9	314	314	2 317	2 317

必须正确拆卸滚动轴承，以免把没有损坏的轴承拆坏。下面介绍几种常用的拆卸方法。

方法 1：用拉具拆卸。

表 4－2　Y2、YO2 系列异步电动机采用的滚动轴承型号

机座号	同步转速为 3 000 r/min		同步转速为 1 500 r/min	
	轴伸端轴承	非轴伸端轴承	轴伸端轴承	非轴伸端轴承
1	204	204	204	204
2	305	305	305	305
3	306	306	306	306
4	308	308	308	308
5	309	309	309	309
6	309	309	2 309	309
7	311	311	2 311	311
8	312	312	2 314	314
9	317	317	2 317	317

拉具的脚应放在轴承的内套圈上，不能放在轴承外套圈上，否则要拉坏轴承。拉具丝杠的顶点要对准轴的中心，拉具的丝杆要保持平行，不能歪斜（如歪斜要及时纠正），手柄用力要均匀，旋转要慢，如图 4－10 所示。

方法 2：用金属棒拆卸。

在没有拉具或不适用拉具的情况下，可把金属棒（一般是铜棒）放在轴承的内套圈上，用手锤敲打金属棒，把轴承慢慢敲出。切勿用手锤直接敲打轴承，以免把轴承敲坏。敲打时，要使内套圈的一周受力均匀。可在相对两侧轮流敲打，不可偏敲一边，用力也不宜过猛，如图 4－11 所示。

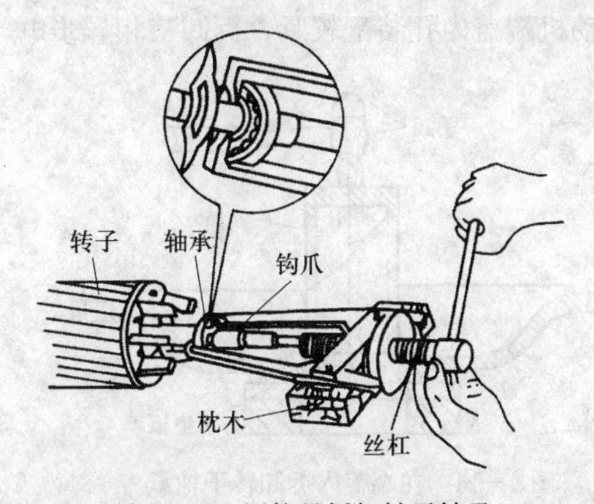

图 4－10　用拉具拆卸转子轴承

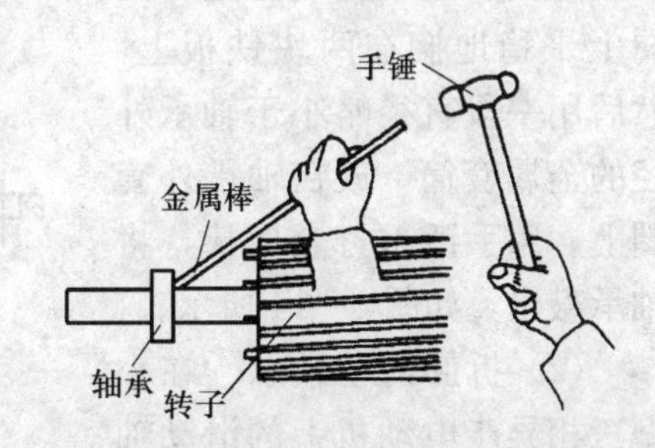

图 4－11　用金属棒敲击法拆卸转子轴承

方法 3：放在圆筒上拆卸。

在轴承的内套圈下面垫两块铁板，铁板搁在一只圆筒上面（圆筒的内径略大于转子的外径），轴的端面上放一块铅块或铜块，用手锤敲打（不允许直接用手锤直接敲打轴端面，不然会造成轴弯曲）。敲打时着力点应对准轴的中心，用力不可偏歪，也不宜过猛。圆筒内要放一些柔软的东西以防轴承脱下时跌坏转子和转轴。当敲到轴承逐渐松动时，用力应减弱。若备有压床，还可以放到压床上把轴承压卸下来，如图 4－12 所示。

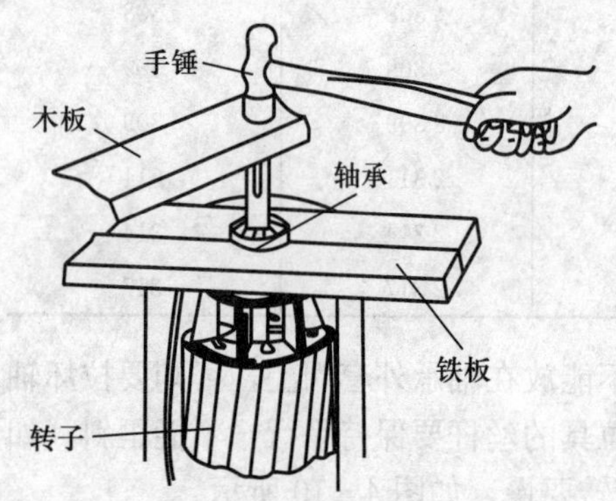

图 4－12　放在圆筒上拆卸转子轴承

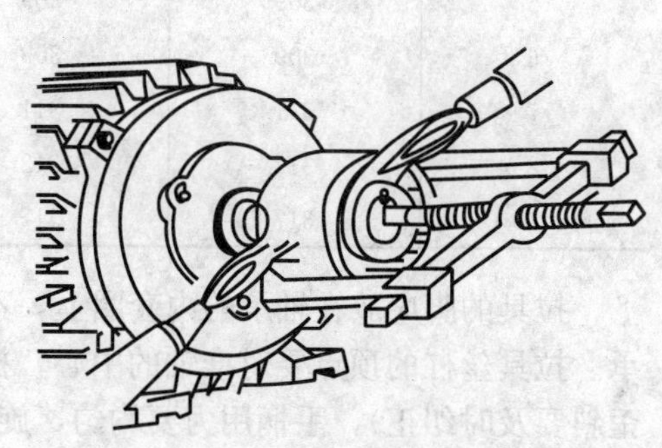

图 4－13　用加热法拆卸转子轴承

方法 4：用加热法拆卸。

由于装配公差过紧或轴承氧化等原因，采用上述方法不能拆卸时，可用加热枪对轴承内套圈均匀加热，使之膨胀而松动下来，如图 4－13 所示。

方法 5：轴承在端盖内的拆卸。

有时轴承的外套圈与三相异步电动机端盖内孔装配较紧，拆卸三相异步电动机时轴承留在三相异步电动机端盖内孔里。把端盖止口面向上平稳地搁在两块铁板上，然后用一段直径略小于轴承外径的金属套筒，放在轴承外套圈上，用手锤敲打金属棒，将轴承敲出，如图 4－14 所示。

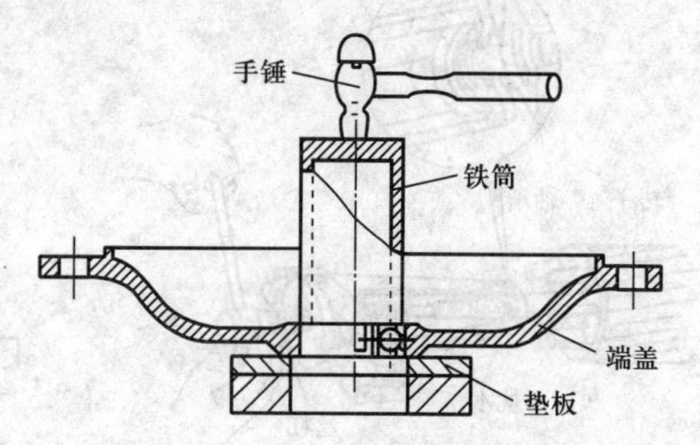

图 4－14　在端盖内拆卸转子轴承

（2）拆卸滑动轴承　在小型三相异步电动机上的滑动轴承多为带轴承衬的油环润滑的

整体滑动轴承，或直接用钢料制成圆筒形的轴承。其工作特点，都是轴颈包在轴承中间作相对滑动。虽然轴承中靠润滑油建立起一层油膜，形成液体摩擦，但实际上常是半液体、半干性摩擦，所以在缺油等情况下轴承磨损很严重。当磨损超过所允许的间隙值时，就应停车修理。否则，温度升高会使合金熔化，损伤轴颈或使定子、转子相摩擦，造成事故。

滑动轴承材料的类型及其特点见表 4－3。

表 4－3　常用轴瓦材料的类型及其特点

轴瓦材料的类别	特点
灰铸铁	耐磨性及硬度很好，不适用于高速三相异步电动机，一般用于六极以下的三相异步电动机
青铜	耐磨性较好，常用于轴颈直径小于 100 mm 的中、小型三相异步电动机中
青铜轴瓦加浇硬铅	用硬铅浇在轴瓦内，适于摩擦，不伤轴颈。遇到缺油过热时，硬铅慢慢熔化，但仍不妨碍运转，不会使轴颈受损伤，而且浇铅换修方便，一般三相异步电动机上都采用
铸铁或铸锡轴瓦加浇硬铅	性能同青铜轴瓦加浇硬铅
塑料	适用于小型低速三相异步电动机，温度不能超过 80 ℃，容易胀缩

拆卸滑动轴承端盖前，应先将油放出。有滑环或换向器的，一定要举起或提起电刷。先卸负荷端，卸时将端盖螺丝拆下，用扁铲把端盖铲开，同时检查止口的配合松紧。旧三相异步电动机的止口最大间隙不应超过规定数值，见表 4－4。

表 4－4　三相异步电动机端盖止口的最大允许间隙

端盖止口外径（mm）	300	500	800	1 000
最大允许间隙（mm）	0.05	0.10	0.15	0.20

3. 拆卸转子轴承时的注意事项

（1）拆卸轴承时，应使轴承受力点正确，从轴上拆下轴承时，应使轴承内圈均匀受力；从轴承室拆下轴承时，应使轴承外圈均匀受力。

（2）拆卸轴承时，通常使用专用的拆卸工具。

(3) 在架设拆卸工具时，要使各拉杆长度相等（通常有2～3根），距离丝杠中心线的距离相等，不要偏斜。钩爪要平直地钩住轴承内圈，并检查丝杠中心线应与转轴中心线重合。为了保护转轴端的顶尖孔，不要使丝杠直接顶在顶尖孔上，在它们之间应垫上金属板或滚珠进行保护。

(4) 拧紧的丝杠向外拉轴承时，用力要均匀，使每个钩爪作用力一致，动作要平稳，不可使劲猛拉。

(5) 在拆卸过程中，要保证转轴轴颈配合表面的精度不受损伤。

(6) 热套装的轴承应有较大过盈量，不允许改用冷拆办法，因为这样做不但拆卸困难，同时也会损伤轴承配合精度。

第二节　三相异步电动机的修理

一、修理前的整体检查

1. 修理前的检查项目　三相异步电动机在修理前应进行整体检查，查明故障原因，并预先估计出必要的修理工作范围，确定三相异步电动机机械故障修理工作的内容和工作量。

修理前的检查项目大体有以下几项：

(1) 检查三相异步电动机的外壳和端盖是否有裂缝现象。

(2) 检查转子由一侧到另一侧的轴向游隙。

(3) 用手拨动转子，看是否能转动，并察看油环是否平稳。

(4) 测量绕组及三相异步电动机各部绝缘电阻，鉴定绝缘好坏，测量电阻以检查电路的完整性。

(5) 检查定子和转子（或电枢）间的气隙。

(6) 检查轴承间隙，测定磨损程度。

(7) 通电运转，察看三相异步电动机运行状态。

当故障性质已大体确定，明确修理工作范围之后，方可把三相异步电动机拆卸。拆卸过程中还要进一步确定故障点，精确地确定三相异步电动机修理工作范围。

2. 气隙的检查　三相异步电动机的气隙大小，对三相异步电动机特性的影响较为显著。测量时，可将长500～600 mm的厚薄规，塞入定子、转子之间，按4个或8个等分位置来测量气隙，然后取其平均值。三相异步电动机的平均气隙值见表4-5。

表 4-5　三相异步电动机的平均气隙值

电动机容量（kW）	电动机转速			
	500～1 500 r/min		3 000 r/min	
	正常气隙（mm）	增大的气隙（mm）	正常气隙（mm）	增大的气隙（mm）
0.50～0.75	0.25	0.40	0.30	0.50
1～2	0.30	0.50	0.35	0.50
2.0～7.5	0.35	0.65	0.50	0.80
10～15	0.40	0.65	0.65	1.00
20～40	0.50	0.80	0.80	1.25
50～75	0.65	1.00	1.00	1.50
100～180	0.80	1.25	1.25	1.75

二、转轴的修理

三相异步电动机转轴是电动机的重要零件之一，它是传递扭矩、带动机械负载的主要部件。三相异步电动机轴必须有足够的机械强度和刚度，才能完成电动机功率的传递，使电动机运行时不发生振动或定子、转子相擦。

轴常见的损坏现象有：转轴弯曲、轴颈磨损、轴裂纹和轴断裂等。其损坏原因，除制造质量本身有问题外，大多数是使用不当造成的。例如，拆卸皮带轮时，不用专用工具而硬敲，再加上敲打时用力不当，极易引起轴的损坏。

1. 转轴弯曲的修理　转轴弯曲会造成三相异步电动机气隙不均，产生振动和噪声，甚至使定子、转子发生扫膛事故。

转轴弯曲的检查可将转子放在车床或 V 形架上用百分表或划针检查。小型三相异步电动机转子在 V 形架上用划针检查，如图 4-15 所示。

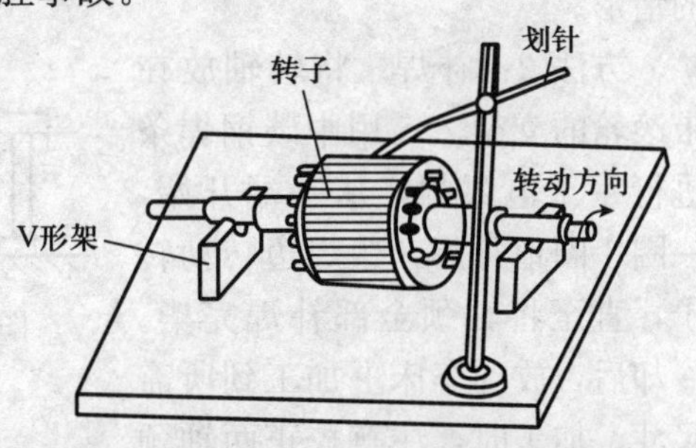

图 4-15　小型三相异步电动机转子在 V 形架上用划针检查的示意图

用杠杆百分表测量轴伸的弯曲跳动，如图 4-16 所示。

若弯曲不大，为了消除弯曲对转子铁芯段的影响，可以磨光轴颈、滑环和换向器等。在小型异步电动机中，也可以磨光转子的铁芯段，但转子与定子间增大的间隙值不应超过正常间隙的10%。

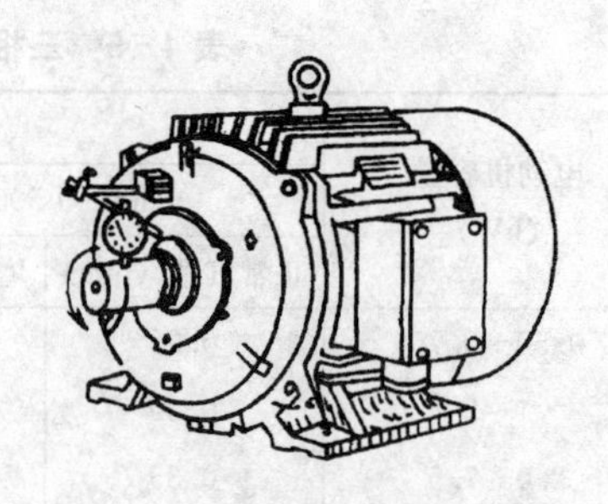

图4-16　用杠杆百分表测量轴伸的弯曲跳动量

如果轴的弯曲值很大，以致不能用加工轴颈和轴上零件的方法来消除，可用敲击法矫正或在压力机上矫正，或用电焊机在弯曲处表面均匀堆焊一层，然后上车床，以转子外圆为基准找出中心，车成要求尺寸，并用百分表检查。

用敲击法矫正三相异步电动机转轴弯曲的方法如图4-17所示。用冷态直轴法矫正电动机转轴弯曲的方法如图4-18所示。

2. 转轴轴颈磨损的修理　轴颈磨损是由于轴承内圈与轴颈的配合过盈过小，在运行中发生轴与内圈相对运动，使轴颈磨损而松动（即走内圆）。这时，必须将轴颈补大到原来尺寸。常用的修补方法有下列几种。

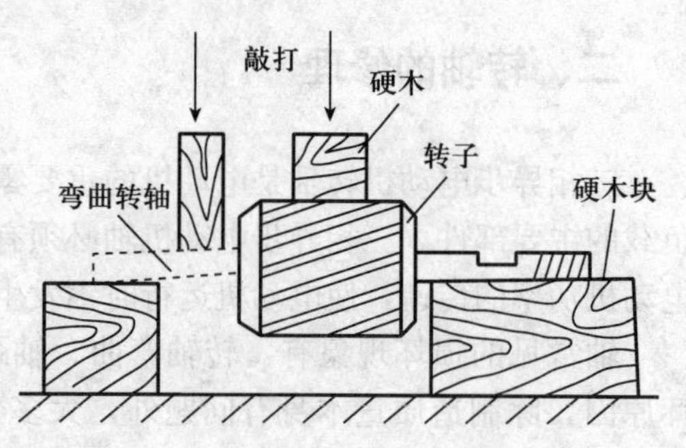

图4-17　用敲击法矫正三相异步电动机转轴弯曲

方法1：喷镀或刷镀。利用专门的设备将金属镀在磨损的轴颈上，再磨削到需要的直径。此法适用于磨损深度不超过0.2 mm的情形。

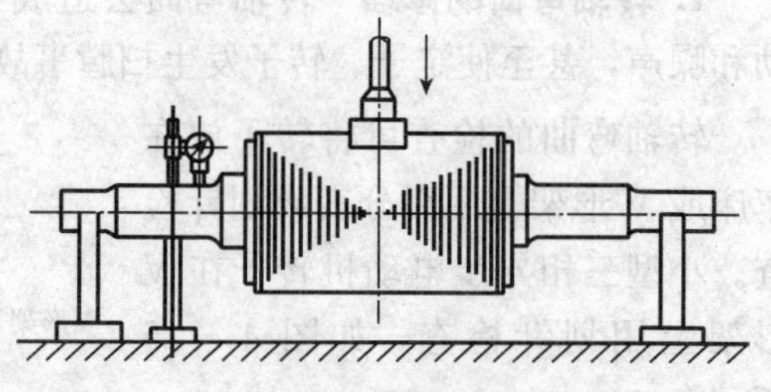

图4-18　用冷态直轴法矫正三相异步电动机转轴弯曲

方法2：补焊。将转轴放在带滚轮的支架上，用中碳钢焊条进行手工电弧焊，从一端开始，一圈一圈地补焊，边焊边转动转子，直至将轴颈全部补焊完毕。冷却后，放到车床上加工到所需尺寸。加工时，注意校正两轴颈与转子外圆的同轴度。

方法3：镶套。当轴颈磨损较大或局部烧损发蓝退火时，可将轴颈车圆后镶套。套的材料用 30～45 号钢，其厚度为 2.5～4 mm，将套加热至轴上后，放在车床上加工套的外圆。

3. 转轴裂纹或断裂的修理　对于出现裂纹的轴，若其裂纹深度不超过轴颈的 10%～15%、长度不超过轴长的 10%（对纵向而言）或不超过圆周长的 10%（对横向而言），可用堆焊法进行补救。

对于裂纹大或断裂的轴，必须更换新轴，换轴时，小型三相异步电动机一般用 35 号钢或 45 号钢。

换轴时有困难，在不影响轴质量的前提下，也可采用补接法：先在车床上把裂纹断面车光，然后在端面钻一个小孔（孔径约为轴径的 1/3），内攻螺纹。再在车床上车一根和断裂部分相同的轴枢，并在一端车上螺纹，把这段短轴镶入断轴的螺孔内；用电焊在断裂面与新镶入部分交界处堆焊，再在车床上车、磨并铣出键槽；如图 4－19 所示。

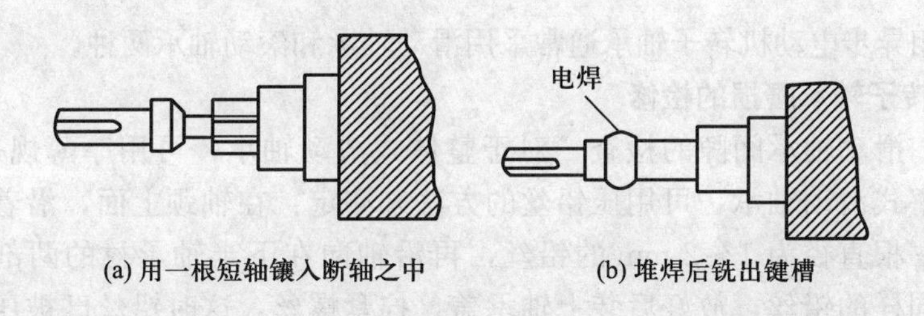

(a) 用一根短轴镶入断轴之中　　(b) 堆焊后铣出键槽

图 4－19　三相异步电动机转轴裂纹或断裂的补接

4. 转轴键槽磨损的修理　键槽磨损时，可用电焊在磨损处堆焊（切勿采用气焊，以免轴枢变形），然后放在车床上切削并重铣键槽。如果键槽磨损不大，可在磨损处加宽一些（所加宽度不超过原键槽的 20%左右），也可在磨损键槽的对面另铣一个键槽，如图 4－20 所示。

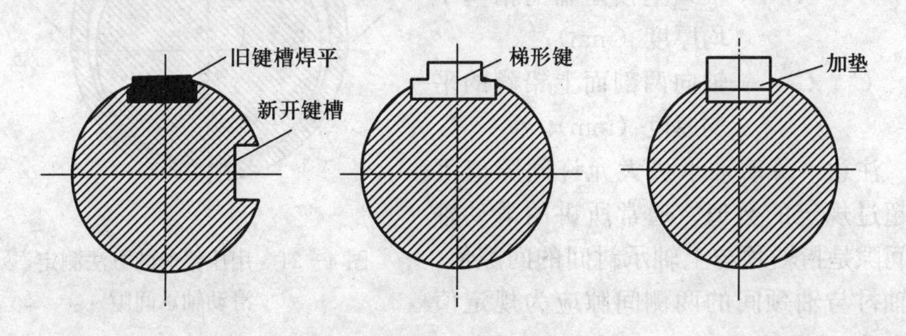

图 4－20　转轴键槽的修理

三、轴承盖的修理

轴承盖上出现裂纹、镗孔磨损等现象，都要进行修理。

(1) 小的裂纹可以用堆焊法或喷镀法填补。如果裂开，最好更换新的轴承盖。

(2) 轴承盖镗孔的环状凸缘及轴承配合处如有磨损凹痕和毛刺等小损伤，可以用细锉和刮刀修理。

(3) 因磨损尺寸不足时，可采用加厚轴颈的修理方法。但不适采用镀铬法。倘若磨损过大而尺寸不足时，可采用镶套的方法进行修理。

四、转子轴承的修理

三相异步电动机转子轴承通常采用滑动轴承和滚动轴承两种。

1. 转子轴承磨损的检修

(1) 滑动轴承间隙的检查　对于整体式滑动轴承，可用厚薄规来测定；对于分解式滑动轴承，可用压铅丝的方法来测定：在轴颈上面，沿着它的全长放上一根直径为 1～2 mm 的铅丝，再沿轴向在下半轴承衬的两剖面上各放一根同样的铅丝，放好后装上轴承盖，拧紧螺丝，这时铅丝已被压扁，如图 4-21 所示。

轴承间隙值可由下式算得

$$\delta=C-\frac{C_1+C_2}{2}$$

式中　δ——轴承间隙值（mm）；

C——轴颈上按压扁的铅丝平均厚度（mm）；

C_1、C_2——轴向两剖面上铅丝的平均厚度（mm）。

注意：滑动轴承最大允许间隙值不应超过规定的数值。通常所讲的滑动轴承间隙是指轴颈与上轴承衬间的间隙值，而轴衬与轴颈间的两侧间隙应为规定值的 1.5～1.7 倍。

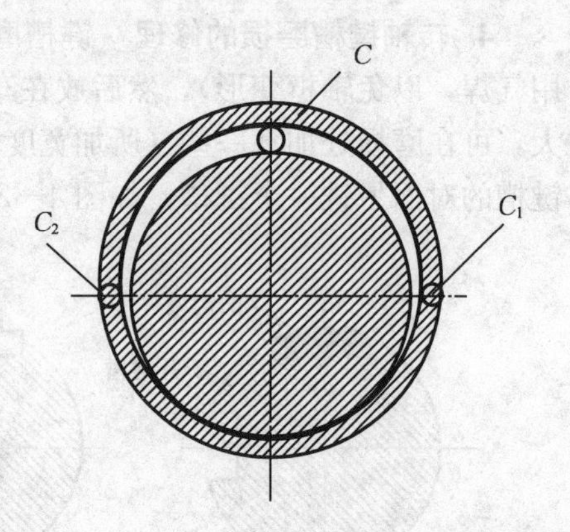

图 4-21　用压铅丝的方法测定滑动轴承间隙

滑动轴承间隙最大允许值见表 4-6。

表 4-6　滑动轴承的允许间隙值

项目	转速在 900 r/min 以下者			转速在 900 r/min 以上者		
轴的直径	30～50	50～80	80～120	30～50	50～80	80～120
两边间隙之和	0.10～0.15	0.15	0.15～0.20	0.15	0.15～0.20	0.20～0.25

（2）滚动轴承间隙的检查　滚动轴承的间隙有两种，即径向间隙和轴向间隙。

① 径向间隙的定义。径向间隙是指滚子与滚道间的总间隙，如图 4-22 所示。

② 径向间隙的检查方法。用厚薄规或铅丝插在滚子与滚道之间，然后拨转机轴，厚薄规或铅丝即夹入轴承外套与滚子之间，如图 4-23 所示。

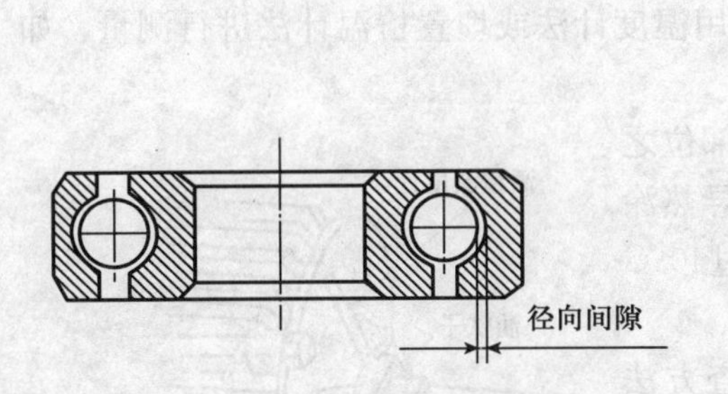

图 4-22　滚动轴承的径向间隙

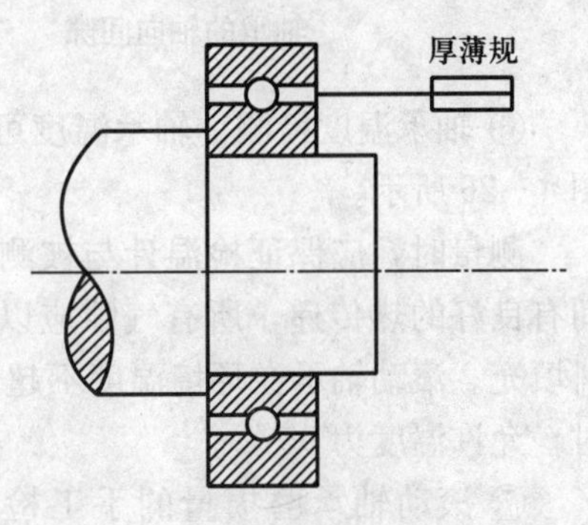

图 4-23　用厚薄规测量滚动轴承的径向间隙

③ 径向间隙的标准。不同轴径对应的滚动轴承径向间隙的标准值见表 4-7。

表 4-7　不同轴径对应的滚动轴承径向间隙的标准值

轴径（mm）	径向间隙的标准值（mm）
≤25	0.007～0.025
25～100	0.01～0.10
>100	0.06～0.30

④ 轴向间隙的检查。轴向间隙的大小，决定于内、外套圈的最大轴向位移。先将轴向图 4-24 所示的左方推进，在右方放上百分表，再将轴向右方推紧，这样在百分表上就可测出其间隙尺寸。

⑤ 轴承内套与轴肩间隙的检查。轴承内套与轴肩之间的间隙不允许超过 0.05 mm，可用厚薄规测量，如图 4－25 所示。

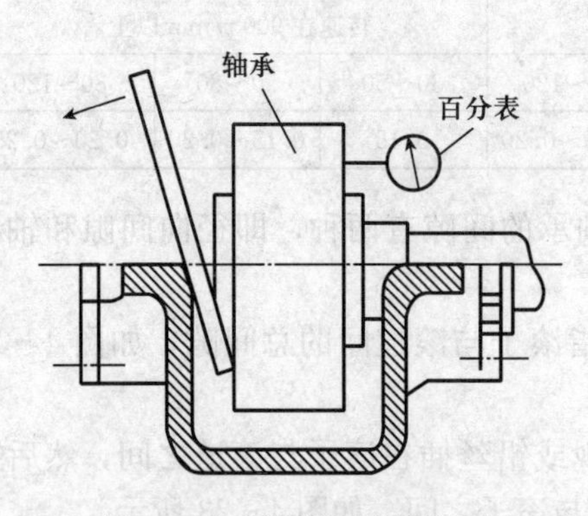

图 4－24　用百分表测量滚动轴承的轴向间隙

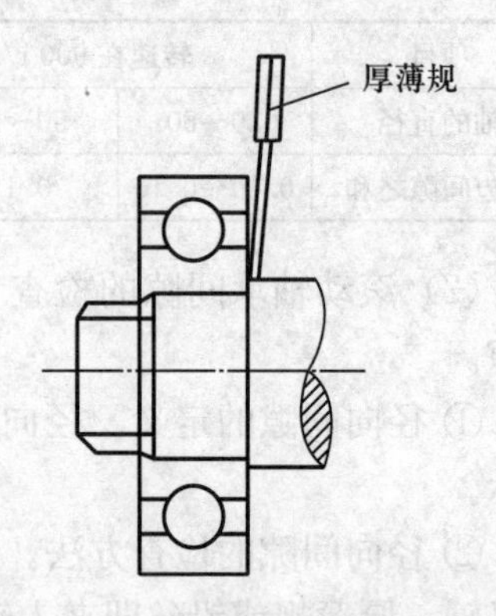

图 4－25　用厚薄规测量滚动轴承内套与轴肩的间隙

⑥ 轴承温度检测。轴承温度可用温度计法或埋置检温计法进行测量，如图 4－26 所示。

测量时，应保证检温计与被测部位之间有良好的热传递，所有气隙应以导热涂料填充。滚动轴承在环境温度不超过40 ℃时，允许温度为 95 ℃。

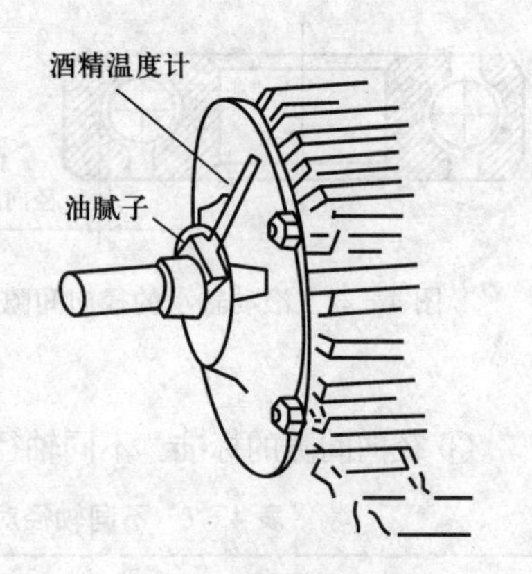

图 4－26　用酒精温度计测量轴承温度

⑦ 滚动轴承磨损量的手工检查方法（图 4－27）。三相异步电动机未解体之前，对于小型三相异步电动机可用手摇动轴伸端，如发现松动现象则说明轴承间隙磨损，不能再用。

三相异步电动机解体后，可用手摆动轴承外圈，发现摆动过大，则说明轴承已磨损。

轴承拆下之后，用手向径向方向摇动，如滚动体有撞击声，则说明间隙过大。

用手轴向晃动轴承，发现内、外圈之间松动异常，也说明轴承间隙磨损。

2. 滑动轴承的修理　滑动轴承的修理，通常是在轴承的磨损表面浇一层铅，再镗成正确的孔径。

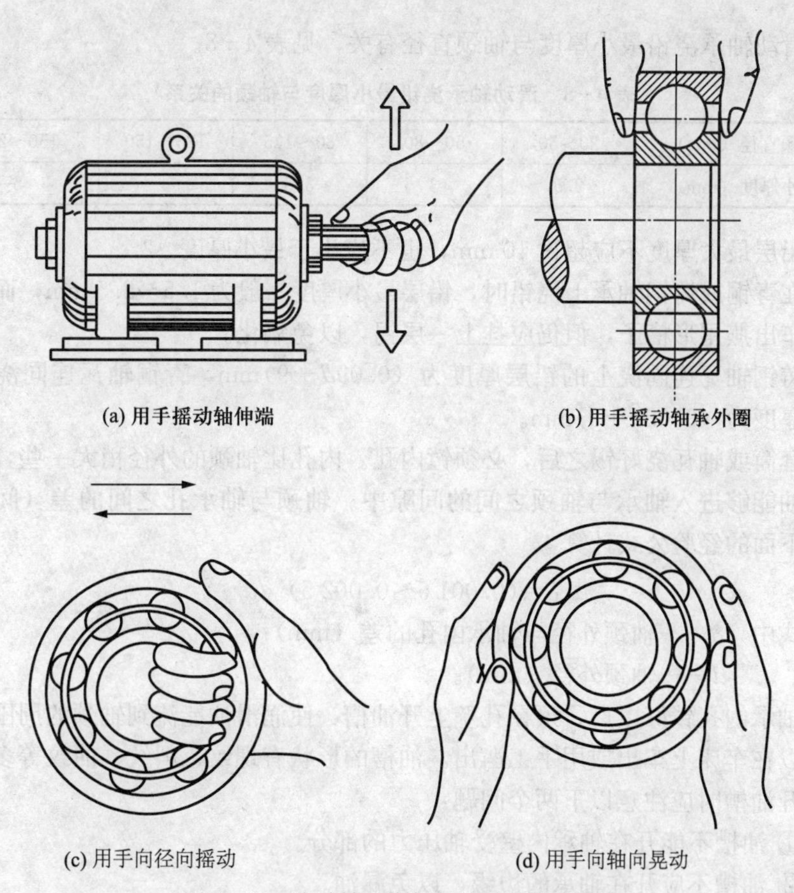

图 4-27　滚动轴承磨损量的手工检查方法

轴承浇铅前，先要在轴承内孔表面凿出或车出截面为燕尾形的槽子（沿圆周和沿轴向都要开槽，槽形不拘），目的是使浇上的铅与轴承体牢固结合不致分离。浇铅之前，最好先在轴承内表面挂锡，并趁锡尚未完全冷凝前立即浇铅。挂锡前先在挂锡表面抹一层盐酸或硫酸，再用热水冲洗晾干。用喷灯将轴承加热至 250～270 ℃（焊锡熔化温度），涂上一层氯化锌溶液（用锌片熔在盐酸中），再撒上一层氯化铵粉，即可挂锡。挂好锡之后，就可浇铅。浇铅时，要在轴承孔内放一只直径略小于轴颈的泥芯，然后将熔融的铅液浇入泥芯与轴承孔壁之间的间隙中。一般铅层的厚度为

$$s=0.02d+2$$

式中　s——铅层厚度（mm）；

d——轴颈直径（mm）。

滑动轴承浇铅最小厚度与轴颈直径有关，见表4-8。

表4-8 滑动轴承浇铅最小厚度与轴颈的关系

轴颈直径（mm）	20～50	50～80	80～125	125～150	150～200
最小厚度（mm）	2.5	3	3.5	4	5

铅层最大厚度不应超过10 mm，也不应小于最小厚度。

在青铜或铸钢轴承上浇铅时，铅层最小厚度一般为1.5～2.5 mm，而且也不必车出燕尾形槽子，但仍应挂上一层锡，以免氧化。

铸钢轴瓦连同浇上的铅层厚度为 $(0.09d+9)$mm，青铜轴瓦连同浇上的铅层厚度为 $(0.08d+9)$mm。

套筒或轴瓦浇好锡之后，必须镗内孔。内孔比轴颈的外径稍大一些，以使润滑油能够进入轴承与轴颈之间的间隙中。轴颈与轴承孔之间的差（间隙），可用下面的经验公式计算

$$\delta=(0.0015\sim0.0025)\sqrt[3]{d}$$

式中 δ——轴颈外径与轴承内孔的差（mm）；

d——轴颈外径（mm）。

轴承内孔镗好以后，须在孔壁上开油槽，使润滑油能流到轴颈的周围。油槽可以在车床上车出或用手工凿出。油槽的形状有螺纹、斜纹、曲纹等多种。

开油槽时应注意以下两个问题：

① 油槽不能开在轴承内壁受轴压力的部分。

② 油槽不应开在轴承的边缘，以免漏油。

油槽的尺寸与轴的直径有关。滑动轴承的游隙尺寸超过规定时，可用无缝钢管或铜管制作一个垫圈垫入。轴承内的油环断裂时，可用钢管、铸铁管或黄铜管车割一个油环，油环的断面最好是梯形或半圆形。

3. 滚动轴承的修理

（1）修理前的轴承清洗 对拆下的旧轴承清洗的目的，是检查轴承的质量情况，以确定是否可继续使用。建议采用805洗涤剂进行清洗，首先将轴承内的润滑油用竹板刮净，然后将805洗涤剂兑水（98%左右）加热至60～70 ℃，即可用毛刷进行清洗。采用805洗涤剂清洗轴承比用汽油或煤油的方法安全、无毒、节能、成本低。由于该洗涤剂具有暂时的防锈能力（能保持7天），所以不必担心清洗后的轴承生锈。

当然除轴承外，对于轴承盖、密封圈、转动配合部位以及端盖轴承室等，均可用805洗涤剂进行清洗，清洗后要擦干或吹干并涂上一层薄油。

轴承的清洗方法如图 4－28 所示。

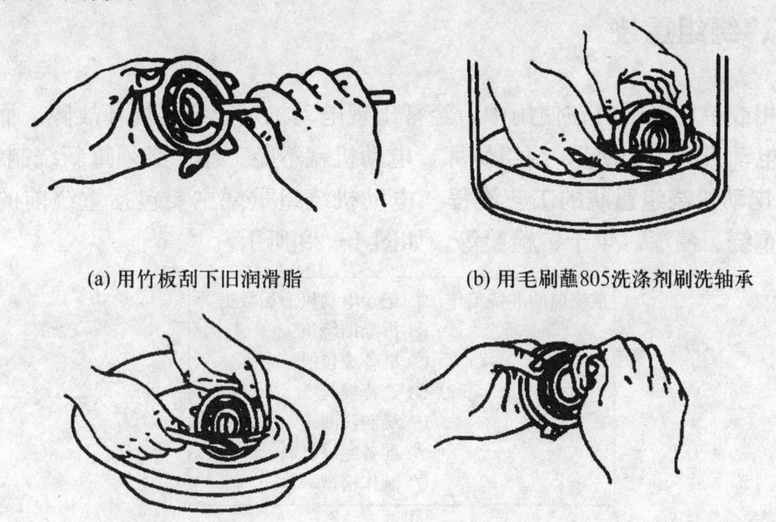

(a) 用竹板刮下旧润滑脂　(b) 用毛刷蘸805洗涤剂刷洗轴承

(c) 再换805洗涤剂反复清洗几次　(d) 用不掉毛的干净白布擦拭或用吹风机吹干

(e) 清洗干净的轴承放在干净的白布上，不可再用汗手拿动

图 4－28　轴承的清洗方法

(2) 滚动轴承的修理方法

① 若轴承磨损超限，则应更换同规格的轴承。

② 轴承拆卸下后，可放到 805 洗涤剂内洗净，然后进行检查。若加工面上（特别是滚道内）有锈迹现象，可用 00 号砂布磨光，再放在 805 洗涤剂中洗净；若有较深的裂纹或内、外套圈碎裂，须更换轴承。

③ 轴承损坏时，可以把几只同型号的轴承拆开，把它们的完好零件拼凑组装成一只轴承。滚珠缺少或破裂，可重新配上继续使用。

④ 有些用于高速三相异步电动机的轴承，若磨损不很严重，可以换用在低速三相异步电动机上。

⑤ 若轴承外盖压住轴承过紧，可能是轴承外盖的止口过长，可以修正；如果轴承盖的内孔与轴颈相擦，可能是轴承盖止口松动或不同心，也应加以修正。

五、绕组重绕

三相或单相电动机在使用中，经常出现电动机定子绕组烧坏故障。而定子绕组是电动机的“心脏”，绕组烧坏，电动机就不能工作，必须重新绕制绕组。

1. 电动机绕组重绕的工艺流程 电动机绕组重绕主要包括重绕前的准备工作、重绕、浸漆、烘干、检验等，如图 4-29 所示。

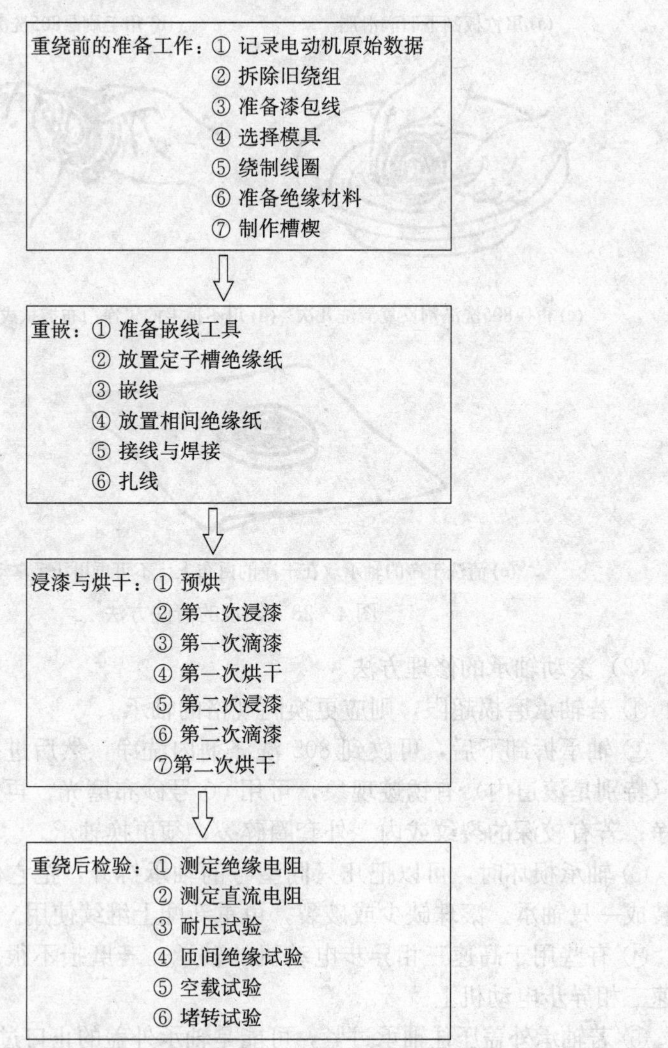

图 4-29 电动机绕组重绕的工艺流程

2. 电动机绕组重绕前的准备工作

（1）记录电动机原始数据　原始数据是第一手技术资料，必须对其进行认真测量和记录。原始数据包括：铭牌数据、铁芯数据、绕组数据，以及运行和拆除检查内容。完成这些数据的填写工作，需要在拆除绕组之前进行。

电动机修理记录单如下：

电动机修理记录单

<table>
<tr><td colspan="3">送修单位：______
铭牌数据：
型号______　额定功率（kW）______　转速（r/min）______　接法______
额定电压（V）______　额定电流（A）______　频率（Hz）______　定额______
耐热等级______　绝缘等级______　质量（kg）______　产品编号______
制造厂______　制造日期______</td></tr>
<tr><td colspan="2">绕组数据：
绕组型式______　线圈节距（mm）______
导线直径（mm）______　导线规格（mm²）______
并绕根数______　并联路数______
线圈匝数______　每槽导线数______
线圈端部伸出长度（mm）______</td><td>铁芯数据：
定子铁芯外径（mm）______
定子铁芯内径（mm）______
定子铁芯总长（mm）______
定子槽数______</td></tr>
<tr><td colspan="3">绕组展开图</td></tr>
<tr><td>接线图</td><td>槽形尺寸（mm）</td><td>线圈尺寸（mm）</td></tr>
<tr><td colspan="3">故障原因及改进措施：</td></tr>
</table>

需要注意的是，尽管有电动机铭牌型号，也要做记录，因为有的数据可能已经改动（如电压、极数等），而铭牌未做相应更正。

（2）拆除旧绕组　拆除旧绕组的方法主要有加热法、溶剂溶解法和冷拆法等。通常采用加热法或冷拆法。几种拆除电动机绕组的方法见表4－9。

表4－9　拆除电动机绕组的几种方法

拆除方法		操作过程
加热法	通电加热法（图4－30）	拆开绕组端部的连接线，在一个极相组内通入单相低电压、大电流（可用变压器或电焊机作电源）进行加热，当绝缘软化、绕组开始冒烟后，切断电源，迅速退出槽楔，拆除绕组。这种方法适用于大、中型电动机。但如果绕组中有断路或短路的线圈，则不能应用此法

（续）

拆除方法		操作过程
加热法	专用加热炉或烘箱加热法	用电烘箱对定子加热，温度控制在 100 ℃左右，一般需通电 1 h 左右，待绝缘软化后，趁热拆除旧绕组 需要说明的是，拆卸时不要用火烧，因为这样容易破坏铁芯的绝缘，使电磁性能下降
	局部加热法（图 4－31）	① 用煤气、乙炔、喷灯等加热，加热过程当中，要特别注意防止烧坏铁芯，使硅钢片性能变坏。火燃方向向外，不可对着铁芯 ② 将电动机立放在火炉（或电炉）之上直接加热
溶剂溶解法		溶剂溶解法适用于一般小型电动机和微型电动机绕组的拆除。对于普通小型电动机，可把定子绕组浸入 9％的氢氧化钠溶液中，浸泡 2～3 h 后取出，用清水冲净，抽出线圈即可。拆除绝缘漆未老化的 0.5 kW 以下的电动机时，可用丙酮 25％、酒精 20％、苯 55％配成的溶剂浸泡，待绝缘物软化后拆除旧绕组。对于 3 kW 以下的小型电动机，为了节约，也可用丙酮 50％、甲苯 45％、石蜡 5％配成的溶液刷浸绕组，待绝缘软化后拆除旧绕组。由于这种溶剂有毒且易挥发，使用时应注意保护人身安全
冷拆法（图 4－32）		在常温下用錾子和手锤直接拆卸电动机定子绕组。此法适应于绕组全部烧坏或槽满率不高的电动机 在没有加热条件下的场合拆电动机绕组时，只能采用冷拆法。用废锯条制成的刀片在槽楔的中间将绕组破开，取出。若是开口槽，则较容易将绕组一次或分几次取出；若是半闭口槽或半开口槽，可用斜口钳将绕组一端的端接部分逐根剪断，在另一端用钳子将导线逐根从槽内拉出。在顺序逐一拉出时，切勿用力过猛或多根并拉，以免损坏槽口

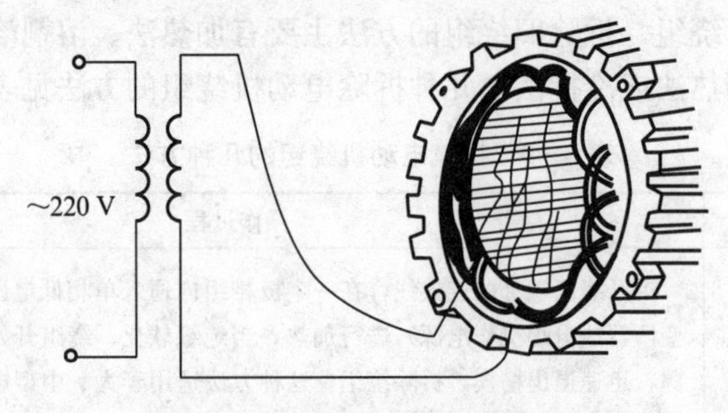

图 4－30　通电加热法拆卸绕组

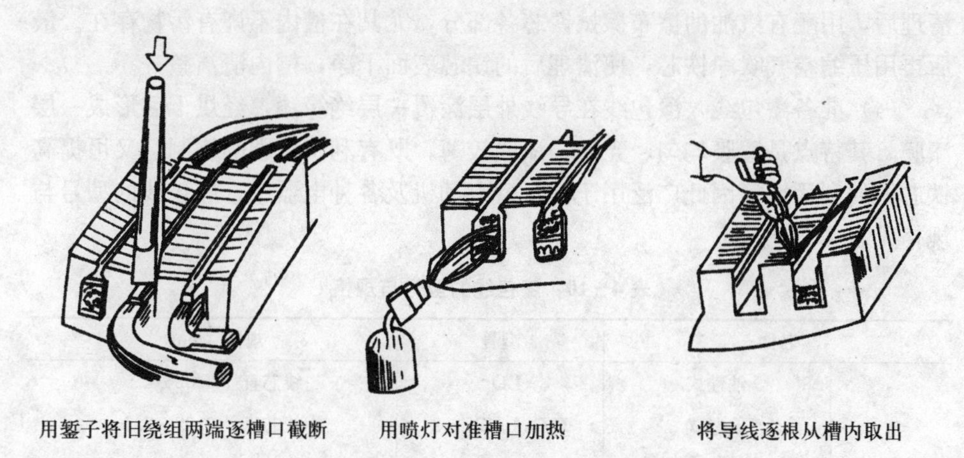

图 4-31　局部加热法拆卸绕组

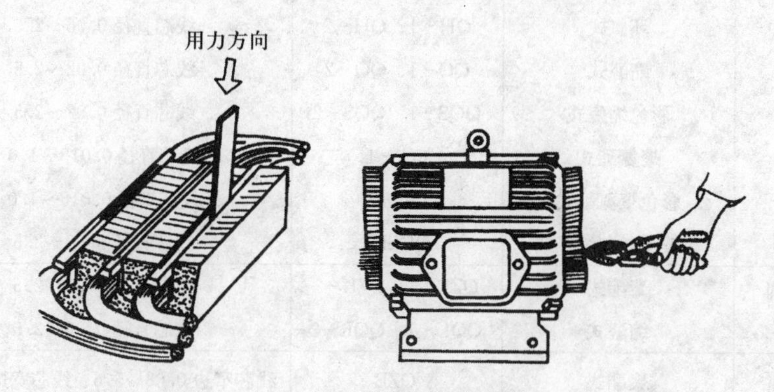

图 4-32　冷拆法拆卸绕组

注意：拆线圈时，不可用力过猛，以防将铁芯两端齿压板条碰弯、槽口碰变形，甚至碰掉齿压板条，从而降低铁芯压紧程度，使端部叠片松弛，形成扇张现象。拆除绕线转子铜排时，不可用螺钉旋具或扁铲从槽口向下砸铜排，使槽口铁芯变形严重。可将转子放入烘炉内加热（烘温 1 800 ℃左右），使绝缘老化变脆，便于拆除铜排。转子放入烘炉时，要注意轴承和集电环不可过热，必要时要先把轴承和集电环卸下来，再将转子放入烘炉内。

（3）清理铁芯　旧绕组全部拆除后，要趁热将槽内残余绝缘清理干净，尤其在通风道处不准有堵塞。清理铁芯时，不许用火直烧铁芯，铁芯槽口不齐时，不许用锉刀锉大槽口，如有毛刺的槽口要用软金属（如铜板）进行校正。对不整齐的槽形需要修正，否则嵌线困难，不齐的冲片会将槽绝缘割破。铁芯清理后，用蘸有汽油的擦布擦拭铁芯各部分，尤其在槽内不许有污物存在。最后再用压缩空气吹净铁芯，使清理后的铁芯表面干净，槽内清洁整齐。

(4) 准备漆包线　漆包线在导线外层涂覆一层绝缘漆，经烘干后形成一层漆膜。其特点是漆膜均匀、光滑，漆膜较薄，既有利于线圈的绕制，又可提高铁芯槽的利用率，因此广泛用于中小型电动机及各种电器中。漆包线的型号与规格见表 4-10。

表 4-10　漆包线的型号与规格

名称		型号	规格（mm）
漆包圆铜线	油性式	Q	线芯直径 0.02～2.5
	聚酯式	QZ-1、QZ-2	线芯直径 0.02～2.5
	聚酯胺酰亚式	QXY-1、QXY-2	线芯直径 0.06～2.5
	聚酰亚胺式	QXY-1、QXY-2	线芯直径 0.02～2.5
	环氧式	QH-1、QH-2	线芯直径 0.06～2.5
	缩醛式	QQ-1、QQ-2	线芯直径 0.02～2.5
	彩色缩醛式	QQS-1、QQS-2	线芯直径 0.02～2.5
	聚氨酯式	QA-1	线芯直径 0.015～1.0
	彩色聚氨酯式	QA-2	线芯直径 0.015～1.0
	单玻璃丝包缩醛式	QQSBC	线芯直径 0.53～2.5
漆包圆铝线	聚酯式	QZL-1、QZL-2	线芯直径 0.06～2.5
	缩醛式	QQL-1、QQL-2	线芯直径 0.06～2.5
漆包扁铜线	聚酯式	QZB	线芯窄边 0.08～5.6、线芯宽边 2～18
	聚酯胺酰亚胺式	QXYB	线芯窄边 0.08～5.6、线芯宽边 2～18
	聚酰亚胺式	QYB	线芯窄边 0.08～5.6、线芯宽边 2～18
	缩醛式	QQB	线芯窄边 0.08～5.6、线芯宽边 2～18
	聚酯亚胺式	QZYB	线芯窄边 0.08～5.6、线芯宽边 2～18
	单色玻璃丝包聚酯胺式	QZYSBFB	线芯窄边 0.06～2.5、线芯宽边 2～18

首先测量原绕组漆包线的直径，具体方法是：从拆下的旧绕组中剪取一段未损坏的铜线，放到火上烧一下，将外圈的绝缘皮擦除，并将其拉直，用千分尺进行测量。然后，选择与原绕组漆包线直径大小相等的漆包线，将新漆包线的绝缘漆用火烧一下，再用千分尺测量其直径。

(5) 制作绕线模　重绕电动机绕组时，绕组尺寸的大小对嵌线质量、绕组的耗铜量以及重绕后电动机的运行都有密切关系。因此绕线模的尺寸要做得准确。

如果电动机无铭牌，但有废旧绕组，可拆下一只完整绕组，取其中最小的一匝，参考它的形状及其周长作为线模尺寸。

如遇到空壳无铭牌的电动机，可用一根漆包线在选定了的槽节距的槽子中间，用手捏出一个线模样板。

① 计算线模尺寸。通常采用双层叠绕式绕组木模，其木模尺寸包括：绕模宽度、绕模长度和端部长度，如图 4－33 所示。

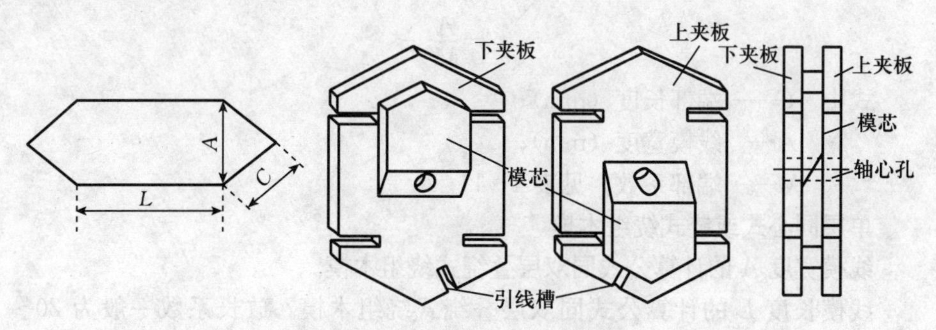

图 4－33　双层叠绕式绕组木模尺寸

线模宽度 A 的计算公式：

$$A=\frac{\pi（定子内径+槽深）}{槽数\times（绕组节距-K）}$$

式中　A——线模宽度（mm）；

π——圆周率；

K——校正系数，对于 2 极电动机，K 取 1.4～2.0，功率大都取大值；对于 4 级、6 级、8 级、10 极的电动机，$K=0$，即不必校正。见表 4－11。

表 4－11　校正系数 K 与端部系数 M

极数	2	4	6	8	10
端部系数 M	1.30～1.58	1.56～1.66	1.61～1.70		
校正系数 K	2～3	0.5～0.7	0.5	0	0

线模长度 L 的计算公式：

$$L=铁芯长度+l$$

式中　L——线模长度（mm）；

l——放长系数（mm），与电动机的极数有关，其大小见表 4－12。

表 4-12 放长系数 l（mm）

<table>
<tr><th>极数</th><th>2</th><th>4</th><th>6</th><th>8</th><th>10</th></tr>
<tr><td>l（功率较小电动机）</td><td>40～50</td><td>35～40</td><td colspan="3">30～35</td></tr>
<tr><td>l（功率较大电动机）</td><td>25～35</td><td>25～30</td><td colspan="3">25</td></tr>
</table>

端部长度 C 的计算公式：

$$C=\frac{A}{M}$$

式中 C——端部长度（mm）；

A——线模宽度（mm）；

M——端部系数，见表 4-11。

单层同心式或链式绕组木模。

线模宽度 A 的计算公式同双层叠绕式绕组木模。

线模长度 L 的计算公式同双层叠绕式绕组木模。放长系数一般为 20～30 mm，功率小者取偏小值。

端部长度 C 的计算公式：

$$C=\frac{A}{2}+(5\sim8)$$

式中 C——端部长度（mm）；

A——线模宽度（mm）。

② 测量线圈周长（图 4-34）。若是空壳无绕组的电动机，或者原线圈的尺寸过大，可按下述方法测量线圈周长：将一根导线做成线圈形状，按原来的节距放入定子槽内，把该线圈两端弯成椭圆形，往下按压线圈两端，使之与定子机座两端内腔机壁几乎相接触，即可认为该线圈的周长基本合适。在制作绕线模以前，必需准确地测量好线圈的周长，才能制作出精确的绕线模。

图 4-34 测量线圈周长的方法

③ 确定线模尺寸是否合适。若绕线模尺寸过小，端部长度不足，就会造成嵌线困难，甚至嵌不进去，使绝缘极容易受到损坏，形成短路、接地等故障。若线模尺寸过大，将造成绕组电阻和端部漏抗增大，既影响电动机的电气性能，还浪费了

大量铜线，同时绕组的两端部还会触碰端盖，造成接地故障。因此绕线模的尺寸必需准确。

④ 几种款式的绕线模。常见的绕线模主要有长度可调式绕线模、多用活络绕线模、金属骨架万能绕线模等，如图 4－35 所示。

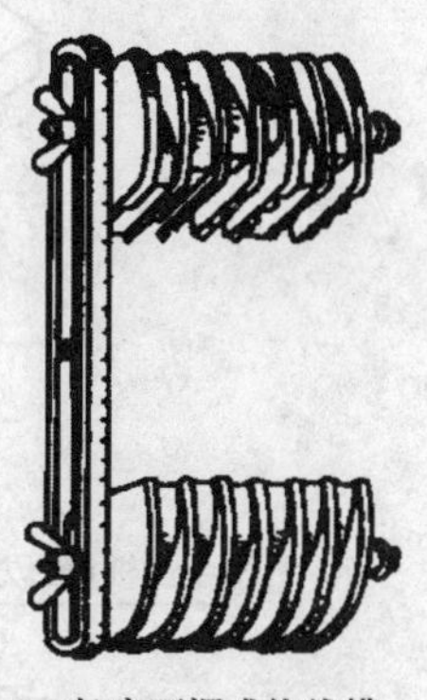

(a) 长度可调式绕线模

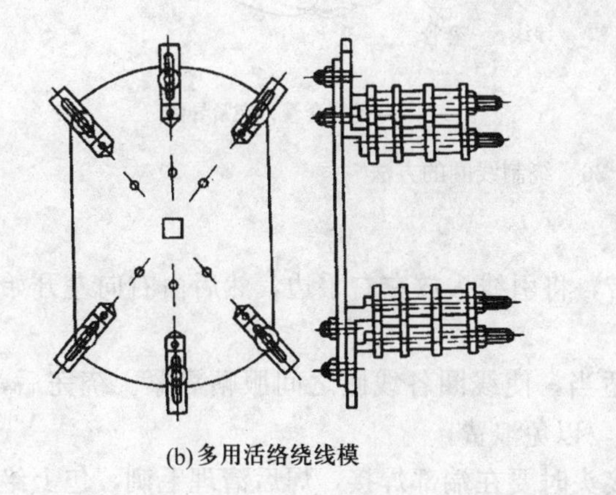

(b) 多用活络绕线模

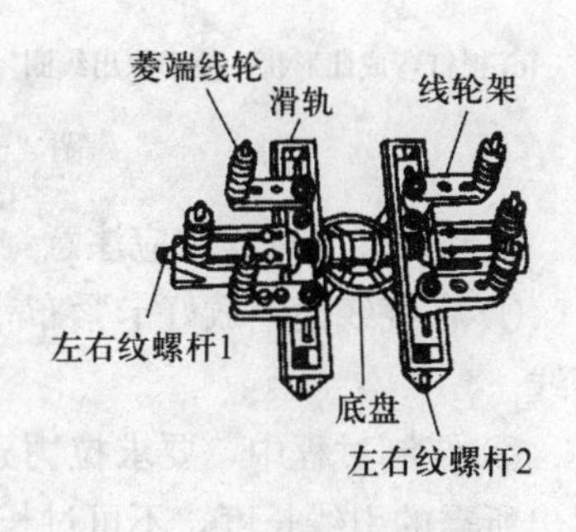

(c) 金属骨架万能绕线模

图 4－35　几种常见的绕线模

(6) 绕制线圈　在确定好线圈的线径、匝数及模具后，就可以进行线圈的绕制了。绕线时，将模具放到绕线机的绕线轴上，并调整绕线机的计数器，使其归零。将线圈的一端固定在绕轴上，另一端套上一段套管，手抓在套管上，以免在绕线时划伤手指。在绕制过程中，应注意用力合适，排列整齐紧密，不得有交叉，线圈的始末端留头要适当，一般以线圈周长的 1/3 为宜。

绕制线圈的方法如图 4－36 所示。

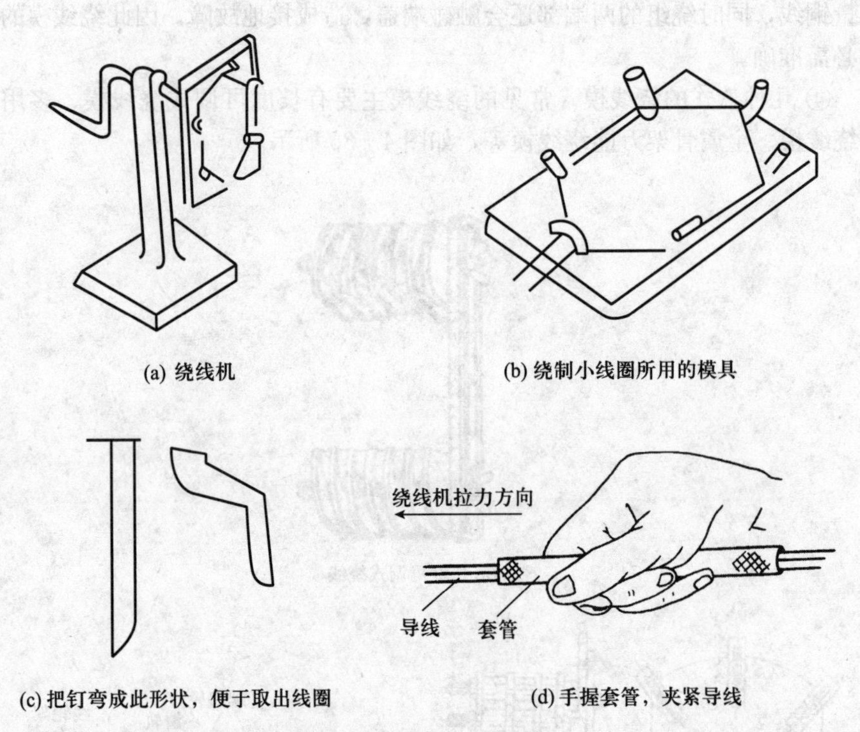

(a) 绕线机　(b) 绕制小线圈所用的模具

(c) 把钉弯成此形状，便于取出线圈　(d) 手握套管，夹紧导线

图 4－36　绕制线圈的方法

绕制线圈的过程中应注意：

① 在绕线模上放好卡紧布带，将引线头放在右手边，然后由右向左开始绕线。

② 绕制过程中，要求拉力适当，使线圈各线匝之间服帖靠紧。绕完后，留出所需的引线长度，不可过长，以免浪费。

③ 绕制过程中，导线如需接头时要在端部焊接，焊后清理毛刺，包上绝缘，套上套管。多根并绕的导线接头位置，应相互错开一定距离。

(7) 准备绝缘材料　电动机所用的绝缘材料应根据电动机的工作温度来确定，一般有绝缘纸和绝缘套管两种。

剪切绝缘纸时，要根据铁芯的长度来进行。一般情况下，要求绝缘纸的长度比铁芯的长度长 20～30 mm，绝缘纸的宽度为铁芯槽高度的 3～4 倍。对于双层绕组，在上下层之间要垫以层间绝缘，层间绝缘的长度要比铁芯长 20～30 mm，而宽度则要比槽宽 5 mm 左右。绕组端部相与相之间也要垫一层相间绝缘，以防止发生相间击穿。

几种常见的绝缘材料如图 4－37 所示。

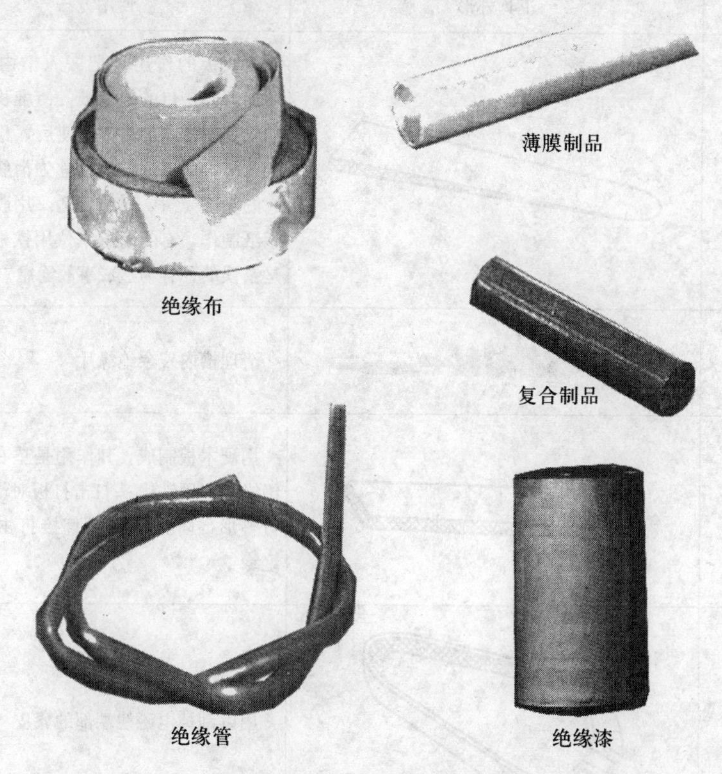

图 4－37　几种常见的绝缘材料

3. 电动机绕组的重嵌　线圈绕完以后，开始嵌线工作，嵌线是拆换电动机绕组的关键步骤之一，嵌线质量的好坏，将直接影响电动机的电气性能和使用寿命。一般电动机的嵌线工艺流程是：准备嵌线工具→放置槽绝缘纸→嵌线→放置相间绝缘和端部整形。

（1）准备嵌线工具　嵌线时所用主要工具及其使用方法见表 4－13。

表 4－13　嵌线时所用主要工具及其使用方法

工具名称	工具外形	使用方法
双头锉和清槽锯		可清理电动机槽内漆瘤和黏在槽壁上的残余绝缘片

（续）

工具名称	工具外形	使用方法
划线板	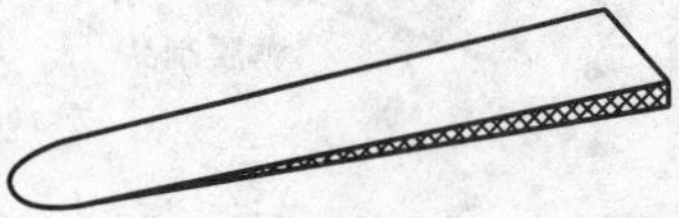	划线板的作用是把嵌入槽内的导线理顺、劈开槽口的绝缘纸，使堆积在槽口的导线划向槽内的两侧，使后入槽的导线顺利入槽，所以划线板也称为滑线板。要求它的头部光滑、厚薄合适，用胶木板或红钢纸制作，有的施工单位用铁板制作，这是错误的，容易造成事故隐患
钢丝刷		清理槽内残余绝缘片
打板	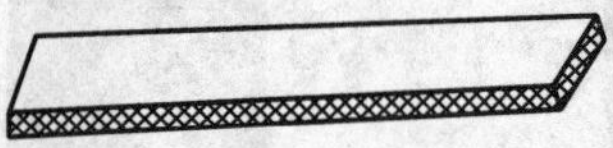	用硬木板制成，其作用是垫在绕组端部绝缘上，用铁锄头打击打板对端部绕组进行整形，防止用铁锤直接打击绕组损伤绝缘
刮漆皮刀	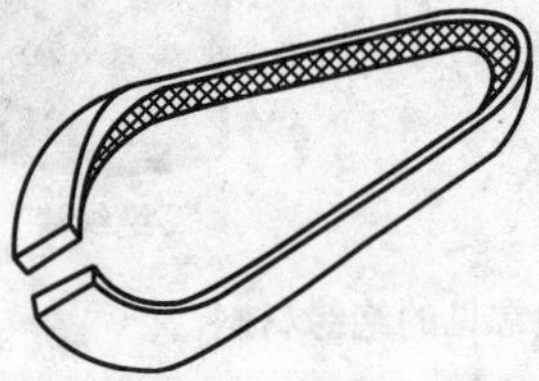	用以刮掉电磁线端部的漆皮
线压子		也叫压线板或压脚，用钢板制作，对压脚部位进行热处理，要求有一定硬度和强度，用于压实槽内导线以及叠压槽绝缘封口。要求压脚底面四角磨光，呈圆弧形状以防损伤绝缘。其大小尺寸和长度按电动机槽口宽、槽深以及轴向长度而做成各种形式
打槽楔工具	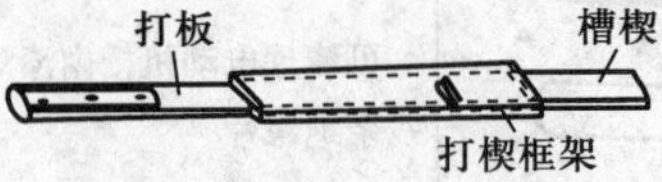 打板 槽楔 打楔框架	对于槽内尺寸较小，而槽楔长且较软时，宜用此工具将槽楔打入槽内

（续）

工具名称	工具外形	使用方法
手锤		打击绝缘，使线圈两端整齐
剪子		修理端部相间绝缘
弯头钳子		用于修剪伸出槽口的槽绝缘多余部分
尖嘴钳子		用于截断导线和拉槽绝缘，有时也用于推拉槽楔或绝缘
冷压钳		用于压接引出线接头（线鼻子）
穿针		用于穿引布带
电烙铁		分为内热式和外热式两种，用于焊接导线接头
皮老虎		主要用于吹除电动机内部的少量积尘和金属切削残片

（2）嵌线　绕组嵌线的操作步骤如图 4-38 所示。

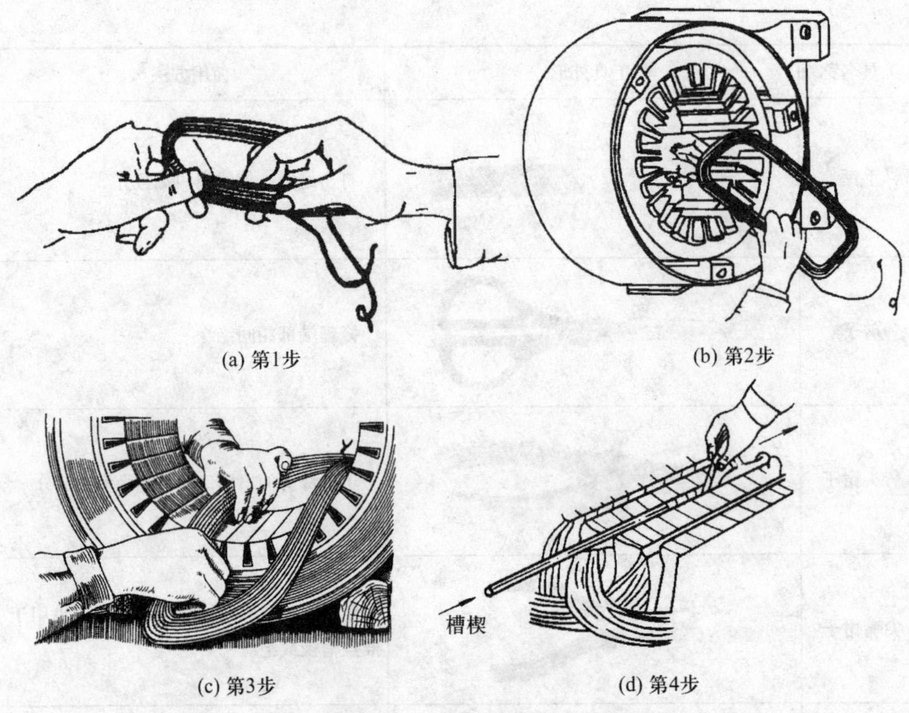

(a) 第1步　(b) 第2步

(c) 第3步　(d) 第4步

图 4－38　绕组嵌线的操作步骤

第 1 步：将需要嵌放的绕组的一边散开，用右手拇指与食指把线圈的下层边捏扁，左手拇指与食指捏住线圈上层边，将线圈扭转一下，使上层边外侧导线扭在上面，下层边内侧导线扭在下面。

第 2 步：将线圈边捏扁后放到槽口的槽绝缘中间，左手捏住线圈朝里拉入槽内。若线圈边捏得得当，一次即可将导线全部拉入槽内。这样可使线圈顺利嵌放，并且排列整齐，尤其是线圈端部扁而薄，便于后续的线圈嵌放。

第 3 步：将线圈用手捏扁，嵌线时左手向前拉，右手捏扁向前送，这样可一次入槽，并且导线不交叉。用划线板理顺导线，使其平整。

第 4 步：用线压子把槽内蓬松的导线压实，嵌满槽后折槽口便可插入槽楔，要求槽楔在槽内配合较紧。用手下压线圈伸出槽的部分，然后用打板打齐即可。

（3）放置相间绝缘纸　绕组全部嵌放好后，为防止绕组在端部产生短路，应在每个极相绕组之间加入长条状的相间绝缘纸，进行绝缘处理（图 4－39）。插入端部相间绝缘纸，要求相间绝缘纸插入到槽底与垫条伸出槽口的部分重叠上。整理好之后，用剪刀把高出线圈的相间绝缘纸剪掉，保持一定高度（3～5 mm）。

（4）端部整形　绕组全部嵌完后，检查绕组外形、端部排列和相间绝缘是否符合要求。若符合要求，则用橡胶锤将其端部打成喇叭口（图 4-40），应注意喇叭口的直径不宜过小，以免影响通风散热或导致转子装不进定子。但喇叭口直径也不能过大，否则端部与机壳过近，会影响绝缘性能。

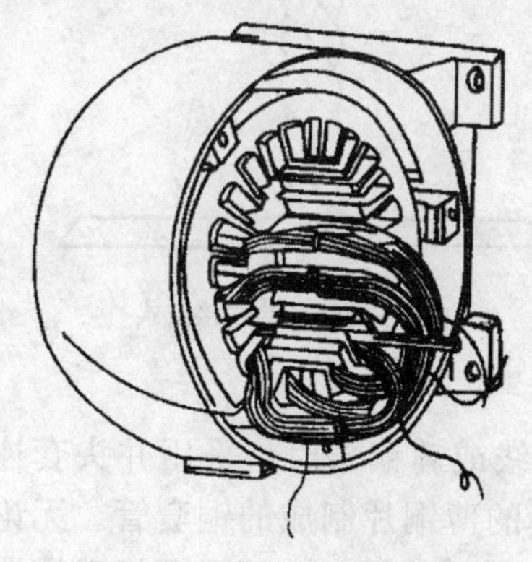
图 4-39　放置相间绝缘纸

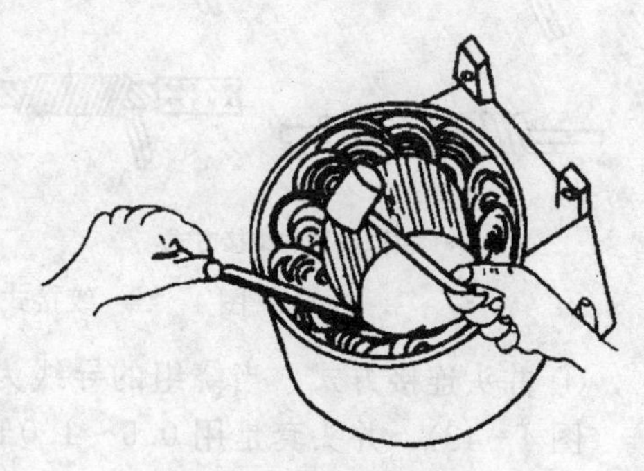
图 4-40　线圈端部整形

“包尖”端部线圈要按电动机极数和使用要求用漆布带半叠包扎一层，以保证线圈的机械强度和整体性。

最后用专用整形胎对线圈端部进行整形。如果无有专用整形胎，用手锤垫打板整形亦可。

（5）线头连接

① 对接方式。接头整形时，使被连接的两组导线之间预留 0.2～0.5 mm 间隙（图 4-41），焊接时将此间隙填满焊料，这种形式多采用银磷铜钎焊。用于中型以上的电动机定子绕组接线。

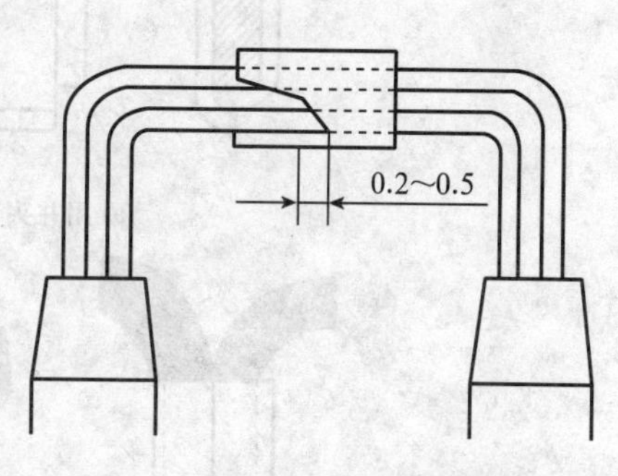

图 4-41　对接式线头连接方式

② 搭接方式。把导线端头交错搭叠，搭叠长度为导线宽度的 4～6 倍，搭叠的接触面要好，这种接头形式多采用锡焊或银磷铜钎焊。用于中、小型或以上的电动机绕组接线。

③ 绞线方式。当绕组的导线较细时，可将线头直接绞合在一起（图 4-42）。可采用锡焊、电弧熔焊、银磷铜钎焊等焊接手段。大、中、小型电动机绕组接线均可采用。

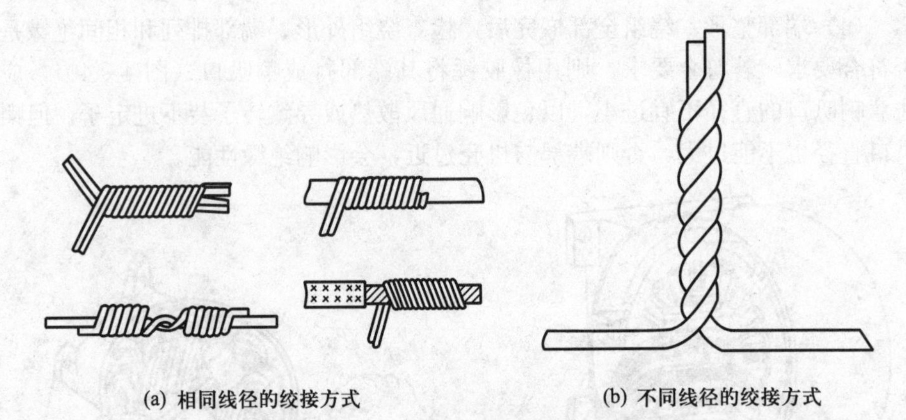
(a) 相同线径的绞接方式　　(b) 不同线径的绞接方式

图 4-42　绞接式线头连接方式

④ 并头连接方式。当绕组的导线为扁铜线或扁铜条时，采用并头套连接（图 4-43），并头套是用 0.5～1.0 mm 厚的薄铜片制成的铜套管。无论是定子接线还是转子接线，都应排列整齐。可采用锡焊，也可采用银磷铜或磷铜钎焊。

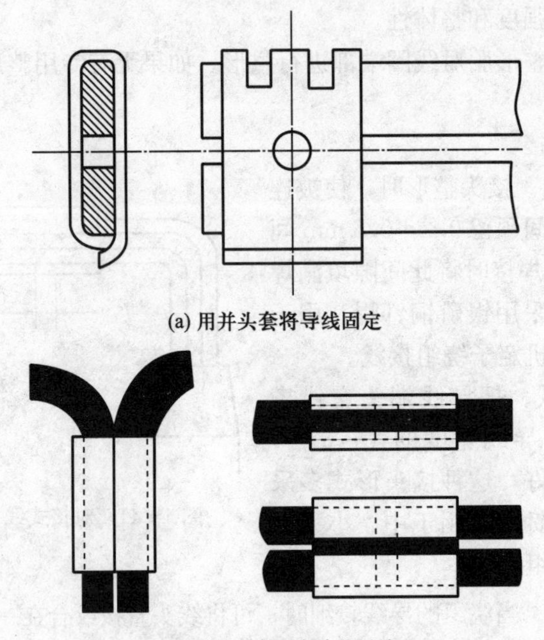
(a) 用并头套将导线固定

(b) 用并头套固定连接导线

图 4-43　并头式连接方法

⑤ 扎线连接方式。当导线较粗而不易绞合时，可用扎线将接头连接在一起（图 4－44），扎线一般用 0.3～0.8 mm 的细铜线。一般用于中、大型电动机绕组的接线。

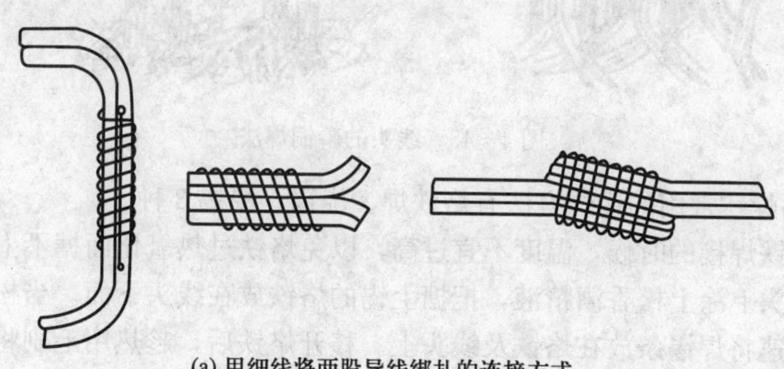

(a) 用细线将两股导线绑扎的连接方式

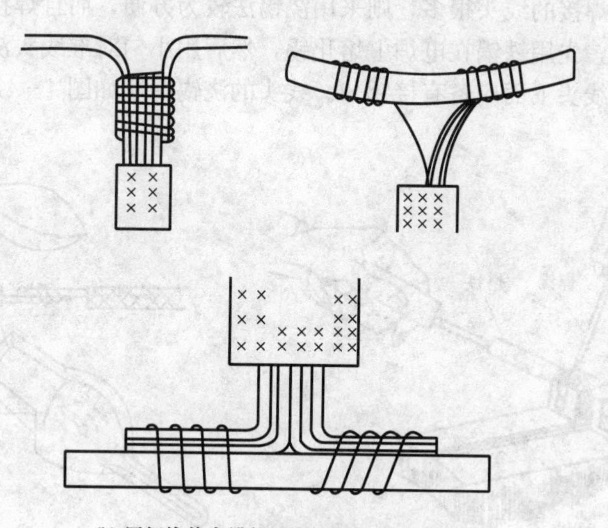

(b) 用细线将电缆与导线相绑扎的连接方式

图 4－44　扎线式线头连接方式

（6）线头焊接　电动机绕组线头的焊接方法可采用银磷铜钎焊、锡焊和电弧焊 3 种方式。

① 银磷铜钎焊。适用于电流大、工作温度高、可靠性要求高的场合。焊接设备为乙炔、氧气、焊炬等。焊接时，应在线头附近裹上湿的石棉绳，以防烫伤线头周围的导线绝缘。线头的磷铜焊法如图 4－45 所示。

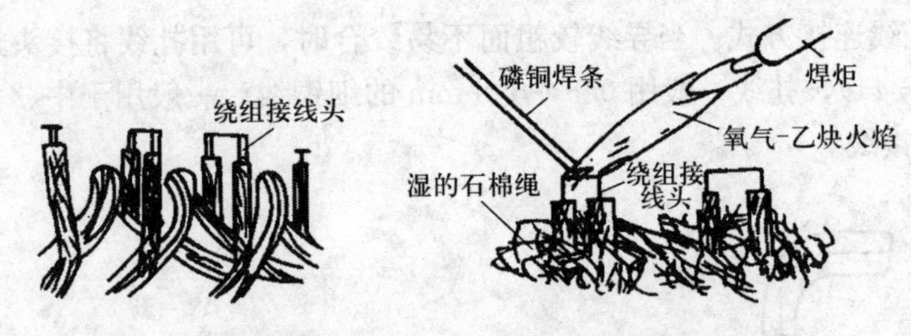

图 4-45　线头的磷铜焊法

② 锡焊。常用的锡焊方法有烙铁焊、浇锡、浸锡 3 种。

用烙铁焊接的时候，温度不宜过高，以免烙铁过热氧化而搪不上锡。在搪过锡的线头上涂上松香酒精液，把搪上锡的烙铁放在线头下面。当松香开始沸腾时，迅速将焊锡条放在烙铁及线头上。移开烙铁后，趁热用毛刷将多余的焊锡刷去，要注意防止熔锡流进线圈缝隙中。线头的烙铁焊法如图 4-46 所示。

若需要焊接的线头很多，则采用浇锡法较为方便，而且焊接的质量也比较好。浇锡前，先用铁锅在电炉上熔化锡，然后用小勺对准线头浇注，大线头可多浇几次，线头下面应备有接锡勺。线头的浇锡焊法如图 4-47 所示。

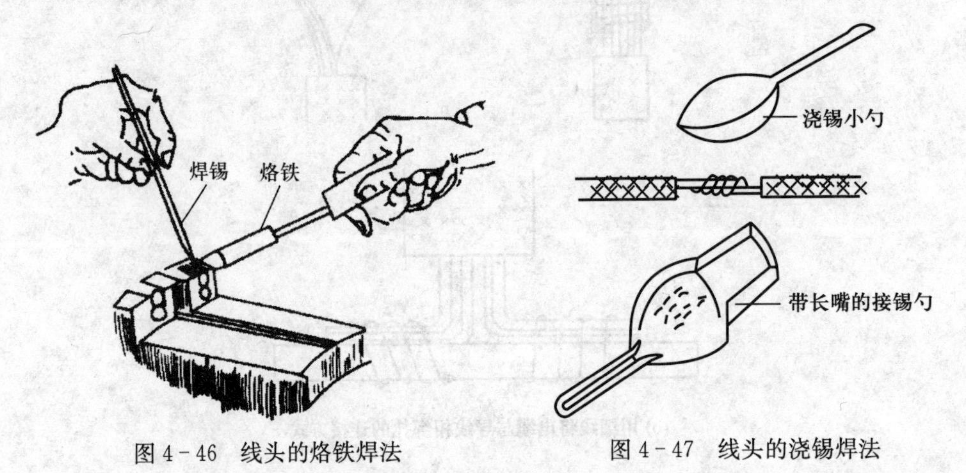

图 4-46　线头的烙铁焊法　　图 4-47　线头的浇锡焊法

浸锡法适用于引线头的搪锡，尤其适用于成批交流转子铜条并头套和直流电动机换向器的整台浸焊。浸锡时，专用的熔锡锅比工件稍大，一次把线头全部浸入，以便线头又快又好地浸上锡，如图 4-48 所示。

③ 电弧焊。当绕组的导线较细时，可采用电弧焊进行焊接。电弧焊的特点是不需要焊剂，快捷方便，但是在多路并联、线头较多时，若操作不熟练易漏焊或焊不牢。线头的电弧焊法如图 4-49 所示。

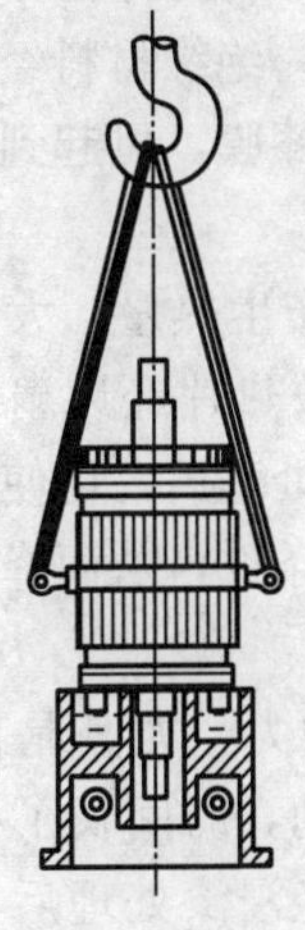

图 4-48　线头的浸锡焊法

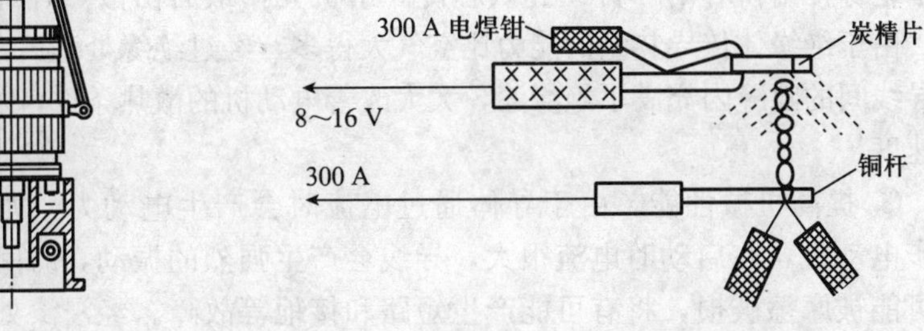

图 4-49　线头的电弧焊法

(7) 扎线　焊接后，应用绑扎带把连接线等一并绑扎在绕组端部，绑扎时应将顶端线匝带上几根，使绕组端部形成一个紧密的整体；绑扎时，应尽量使外引线的接头免受拉力。

连接线的扎线方法如图 4-50 所示。

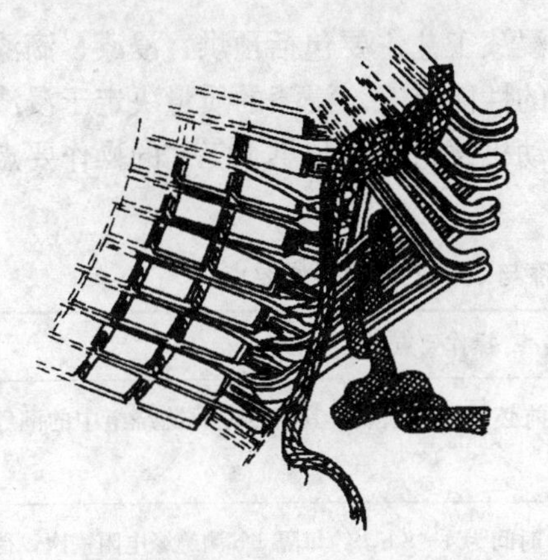

(a) 用涤纶护套玻璃丝绳绑扎绕组端部

扎绳
垫块

(b) 用扎绳垫块绑扎

图 4-50　连接线的扎线方法

4. 电动机绕组的浸漆与烘干

(1) 对电动机绕组进行浸漆与烘干处理的作用

① 提高绕组的耐潮性。目前所采用的槽绝缘，如青壳纸复合绝缘，在潮湿的空气中会不同程度地吸收潮气，从而使绝缘性能变坏。绝缘材料经过浸漆烘干处理后，能够将吸潮的毛孔塞满，在表面形成光滑的漆膜，可起到密封的作用，从而提高防潮的能力。

② 延缓老化速度，提高散热效果。电动机工作时要产生热量，大部分是经槽绝缘传给铁芯的，再经过铁芯传导给机壳，最后由散热片经风扇吹散出去。由于绝缘体传导热量的能力比空气大得多，经过绝缘处理后，可使槽绝缘和导线间的隙缝内充满了绝缘漆，大大改善电动机的散热条件，从而降低老化的速度。

③ 提高机械性能。由于导体通过电流时会产生电动力，尤其是鼠笼式异步电动机，在启动时电流很大，导线会产生强烈的振动，时间长了导线绝缘可能被摩擦破损，将有可能产生短路和接地等故障。经浸漆处理后，可使松散的导线胶合为一股结实的整体，加固了端部的机械强度，使导线不能振动。

④ 提高化学稳定性。经过浸漆处理后，漆膜能防止绝缘材料与有害化学介质接触而损害绝缘性能，以及提高绕组防霉、防电晕、防油污等能力。

⑤ 保护绕组的端部。经过浸漆之后，电动机绕组的端部比较光滑，使外表的杂物不能进入端部的内部，便于维修。

（2）浸漆与烘干工艺的操作要点　浸漆工艺主要包括预烘、浸漆、滴漆和干燥四个过程。其工艺参数主要与浸漆的性能有关。浸漆的质量决定于浸漆的工件温度、漆的黏度和浸漆的时间。电动机绕组浸漆与烘干工艺的操作要点见表 4-14。

表 4-14　电动机绕组浸漆与烘干工艺的操作要点

工艺及参数	操作要点
预烘	无论是新、旧绕组，在浸漆之前必须进行预烘，其目的是排除绕组中的潮气及水分
绝缘电阻要求	预烘温度一般为 110～130 ℃，时间为 4～8 h，约每隔 1 h 测绝缘电阻一次，待绝缘电阻稳定后，才可浸漆
浸漆温度	绕组的温度要冷却到 60～70 ℃时才可浸漆，因为温度过高漆中溶剂迅速挥发，使绕组表面形成漆膜，反而不易浸透
浸漆时间	要求浸 15～20 min，直到不冒气泡为止

（续）

工艺及参数	操作要点
绝缘漆的黏度	第一次浸漆时，黏度应低一些，一般可取 20 cm^2/s；第二次浸漆，漆的黏度可大一些，一般取 30 cm^2/s 左右为宜
滴漆与烘焙	待漆滴干后，再进行烘干。烘焙时最好分两个阶段进行，第一是低温阶段，温度控制在 70～80 ℃，烘 2～4 h；然后进行第二阶段即高温阶段温度，而且升温速度应控制在 20～30 ℃/h
烘干标准	烘干过程中，约每隔 1 h 用绝缘电阻表测量绝缘电阻一次，开始绝缘电阻下降，而后上升，最后 3 h 内必须趋于稳定，一般在 5 MΩ 以上，才算烘干
浸烘次数	浸烘次数与电动机的工作环境温度、绝缘漆的性质有关。通常，一般电动机浸烘 2 次，湿热带要浸烘 3～4 次
转子浸烘的摆放要求	直流电动机电枢和绕线式异步电动机的转子，浸烘时应采取立放或旋转烘焙，以免使漆流向一侧而影响平衡

浸漆采用的绝缘漆通常有 1030、1031、1032、1033、1038、1053 等牌号，其中采用 1032 牌号绝缘漆进行浸漆与烘干的工艺见表 4-15。

表 4-15　采用 1032 牌号绝缘漆进行绕组浸漆与烘干的工艺

工序	工艺过程	温度（℃）	时　间	绝缘电阻（MΩ）	注意事项
1	预烘	115～125	5～7 h	>50	
2	第一次浸漆	绕组 60～80	15 min 以上	—	漆的黏度为 22～26 cm^2/s
3	流滴过多的漆	室温	30 min	—	立式浸漆和滴漆
4	第一次烘干	125～135	6～8 h	>10	立式烘干
5	第二次浸漆	绕组 60～80	10～15 min	—	漆的黏度为 30～38 cm^2/s
6	流滴过多的漆	室温	30 min	—	立式浸漆和滴漆
7	第二次烘干	125～135	8～10 h	>1.5	立式烘干

（3）浸漆的方法　浸漆通常采用浸泡法、浇灌法、涂刷法、滚浸法、真空压力浸漆法、滴浸法等方法。

① 浸泡法。将预烘后的定子绕组冷却至 60～70 ℃，放入绝缘漆槽或漆罐中浸泡（图 4-51）。漆面至少要高出绕组 200 mm。浸漆时要求工件应烘干、清洁，通风良好，严禁烟火。浸漆时间约为 15 min，直至工件不冒气泡为止。然后，将定子绕组吊出漆槽（或漆罐），放在支架上，将绕组上过多的漆擦净。

控漆时间不少于 30 min。

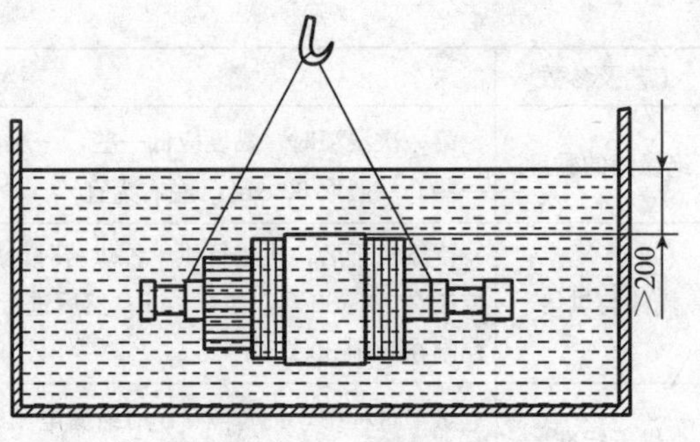

图 4－51　浸泡法

② 浇灌法。用长 40 mm 左右的长杆螺栓拧在电动机机座两端的螺孔内，然后再将预热冷却后的定子垂直放在干燥而清洁的容器里，用小勺向绕组、铁芯浇灌绝缘漆（图 4－52）。浇灌绝缘漆时，用小勺顺沿绕组慢慢地转圈浇灌，漆要浇灌均匀，全部都要浇灌到，连续浇灌 2～3 遍。浇完一面翻过来，按上述方法再浇灌另一端绕组及铁芯。采用长杆螺栓的目的是防止定子绕组端部被压伤或与容器接触，损坏导线的绝缘层。

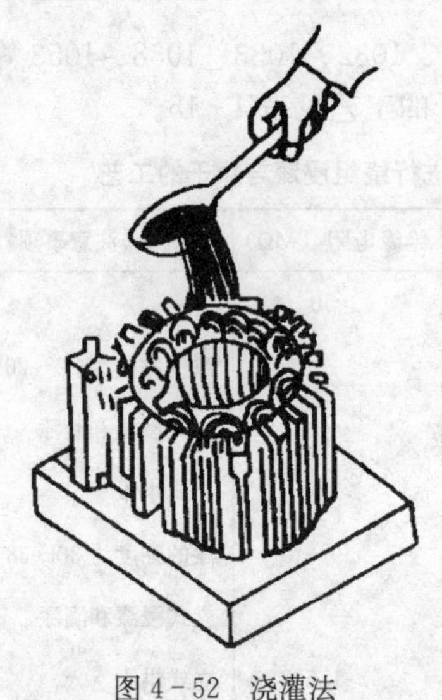
图 4－52　浇灌法

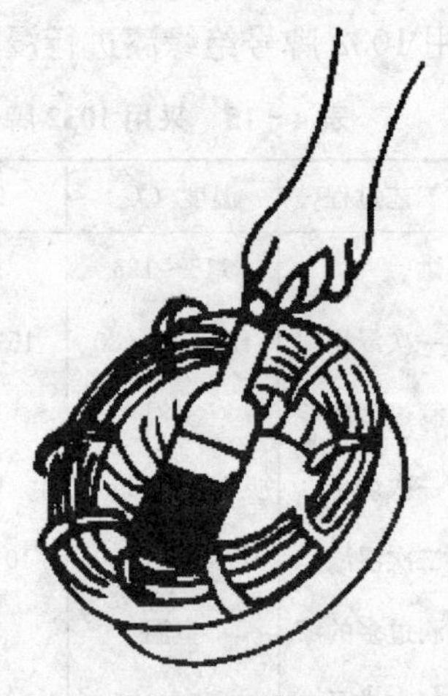
图 4－53　涂刷法

③ 涂刷法。如果是 90～125 W 的小型电动机，为了节约绝缘漆，也可以用毛刷蘸着绝缘漆涂刷预热冷却后的绕组（图 4－53），要求多涂刷几遍，绝缘漆应涂刷均匀，且必须刷透。

④ 滚浸法。将预热冷却后的绕组放在一个能容纳该绕组的一个小型铁盆内，要求该铁盆干燥清洁，然后倒入绝缘漆，其量只需漫过铁芯 1/3 的中心高度即可（图 4－54），即有 1/3 的绕组被浸泡在漆液之中，浸泡 15 min 左右不

再冒气泡即可。再滚动工件换一个方向浸泡绕组，直至绕组全部滚动浸泡完毕为止。

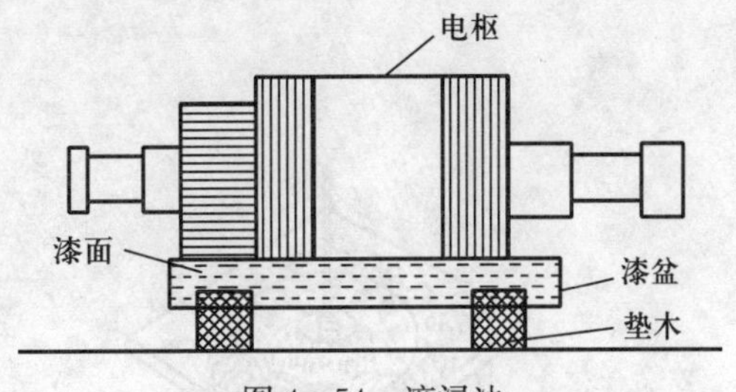

图 4-54　滚浸法

⑤ 真空压力浸漆法。将线圈或已嵌装的定子置于真空罐中预烘，预烘后，当冷却到 70 ℃左右时，在一定的真空度下输入绝缘漆，然后用惰性气体在漆液表面加压，使漆渗入绕组结构内部。

真空压力浸漆法是目前最先进的浸漆方法，但一般修理单位尚不具备这种条件。

⑥ 滴浸法。滴浸法是将已嵌线的定子用胀胎固定，使其轴线与水平成一倾角，并不断旋转，通电预热绕组，使无溶剂漆在绕组端部上方呈细流状滴下。漆滴到较热的绕组后，黏度迅速下降，在漆的自身重力，旋转离心力和绕组毛细管效应的共同作用下，很快渗入并填满绕组匝间及槽绝缘中。滴漆完毕，再使绕组水平旋转，提高绕组的温度进行“后处理”，使漆迅速聚合并固化。通常，小型电动机定子用 1034 无溶剂漆滴浸。但一般修理单位尚不具备这种条件。

（4）烘干方法　烘干的目的是使漆中的溶剂和水分挥（蒸）发掉，使绕组表面形成较坚固的漆膜。常用的烘干方法有：烤箱烘干法、灯泡烘干法、煤炉烘干法、电阻加热法，烘房烘干法、生石灰烘干法、内部加热烘干法等。

① 烤箱（图 4-55）烘干法。打开箱门，将待烘的电动机定子放入烤箱，关上箱门，先把箱内温度调到 60 ℃，烘烤 4 h，再根据要求，调整好烤箱的温度（A 级绝缘温度控制在 115～125 ℃，E 级、B 级绝缘温度控制在 125～135 ℃），烘烤 5 h。烤干后测量定子绕组的热态绝缘电阻，稳定在 3 MΩ 以上时，烘干结束。

图 4-55　烤　箱

② 灯泡烘干法。如图 4-56 所示，将电动机定子竖放，把灯泡放在定子绕组中间的位置。灯泡可选用红外灯泡或普通的白炽灯泡。烘干时，注意用温度计监测定子内的温度，不得超过规定的温度，灯泡也不要过于靠近绕组，以免烤焦。

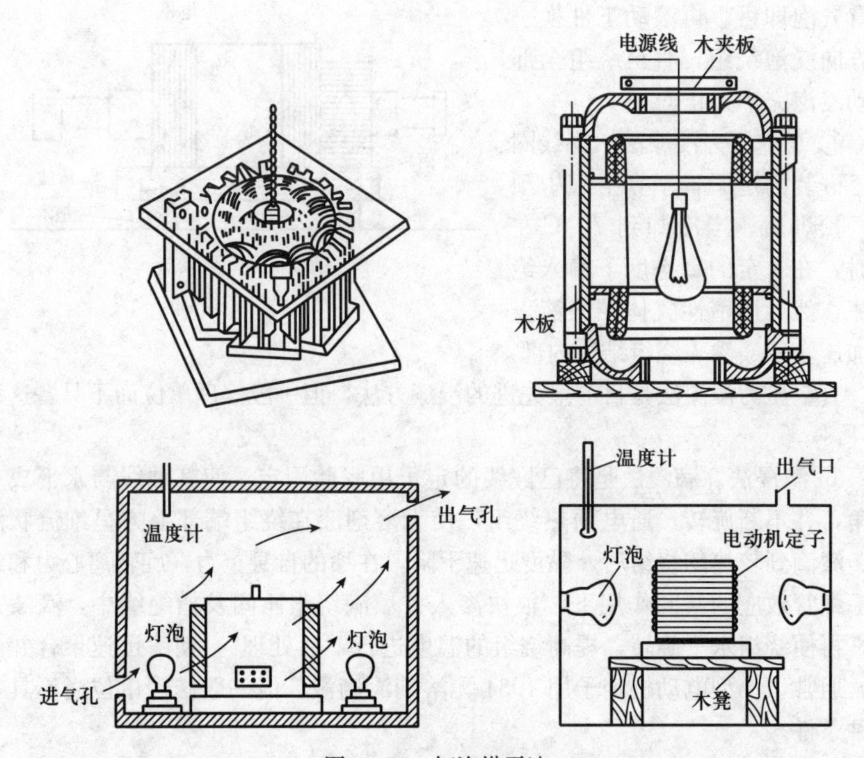

图 4-56　灯泡烘干法

若电动机定子较大，可制作简易灯泡烘箱，用多个灯泡来烘干绕组。

注意：在烘干过程中，灯泡不能靠近线圈或帆布等易燃物，若电动机定子立放时，则机座下端四周应用木块垫高，使线圈不至受压。应定期测量绕组的对地绝缘电阻。同时注意烘烤的温度不宜太高和定时调整灯泡位置，以防止局部高温烤焦线圈绝缘。当对地绝缘电阻符合要求（一般稳定 3 h）后，即可停止烘烤。

③ 煤炉烘干法。如图 4-57 所示，将定子放于两条铁板凳中间，在定子下面放一只煤炉，煤炉上用薄铁板隔开间接加热，定子上端放一只端盖，再用麻袋覆盖保温。调节电动机定子与煤炉的距离，就可以改变干燥的温度。在干燥过程中要注意防火。

④ 电阻加热器烘干法。对于大型封闭式电动机，可在风道内设置电阻加热器，将空气加热至 80～90 ℃进行干燥，干燥时，对电动机机壳必须保温，同时电动机上端须开一个小窗口，以排放出潮气，如图 4-58 所示。

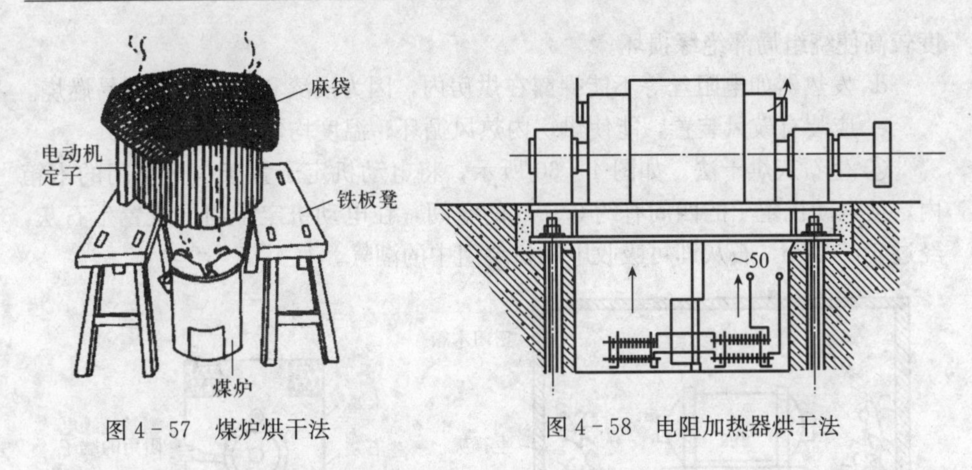

图 4－57　煤炉烘干法　　　　图 4－58　电阻加热器烘干法

⑤ 烘房烘干法。将电动机定子放入烘房内，利用烘房内的热风循环原理对电动机绕组进行烘干，如图 4－59 所示。

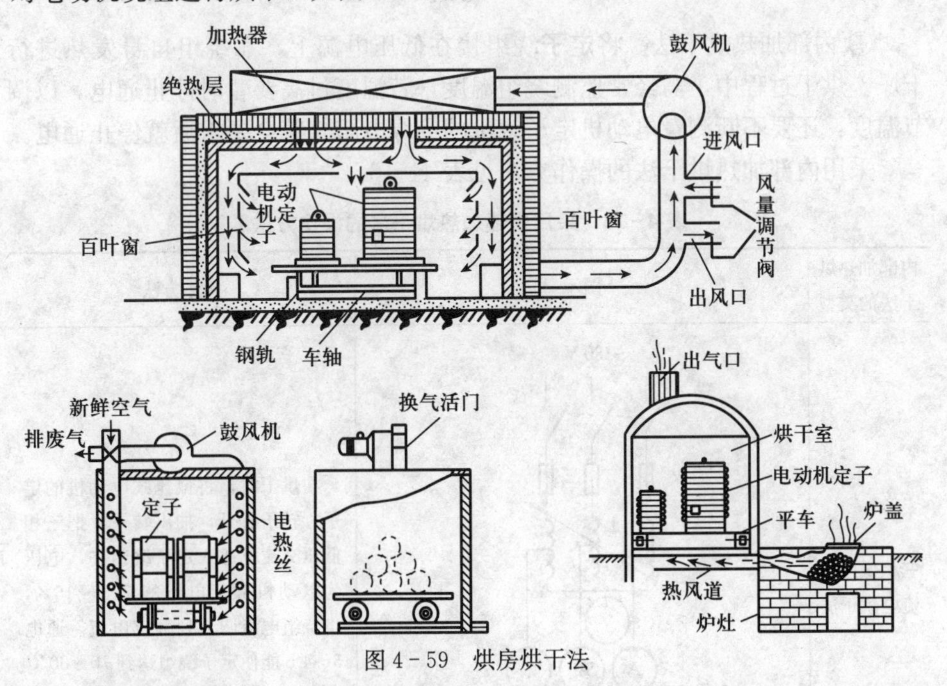

图 4－59　烘房烘干法

采用烘房干燥时，应注意以下几点：

a. 烘房内的温度应有手动或自动调节。

b. 烘焙时，应根据要求严格控制烘焙温度和时间。

c. 电动机定子绕组在烘房内的位置应离热风进口较远，以免因进风口温度较高使绕组局部绝缘损坏。

d. 发热器如电阻丝等不能裸露在烘房内，因为浸漆和稀释剂都容易燃烧。

e. 应装有鼓风装置，能使烘房内热风循环、温度均匀。

⑥ 生石灰烘干法。如图 4－60 所示，将电动机定子置于一个密闭的木箱内，使电动机定子的四周有约 0.5 m 的空间，在电动机定子周围放置生石灰，经过 48～72 h，石灰即可吸收电动机绕组中的潮气。

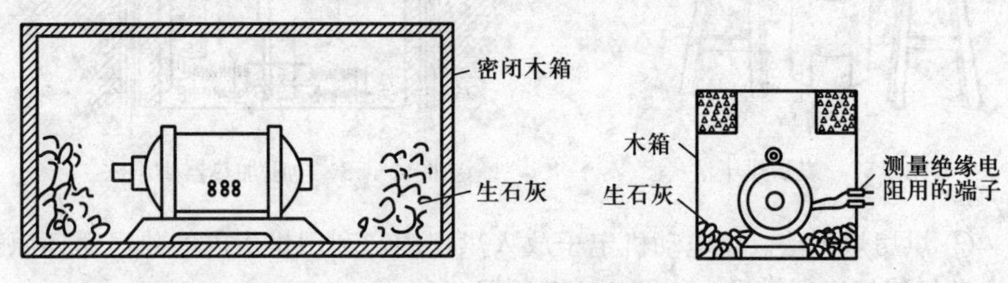

图 4－60　生石灰烘干法

⑦ 内部加热烘干法。将定子绕组接在低压电源上，靠绕组自身发热进行干燥。烘干过程中，需经常监测绕组温度，若温度过高要暂时停止通电，以调节温度：还要不断测量电动机定子绕组的绝缘电阻，符合要求后就停止通电。

采用内部加热烘干法的操作方法见表 4－16。

表 4－16　采用内部加热烘干法的操作方法

内部加热烘干法的类型	图示	操作方法
三相低压交流电烘干法	～380 V V A A A M 3～	在烘干时，将鼠笼式电动机的定子、转子拆开，抽出转子，把三相低压交流电通入定子绕组中，电压为电动机额定电压的 7%～15%，将绕组电流调节到额定电流。通电 3～4 h 能使定子绕组达到 70～80 ℃为宜

（续）

内部加热烘干法的类型	图示	操作方法
三相低压交流电烘干法	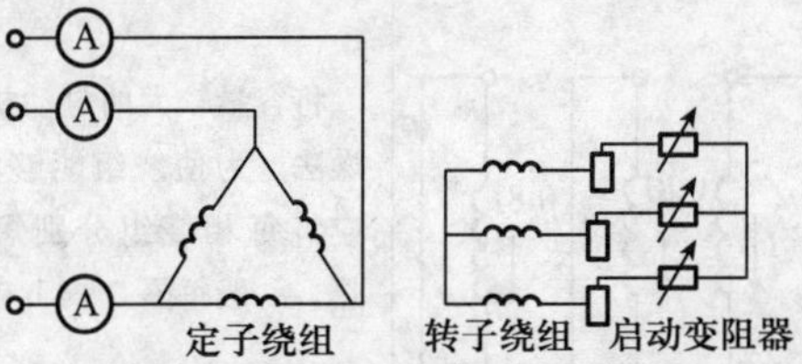 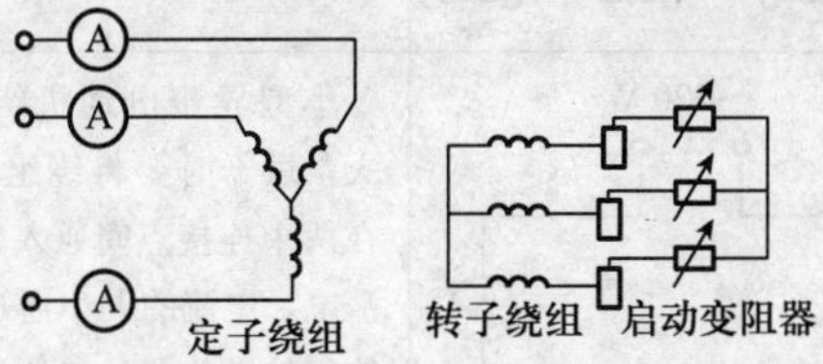 定子绕组　转子绕组　启动变阻器 定子绕组　转子绕组　启动变阻器	若是绕线式电动机需用电流干燥时，首先应在转子集电环上接入三相启动变阻器，且将转子堵住，使其不能转动，然后在定子绕组中通入三相低压（20%～30%电源电压）交流电
	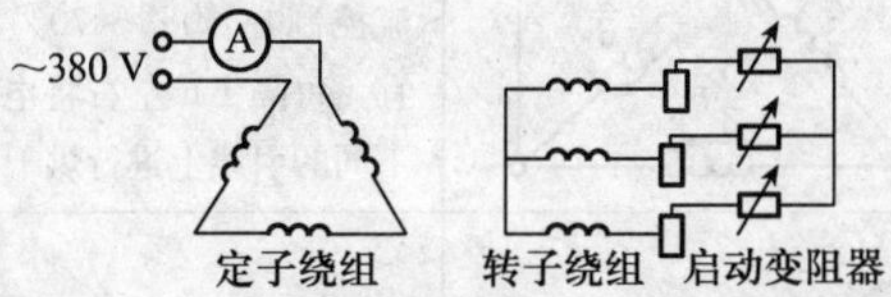 ~380 V　定子绕组　转子绕组　启动变阻器	对于 20 kW 以下绕线式电动机，可将定子绕组串联后再接入 380 V 三相交流电，进行绕组电流烘干
	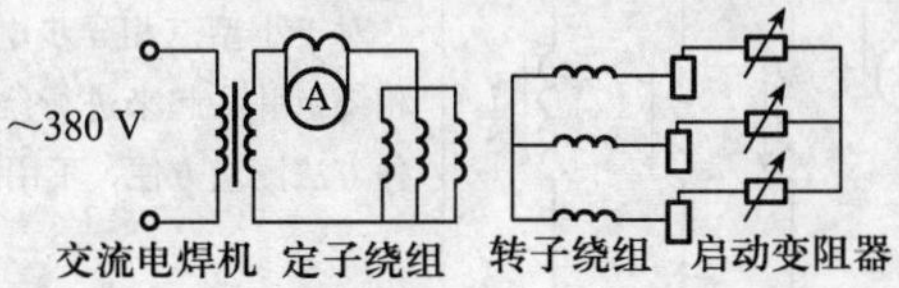 ~380 V　交流电焊机　定子绕组　转子绕组　启动变阻器	对于 20 kW 以下绕线式电动机，亦可将定子绕组并联后再接入三相交流电焊机，进行绕组电流烘干
	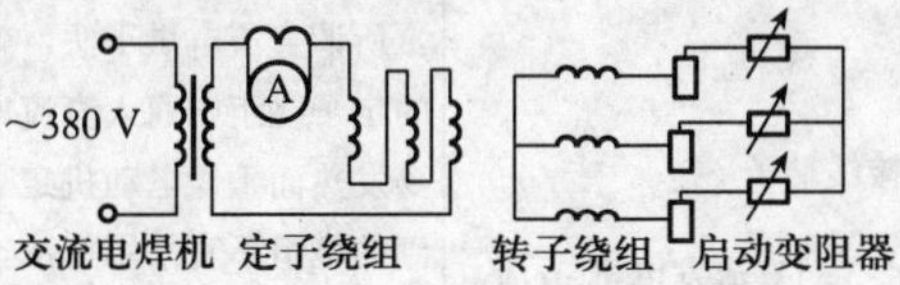 ~380 V　交流电焊机　定子绕组　转子绕组　启动变阻器	对于 20～60 kW 绕线式电动机，绕组串联后再接入交流电焊机，进行绕组电流烘干
单相低压交流电烘干法	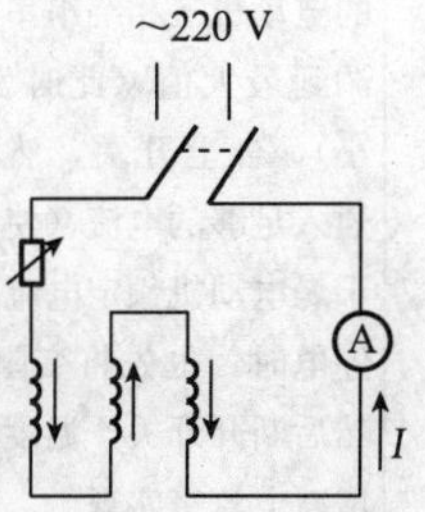 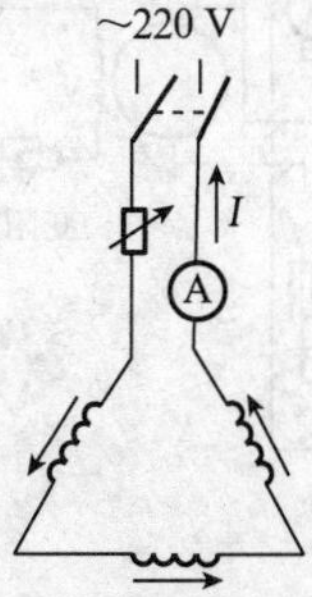 ~220 V　I ~220 V　I	大、中型异步电动机绕组的阻抗较小，可将三相绕组串联起来进行烘干

(续)

内部加热烘干法的类型	图示	操作方法
	~220 V, I, A, 0.8I, I, 0.8I	将容量较大的电动机采用短路干燥法。为使绕组能够均匀地受热，应将每相绕组分别短接，轮流加热，一般每隔5～6 h轮换一相绕组
单相低压交流电烘干法	~220 V, I, A, I, $\frac{I}{2}$, $\frac{I}{2}$; ~220 V, A, $\frac{I}{3}$, $\frac{I}{3}$, $\frac{2}{3}I$	小型异步电动机绕组的阻抗较大，烘干时要将绕组串并联起来。在两个连接点间通入单相220 V交流电，电流的大小通过变阻器（或绕组的串并联）来调节，通常将电流控制在50%～70%额定电流为宜，每隔1 h左右将电源轮换加于不同的引线上进行烘干
	~220 V, I, A, $\frac{I}{3}$, $\frac{I}{3}$, $\frac{I}{3}$	对于小型三相异步电动机，可三相绕组并联起来进行绕组烘干。这种方法测量方便，不用改变接线
直流电烘干法	接线端子, 直流发电机, 电池, A, 变阻器	所谓直流电烘干法，就是在电动机的定子绕组中通入直流电，使绕组本身发热而干燥电动机定子。但严重受潮的绕组不宜采用此法，因为直流电能引起电解作用。干燥时，将待干燥的电动机三相绕组串联后，将变阻器调到最大值（此时发电动机电压最小），合上开关，然后调节变阻器，通入足够的电流（使通入的电流为被干燥电动机额定电流的30%～70%）。停电时，也先将变阻器调到最大值，然后断开开关。温度的调节，可通过增减电流来实现

5. 重绕后的检验　为了确保电动机的重绕质量，使电动机达到技术标准，在对电动机进行重绕后，必须进行检验。三相异步电动机的重绕试验的项目主要有测定绝缘电阻、测定直流电阻、耐压试验、空载试验等。一般重绕后只要做以上试验就可以了，但对于工作环境恶劣或关键设备所用的电动机，还需做匝间绝缘试验和短路试验。

六、其他部件的修理

1. 机座的修理　电动机机座起着支撑定子铁芯和固定电动机的作用，两个端面还用来固定端盖和轴承。封闭式电动机机座外表面设有散热片，其作用是扩大散热面，并在外风罩的配合下起导风作用。散热片间要经常保持清洁，无堆积泥土杂物。

（1）机座开裂或断裂的原因　电动机机座的地脚一般用铸铁制成，安装不平时，电动机振动或受机械外力的作用都可使机座地脚开裂或断裂。

（2）机座开裂或断裂的修理与修复（图 4-61）　机座底脚有裂缝或断裂，可用铸铁焊条焊接。考虑到铸铁的内应力，在焊前可用喷灯把焊接处加热至 600 ℃左右，焊接后让其自然冷却（也可以用铜焊条焊接）。

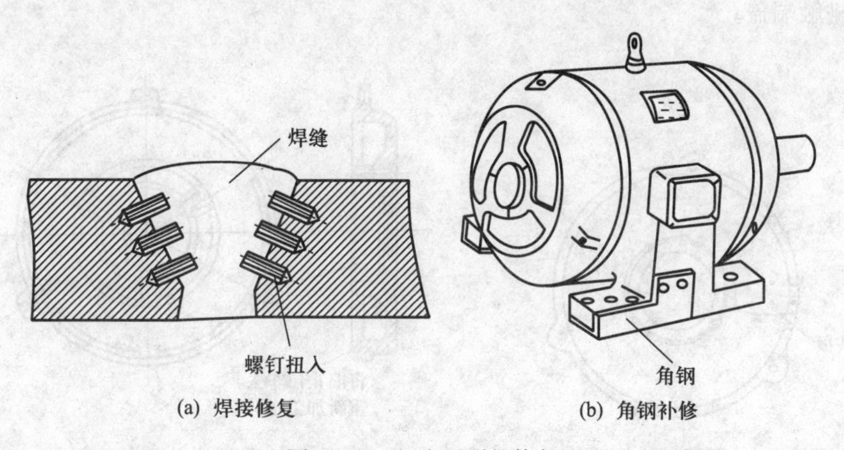

图 4-61　机座开裂的修复

有时断裂部分离电动机的铁芯外壳很近，或两边底脚全部断裂，如果加热会破坏绕组，这时可用角钢修补。把角钢（角钢大小根据底脚大小来确定）制成断裂底脚的形状，用固紧螺栓紧固在电动机的壳体上。

2. 端盖的修理　电动机端盖的作用是保护线圈端部，同时在中、小型电动机中还起支撑转子的作用。其常见的故障有：由于材料时效不当及多次拆装敲打，端盖止口与机座配合松动或变形，端盖内孔与轴承外圈配合松动；端盖上出现裂纹或破裂等。

（1）电动机端盖碎裂的原因　电动机端盖也是用铸铁制成的，受到意外应力时，往往就会碎裂。

（2）电动机端盖碎裂的修理与修复　端盖碎裂会影响电动机定子与转子的同心度，所以必须更换或修补。

方法1：焊接法。更换有困难时，一般可用铸铁焊条焊接。焊前必须把端盖加热至600℃左右，焊后可放在稻草灰内让其自然冷却，或放到烘房内逐渐降温冷却，以消除内应力的影响。切勿用冷水冷却，这样会造成端盖崩裂。

方法2：铆接法。没有电焊的地方，或裂缝处较多，不宜电焊时，可用5～7 mm厚的铁板修补（图4－62）。修补时按裂缝形状割取适当大小的铁板，用固紧螺栓紧固在端盖上。修补时应注意端盖的同心度。

（3）端盖止口的修复　端盖的止口与机壳配合松动时，转子将偏离中心位置，造成转子与定子相接。修理时，可把端盖放到车床上车去磨损的止口，再重新车一个止口，如图4－63所示。这样，端盖便缩进了一段距离，转子轴的轴承挡也必须相应跟进一些，使轴承能和端盖轴承孔配合。要注意绕组端部是否碰触端盖。

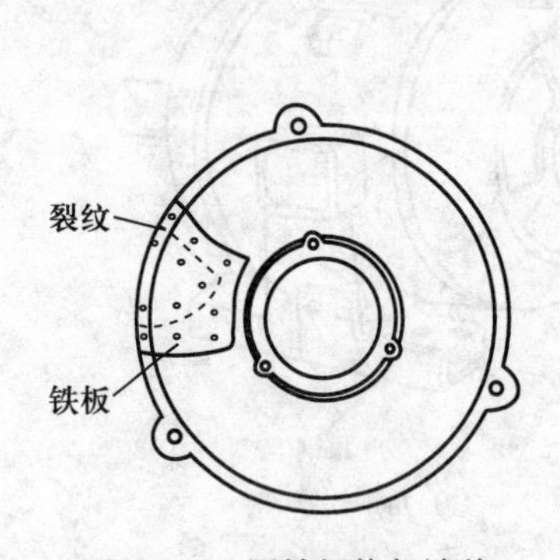

图4－62　用铁板修复端盖

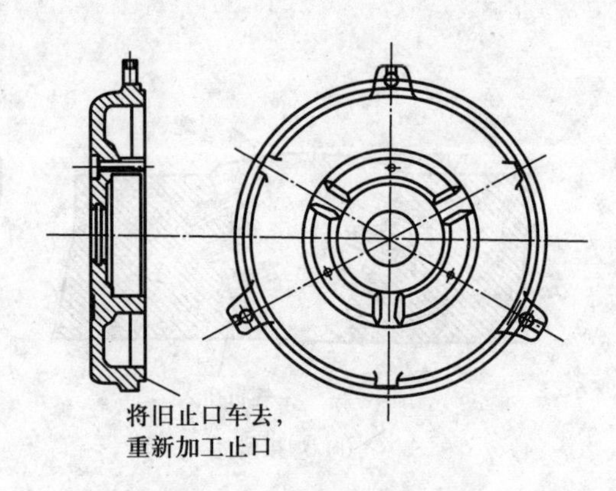

图4－63　端盖止口的修复

（4）端盖轴承孔磨损过大的修复　端盖轴承孔的间隙超过0.05 mm时，就将造成转子下坠而与定子铁芯相擦。发生这种情况，可采取镶套或电镀的修补方法。

方法1：镶套法。将端盖轴承室内径车大8～10 mm，采用过渡配合的公差，内镶壁厚 6～7 mm 的铸铁套（图 4－64a），并在结合面处用轴向骑缝螺钉固定，然后放到车床上精车套的内径，使它与端盖止口同轴，且与轴承外径获得合适的公差配合。轴承外径与端盖轴承室配合公差见表 4－17。

表 4－17　轴承外径与端盖轴承室配合公差

轴承外径（mm）	18	＞18～30	＞30～50	＞50～80	＞80～120	＞120～180	＞180～260	＞260～360
与端盖轴承室偏差（μm）	＋13－6	＋16－7	＋18－8	＋20－10	＋23－12	＋27－14	＋30－16	＋35－18

方法 2：电镀法。如果松动量在 0.1 mm 以下，即可采用此方法。其方法是镀件不必放入镀槽，只需在镀件中放入纯镍阳极空心圈，并注入电解液，在空心圈和镀件之间接入直流电源，即可进行电镀（图 4－64b）。

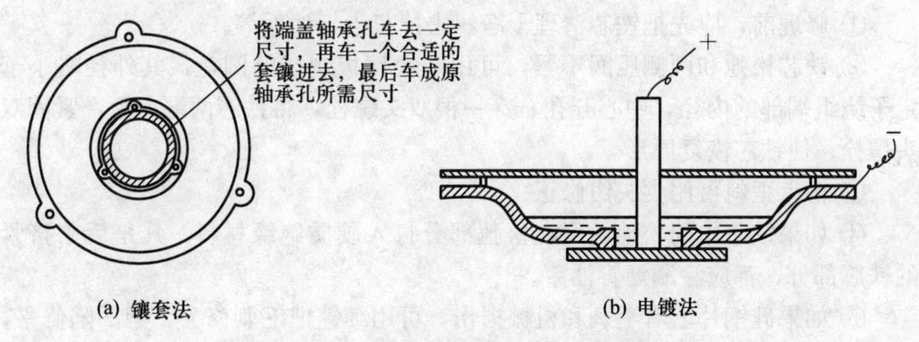

图 4－64　端盖轴承孔磨损过大的修复

方法 3：打麻点法。打“麻点”，也叫打“样冲眼”。用高硬度的尖冲头，在内圈上打出均匀的凹凸点，目的是缩小内圈直径，使它与轴承外圈配合较紧。此法适用于轻微磨损的小型电动机端盖，是一种临时应急办法。

3. 电动机外壳的修理　电动机外壳通常是铸铁制成的，外壳产生裂缝后，定子铁芯在外壳内就会松动。

（1）裂缝处可用铸铁焊条进行修补。为了保证外壳的精确同心度，防止外壳修补后变形，应预先把裂缝处固紧，然后把铸铁外壳加热到 600 ℃左右，再行焊补。焊补后必须把外壳放到稻草灰或烘房内让其逐渐冷却，以消除内应力。

（2）也可用铜焊进行焊补，焊前不必加热。

（3）有时定子铁芯嵌有绕组无法拆去，加热会严重影响绕组质量，这时可用 5～7 mm 的铁板参照端盖的修补方法进行修理。

4. 电动机铁芯的修理

(1) 电动机铁芯的常见故障　交流电动机定子和转子的铁芯，都是用硅钢片叠压而成的，硅钢片之间互相绝缘并用铁压圈压紧或用环形键固定在机壳或转轴上。电动机铁芯的常见故障及产生故障的主要原因：

① 钢片间绝缘损坏造成钢片间短路。

② 紧固不良和电动机振动造成铁芯松弛。

③ 铁芯两侧的压圈压得不够紧。

④ 定子铁芯压入机壳时配合不紧密或焊接处脱焊。

⑤ 拆除旧线圈时用火烧而把硅钢片表面的绝缘烧坏。

⑥ 拆除旧线圈用力过猛，使硅钢片齿部沿轴向向外张开。

⑦ 因线圈短路或碰铁而造成铁芯槽齿熔毁等。

⑧ 机械外力的撞击。

(3) 电动机铁芯故障的修理与修复

① 修理前，应先把铁芯清理干净，去掉灰尘、油垢等。

② 铁芯松弛和两侧压圈不紧，可用两块钢板制成的圆盘，其外径略小于定子绕组端部的内径，中心开孔，穿一根双头螺栓，将铁芯两端夹紧，紧固双头螺栓，使铁芯恢复原形。

③ 槽齿歪斜可用尖头钳修正。

④ 如果铁芯中间松弛，可在松弛部分打入硬质绝缘材料。凡是后来挤紧的铁芯部分，都应涂刷沥青油漆。

⑤ 如果硅钢片上有毛刺和机械损伤，可用细锉把毛刺修去，把凹陷修平，并用汽油把硅钢片表面刷净，涂上一层绝缘漆。

⑥ 如果铁芯烧坏或熔毁的表面不大，没有蔓延到铁芯深处，可用凿子把熔毁部分的铁芯凿去，再用细锉和刮刀除去毛刺，清除异物。

5. 转子修复后的平衡　电动机转子修理后应加以平衡，因为它们的质量分布不一定是平均的，即重心不一定在轴线上。这样，当电动机旋转时就会引起有害的振动。

转子短而粗或每分钟转速不超过 1 000 转的电动机，只作静平衡；转速超过 1 000 转/分及转子较长的电动机，必须进行动平衡。在作动平衡以前，最好先作静平衡。

(1) 转子的修后静平衡　静平衡的方法是：把需要作静平衡的转子（电枢），放在水平的，互相平行排列的两根钢刃上。转子如果不平衡，就会在钢刃上转动，使自己的最重部分居于最低位置。这时，在此处做下记号，如图

4－65所示。

为复验是否正确，将转子（电枢）转过90°松手，做记号处应仍在最低位置。在转子（电枢）最高处试加一平衡重量。若转子（电枢）在任何位置都不摇摆或旋转，则静平衡工作就告结束。

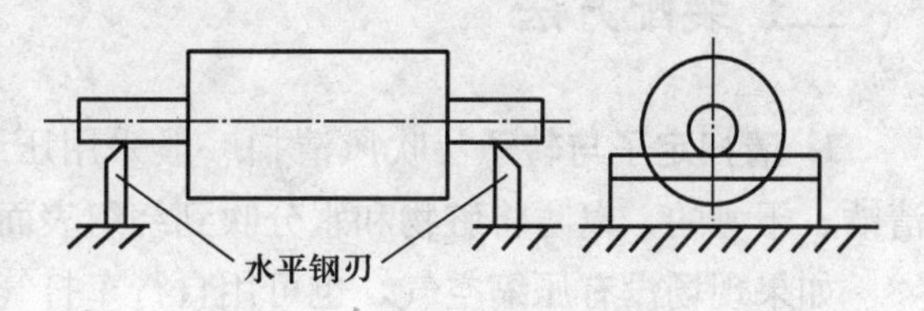

图4－65　电动机转子的静平衡法

在试验过程中，可以用油灰当作临时平衡重物，因为油灰比较容易粘到转子上。待需加的平衡重物确定之后，再把临时试验用的油灰换成质量相等的金属块，并把金属块用螺钉牢牢地固定在转子两端。

（2）转子修后的动平衡　动平衡的方法很多，且都比较复杂。通常是在动平衡试验设备上进行。对中、小型电动机来说，修理后一般只作静平衡而无需作动平衡。在有条件的情况下，可以试作动平衡。动平衡试验方法可参考有关资料，此处不作介绍。

第三节　三相异步电动机修复的装配

一、装配步骤

电动机修好之后的装配照序，大致与拆卸顺序相反。装配时，首先要检查定子内有无杂物。电动机装配是从转子装配开始的，首先装上滑环并把它紧固，然后把滚动轴承压入或配合上轴承衬，装上风扇。装配好的转子（电枢）经过平衡试验后，装入定子，再将端盖装上。应注意拆卸时的记号，使机壳上所有螺孔都相吻合，拧入原有的螺丝。

端盖固定后，用手转动转子（电枢）。装得好的电动机，应当很容易转动。在确实知道装配正确后，再把轴承的凸缘和侧盖装上并紧固（滚动轴承要事先加上适量的润滑脂）。然后再用手转动装好的电动机，若转动部分没有摩擦并且轴向游隙值正常，可把皮带轮或联轴器装上，装配完毕。

三相异步电动机的安装步骤是：吹风清扫定子、转子，配全零部件→装轴承内盖和装入轴承→转子穿入定子膛内→装端盖和轴承外盖→装外风扇→装外风扇罩→装联轴器或带轮→紧固地脚螺栓→接好电源引线和接地线→与负载连接前定中心。

二、装配方法

1. 清扫定子与转子　吹风清扫一般采用压缩空气进行，要求压缩空气是清洁、干燥的，以防将脏物和水分吹到绕组表面上（图 4－66）。

如果现场没有压缩空气，也可用自行车打气筒或氧气、皮老虎等代压缩空气进行吹扫（图 4－67）。

图 4－66　用压缩空气清扫部件

图 4－67　用打气筒清扫部件

有时油泥严重靠吹风（一般为 200～300 kPa）清扫不干净，这时可采用竹板刮下油泥，再用白布带伸入绝缘缝内擦拭，也有用刷子刷扫缝内油泥的（图 4－68）。

一般鼠笼式转子表面光滑，可用干净布蘸汽油擦洗，若定子绕组非常脏，用毛刷、布带擦不彻底时，建议用中性洗涤剂清洗，然后进行烘干处理（图 4－69）。

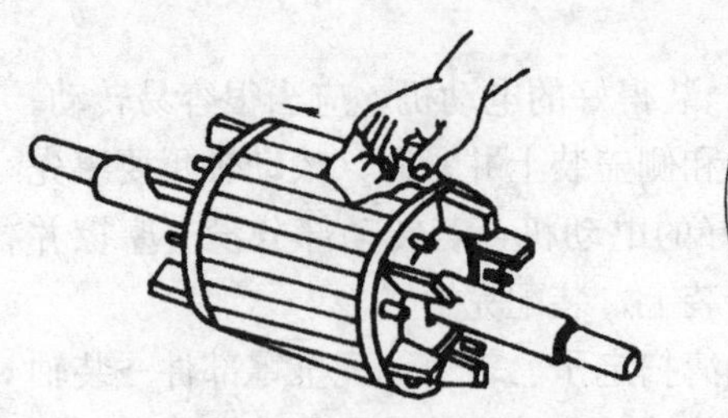
图 4－68　用白布擦拭部件

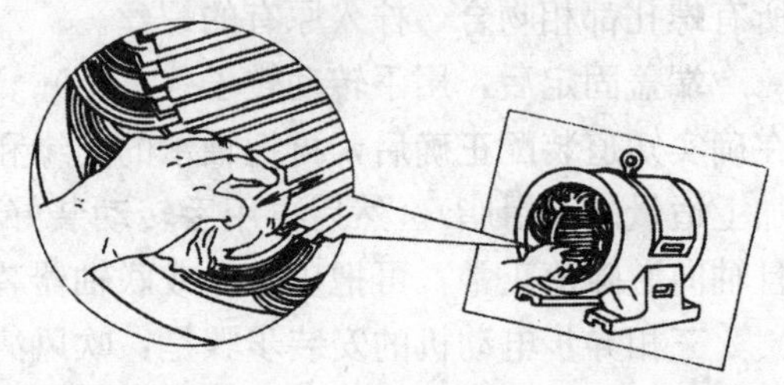
图 4－69　用干净布蘸汽油擦洗部件

2. 安装轴承端盖　目前生产的小型电动机因采用密封轴承，一边省掉轴承内盖，另一边有轴承内盖。在 Y2 系列中，有轴承采用卡圈固定轴承。

为了安装轴承外盖对准螺栓孔方便，可在轴承内盖螺孔中拧入较长的螺栓，装端盖时，使长螺栓穿过端盖孔，装轴承外盖时用手握住长螺栓，让正式的螺栓拧入，最后再把临时的长螺栓拧下来，穿入正式螺栓。否则安装轴承外盖找内、外轴承盖螺孔非常费时间。

3. 安装后端盖 小型电动机通常是先将后端盖装好后再穿入转子。安装时，要用木榔头均匀敲击靠近轴承的部位。使用内卡圈的，应在端盖安装到位后，用专用内卡圈钳将卡圈装好。

后端盖是非负荷端，应装在转轴短的一端，后端盖上应有固定风扇罩的螺钉孔。装配时将转子竖直放置，将端盖轴承座孔对准轴承外圈套上，然后使端盖沿轴转动，以便用木锤或橡胶锤敲打端盖的中央部分。端盖到位后，套上后轴承外盖，旋紧轴承盖紧固螺钉。

按拆卸所做的标记，将转子放入内腔中，合上后端盖。按对角线交替的顺序拧紧后端盖紧固螺钉。注意边拧紧螺钉，边用木榔头在端盖靠近中央部分均匀敲打，直至到位。

4. 安装定子与转子 小型电动机转子较轻（30 kg 以下），可以用手抬起转子穿入，较重的转子要用吊装工具穿入，再重的转子要用起吊工具（如吊车）吊入，转子穿入定子膛孔过程中，要注意勿使转子擦伤定子绕组绝缘，必要时要用纸板把定子绕组绝缘挡上。在吊转子时还要注意勿损伤转子轴颈，可事先用尼龙套或软金属垫好。

5. 安装轴承外盖 安装轴承外盖的方法如图 4－70 所示。

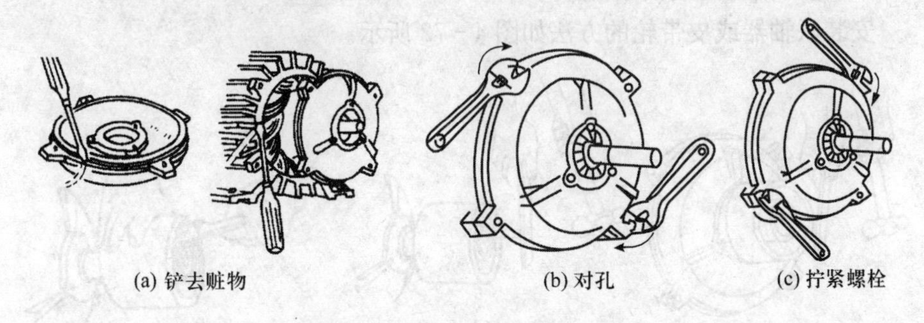

(a) 铲去赃物　(b) 对孔　(c) 拧紧螺栓

图 4－70 安装轴承外盖的方法

第 1 步：铲去端盖止口的脏物（如漆瘤）。

第 2 步：对准机壳上的螺栓孔，把端盖调整到安装位置后，把轴承内盖的临时长螺栓由端盖螺孔中穿出，用木榔头沿端盖圆周对称敲击，使其进入机壳。

第3步：插入螺栓，用活扳手对角拧入螺栓。端盖螺栓拧好后，要穿入轴承固定螺栓，利用临时长螺栓找对螺孔后，拧入另外两个螺栓，最后把长螺栓拧下，拧入正式螺栓。

6. 安装外风扇 轴承螺栓拧好后，再检查一遍端盖和轴承盖旋紧情况，可用木榔头敲打端盖，再复查一次所有固定螺栓，并且用手转动转轴应感到无蹭、卡等现象。

用木榔头将外风扇装在风扇轴伸端，用外卡圈将风扇卡住，转动风扇应正常。安装外风扇的方法如图4－71所示。

7. 安装风扇罩 最后把外风扇罩装上，均匀拧好固定螺钉。试运转，应无蹭、碰现象。

图4－71 安装外风扇的方法

8. 安装联轴器或皮带轮

第1步：用细砂纸将电动机轴伸端和联轴器内孔或带轮内孔表面打磨干净，使其光滑。

第2步：对准键槽，把联轴器或带轮套在轴上。

第3步：按原始记录调整带轮或联轴器与转轴之间距离以及键槽的位置。

第4步：用铁板垫在键的一端，用手锤或大锤轻轻敲打，使键慢慢进入槽内，要求键槽配合松紧合适。

第5步：最后旋紧压紧螺钉。

安装联轴器或皮带轮的方法如图4－72所示。

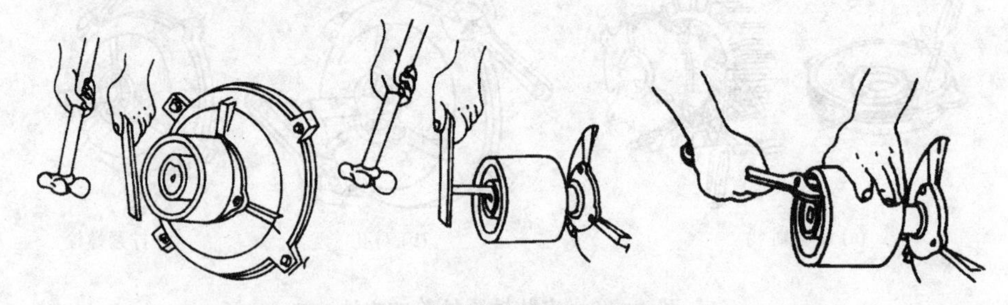

图4－72 安装联轴器或皮带轮的方法

9. 紧固地脚螺栓 地脚螺栓固定前，要再找正联轴器或带轮与负载的中心线，地脚下面的垫铁板数量和位置要符合原始记录。

10. 接好电源引线　按原始记录的标志，即电动机的Y形或△形接线要求，连接各绕组的头、尾接线。

用专用引出线将定子绕组的接线接出，与电源连接（图4－73）。

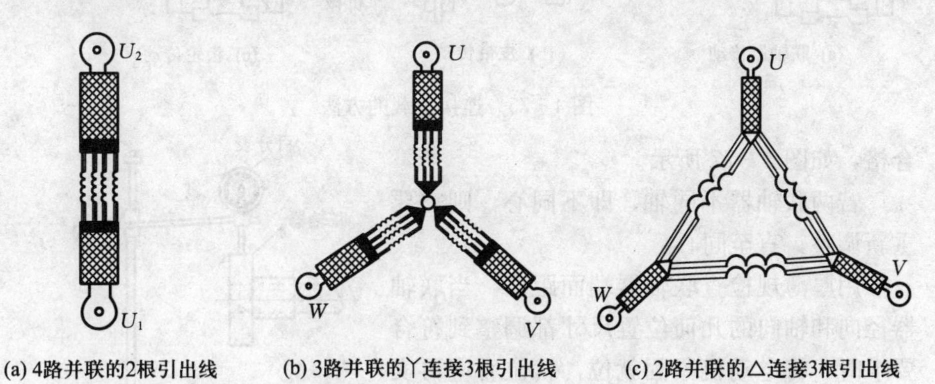

图4－73　用专用引线与电源连接

11. 接地线　将电动机的外壳引出接地线，与接地体连接，如图4－74所示。

12. 连接负载　电动机与负载的连接方式有3种：联轴器连接、胶带连接和齿轮连接，如图4－75所示。

（1）电动机与负载采用联轴器连接　将联轴器分别装在电动机的轴上和所拖动机械的轴上后，检查装配质量。检查时，将百分表装在支架上测量联轴器外圆的径向圆跳动误差和端面圆跳动误差，通常只有在径向或轴向偏差不超过0.1 mm，才认为联轴器安装合格，否则应针对不同情况予以校正。

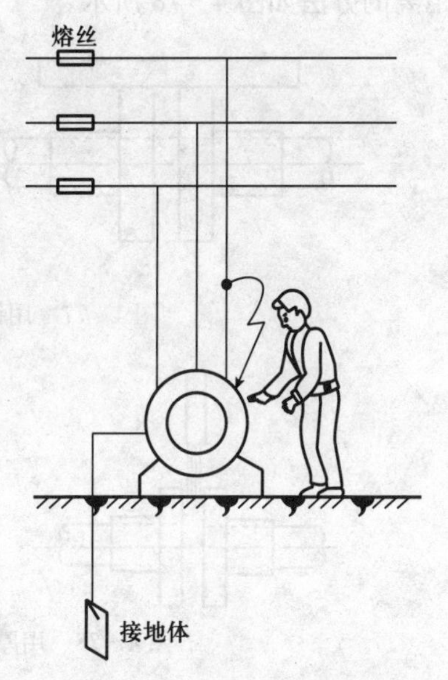

图4－74　接地线的方法

用百分表检查联轴器圆跳动误差的方法如图4－76所示。

联轴器传动装置一般采用钢直尺来校正。转动电动机联轴器，每转动90°就观测一次，共转动、观测4次，若每次观测时钢直尺都能紧密地贴靠在两联轴器的外圆平面上，表明两联轴器高度一致，安装

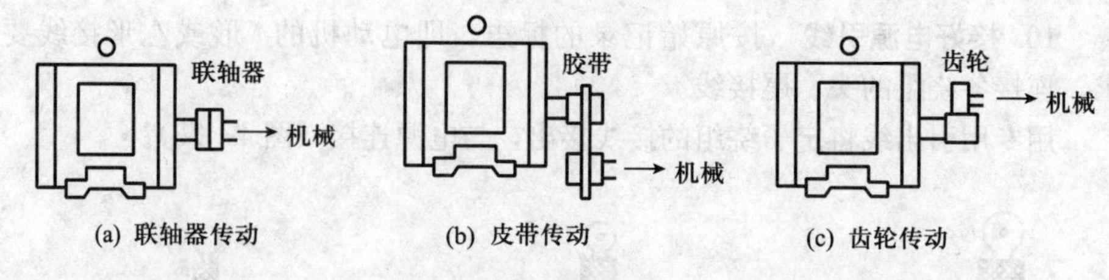

图 4-75　连接负载的方法

合格，如图 4-77 所示。

若两联轴器不同轴，即不同心，则需要重新调整，直至同心。

用厚薄规检查联轴器端面距离，当联轴器径向和轴向的几何位置尺寸都调整到符合要求时，将电动机紧固就位，就位后应再实测一次径向和轴向平面间隙尺寸，并做好记录，以验证联轴器传动装置的安装和校正是否确实符合要求。用厚薄规检查联轴器端面距离的方法如图 4-78 所示。

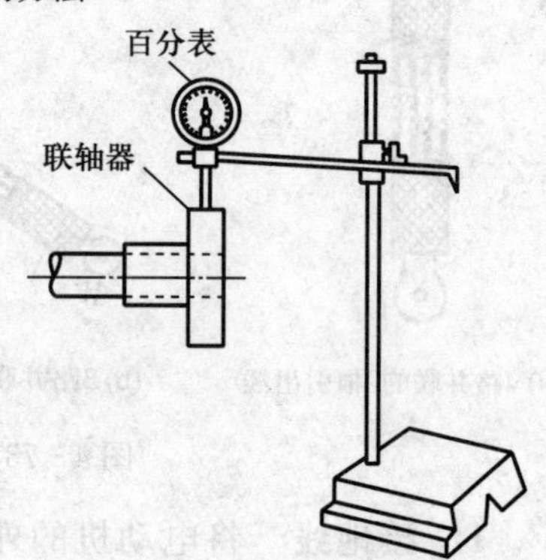

图 4-76　用百分表检查联轴器的圆跳动误差

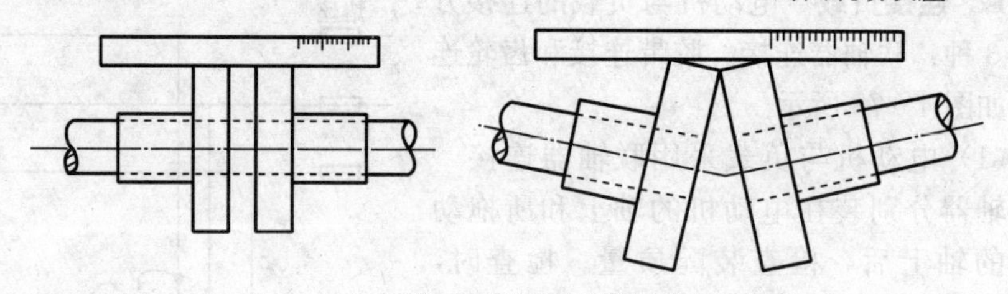

图 4-77　用钢直尺检查联轴器的同心度

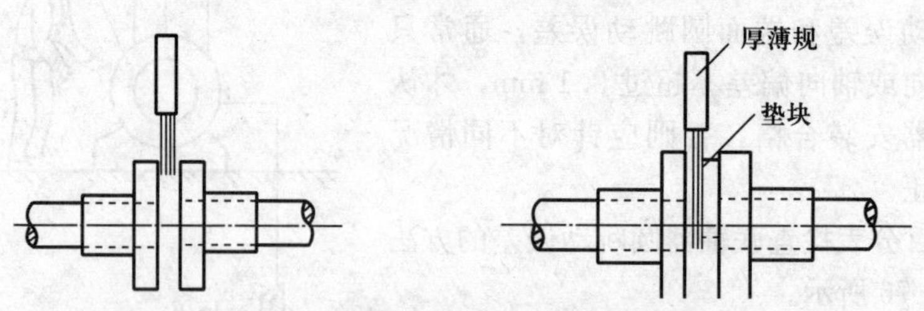

图 4-78　用厚薄规检查联轴器的端面距离

（2）电动机与负载采用胶带连接　将一根带有重锤的细线绷紧并紧靠两个带轮的端面，若细线接触 *A*、*B*、*C*、*D* 四点，则表明两轴平行和带轮宽度上的中心线在一条直线上，如图 4-79 所示。

(3) 电动机与负载采用齿轮连接

安装时齿轮与电动机要配套，转轴的纵横尺寸要配合安装齿轮的尺寸；所装齿轮与被动齿轮需配套，如模数、直径、齿形等均应配套。

齿轮传动时，电动机的轴与所拖机械的轴应保持平行，并且要求两齿轮的啮合松紧度应合适。校正时，可用厚薄规测量两齿轮间的间隙。若齿轮间隙均匀，则表明两轴平行。

应当注意的是采用齿轮传动方式时，电动机装在独立基础上的可能性很小，通常是将电动机直接装在机械设备上，此时应特别小心，不要在齿轮齿顶齿的情况下强行推入电动机，以免损坏电动机。

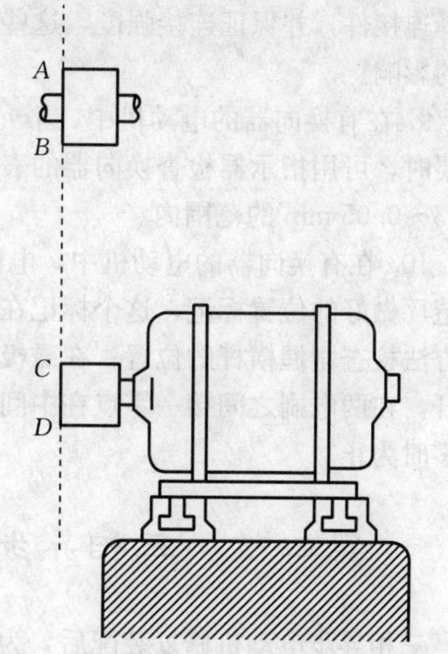

图 4－79　用拉线法检查两皮带轮的端面

三、装配注意事项

1. 在装配电动机端盖之前，要吹刷一次定子及转子绕组的端部，并从各方面查看气隙、通风沟或其他空穴处是否有杂物。

2. 在装配滑动轴承时，必须检查轴颈和轴衬间的上间隙和侧间隙，并检查轴衬内端面和轴颈凸棱间的轴向间隙。轴衬要干净，上面没有刮研后遗留的痕迹，轴衬的表面应涂少量润滑油。

3. 轴承的油槽应很清洁。用油环润滑时，压盖应闭紧并注入适当标号的润滑油。

4. 轴承盖的固定螺丝应均匀交替地拧紧。敲打端盖时，最好用木锤或垫上木板，以免将端盖或其他零件敲坏。

5. 在安装端盖的同时，要用厚薄规仔细检查铁芯气隙是否均匀。

6. 刷杆座、刷握及电刷应紧密配合并紧固。

7. 所有连接螺钉一定要装上，在任何情况下都不许隔一个装一个或空一些不装。

8. 装配时必须严格保持工作地点的清洁，保持各部分零件的清洁，正确选择连接件，并保证连接强度，这些对电动机的使用寿命和使用可靠性都有重大的影响。

9. 在有换向器的电动机中，不允许有个别换向片凸出，刷握应装得正确。必要时，可用指示器检查换向器的表面有没有过大的振摆，振摆一般应限制在0.03～0.05 mm的范围内。

10. 在有换向器的电动机中，电刷应放在中性面上。通常在刷握横杆上有制造厂做好的位置标记，这个标记在修理时应当保留起来。若无标记，可用下列方法检查刷握横杆的位置；在磁极线圈中通以很小的电流，并把电路接通和断开。在两电刷之间接一零点在中间的电压表，移动电刷直到电压表偏度接近于零时为止。

第四节　三相异步电动机修复后的测试

三相异步电动机修复装配后，为了保证电动机的可靠性，提高电动机的修复质量，必须要进行测试。

修复后的电动机在试验开始之前，首先应进行一般性检查。一般性检查包括：检查电动机的装配质量，各部分的紧固螺栓是否旋紧，引出线的标记是否正确，转子转动是否灵活。如果是滑动轴承，还应检查油箱是否有油，用油是否清洁，油量是否充足，油环转动是否灵活。此外，还要检查各绕组接线是否正确，电刷与集流装置接触是否良好，电刷位置是否正确，在刷握中是否灵活等。确认电动机的一般性检查良好后，在绝缘良好的情况下，方可进行通电试验。

三相异步电动机修复装配后的试验主要有：绝缘试验、直流电阻检测、空载运转试验、堵转试验、振动试验、噪声检查、温升试验、超速试验、扭矩测定试验等。

一、绝缘试验

电动机的绝缘是比较容易损坏的部分。电动机的绝缘不良，将会造成严重后果，如烧毁绕组、电动机机壳带电等。所以，经过修理的电动机和尚未使用过的新电动机，在使用之前都要经过严格的绝缘试验，以保证电动机的安全运行。

绝缘试验包括绝缘电阻测量和绝缘耐压试验。

1. 绝缘电阻的测量

(1) 测量所用的仪器　对于额定电压为 500 V 以下的电动机，一般用 500 V绝缘电阻表（即兆欧表）进行测量；额定电压 500～3 000 V 的电动机，可用 1 000 V 绝缘电阻表进行测量。

(2) 测量方法　使用时要将绝缘电阻表的接地端 E 接在电动机转轴或机座地脚上，接触点要事先擦干净，去掉漆膜和锈迹。绝缘电阻表的线路端 L 接在需要测试的绕组端，不参加测试的绕组均接地。

接好线后，要平稳、均匀地摇动绝缘电阻表手柄，一般按 120 r/min 速度转动，不可低于 80 r/min，否则测量不准，摇动 1 min 左右的数值便是电动机的绝缘电阻值。

绝缘电阻的测试方法如图 4－80 所示。

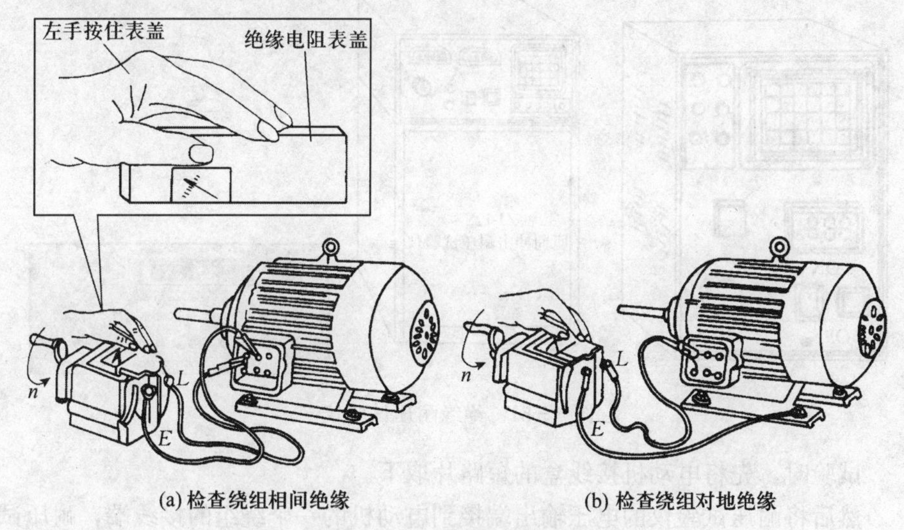

(a) 检查绕组相间绝缘　　(b) 检查绕组对地绝缘

图 4－80　测量绝缘电阻

(3) 标准值　绕组绝缘电阻值的标准值为：≥1 MΩ/kV。

使用兆欧表测量绝缘电阻时应注意以下几点：

① 测量绝缘电阻前必须先将所测设备的电源切断，并短路放电，以确保人身和仪表的安全。

② 兆欧表应按电器设备的电压等级选用。

③ 测量前，兆欧表应先做一次开路试验和短路试验。即把兆欧表接线端开路摇动手柄，观察指针是否指向“∞”处，再把两接线端短接一下，观察指针是否指向“0”处。如果不是这样，说明兆欧表有故障。

④ 使用兆欧表时，应保持一定的转速，制造厂规定为 120 r/min，容许±20%的变动，这时兆欧表的误差不会超出规定值。

2. 绝缘耐压试验 绝缘电阻符合要求，但并不一定表示此电动机的绝缘情况良好。有时绝缘可能已有机械损坏，但只是线圈与外壳之间无金属性接触，它的电阻仍可能很高。所以检查绝缘品质最可靠的方法是绝缘耐压试验。每一台修复后的电动机都应做耐压试验。

(1) 绕组匝间耐压试验 绕组相与相、相与机壳之间都有绝缘材料，能承受一定的电压而不被击穿。为了保证操作人员的安全和电动机的可靠性，有必要对电动机进行耐压试验。

耐压试验需要试验仪，如图 4-81 所示。

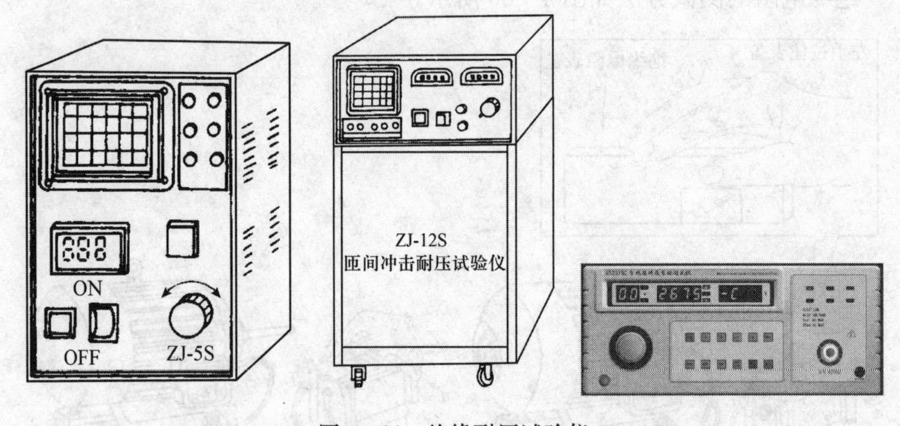

图 4-81 绝缘耐压试验仪

试验时，先将电动机接线盒的短路片取下。

然后将耐压试验仪的电压输出端接到电动机的一个绕组的接线端，耐压试验仪的接地端和电动机的外壳相连，合上耐压试验仪电源，即可进行耐压试验。

当耐压试验仪输出电压升到试验电压一半以后，应慢慢升至全电压，升压时间一般不少于 10 s，以免冲击电压损伤电动机。在全电压下保持 1 min 后，先慢慢降至试验电压一半以下，再切断电源。若试验过程中，耐压试验仪不报警，说明电动机耐压合格。

最后，再用上述方法对另外两个绕组进行耐压试验。

(2) 匝间绝缘试验 匝间绝缘试验是检查绕组线匝之间的绝缘性能。试验电压为电动机额定电压的 130%，持续空载运转 1 min，无异常即为合格。

二、直流电阻的检测

为了计算定子绕组的损耗，要对定子绕组的电阻进行测量。要比较准确地测量定子绕组电阻，应将电动机放在室内一段时间，使得绕组的温度基本上和室温一致。然后用万用表可直接测量出各相绕组（或单相异步电动机的主、副绕组）的电阻值。如果对于各相绕组没有直接引到电动机外面时，可设法间接地测量出各相绕组的电阻。

1. 对于Y形接法　用万用表的电阻挡分别测量Y形接法 3 个出线端的电阻值，即 R_{UV}、R_{VW}、R_{UW}，根据测量值，可计算出各电阻值（图 4－82）。

Y形接法各相电阻与 3 个出线端测量电阻之间的关系为：

$$R_U=\frac{1}{2}(R_{UV}+R_{UW}-R_{VW})$$

$$R_V=\frac{1}{2}(R_{UV}+R_{VW}-R_{UW})$$

$$R_W=\frac{1}{2}(R_{UW}+R_{VW}-R_{UV})$$

2. 对于△形接法　用万用表的电阻挡分别测量△形接法的 3 个出线端（U、V、W）的电阻值，即 R_{UV}、R_{VW}、R_{UW}。根据测量值，即可计算出各相的电阻值（图 4－83）。

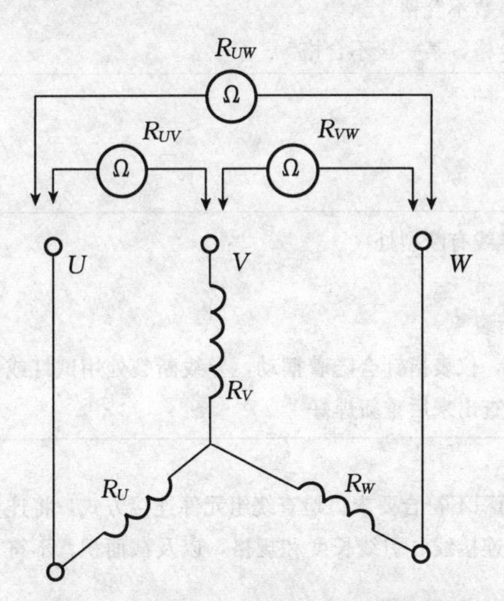

图 4－82　用万用表测量Y形接法的 3 个出线端之间的电阻值

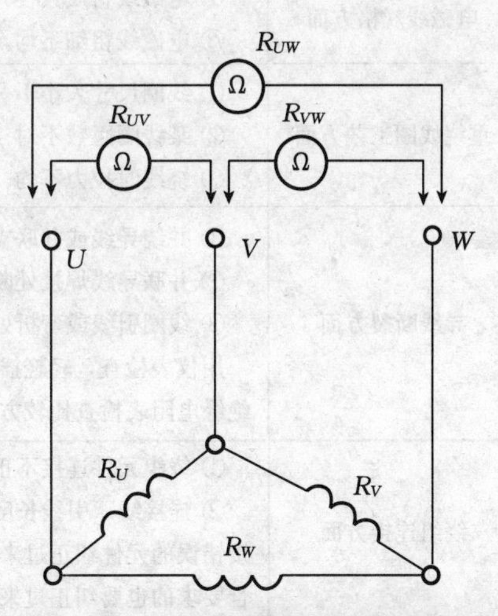

图 4－83　用万用表测量△形接法的 3 个出线端之间的电阻值

△形接法各相电阻值与3个出线端测量电阻之间的关系为：

$$R_U=\frac{R_{UV}\times R_{VW}}{R_t-R_{UV}}+R_{UW}-R_t$$

$$R_V=\frac{R_{VW}\times R_{UW}}{R_t-R_{UV}}+R_{UV}-R_t$$

$$R_W=\frac{R_{UW}\times R_{UV}}{R_t-R_{VW}}+R_{VW}-R_t$$

式中 $R_t=\frac{1}{2}(R_{UV}+R_{VW}+R_{UW})$。

3. 检测标准 三相异步电动机绕组的直流电阻检测标准见表4-18。

表4-18 三相异步电动机绕组的直流电阻检测标准

项目	标准值
三相电阻与其平均值的最大相对误差	≤2%
三相电阻值之间的误差	≤5%

4. 直流电阻不合格的原因 三相异步电动机绕组直流电阻不合格的原因见表4-19。

表4-19 三相异步电动机绕组直流电阻不合格的原因分析

表现方面	原因分析
电磁线规格方面	① 电磁线材质欠佳，电阻系数不合格 ② 电磁线粗细不均，一段合格，某一段不合格
重绕线圈工艺方面	① 线圈尺寸大小不一致 ② 某线圈匝数不对 ③ 绕线时拉力不均
导线断裂方面	① 并绕导线或并联支路中导线有断裂处 ② 并联导线焊接处断裂 ③ 线圈引线或弯折处导线断裂 用仪表检查，轻轻摇动导线，仪表指针会随着摆动，导线断裂处用试灯或绝缘电阻表检查比较方便，检查出来后重新焊好
绕组连接方面	① 绕组元件连接不正确 ② 连接线、引线长度或截面积不符合要求。检查绕组元件连接方式，将连接错误的元件纠正过来。检查连接线、引线长度和规格，以及截面积，不符合要求的也要纠正过来
绕组故障方面	① 绕组与机壳有两处或两处以上接触，产生接地故障 ② 绕组有匝间短路故障

5. 测量定子绕组直流电阻的注意项

（1）测量时，应保持电动机转子不动。每一电阻应测量 3 次，取 3 次的平均值为电阻的实际值。

（2）各相电阻与其平均值的最大相对误差应小于 2%。

（3）同规格的电动机，在同一温度下测得的各相电阻值之间的误差不大于 5%，在不同温度下测得的电阻值可通过下式换算成同一温度下的电阻值：

$$R_{t_2}=\frac{K+t_2}{K+t_1}R_{t_1}$$

式中　R_{t_2}——换算成温度为 t_2 时的直流电阻（Ω）；

R_{t_1}——温度为 t_1 时的直流电阻（Ω）；

K——常数，对铜取 235，对铝取 228。

（4）绕组的直流电阻应在实际冷状态下测量。此时，机温与周围环境的温度不大于 3 ℃。

三、空载运转试验

1. 空载运转试验的目的　电动机经检修或绕组重绕修复后，必须做空载检查试验。其目的是通过电动机空载转动，检查电动机启动性能、电动机振动和噪声情况、轴承和集电环运转状态以及电动机的装配质量。

2. 空载试验方法　电动机接通 380 V 电源后，检查仪表及电动机运转情况，一切正常后，才能升压到额定值做试验。试验过程中，要记录各相电压 U_0、各相空载电流 I_0、功率 P_0 及转速 n，同时检查空载电流 I_0 是否三相平衡，大小是否在正常范围内。要求任何一相的空载电流与平均值之差，不得大于平均值的±10%。空载电流和空载损耗大小与出厂试验比较，空载电流不得超过±10%，空载损耗不应超过±20%。

空载试验时，测试电压、电流、功率的位置如图 4－84 所示。

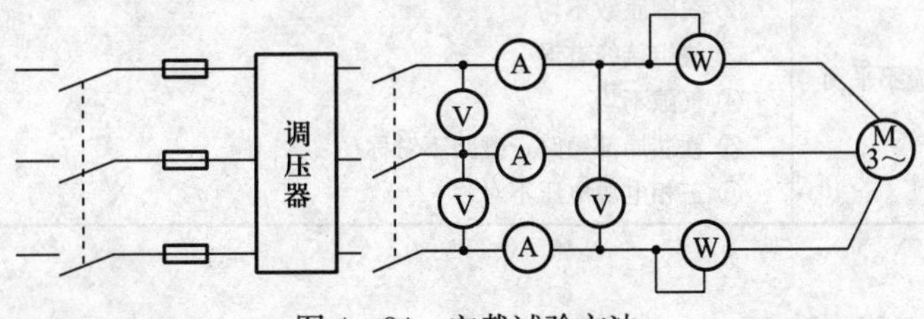

图 4－84　空载试验方法

3. 空载电流的标准值

（1）空载电流值应符合要求　空载电流大小决定于电动机的容量、极数和型式，见表4-20。

表4-20 电动机的空载电流与额定电流百分比的范围（%）

功率（kW）		<0.125	0.125～0.550	0.55～2.20	2.2～10.0	10～55
空载电流与额定电流百分比	2极数	70～95	50～70	40～55	30～45	23～35
	4极数	80～96	65～85	45～60	35～55	25～45
	6极数	85～97	70～90	50～65	35～65	30～45
	8极数	90～98	75～90	50～70	37～70	35～50

电动机容量越大，极数越小，空载电流与额定电流的比值越小。

（2）空载损耗值应符合要求　空载损耗与额定功率的比值，通常在3%～10%。对于同规格电动机，空载损耗值的波动范围为5%～20%。

为了保证电动机的效率与功率因数合格，电动机的空载损耗和空载电流不能超过允许值。

4. 试验结果分析　三相异步电动机空载试验的结果分析见表4-21。

表4-21 电动机空载试验的结果分析

空载试验结果	结果分析
三相电流过大	① 拆除旧绕组时，用火烧铁芯，使铁芯绝缘老化，甚至烧焦 ② 车转子，使气隙增大 ③ 线圈匝数绕少或节距小 ④ Y连接误接△连接 ⑤ 重绕绕组时磁密选大 ⑥ 铁芯损伤，如槽口锉削过大
空载损耗过大	① 铁芯老化，铁损耗增大 ② 轴承清洗不干净、轴承配合公差不当、润滑脂加多，增加了机械损耗 ③ 电动机安装不正，组装质量不好 ④ 风扇有缺陷，如缺扇叶或变形 ⑤ 线圈匝数绕少，或节距过小
三相空载电流不平衡	① 三相绕组不对称 ② 线圈匝数不均 ③ 绕组接线有误 ④ 气隙不均 ⑤ 铁芯局部短路，磁路不对称 ⑥ 三相电源电压不对称

四、堵转试验

1. 堵转试验　为确定堵转扭矩及堵转电流在电动机通电而转子堵住时进

行的试验，称为电动机的堵转试验。电动机修理常用两种堵转试验方法，一种为定电压测量法，另一种为定电流测量法。

（1）定电压测量法　该法是将转子短路堵住不转，对定子施以对称的低电压，并测取短路电流和短路损耗。

堵转电压的选择是根据电动机的额定电压大小而选择的，具体见表4－22。

表4－22　堵转电压选择表

额定电压（V）	220	380	660	3 000	6 000
堵转电压（V）	60	100	170	800	1 400

（2）定电流测量法　该法是将转子短路堵住不转，对定子施以三相对称低电压，然后逐渐升压，当定子电流达到额定值时，停止外压，测试此时的短路电压及短路损耗。正常短路电压见表4－23。

表4－23　定电流法短路电压范围

电动机容量（V）	0.6～1.0	1.0～7.5	7.5～13	13～50	50～125
正常短路电压值（V）	90	85～75	75	75～70	70～65

2. 堵转试验的合格要求　用定电压法测量，其结果应满足：

（1）三相短路电流平衡　按试验标准要求，三相短路电流与其平均值的最大相对误差不超过3%～4%。造成短路不平衡的原因可能是定子绕组三相不对称（有匝间短路、接错线等），转子笼条缺陷（断条）等。只要仔细检查，可以找出故障原因。

（2）三相短路电流不能比正常值过大或过小　短路电流过大，是由定子、转子电抗和电阻减小造成的。其直接原因有：定子、转子铁芯安装时未对齐；定子绕组匝数减少或跨矩偏小；修理过程中将根口锉削过大或将铁芯锉削短路；有效气隙增大等。

短路电流过小，是由定子、转子阻抗增大所引起。其直接原因有：铸铝转子笼条有缺陷（断痕甚至断裂）；铝条中杂质多或牌号不对；铜笼焊接不良，使转子电阻增大等。

(3) 短路损耗过大或过小　短路损耗过大，表示转子电阻过大，意味着笼条有缩孔、裂痕，开焊等缺陷。短路损耗过小，表示转子电抗增大，将引起启动性能变差。

用定电流法测量时，当短路电压大于规定数值较多时，说明匝数过多，与之相应的空载电流变小，启动性能变差。当短路电压小于规定数值较多时，说明匝数过少，空载电流相应变大，电动机效率、功率因数降低，启动电流增加，电动机发热。

3. 堵转试验的结果分析 三相异步电动机堵转试验的结果见表4-24。

表4-24 电动机堵转试验的结果分析

堵转试验的结果	结果分析
短路电流过小	① 气隙增大 ② 定子、转子铁芯中心装配未对齐 ③ 焊接脱焊 ④ 铸铝转子有缺陷
短路电流过大	① 线圈匝数绕少 ② 线圈尺寸缩小 ③ 气隙过大 ④ 定子、转子铁芯未对齐
短路损耗过小	① 转子电阻小，如用纯铜代替原来的黄铜笼条 ② 高扭矩电动机转子材料改用低电阻导体材料，堵转损耗过小会影响电动机启动性能
短路损耗过大	① 铸铝转子有缺陷 ② 焊接不良，使转子电阻增大
短路电流三相不平衡	① 转子绕组断条或焊接不良 ② 定子绕组有短路故障 ③ 铝笼有缺陷

引起堵转试验不合格的主要原因如图4-85所示。

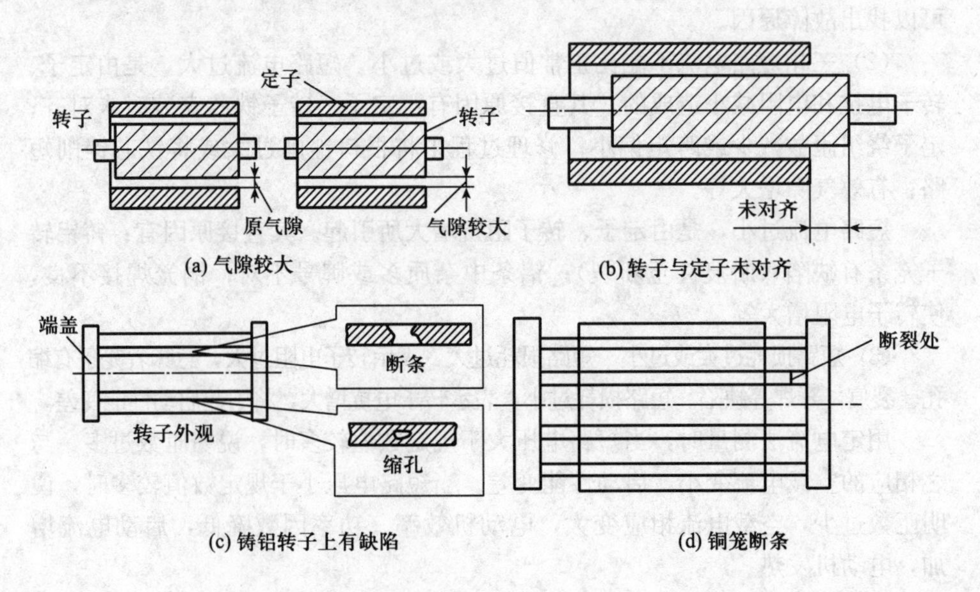

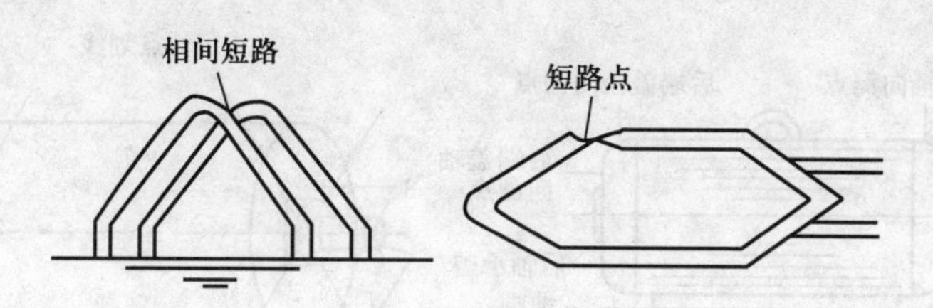

(e) 定子绕组有短路

图 4－85　引起堵转试验不合格的原因

五、振动试验

检查的目的是为了检验电动机的装配质量、转子平衡质量和轴承装配质量。

1. 测量仪器　测量电动机振动通常采用测振仪或声级计（图 4－86）进行。

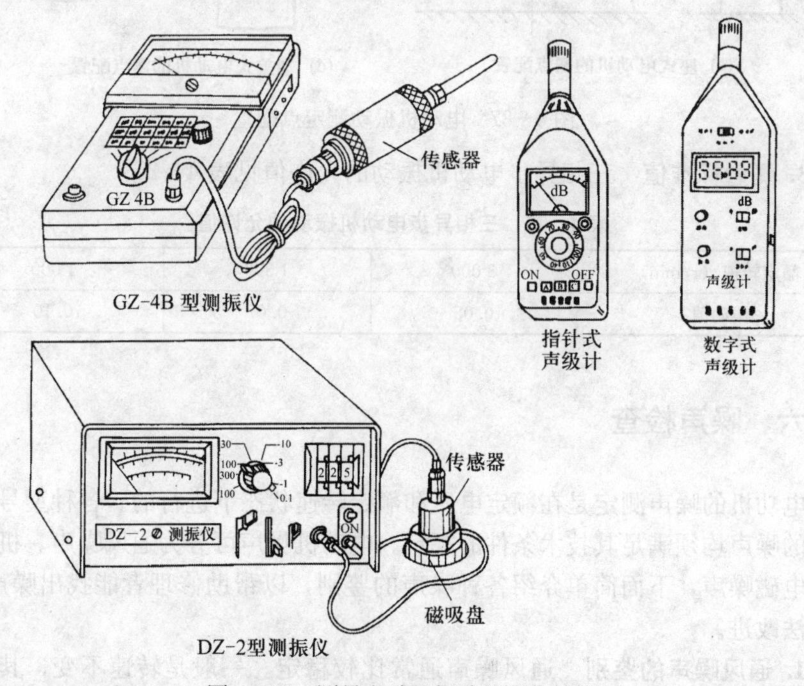

图 4－86　测量电动机振动的测量仪器

2. 测振点　电动机的测振点应在电动机前后轴承盖、前后轴承盖轴向位置、前后盖径向位置等处，如图 4－87 所示。

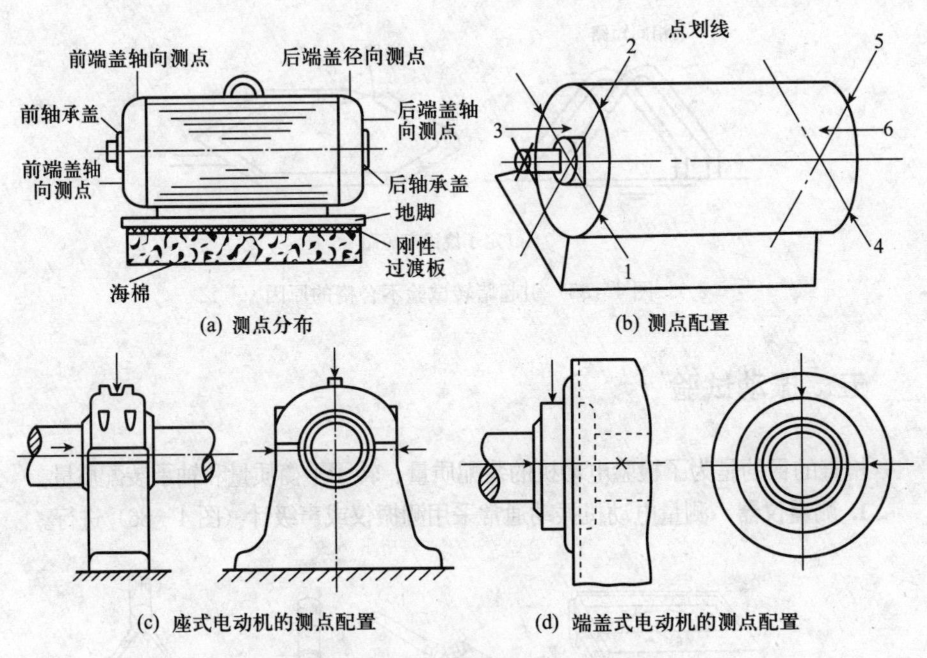

(a) 测点分布　(b) 测点配置

(c) 座式电动机的测点配置　(d) 端盖式电动机的测点配置

图 4-87　电动机振动测定点配置

3. 测量标准值　三相异步电动机振动的允许值见表 4-25。

表 4-25　三相异步电动机振动的允许值

额定转速（r/min）	3 000	1 500	1 000
振动值	0.05	0.07	0.10

六、噪声检查

电功机的噪声测定是在额定电压和额定转速状态下进行的。各种型号的电动机的噪声均须满足其技术条件的规定。电动机噪声可分为通风噪声、机械噪声和电磁噪声，下面简单介绍各种噪声的鉴别，以帮助修理者能找出噪声源，并设法改进。

1. 通风噪声的鉴别　通风噪声通常比较稳定。一般是转速不变，其噪声强度也不变，且在进风口和风扇附近最响。因此，可以改变测量噪声的位置来进行鉴别（图 4-88）。其次，可堵住出风口，若此时噪声明显下降，则说明电动机噪声以通风噪声为主。改进的办法是选用外径和型式不同的风扇，通过试验选用合适的风扇。

2. 机械噪声的鉴别　机械噪声不太稳定，时高时低。通常是由装配质量不高、转子不平衡、轴承质量不佳等原因造成。

3. 电磁噪声的鉴别　电磁噪声随磁场的强弱而改变。因此，常采用突然断电法、改变电压法来鉴别电磁噪声。采用突然断电法时，磁场突然失去，但由于机械惯性，电动机转速无改变，风噪声、机械噪声也不会突变。如电动机噪声消失或显著降低，此噪声即是电磁噪声。改变电压法是降低电动机的外施电压，电动机磁场随之减弱，若此时电动机噪声降低，此噪声则是电磁噪声。引起电磁噪声的原因是：磁场过于饱和（磁场密度过高），铁芯松弛，绕组不对称等。

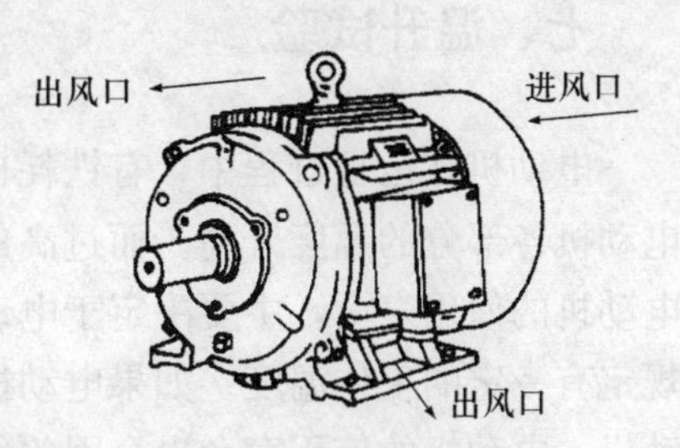

图 4-88　不同位置测量电动机的噪声

三相异步电动机噪声过大的产生原因见表 4-26。

表 4-26　电动机噪声过大的产生原因

电动机噪声来源		噪声产生的原因
机械噪声	轴承发出的噪声	可能是轴承钢珠破碎，润滑脂过少。这时，将一旋具头部顶在轴承油盖的外面，柄部附耳旁，若听到“咕噜”、“咕噜”的异常声响，则应更换轴承
	空气摩擦产生的噪声	这种声音很均匀，不很强烈，应判为正常现象
	扫膛引起的噪声	这种异常声响的特点是有“嚓嚓”的声音。对于刚修过的电动机，运行时若发现这种噪声，应检查电流是否平衡、转动是否灵活、转速是否达到额定转速，如无以上问题，可能是定子槽楔或槽绝缘纸凸出槽口，致使转子与其相摩擦，此时声音特点是既尖且高，应铲除凸出槽口的槽楔及槽绝缘纸
电磁噪声		① 定子、转子长度配合不好。正常情况下，定子长度比转子略长一点，若相差过大，可出现一种低沉的“嗡”声。应设法配合好定子、转子的长度 ② 转子轴向位移。这种移位会发生电磁噪声，而且造成空载电流增大。应重新找准磁场中心线 ③ 转子与定子槽配合不当。在装配过程中，误装了另外的转子。应即时换过来 ④ 定子、转子气隙不均匀。定子、转子失圆，也有可能是轴有轻微的弯曲等，应予以矫正处理 此外，电动机绕组缺相、匝间短路、相间短路、过载运行等，都能引起电磁噪声

七、温升试验

电动机在运行过程中，有铁耗也有铜耗，这些损耗最后都转化为热能，使电动机各部分的温度升高。而过高的温度会使绝缘材料的使用寿命很快降低。电动机的使用寿命，主要决定于电动机的绝缘老化情况。因此各种绝缘材料都规定有一定的工作温度。如果电动机温度超过了规定值，即使不会立即烧坏电动机，电动机的使用寿命也会因绝缘材料的快速老化而缩短。电动机工作时，若绝缘材料达到规定的温度极限，这时的电动机的负载为最大负载，也即额定负载。电动机温升试验是为了检查电动机在额定负载下运行时其各部分温升是否正常。

1. 温度计法 此法就是用温度计直接测量电动机的温升。一般主要测量铁芯温度与绕组温度。温度计的玻璃球可用锡箔、棉絮裹住并扎牢。为了保证测量的准确性，应排除影响温度的因素。电动机运转中温度不断上升，运行数小时后温度达到某一稳定值而不再上升，这个温度与环境温度之差，就是电动机的温升。对于封闭式电动机来说，不能用温度计直接贴在线圈上测量，可用温度计用锡箔裹住玻璃球塞在吊环孔中测量，四周用棉絮裹住。

2. 电阻法 绕组的温升可用电阻法测量。这是一种根据电阻随温度升高而增大的原理，测得绕组冷、热时的电阻，通过计算求得温升的方法。具体做法是：在电动机尚未工作前，先测出电动机的一相电阻 R_1 和此时绕组的温度 T_1，然后启动电动机，使电动机在额定负载下运行，用温度计监视电动机温度的变化，待温度稳定后停机，马上测出此时一相绕组的电阻 R_2，则此电动机的温升 Δt 为

$$\Delta t=\frac{R_2-R_1}{R_1}(K+T_1)+T_1-T_R$$

式中 R_1——电动机工作前，电动机的相电阻；

T_1——电动机工作前，电动机绕组的温度；

K——材料特性参数，对于铜，$K=235$；对于铝，$K=228$；

R_2——试验完毕时，电动机的相电阻；

T_R——试验完毕时，电动机周围空气的温度。

本试验中绕组电阻的测量可用伏安法或电桥测量。所测出的温升，绕组的平均温升比绕组的最热点约低 5 ℃左右。

八、超速试验

超速试验一般是将电动机转速提高到额定转速的120%。超速试验的目的在于检查电动机的安装质量，考验转子各部分承受离心力的机械强度和轴承在超速时的机械强度。

要使异步电动机超速运转，可以提高被试电动机电源电压的频率，或用辅助电动机拖动被试电动机，使之转速提高。提高电动机电源电压频率的方法，目前都采用可控硅变频装置。

做超速试验时，转速的测量最好采用远距离测速计。

九、扭矩测定

测量电动机最大扭矩及电动机启动过程中最小扭矩时，电动机应接近于实际冷却状态。测量方法有：用测功机或校正过直流电动机法；扭矩传感器；扭矩测速仪；圆图计算法等。

用测功机或校正过直流电动机作为被试电动机的负载。最大扭矩或最小扭矩可在测功机上读出，或者由实验时被测电动机的转速和直流电动机的电枢电流从直流电动机的校正曲线（扭矩-电枢电流）上求得。直流电动机可用1.0级准确度的测功机来校正。

1. 对于最大扭矩的测定　试验时，将被测电动机与测功机或负载电动机相连接，加上电压，启动被测电动机，并加至额定电压，然后逐步加大负载至测功机的扭矩或直流电动机的电流出现最大值，读取此值和被测电动机的端电压。实际过程中应防止电动机过热而影响测量的准确性。

2. 对于最小扭矩的测定　试验时，将被试电动机与测功机或与负载电动机相连接。先在低电压下启动被测电动机，预先找出最小扭矩的中间转速，断开被试电动机的电源，调节负载电动机的电源电压，使其转速约为中间转速的1/3，然后合上被试电动机的电源并调至额定电压，迅速调节测功机的电源电压或校正过直流电动机的电源电压，直至测功机的读数或校正过直流电动机的电枢电流出现最小值。与此同时，读取此数值和此时被试电动机的端电压。

用测功机作负载时，当测功机与被试电动机的转向相同，而不能测得最小扭矩时，可改变测功机电源电压的极性进行测试。试验过程中，要防止被测电动机过热而影响测量的准确性。

在有条件时，最大扭矩和最小扭矩的测量均可采用扭矩转速仪的方法进行测量。这种测量方法是采用异步电动机在空载启动过程中，其加速度正比于电动机产生的扭矩的原理来进行的。将转速信号对时间微分，就可得到扭矩的信号。将转速的信号和扭矩的信号送入示波器或记录仪，即可得到扭矩-转速的曲线。

测量三相异步电动机扭矩的方法如图 4－89 所示。

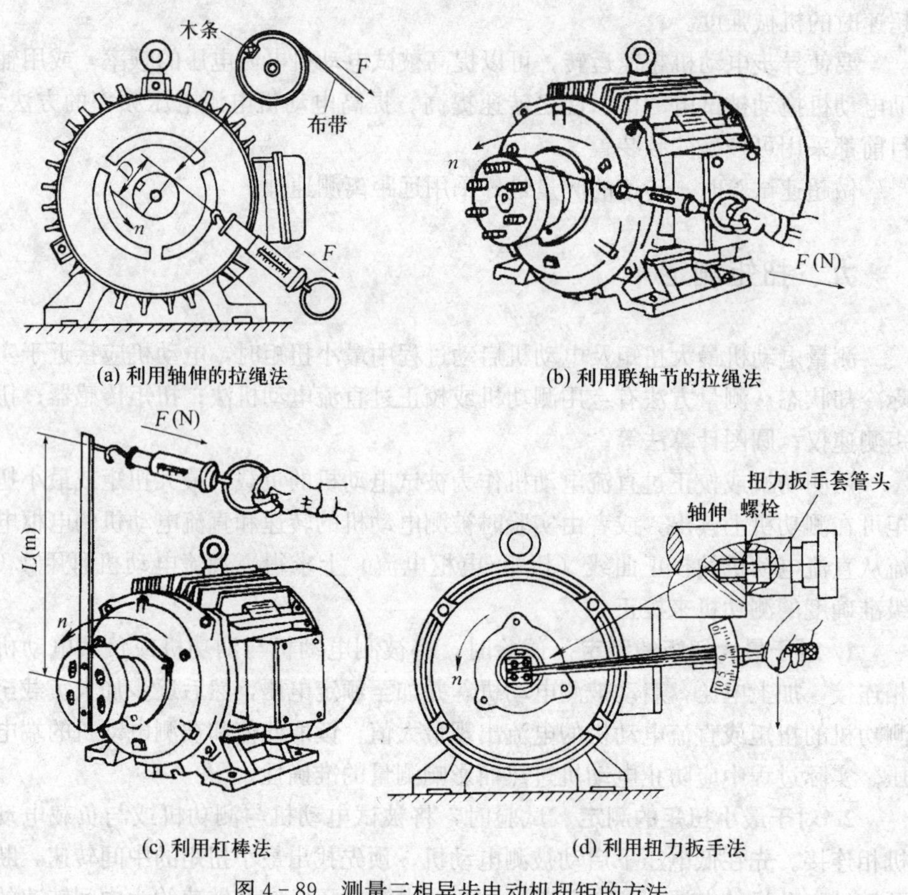

(a) 利用轴伸的拉绳法　　(b) 利用联轴节的拉绳法

(c) 利用杠棒法　　(d) 利用扭力扳手法

图 4－89　测量三相异步电动机扭矩的方法

(1) 利用轴伸的拉绳法测量扭矩　将拉绳固定在键槽内，拉绳的另一端拴在弹簧秤上，当电动机沿逆时针转动时，转轴通过拉绳拉动弹簧秤，弹簧秤上的指示便是拉力 F。

(2) 利用联轴节的拉绳法测量扭矩　其原理与利用轴伸拉绳法相同。

(3) 利用杠棒测量扭矩　将杠棒固定在联轴器，其另一端与弹簧秤相连，电动机沿逆时针方向转动时，弹簧便有指示 F，$F \times L$（力臂），便是电动机的扭矩 T。

（4）利用扭力扳手直接测量电动机扭矩　即用扭力扳手转动电动机轴，所需最大的力矩可以从扭力扳手直接读出。

第五节　三相异步电动机的故障诊断

一、三相异步电动机的常见故障诊断与排除

三相异步电动机的故障是多种多样的，同一故障可能有不同的表面现象，而同样的表面现象也可能由不同的原因引起，因此，应认真分析，准确判断，及时排除。三相异步电动机的常见故障诊断与排除方法见表 4-27。

表 4-27　三相异步电动机的常见故障诊断与排除方法

故障现象	故障原因	排除方法
电动机空载不能启动	① 熔丝熔断 ② 三相电源线或定子绕组中有一相断线 ③ 刀开关或启动设备接触不良 ④ 定子三相绕组的首尾错接 ⑤ 定子绕组短路 ⑥ 转轴弯曲 ⑦ 转轴严重损坏 ⑧ 定子铁芯松动 ⑨ 电动机端盖或轴承组装不当	① 更换同规格熔丝 ② 查出断线处，将其接好、焊牢 ③ 查出接触不良处，予以修复 ④ 先将三相绕组的首尾端正确辨出，然后重新连接 ⑤ 查出短路处，增加短路处的绝缘或重绕定子绕组 ⑥ 矫正转轴 ⑦ 更换同型号转轴 ⑧ 先将定子铁芯复位，然后固定 ⑨ 重新组装，使转轴转动灵活
电动机不能满载运行或启动	① 电源电压过低 ② 电动机拖动的负载过重 ③ 将三角形连接的电动机误接成星形连接 ④ 鼠笼式转子导条或端环断裂 ⑤ 定子绕组短路或接地 ⑥ 熔丝松动 ⑦ 刀开关或启动设备的触点损坏，造成接触不良	① 查明原因，待电源电压恢复正常后使用 ② 减少所拖动的负载，或更换大功率电动机 ③ 按照铭牌规定正确接线 ④ 查出断裂处，予以焊接修补或更换转子 ⑤ 查出绕组短路或接地处，予以修复或重绕 ⑥ 拧紧熔丝 ⑦ 修复损坏的触头或更换为新的开关设备

（续）

故障现象	故障原因	排除方法
电动机启动时熔丝烧断或断路器跳闸	① 电动机缺相启动 ② 定子、转子绕组接地或短路 ③ 电动机负载过大或被机械部分卡住 ④ 熔体截面积过小 ⑤ 绕线转子电动机所接的启动电阻过小或被短路 ⑥ 电源至电动机之间连接线短路	① 检查电源线、电动机引出线、熔断器、开关各触点，找出断线或假接故障后，进行修复 ② 采用仪表检查，进行修理 ③ 将负载调至额定，排除被拖动机构的故障 ④ 如果熔体不起保护作用，可按下式选择，即熔体额定电流＝启动电流的 1/3～1/2 ⑤ 消除短路故障或增大启动电阻 ⑥ 检查短路点后，进行修复
电动机启动时有“嗡嗡”响，但不启动	① 极数改变重绕的电动机槽配合选择不当 ② 定子、转子绕组断路 ③ 绕组引出线始末端接错或绕组内部接错 ④ 电动机负载过大或被卡住 ⑤ 三相电源未能全部接通 ⑥ 电源电压过低 ⑦ 小型电动机的润滑脂过硬、变质或轴承装配过紧	① 选择合理绕组型式和节距；适当车小转子直径；重新计算绕组系数 ② 查明断路点，进行修复；检查绕组转子电刷与集电环接触状态；检查启动电阻是否断路或电阻过大 ③ 检查绕组始末端（可用冲击直流检查极性），判定绕组始末端是否正确 ④ 对负载进行调整，并排除机械故障 ⑤ 更换熔断的熔丝，紧固松动的接线螺钉；用万用表检查电源线一相断线或虚接故障，进行修复 ⑥ 三角形接线误接成星形接线时，应改正；电源电压过低时，应与供电部门联系解决；配线电压降过大时，应改用粗电缆线 ⑦ 更换合格的润滑脂；检查轴承装配尺寸，并使之合理

（续）

故障现象	故障原因	排除方法
电动机运行时，电流表指针不稳	① 绕线转子电动机有一相电刷接触不良 ② 绕线转子集电环的短路装置接触不良 ③ 鼠笼式转子的笼条开焊或断条 ④ 电源电压不稳 ⑤ 绕线转子绕组一相断路	① 调整刷压和改善电刷与集电环的接触面质量 ② 检查和修理集电环短路装置 ③ 采用开口变压器或用其他方法检查，并予修复 ④ 采用校验灯电动机线路，并排除故障 ⑤ 用万用表检查转子绕组断路处，并排除
电动机外壳带电	① 电源线与接地线接错 ② 电动机绕组受潮、绝缘严重老化 ③ 引出线与接线盒接地 ④ 线圈端部接触端盖接地	① 纠正接线错误 ② 对电动机进行干燥处理：老化的绝缘应更新或绕组重绕 ③ 包扎或更新引出线绝缘，修理接线盒 ④ 拆下端盖，检查绕组接地点；将接地点绝缘加强，端盖内壁垫以绝缘纸
三相电流不平衡，且相差很大	① 三相绕组匝数分配不均 ② 绕组首末端接错 ③ 电源电压不平衡 ④ 绕组有故障（匝间短路） ⑤ 绕组接头有局部虚接或断线处	① 重绕并改正 ② 查明首末端，并改正 ③ 测量三相电压，查出不平衡原因并排除 ④ 解体检查绕组故障，并排除 ⑤ 测直流电阻或通大电流查找发热点，并排除
三相电流平衡，但均大于正常值	① 重绕时，线圈匝数少 ② 星形接线错接为三角形接线 ③ 电源电压过高 ④ 电动机装配不当（如转子装反，定子、转子铁芯未对齐，端盖螺钉固定不对称，使端盖偏斜或松动等） ⑤ 气隙不均或增大 ⑥ 拆线时烧损铁芯，降低了导磁性能 ⑦ 电网频率降低或 60 Hz 电动机使用在 50 Hz 电源上	① 重绕线圈，加大匝数 ② 改正接线 ③ 测量电源电压，并设法降低电压 ④ 检查装配质量，排除故障 ⑤ 调整气隙使其均匀，过大的气隙可调整线圈匝数 ⑥ 修理铁芯，或重绕线圈增加匝数 ⑦ 检查电源质量，并与电动机铭牌一致

（续）

故障现象	故障原因	排除方法
电动机过热或冒烟	① 电源电压过高，使铁芯过饱和，造成电动机温升超限	① 与供电部门联系，解决电源过高问题
	② 电源电压过低，在额定负载下电动机温升过高	② 如果因电压降引起，应更换较粗的电源线；如果电源本身电压低，可与供电部门联系解决
	③ 拆线圈时，铁芯被烧伤，使铁损耗增大	③ 做铁损耗试验，检修铁芯，排除故障
	④ 定子、转子铁芯相擦	④ 查找并排除故障（如更换新轴承，调轴，处理铁芯变形等）
	⑤ 线圈表面粘满污垢或油泥，影响电动机散热	⑤ 清扫或清洗绝缘表面污垢
	⑥ 电动机过载或拖动的机械设备阻力过大	⑥ 排除机械故障，减少阻力，或降低负载
	⑦ 电动机频繁启制动和正反转	⑦ 更换合适的电动机，或减少正反转和启制动次数
	⑧ 鼠笼式转子断条、绕线转子绕组接线开焊，电动机在额定负载下转子发热使温升过高	⑧ 查明断条和开焊处，重新补焊
	⑨ 绕组匝间短路和相间短路以及绕组接地	⑨ 用开口变压器和绝缘电阻表检查，并排除
	⑩ 进风或进水温度过高	⑩ 检查冷却水装置是否有故障，检查环境温度是否正常，并解决好
	⑪ 风扇有故障，通风不良	⑪ 检查电动机风扇是否有损伤，扇片是否破损和变形，并处理好
	⑫ 电动机两相运行	⑫ 检查熔丝、开关触点，并排除故障
	⑬ 绕组重绕后，绝缘处理不好	⑬ 采取浸二次以上绝缘漆，最好采取真空浸漆处理
	⑭ 环境温度增高或电动机通风道堵塞	⑭ 改善环境温度，采取降温措施；隔离电动机附近的高温热源，使电动机不在日光下曝晒
	⑮ 绕组接线错误	⑮ 星形连接绕组误接成三角形或相反，均要改正过来

（续）

故障现象	故障原因	排除方法
轴承过热	① 润滑油（脂）过多或过少	① 拆下轴承盖，调整油量，要求油脂填充轴承室容积的 1/2～2/3
	② 油质不好，含有杂质	② 更换新油
	③ 轴承与轴颈配合过松或过紧	③ 过松时，可采用胶粘剂处理；过紧时，适当车细轴颈，使配合公差符合要求
	④ 轴承与端盖轴承室配合过松或过紧	④ 在轴承室内涂胶粘剂，解决过松问题；过紧时，可车削端盖轴承室
	⑤ 油封过紧	⑤ 更换或修理油封
	⑥ 轴承内盖偏心与轴承相擦	⑥ 修理轴承内盖，使其与转轴间隙适合
	⑦ 电动机两侧端盖或轴承盖没有装平	⑦ 按正确工艺将端盖或轴承盖装入止口内，然后均匀紧固螺钉
	⑧ 轴承有故障、磨损，轴承内含有杂物	⑧ 更换轴承，对于含有杂质的轴承要彻底清洗，换油
	⑨ 电动机与传动机构连接偏心，或传动带拉力过大	⑨ 校准电动机与传动机构连接的中心线，并调整传动带的张力
	⑩ 轴承型号选小、过载，滚动体承载过重	⑩ 更换合适的新轴承
	⑪ 轴承间隙过大或过小	⑪ 更换新轴承
	⑫ 滑动轴承的油环转动不灵活	⑫ 检修油环，使油环尺寸正确，校正平衡
集电环过热，出现火花	① 集电环椭圆或偏心	① 将集电环磨圆或车光
	② 电刷压力过小或刷压不均	② 调整刷压，使其符合要求
	③ 电刷被卡在刷握内，使电刷与集电环接触不良	③ 修磨电刷，使电刷在刷握内配合间隙正确
	④ 电刷牌号不符	④ 采用制造厂规定牌号的电刷或选性能符合制造厂要求的电刷
	⑤ 集电环表面污垢，表面粗糙度不符合要求，导电不良	⑤ 清除污物，用干净布醮汽油擦净集电环表面，并消除漏油故障
	⑥ 电刷数目不够或截面积过小	⑥ 增加电刷数目或增加电刷接触面使电流密度符合要求

（续）

故障现象	故障原因	排除方法
电动机振动过大	① 轴承磨损，轴承间隙不合要求 ② 气隙不均匀 ③ 机壳强度不够 ④ 铁芯变椭圆形或局部凸出 ⑤ 转子不平衡 ⑥ 基础强度不够，安装不平，重心不稳 ⑦ 电扇片不平衡 ⑧ 绕线转子绕组短路 ⑨ 定子绕组故障（短路、断路、接错） ⑩ 转轴弯曲 ⑪ 铁芯松动 ⑫ 联轴器或带轮安装不符合要求 ⑬ 齿轮接合松动 ⑭ 电动机地脚螺栓松动	① 更换轴承 ② 调整气隙，使其符合规定 ③ 找出薄弱点，加固并增加机械强度 ④ 车或磨铁芯内、外圆 ⑤ 紧固各部螺钉，清扫加固后进行校动平衡工作 ⑥ 加固基础，将电动机地脚找平固定，重新找正，使重心平稳 ⑦ 校正几何尺寸，找平衡 ⑧ 用开口变压器检查短路点，并进行处理 ⑨ 采用仪表检查，并处理好故障 ⑩ 矫直转轴 ⑪ 紧固铁芯和压紧冲片 ⑫ 重新找正，必要时重新安装 ⑬ 检查齿轮接合，进行修理，并使其符合要求 ⑭ 紧固电动机地脚螺栓，或更换不合格的地脚螺栓
电动机噪声异响	① 重绕改变极数时，槽配合不当 ② 转子擦绝缘纸或槽楔 ③ 轴承间隙过度磨损，轴承有故障 ④ 定子、转子铁芯松动 ⑤ 电源电压过高或三相不平衡 ⑥ 定子绕组接错 ⑦ 绕组有故障（如短路等） ⑧ 线圈重绕时，每相匝数不均 ⑨ 轴承缺少润滑脂 ⑩ 风扇碰风罩或通风道堵塞 ⑪ 气隙不均匀，定子、转子相擦	① 校正定子、转子槽配合 ② 修剪绝缘纸，检修槽楔 ③ 检修或更换新轴承 ④ 紧固铁芯冲片或重新叠装 ⑤ 检查原因，并进行处理 ⑥ 用仪表检查后进行处理 ⑦ 检查后，对故障线圈进行处理 ⑧ 重新绕线，改正匝数，使三相绕组匝数相等 ⑨ 清洗轴承，添加适量润滑脂（一般为轴承室的1/2～2/3） ⑩ 修理风扇和风罩，使其几何尺寸正确，清理通风道 ⑪ 调整气隙，提高装配质量

（续）

故障现象	故障原因	排除方法
电动机短轴	① 安装时定的中心不一致 ② 紧固螺钉松动 ③ 传动带张力过大 ④ 轴头伸出过长 ⑤ 转轴材质不良	① 定好中心或采用弹性联轴器 ② 紧固松动的螺钉 ③ 调整传动带张力 ④ 调整轴头伸出长度 ⑤ 更换合格的轴料，重新车制

二、电动机启动困难的故障诊断与排除

1. 故障现象 通电后，三相异步电动机不能启动。

2. 故障原因 三相异步电动机不能启动的故障原因主要有：

（1）熔丝熔断。

（2）线圈或极相组短路。

（3）相内开路。

（4）绕组内部连接错误。

（5）相反接。

（6）绕组接地。

（7）鼠笼式转子铜条松动。

（8）轴承损坏。

（9）轴承冻结。

（10）电动机过载。

3. 故障诊断与排除

（1）熔丝熔断 检查熔丝是否熔断可采用检验灯法。检查时不必将熔丝取下，只要把检验灯跨接于熔丝的两端。当电源开关闭合后，如果检验灯亮，则表示熔丝已熔断，如图 4 - 90 所示。

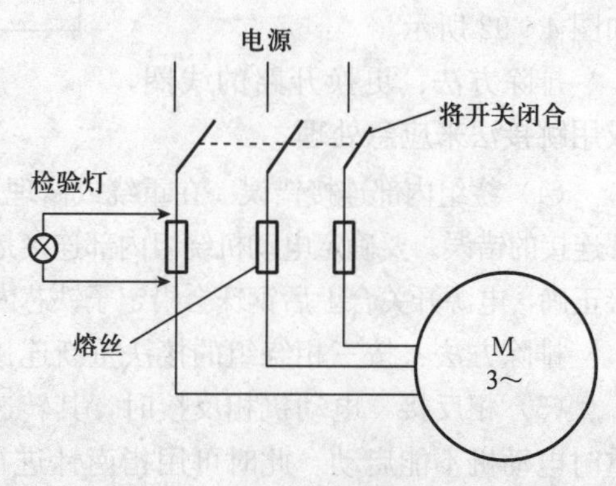

图 4 - 90 用检验灯检测熔丝是否烧断

排除方法：更换同规格的熔丝。

（2）线圈或极相组短路 线圈

或极相组短路，造成电动机电流过大，产生过热而烧毁线圈，使电动机不能转动。

用电流平衡法检查Y形接法的电动机线圈绕组，若某一绕组电流过大则此绕组短路（图 4－91a）。

用电流平衡法检查△形接法的电动机线圈绕组（图 4－91b）。

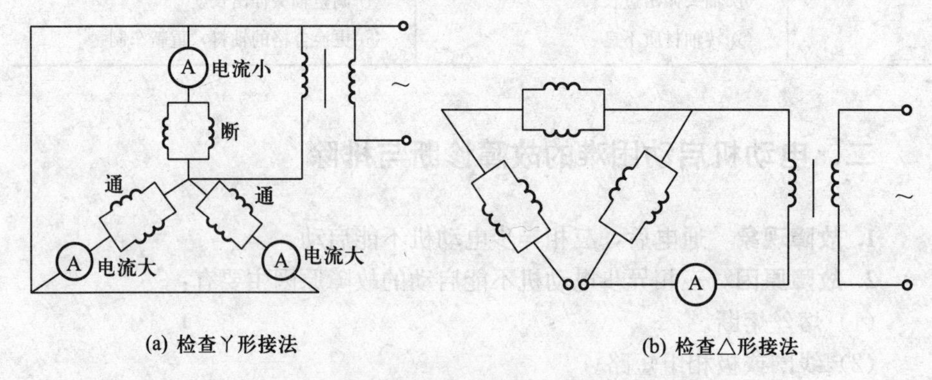

图 4－91　用电平衡法检查线圈或极相组是否短路

排除方法：更换有短路故障的线圈绕组。

（3）相内开路　电动机在运行过程中，若一相开路，虽然电动机仍然继续运转，但出力（或功率）减小，甚至烧毁绕组。若开路发生在线圈或极相组的连接中，则此时电动机不能自行启动，如图 4－92 所示。

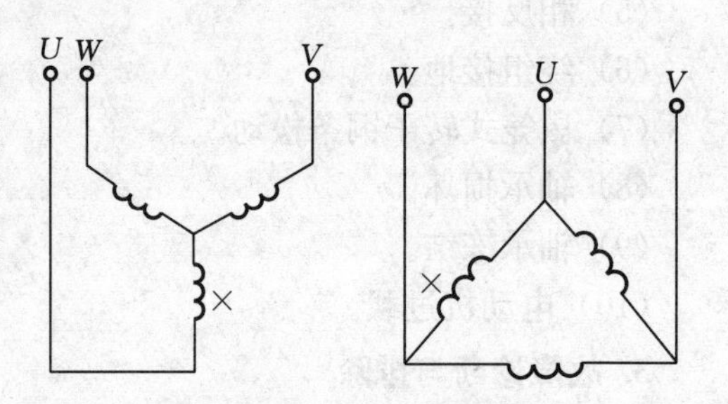

图 4－92　相内开路

排除方法：更换开路的线圈，或用跳接法来应急处理。

（4）绕组内部连接错误　在重绕或修理过的电动机中，往往容易发生绕组内部连接的错误。要确定电动机绕组内部连接是否正确，可采用钢珠法检查。如果连接正确，电源开关合上后钢珠会沿定子铁芯内壁滚动；反之，则钢珠静止不动。

排除方法：按三相绕组的接法重新连接各绕组的接头。

（5）相反接　电动机相反接时，其转速较额定转速低，并伴有磁噪声，严重时电动机不能启动。此时可用指南针进行检查，将指南针放置于定子内圈，指南针从一相绕组移相邻相绕组移动时，指南针的指向变化一次，否则定子绕组中某相有接法错误，然后按照正确接法改正过来（图 4－93）。

排除方法：重新连接各相接线。

（6）绕组接地　电动机绕组接地后，会产生异常的振动。若绕组的接地点超过一处或以上者，便形成短路故障，使熔丝熔断，甚至烧毁绕组。绕组接地可采用检验灯检查（图 4－94）。

排除方法：根据查出的具体情况进行局部修理或更换已损坏的线圈。

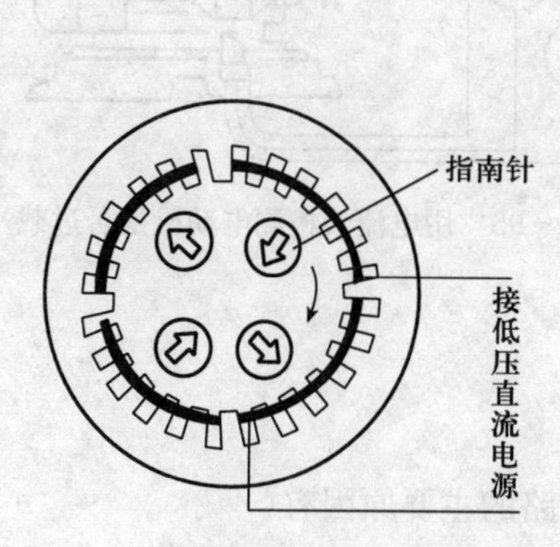

图 4－93　用指南针检查相是否反接

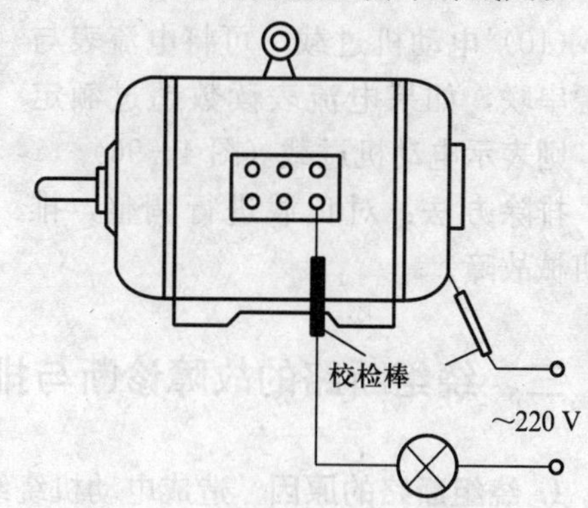

图 4－94　用检验灯检测绕组是否接地

（7）鼠笼式转子铜条松动　若转子铜条松动，电动机运转时有异常的声音，有时铜条与端环之间可能会看到火花的出现，而且不能拖动负载。此时可采用撒铁粉法来寻找出开路的铜条，铜条开路处是吸不上铁粉的，由此查出开路的准确位置（图 4－95）。

排除方法：重新焊接铜条。

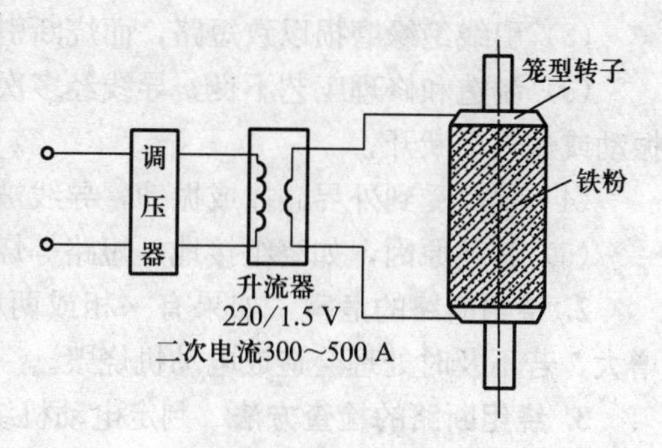

图 4－95　用撒铁粉法检查转子铜条是否松动

（8）轴承损坏　当轴承损坏时，可能使定子、转子铁芯相擦而导致电动机运转时发出“嚓嚓”的异常声音。如果轴承严重损坏，会使定子铁芯卡住转子而导致电动机不能转动。

排除方法：更换同型号的轴承。

（9）轴承冻结　电动机轴承内缺少润滑脂，使轴承磨损发热，电动机轴承就会膨胀，使轴承冻结，从而不能转动。

排除方法：若转轴严重膨胀，转轴与轴承可能卡死而使电动机不能继续运转。此时应将端盖取出，若轴承卡死而使端盖不易取出，可将端盖与转子一起取出，把转子放稳，前后转动端盖，若端盖不能转动，需将紧固轴承的螺栓松开，把轴承与转子一起取出，再将轴放在车床上修整并更换轴承。

(10) 电动机过载　可将电流表与电源串联，如果电流表读数超过额定值，则表示电动机过载（图 4－96）。

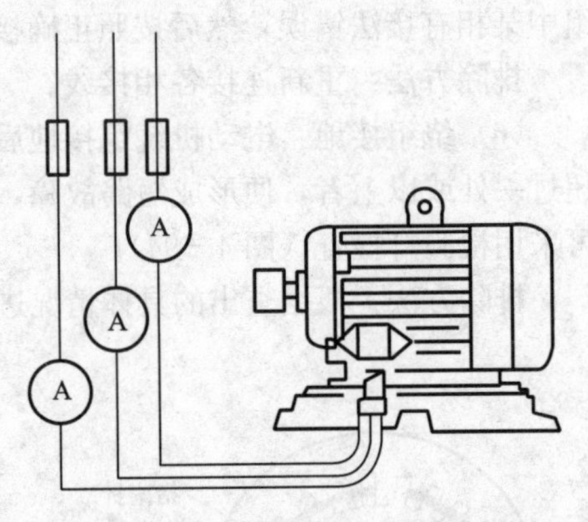

图 4－96　用电流表检测电动机是否过载

排除方法：对负载进行调整，排除机械故障。

三、绕组断路的故障诊断与排除

1. 绕组断路的原因　造成电动机绕组断路的主要原因有：

(1) 修理人员经验不足，在绕组各连接线和电动机引出线的焊头上因焊接工艺不当，有虚焊现象，电动机运行时间一久，焊接头脱焊，造成绕组断路。

(2) 引线绝缘磨损以致短路，而烧断引线。

(3) 制造和修理工艺不良，导线经多次弯折受损，电动机运行后，导线因振动或过热而断开。

(4) 绕组受到外界碰撞或振动，导线被折断。

(5) 其他原因，如绕组接地、短路等烧断导线，造成断路故障。

2. 绕组断路的危害　如果有一相或两相断路，电动机便缺相运行，电流增大，若不及时处理会造成电动机烧毁。

3. 绕组断路的检查方法　判定电动机绕组断路检查方法主要有万用表法、试灯法、三相电流平衡法等。

(1) 万用表法

① 对于Y形接法电动机。用万用表的低阻欧姆挡，检测各相绕组的导通性。若电阻为无穷大，则表明此相绕组断路。然后，分别测量该相各线圈组的首尾两端，若某线圈组不通，即表明此相该线圈组断路（图 4－97a）。

② 对于△形接法电动机。首先将绕组的三相连接线断开，然后用万用表低阻欧姆挡，分别检测各相绕组的导相。若电阻无穷大，则表明此相绕组断路（图 4－97b）。

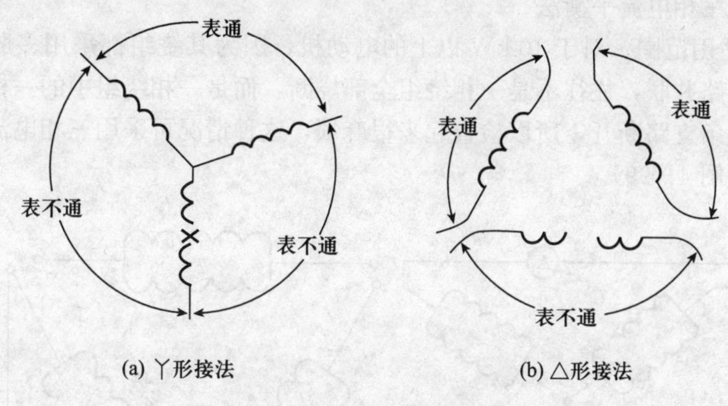

图 4-97　用万用表检查绕组是否断路

（2）试灯法

① 试灯检测原理。试灯是电动机修理常备的检查工具，将小灯泡与干电池串联一起即可。使用时将试灯一端与某相绕组的首端接上；另一端则与此相绕组的尾端接上，如果灯亮，表示此相绕组无断路；灯灭，则表示电路不通，有断路存在（图 4-98a）。

② 对于Y形接法电动机。用试灯分别检测各相绕组，若试灯不亮，则表明此相有断路（图 4-98b）。

注意：两根以上并绕的绕组，如果只断一根导线，用试灯法不易查出断路，这时应采用电桥法测量每相绕组的直流电阻，如果有一相偏大，大于 2% 以上，可能这一相绕组的并绕导线有断路。

③ 对于△形接法电动机。首先将绕组的三相连接线断开，然后，用试灯分别检测各相绕组。若试灯不亮，则表明此相断路（图 4-98c）。

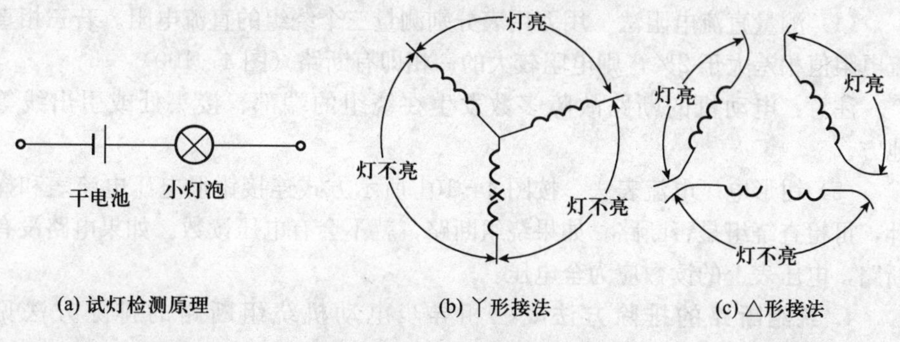

图 4-98　用试灯法检查绕组是否断路

(3) 三相电流平衡法

① 适用范围。对于10 kW以上的电动机，因为其绕组都采用多股导线并绕或多支路并联，往往不是一相绕组全部烧断，而是一相绕组中的一根或几根导线或一条支路断开，所以检查起来很麻烦，这种情况可采用三相电流平衡法来检测（图4-99）。

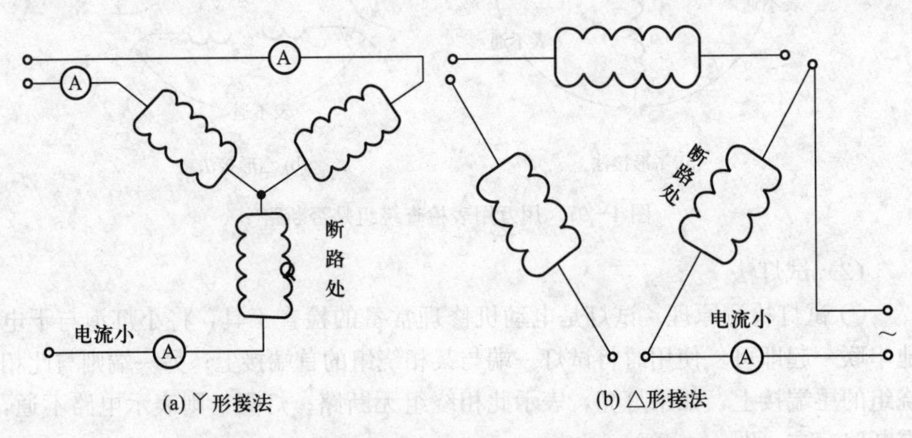

图4-99 用三相电流平衡法检查绕组是否断路

② 对于Y形接法的多条路并联绕组的电动机。对于Y形接法的多支路并联绕组，将电流表依次串入三相绕组中，然后通入低压大流，比较各相绕组的电流。如果某相电流小于其他两相电流5%以上，则表明此相绕组有断路。

③ 对于△形接法的多支路并联绕组的电动机。首先将绕组的三相连接线断开，然后，依次将电流表分别串接在每相绕组中，测量每相绕组的电流，比较每相绕组的电流，其中电流较小的一相即为断路相。

(4) 测量直流电阻法　用万用表分别测量三个绕组的直流电阻。若三相直流电阻值相差大于2%，则电阻较大的一相即有断路（图4-100）。

注意：电动机的断路故障多数发生在绕组的端部、接头处或引出线等地方。

(5) 钳形电压电流表法　按图4-101所示方式连接钳形电压电流表和探针，可检查绕组是否断路。如果绕组断路，就不会有电压读数。如果电路没有断路，电压表上的读数应为全电压。

4. 绕组断路的排除方法　三相异步电动机绕组断路的排除方法见表4-28。

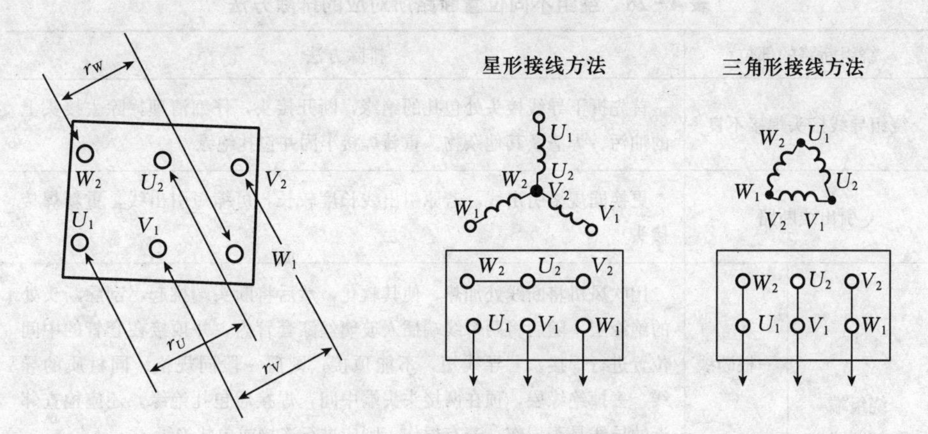

图 4－100　用直流电阻法检查绕组是否断路

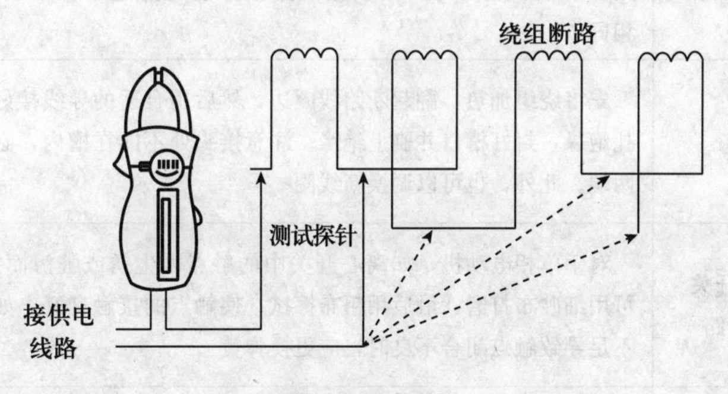

(a) 判定断路的绕组

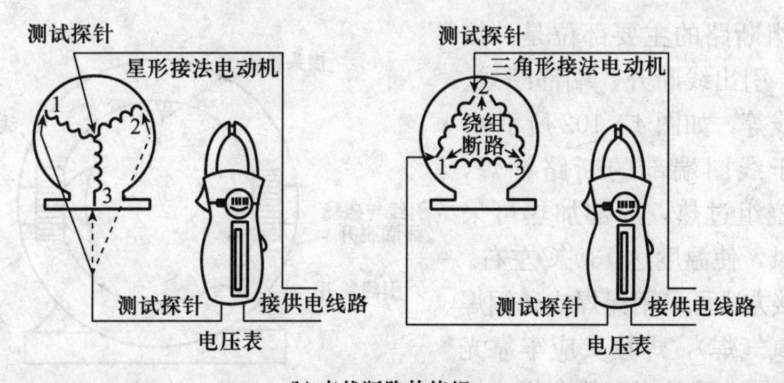

(b) 查找断路的绕组

图 4－101　用钳形电压电流检查绕组是否断路

表 4-28　绕组不同位置断路所对应的排除方法

绕组断路的部位		排除方法
绕组导线接头焊接不良		首先拆下导线接头处包扎的绝缘，断开接头，仔细清理，除去接头上的油污、焊渣及其他杂物。重新焊接牢固并包扎绝缘
引出线断路		更换同规格引出线。若原引出线长度较长，可缩短引出线，重新焊接接头
绕组端部断路	一根断线	用吹风机将断线处加热，使其软化，然后将断头端挑起，刮除断头处的绝缘层，随后将两个线端插入玻璃丝漆套管内，并顶接在套管的中间位置进行焊接。若导线短，不能顶接，则剪一段同规格、同材质的导线，去掉绝缘层，顶在两接头头端中间，焊接后包扎绝缘。还应检查邻近的导线是否损伤。若有损伤，则应进行连接或包扎绝缘
	多根断线	认真查明哪两根断线对应相接。若发生差错，则接线后将自行短路。多根断线的每两个线端的连接方法与上述单根断线的连接方法相同
槽内线圈断线		先将绕组加热，翻起断路线圈边，然后用合适的导线接好焊牢，再包扎绝缘，封好槽口并刷上绝缘。注意接头处不能在槽内，必须放在槽外两端。此外，也可以调换新线圈
单相电动机离心开关触点不良造成断路		对于单相电动机，如离心开关中的触点因生锈或脏污而接触不良时，可用细砂布打磨，最后用粗布擦拭，使触点的接触良好。如因弹簧弹力不足导致触点闭合不良时，应更换弹簧
单相电动机电容器断路		当单相电动机中电容器断路损坏时，应更换新电容器

绕组断路的主要部位是：接头松脱、引出线断开、端部断线、线圈断线等，如图 4-102 所示。

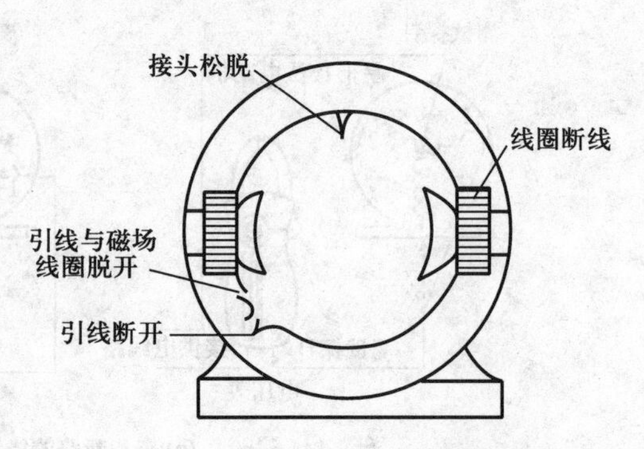

图 4-102　绕组断路的主要部位

对于线圈端部的断路补焊，需要将绕组过热，局部加热可采用电吹风，使温度达 130℃左右。

焊接方法可采用锡焊或磷铜焊（乙炔-氧气焊），焊接头应牢靠光滑，并要用玻璃丝漆套管套好或用粉云母带包好（图 4-103）。

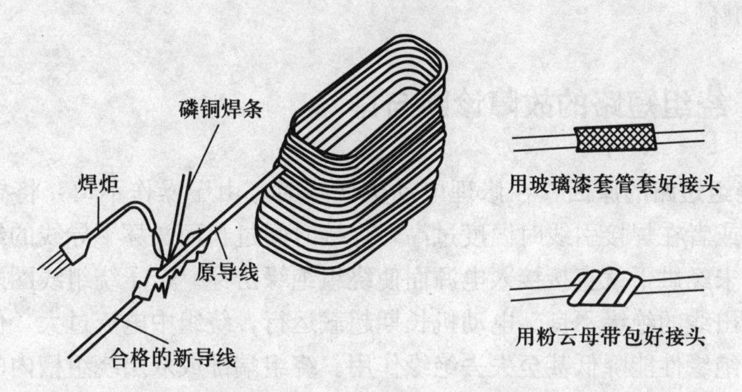

图 4-103　线圈端部断路的修复

槽内线圈断线应补焊，并包扎绝缘涂上环氧胶，并将接头处放在槽外两端（图 4-104）。

5. 绕组断路的应急处理　若绕组存在断路故障，仅查出故障线圈，无法确认断裂点时，可以进行线匝跳接处理（图 4-105）。

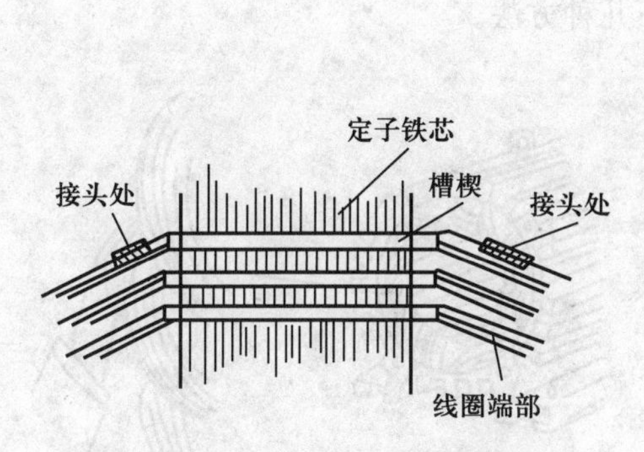

图 4-104　槽内线圈断路的修复

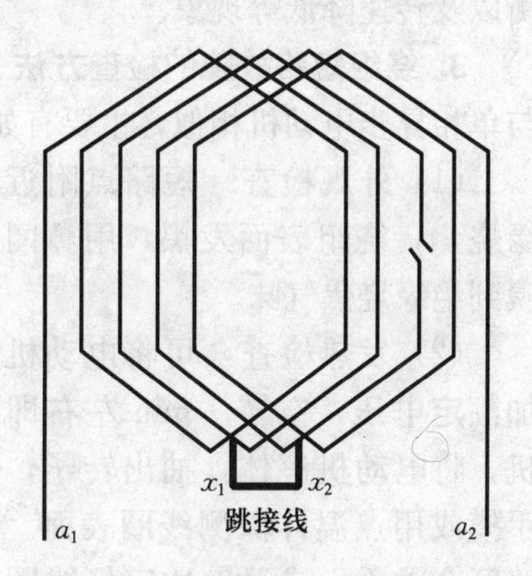

图 4-105　绕组断路的应急跳接处

将断路故障线圈端部的线匝绝缘分几处刮开，找出 x_1、x_2 互不相通的两点，但 x_1 与 a_1、x_2 与 a_2 必须分别相通，然后将 x_1 与 x_2 连接起来并予以绝缘，这样，就可以跳过一些断路的线匝，并保证故障线圈有一定的匝数投入运行。为了减少被跳接的匝数，应多选几点进行测试。

注意：跳接处理这一方法不适用于 2 极电动机，只适用于Y形接线，一路串联的非满载电动机。若用于△形接线或并联的电动机，则跳接后会因三相不平衡或并联支路不平衡而产生环流。此外，进行跳接处理时，被跳接的线匝不宜超过10%。

四、绕组短路的故障诊断与排除

1. 绕组短路的原因 在修理电动机嵌线时，由于操作不慎，将导线的绝缘擦破，或者在焊接引线时温度过高，焊接时间过长而烫坏了导线的绝缘。绕组受潮，未经烘干就直接接入电源而使绕组绝缘击穿。定子绕组线圈之间的连接线或引出线的绝缘不良。电动机长期超载运行，绕组中电流过大，使绝缘老化变脆，绝缘性能降低甚至失去绝缘作用。绕组端部或双层绕组槽内的相间绝缘没有垫好或击穿损坏等。

三相异步电动机绕组短路故障有：线圈匝间短路、层间短路、相间短路、对地短路（接地故障）。

2. 绕组短路的危害 绕组短路时会很快冒烟，短路的匝数不严重时，电动机有可能坚持运转一段时间，这时电动机会出现发热、噪声、三相电流不平衡以及转速降低等现象。

3. 绕组短路故障的检查方法 三相异步电动机绕组短路故障的检查方法与单相异步电动机相似，主要有如下几种方法。

（1）外观检查 短路点附近绝缘烧焦，绕组表面发黑，用鼻闻可嗅到绝缘烧焦气味。

（2）发热检查 可将电动机施加额定电压，空转1 min左右即停机，将电动机解体，抽出转子，用手摸或用点温计探测线圈表面。短路区会烫手，或温度比完好线圈要高，如图4－106所示。

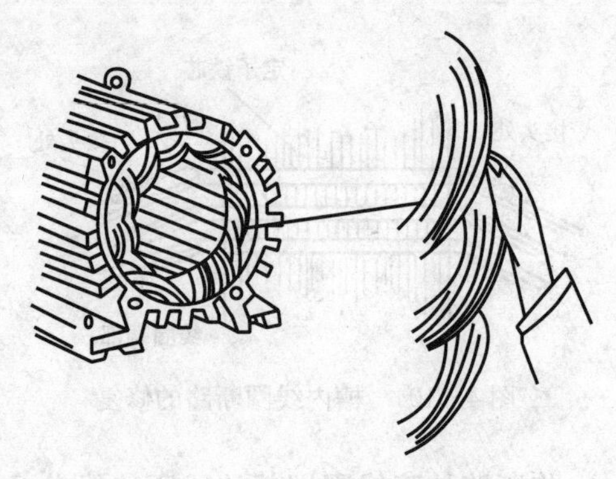

图4－106 用手摸线圈表面

（3）用开口变压器（或叫短路侦察器）检查 将开口变压器放在有短路线圈外的铁芯槽上，在这个线圈的另一边槽口上放置薄钢片（或锯条片）。钢片因短路线圈中电流过大而产生振动，根据钢片振动大小和噪声来判断出短路的线圈，如图4－107所示。

为了判别出双层绕组上下层的线圈短路点，需将钢片（锯条）分别放在距离开口变压器的左右相隔一个线圈节距的槽口上测试。

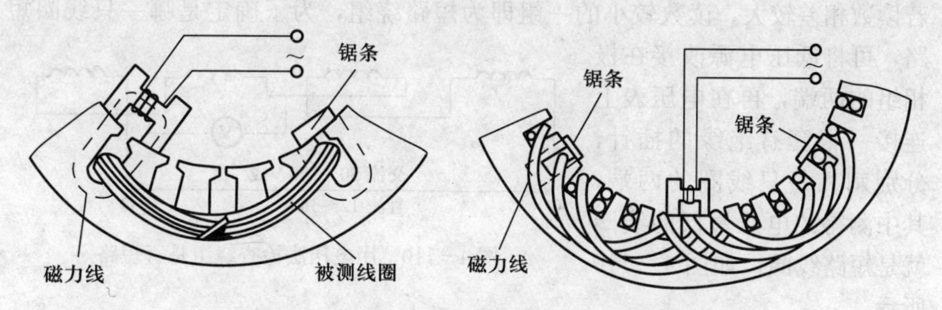

图 4-107　用开口变压器检查绕组是否短路

使用短路侦察器时要注意以下要点：

① 电动机引出线是△连接的要拆开。

② 绕组是多路并联的要将各支路并联线拆开。

③ 使用短路侦察器时，必须先将短路侦察器放在铁芯上，使磁路闭合以后，再接通电源；使用完毕，断开电源后，再移开短路侦察器，否则磁路不闭合，线圈中电流过大，时间稍长，易烧毁侦察器绕组。

（4）电阻比较法　测量绕组的电阻，与正常值比较，偏小者为短路绕组，如图 4-108 所示。

（5）测量三相电流法　先将电动机空载运行，测量三相电流。再调换两根电源线，作第二次空载运行，进行校验比较。如果电流不随电源线的调换而改变，则较大电流的一相可能有短路故障，如图 4-109 所示。

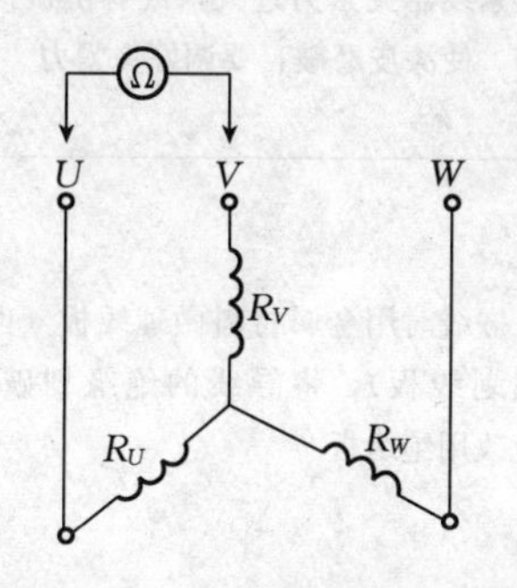

图 4-108　用电阻比较法检查绕组是否短路

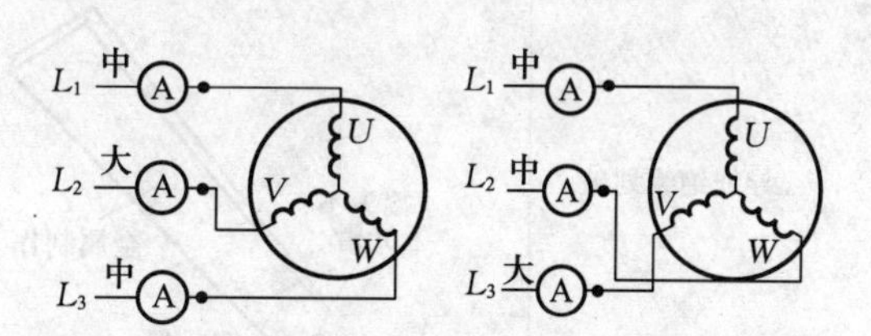

图 4-109　用三相电流法检查绕组是否短路

（6）电压法　把一相绕组的各极相组连接线的绝缘剥开，在该相绕组中通入 50～100 V 低压交流电或 12～36 V 直流电，然后测量各极相组的电压降。

若读数相差较大，读数较小的一组即为短路绕组，为了确定是哪一只线圈短路，可将低压电源改接在极相组的两端，再在电压表上连接一根套有绝缘的插针，分别刺入每只线圈的两端，其中测得的电压最低的线圈就是短路线圈，如图 4－110 所示。

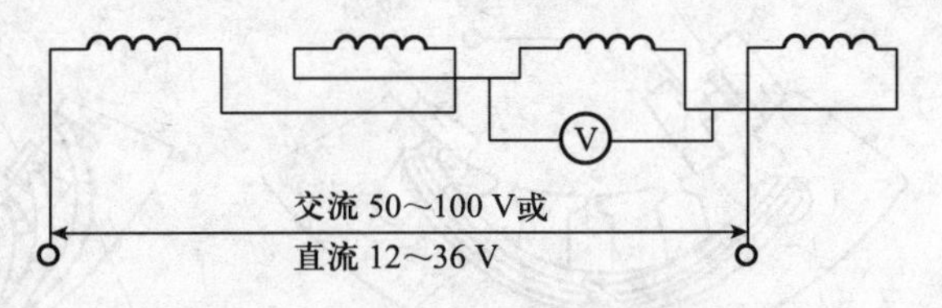

图 4－110　用电压法检查绕组是否短路

（7）匝间耐压试验法　在具有匝间耐压试验设备条件下，可将电动机转子抽出，对定子绕组进行匝间耐压试验。试验时，若试验设备上的荧屏中，两条曲线能完全重叠吻合，则说明该电动机的绕组中不存在短路故障。反之，两条曲线不能重叠吻合，则肯定该电动机的绕组中存在匝间短路故障。

4. 绕组短路的原因分析　在修理过程中引起绕组短路的原因见表 4－29。

表 4－29　三相异步电动机绕组短路的原因分析

故障原因	示意图	原因分析
电磁线质量不好	缺绝缘	电磁线质量不合格，绕线时漆皮剥落。绕线前检查出的不合格产品不许使用
紧线器夹紧力过大	夹板过紧	紧线器夹紧力过大，或有机械损伤，使漆皮磨破，要调好夹紧力
导线绝缘划破	端头不光滑　金属制作	嵌线时用金属材料做理线板（也叫划线板），将导线的绝缘划破，应改用绝缘板
嵌线操作不良	× 交叉　✓ 槽内导线	嵌线时由于槽满率高，用锤子硬砸线圈，尤其嵌入槽内的线匝排列不整齐，有交叉现象时，很容易将导线绝缘破坏

（续）

故障原因	示意图	原因分析
垫条尺寸过小		槽内层间垫条尺寸小，宽度偏小，或尺寸合适但垫偏，使上、下层线圈之间产生短路
浸漆不良		由于浸漆不良，线圈制作不规则，个别线匝悬空，不互相靠紧，绝缘未能黏结成整体，当电动机发生电磁振动时，因摩擦将绝缘磨破
整形不良		线圈端部整形时，用不适当的工具将线圈匝间压破
焊接不良	绕组	焊接极相组过桥线时，锡钎料滴落在绝缘上或线匝上，引起匝间短路
粉尘浸入	粉尘浸入	槽满率过低，浸渍不良，潮气和粉尘进入线匝的空隙内腐蚀导线绝缘，造成匝间短路

（续）

故障原因	示意图	原因分析
电容器短路		对于单相异步电动机，有可能出现电容器短路

根据经验，最容易发生短路故障的位置是同极同相、相邻的两只线圈，上、下两层线圈及线圈的槽外部分。

5. 绕组短路的排除

（1）相间短路的排除

① 对于单层交叉或绕组端部相间短路。如图 4－111 所示，将短路绕组加热软化，用划线板撬动“2”所示的线圈端部，使“1”、“2”之间出现间隙。用与电动机绝缘等级相同的聚酯薄膜垫在绕组端部“1”与“2”之间，即短路点的位置上，再涂上绝缘漆。

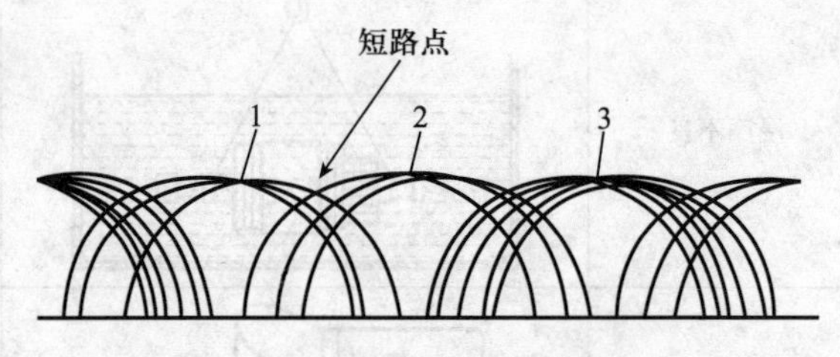

图 4－111　相间短路的排除方法

② 对于同心式绕组的相间短路。修补时先将绕组加热至 80 ℃左右，使线圈绝缘软化，然后用划线板将引线撬开，把绝缘套管套到槽部或重新垫好绝缘。

（2）线圈间短路的排除　若匝间短路点在定子槽外部，可用绝缘带将每根绝缘破裂的导线包扎好。若短路点在槽内又很严重，只有拆除短路点重绕。线圈间短路的排除方法如图 4－112 所示。

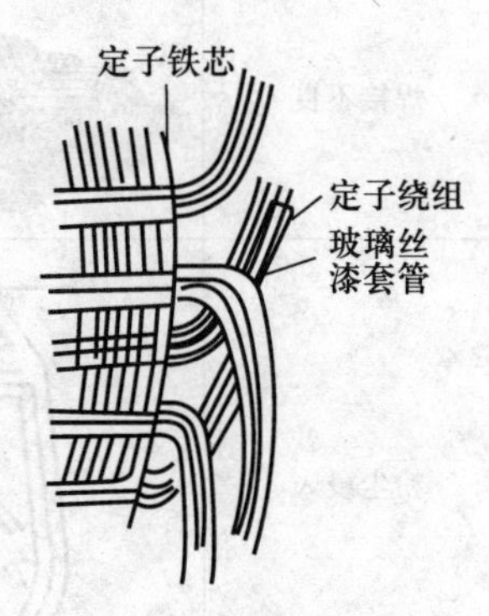

图 4－112　线圈间短路的排除方法

（3）线匝间短路的修理　对于烧损不严重的线圈，可按如下步骤修理：

第 1 步：取出故障线圈，若为上层边，只需取出一边，在电动机膛内进行修理；如为下层边，则需抬出一个节距的全部上层边，取出故障线圈修理。

第 2 步：扒去对地绝缘。

第 3 步：割去导线的烧损部分，修光短路线匝的铜导线，将两头锉成斜坡，其坡面长度等于铜线厚度的2倍；各线匝间的接头点必须互相错开，配上同样尺寸同样材质的新铜线后，用磷铜焊焊接好。所有焊接点应在线槽外面的两端部。

第4步：修锉焊接点，不要大于导线直径。

第5步：用原级绝缘材料，按原匝间绝缘厚度包好匝间绝缘。包好对地绝缘，应符合原有记录尺寸。

第6步：按规定把修好的线圈嵌进线槽内。

(4) 调换线圈　如果匝间严重短路或者短路点在线槽线圈内部，无法处理，则应调换线圈。

方法1：重新嵌入新线圈。如果是同心式绕组的上层线圈烧坏，可将绕组加热到80～100℃，待绝缘软化，打出槽楔，将故障线圈拆下来，绕制一只同规格的新线圈，嵌入原来线槽，打好槽楔即可，如图4-113所示。

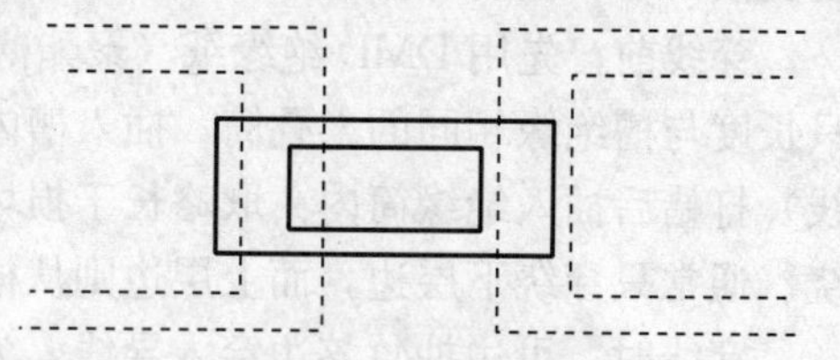

图4-113　将同心绕组上层线圈加热拆掉，重新嵌入新线圈

若是单层链式绕组或交叉式绕组的线圈因短路故障损坏，应拆除损坏线圈，把位于损坏线圈上面的线圈端部压下来，仿制一只同规格的新线圈，将其从绕组表面嵌入原来的线槽内，如图4-114所示。

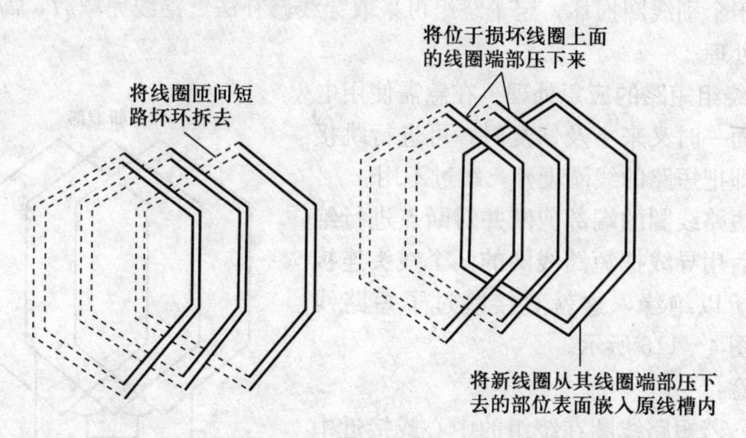

图4-114　单层链式绕组或交叉式绕组线圈短路的修复

方法2：穿线法修复。若是同心式绕组下层线圈或双叠绕组线圈烧坏，可进行穿线法进行修理（图4-115）。

将绕组加热至 80 ℃左右，待绝缘软化后，将损坏线圈上层边的槽楔退出，然后剪断线圈的两端部，把导线分开理直并刮去绝缘。趁热用钳子从槽底将下层边的导线一根根抽出，把线圈上层边从槽口取出来。抽出全部导线后，将槽中杂物清理干净，再检查其他线圈绝缘是否受损，并在损伤部位加垫绝缘。

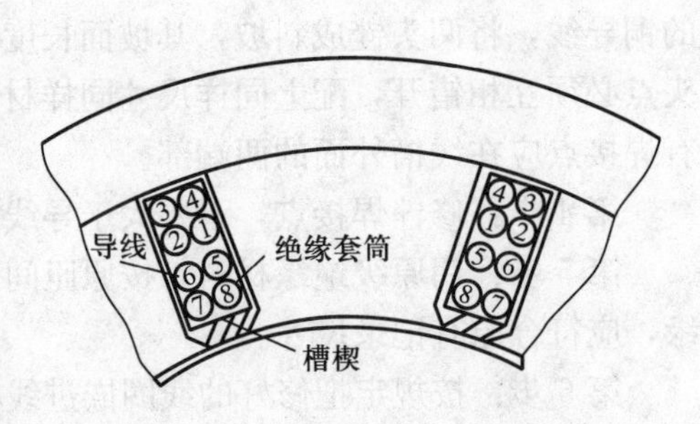

图 4－115　穿线法修复绕组线圈

穿线前，先用 DMD 绝缘纸（聚酯薄膜聚酯纤维非织布柔软复合箔）做一只长度与槽绝缘相同的半叠筒，插入槽内作槽绝缘，再把竹签（直径略大于导线）打蜡后插入绝缘筒内。取略长于损坏线圈总长的新导线，由其中点开始穿绕。通常只穿绕下层边，而上层边则从槽口嵌入。

穿线时，可边抽竹签边穿入导线。为了防止导线在槽内交叉，应将一半导线穿入纸筒的上半区，即靠近上层边。而穿入线圈节距内侧靠近槽壁的导线，在其绕完一半后再将另一端穿入槽底的下半区。当新导线过长时，可截为两段，分别穿好再在线圈端部连接起来。导线穿绕完毕后应需接线和整形，并检查绝缘和进行必要的试验，经检测确定绝缘良好并经空载试车正常后，才能浸漆、烘干。

对于个别线圈损坏，定子绕组可采取穿线修补法。穿线完毕后，需要浸漆与烘干处理。

6. 绕组短路的应急处理　在急需使用电动机，而一时又来不及修复时，可进行跳接处理，即把短路的线圈废弃，跳过不用。

把短路线圈的端部剪断并对断点进行绝缘，然后用导线把短路线圈的两个线头连接起来并予以绝缘，这就直接跳过了短路线圈，如图 4－116 所示。

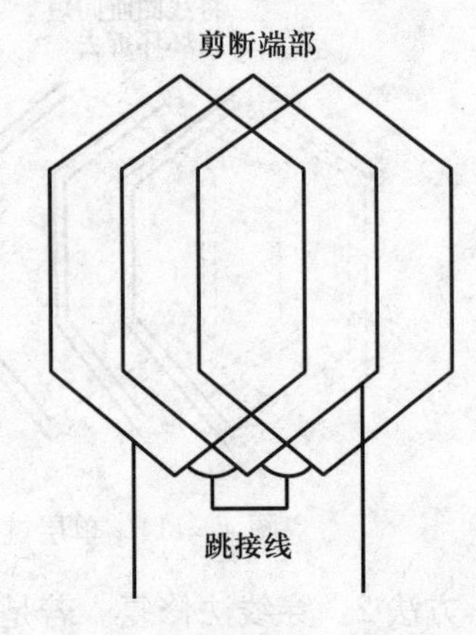

图 4－116　绕组短路的应急处理方法

注意：

（1）若短路线圈在绕组的中心或接近中心，则拆除故障线圈后，只要将相邻的两个线圈连接起来即可。若短路线圈在一个相的两端，跳过时要注意它原来的连接线头，不得接错。

（2）若短路线圈没有断路而绝缘材料已经烧坏，这个线圈必须取出来。因为只把接线端拆去而不将故障线圈拆下来，则该线圈由于短路也会感应电流而发热，烧坏其邻近的线圈。

（3）若每相有几个线圈烧毁而进行跳接处理，则应注意处理后有无足够的匝数，以免电流过大而发热烧毁绕组。

（4）拆除故障线圈时，应特别小心谨慎，不要损伤相邻的完好线圈。

五、绕组接地的故障诊断与排除

电动机机座如果没有很好接地，电动机绕组产生接地故障时，修理工触及机座会引起人身安全事故。

1. 绕组接地的检查方法

（1）直接观察法　电动机绕组接地故障通常发生在绕组端部及铁芯槽口附近，而且绕组发生接地后，绝缘常有破裂或烧焦发黑的痕迹。所以，在拆开电动机后，应在这些部位寻找接地故障点。若引出线和这些部位都没有接地现象，则接地点可能在槽内。

（2）试灯检查法　试灯两端头的一端接绕组，另一端接机壳，如果灯亮，表明绕组接地，如果灯光发暗红，表明绝缘受损但未完全接地，如图4－117所示。

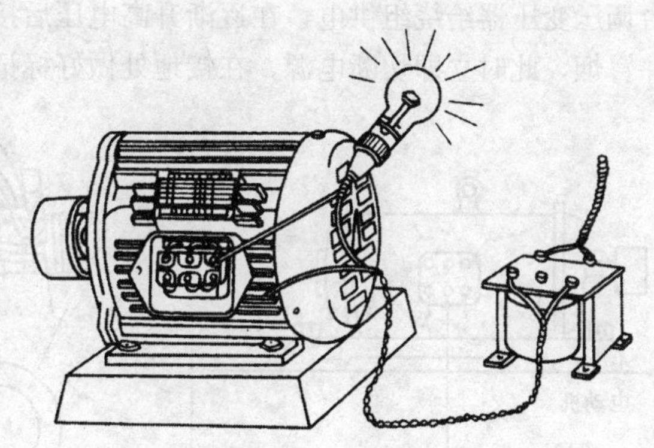

图4－117　用试灯检查绕组是否接地

（3）绝缘电阻表检查　如图4－118所示，先将电动机出线盒接线板上的连接片拆开，使6根出线端分开。再根据电动机的电压选择绝缘电阻表，500 V以下的电动机一般选用500 V绝缘电阻表。检测时，绝缘电阻表的一支表笔接电动机绕组，另一支表笔接电动机机座，按120 r/min的速度摇动绝缘电阻表的手柄。若表的指针指在“0”位上，说明这相绕组存在接地故障。

用绝缘电阻表测量各相绕组对地绝缘电阻，有以下情况：

情况1：绝缘电阻为零，用万用表检查也为零。表明绝缘已击穿，实接地。

情况 2：绝缘电阻为零，但用万用表检查，还有一定电阻值。说明绕组没有实实在在地接地，绝缘可能受潮、污染。

情况 3：绝缘电阻表指零摇摆。说明绕组接地不实，造成虚接的原因是有炭粉影响，因炭粉不固定，所以影响绝缘电阻值变化。

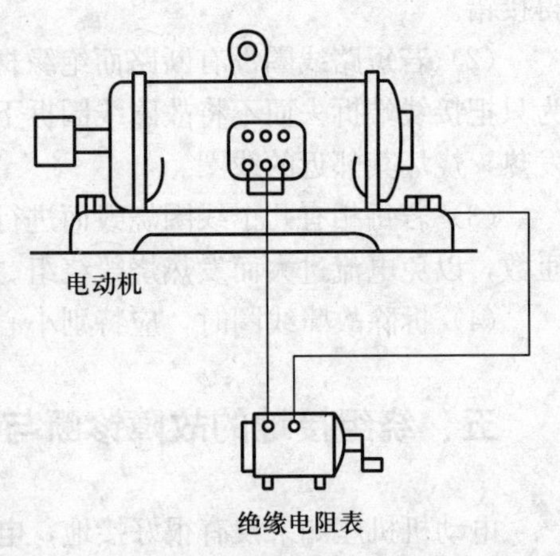

图 4-118　用绝缘电阻表检查绕组是否接地

（4）万用表的检查　如图 4-119 所示，应先将三相绕组之间的连接线拆开，使各相绕组互不相通；将万用表的旋钮转到 $R\times10$k 挡，把一支表笔与绕组的一端连接，另一支表笔与电动机机座连接。如果测得的电阻值极小或为“0”，说明该相绕组存在接地故障。

（5）冒烟法　如图 4-120 所示，当电动机绕组接地点在槽内或虽然在槽口但绕组与铁芯粘得很牢，难以拆开时，可采用电流烧穿法来进行检查。用一台调压变压器给绕组供电，在逐渐升高电压后接地点会很快发热，使绝缘烧焦并冒烟，此时立即切断电源，在接地处做好标记。

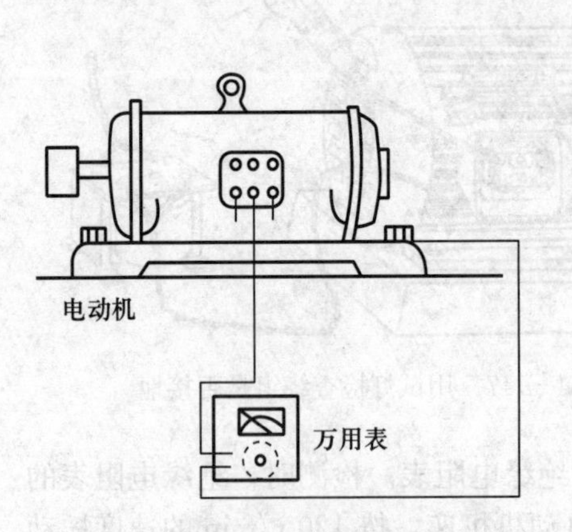

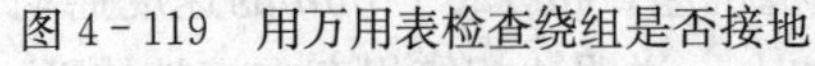
图 4-119　用万用表检查绕组是否接地

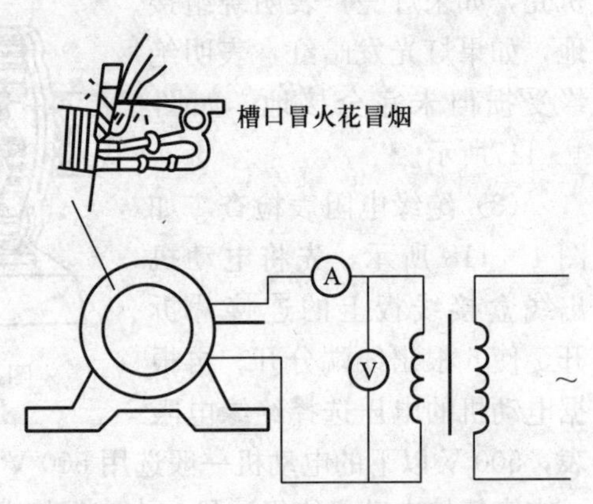

图 4-120　用冒烟法检查绕组是否接地

注意：采用冒烟法检查绕组接地时，应掌握通入电流的大小。一般小型电动机不超过额定电流的两倍，时间不超过半分钟；对于容量较大的电动机，应通入额定电流的 20%～50%，或者逐渐增大电流至接地处冒烟为止。

（6）分组淘汰法　当电动机绕组接地故障处在槽内，接触面大于导线截面积并且导线又与铁芯熔在一起，在这种情况下，采用分组淘汰法是最好的方法。

将接地的一相绕组分成两部分，好的留下来，而接地部分再分成两半检查，依此类推便可将接地范围从某相绕组逐步缩小到某一个绕组甚至某个线圈。

假如一台三相 4 极 36 槽异步电动机双叠绕组的 V 相绕组，即每极有 9 槽，每一相在每极中占有 3 槽，每个极相组中有 3 个绕组，采用分组淘汰法检查绕组接地短路的步骤如下（图 4-121）：

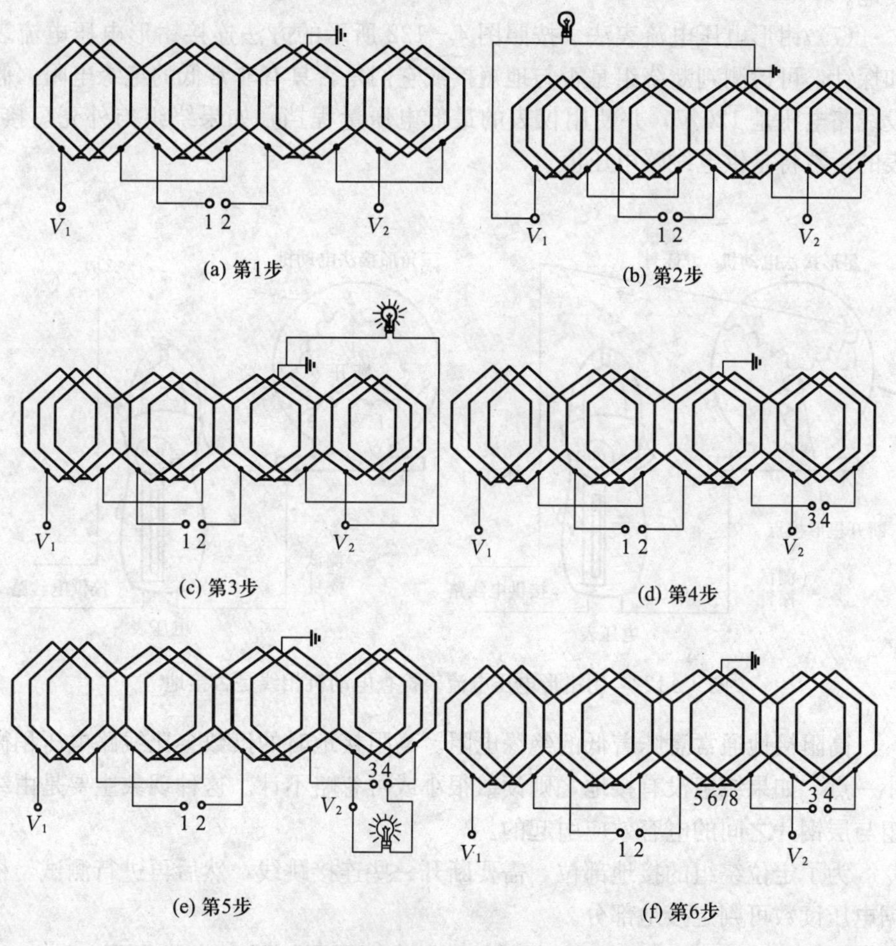

图 4-121　用分组淘汰法检查绕组是否接地

第 1 步：拆开接头 1、2。

第 2 步：检测 V_1 与地之间的短路情况。将串有电源的试灯两端分别接在 V_1 与地之间。若试灯不亮，表明这一部分线圈没有对地短路。

第 3 步：检测 V_2 与地之间的短路情况。将试灯两端分别接 V_2 与地之间，若试灯亮，则说明 V_2 与 2 之间有对地短路。

第 4 步：拆开另一相接头 3、4。

第 5 步：将试灯接在 V_2 与 4 之间。若试灯不亮，则表明 2、3 之间有对地短路。

第 6 步：检查接头 5 与 6 及 7 与 8，即可确定第三极相组的第二只线圈接地。

(7) 钳形电压电流表法　按照图 4－122 所示的方法连接钳形电压电流表和探针，可检测判断绕组是否与地短接或它们是否具有非常低的绝缘电阻。假设线路电压是 120 V，并使用仪表的最低电压量程挡，如果绕组与外壳短接，表的读数将是供电线路电压值。

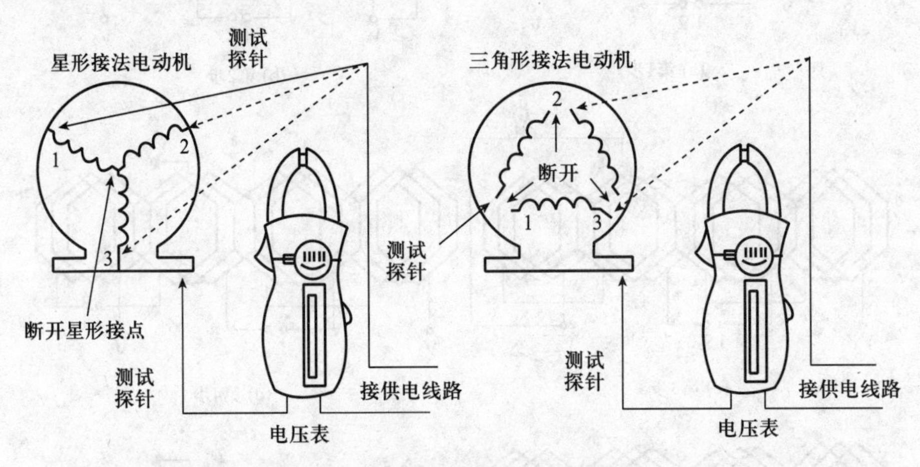

图 4－122　用钳形电压电流表检查电动机相线是否接地

高阻接地通常意味着低的绝缘电阻。高阻接地时的读数会比线路电压稍微小一点。如果绕组没有接地，则读数很小或可忽略不计。这种现象主要是由绕组与层钢片之间的电容效应引起的。

为了定位绕组的接地部位，需要断开一些连接跳线，然后再进行测试。根据电压读数可判定接地部分。

2. 绕组接地的原因分析　绕组接地的主要原因如图 4－123 所示。

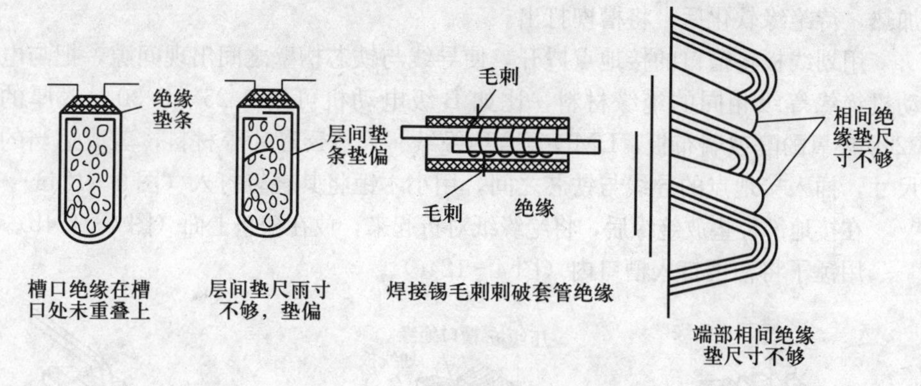

图 4-123　绕组接地的主要原因

(1) 绕线模过大，虽然嵌线方便，但由于端部过长，顶碰电动机端盖，通电后线圈对端盖击穿而造成接地故障。解决办法是重绕线圈，使用尺寸合适的绕线模。

(2) 槽绝缘宽度不够，不能在槽口处包住导线，造成上层导线经过槽楔或槽口侧面与铁芯相接而产生接地故障。解决办法是打出槽楔，清理槽内的残余绝缘或灰尘，然后垫入绝缘垫条或注入环氧树脂绝缘漆。

(3) 槽内层间垫条和楔下垫条垫偏，或剪裁时绝缘条宽度不够，均会造成线圈对地故障。这种故障首先发生在上下层间短路，然后对铁芯击穿。楔下垫条垫偏所产生的故障同槽绝缘宽度不够所产生的故障是相同的。

(4) 焊接头有毛刺、焊瘤、尖刺等，刺破绝缘，造成线圈接地故障。

(5) 绕组连接不正确，三相绕组标志不清楚，造成绕组接地故障。应仔细检查后正确接线，使三相绕组标志正确。

(6) 焊渣或杂物落入槽内或端部。因此，要求施焊时位置正确，一般是在铁芯外的水平位置施焊，焊前要用纸板将不施焊的部位挡上。

(7) 端部线圈的上下层之间接触，或线圈端部异相之间接触。应检查端部层间绝缘垫尺寸和厚度是否正确，要求绝缘垫凸出线圈边缘 5 mm 左右，以隔离上下层线圈和异相线圈，另外，检查有无漏电现象，检查出问题要纠正。

(8) 对于单相电动机，还可能由于污垢使离心开关的导电部分与端盖、转轴连接，造成接地故障。

(9) 单相电动机中电容器损坏接地。

3. 绕组接地的修理

(1) 接地处在铁芯槽口附近的修理　在接地的绕组中通入低压交流电进行

加热，待绝缘软化后，将槽楔打出。

用划线板将槽口的接地点撬开，使导线与铁芯槽壁之间出现间隙，把与电动机绝缘等级相同的绝缘材料，比如B级电动机可用0.25～0.30 mm厚的3240环氧酚醛玻璃布板、DMD复合绝缘纸、天然云母片等材料，剪成适当的尺寸，插入接地点的导线与铁芯之间，用小木锤将其轻轻打入（图4-124a）。

在接地部位垫放绝缘后，将绝缘纸对折起来，放在槽垫上面（图4-124b）。

用锤子将槽楔打入槽口内（图4-124c）。

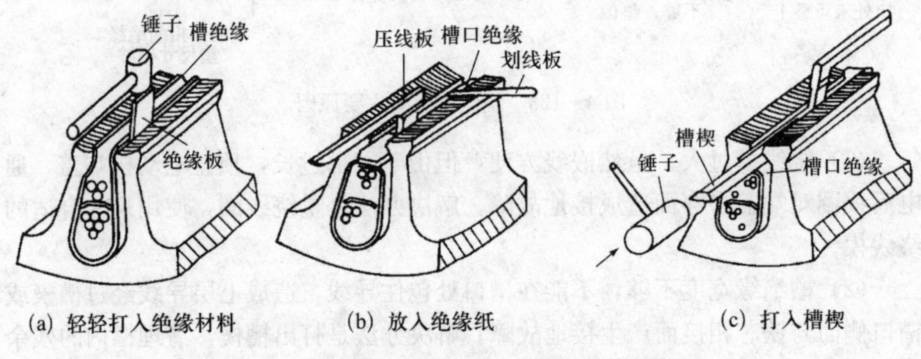

(a) 轻轻打入绝缘材料　(b) 放入绝缘纸　(c) 打入槽楔

图4-124　绕组接地处在铁芯附近的修复方法

（2）接地处在槽内的修理　槽内线圈接地处理比较困难，应加热后取出槽楔，然后再取出线圈，垫好槽内绝缘，再将线圈放回，打入槽楔。因线圈的节距较大，为了取出一个线圈，就要取出一个节距的好线圈，在施工时要特别注意。

加热槽楔，从槽内取出短路的线圈（图4-125a）。

将处理好或重绕的线圈嵌入槽楔内（图4-125b）。

进行槽绝缘封口，并打入槽楔，最后进行绝缘试验（图4-125c）。

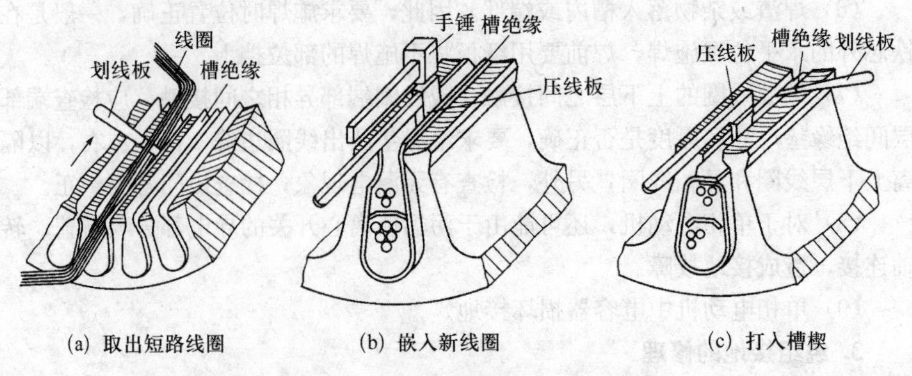

(a) 取出短路线圈　(b) 嵌入新线圈　(c) 打入槽楔

图4-125　绕组接地在槽内的修复方法

(3) 接地处在绕组端部的修理　其步骤如下：

第 1 步：将损坏的绝缘刮掉，清理干净。

第 2 步：将电动机定子放入烘房进行加热，使其绝缘软化。

第 3 步：用硬木板对绕组端部进行整形。使绕组两端部与机座或端盖相碰，或互相之间距离很小很小，几乎相碰，整出距离约 15 mm 左右（对 380 V 小电动机而言）的空隙。整形时，应注意用力均匀、适当，不可过猛，以免损坏绕组的绝缘（图 4－126）。

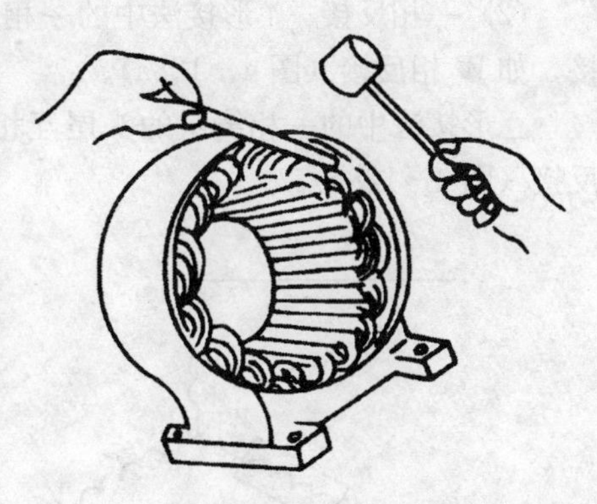

图 4－126　绕组接地在绕组端部的修复方法

第 4 步：对于损坏的绕组绝缘，应重新包扎同等级的绝缘材料，并涂刷绝缘漆，然后进行烘干处理。

六、绕组接错线的故障诊断

对于初学修理电动机的修理工，常出现绕组接错的现象：如三相绕组外部接线接反；极相组接错；个别线圈接错；星形、三角形接错；并联支路接错等。

1. 外部接线接反的检查方法

(1) 三相异步电动机引出线端与尾端的正确接法（图 4－127）

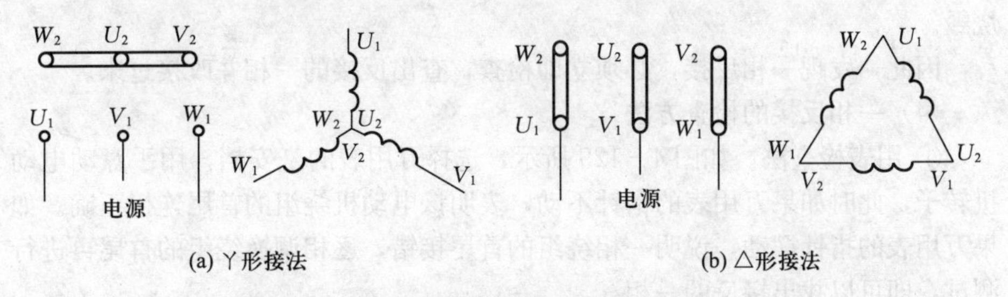

图 4－127　三相异步电动机引出线端与尾端的正确接法

① Y形接法。电动机三相绕组，每相绕组有两个头，共有 6 个引出端，在接线盒内的Y形接法是：U、V、W 三相的尾端连接在一起，即 U_2、V_2、W_2 连接在一起。

② △形接法。在接线盒内，将 U_2 与 V_1 连接在一起，V_2 与 W_1 连接在一起，W_2 与 U_1 连接在一起，即为△形。

(2) 一相反接　Y形接法中的一相绕组的头尾互相，即Y形接法的一相反接，如 W 相反接（图 4-128a）。

△形接法中的一相绕组的头尾互相，即为△形接法的一相反接，如 W 相反接（图 4-128b）。

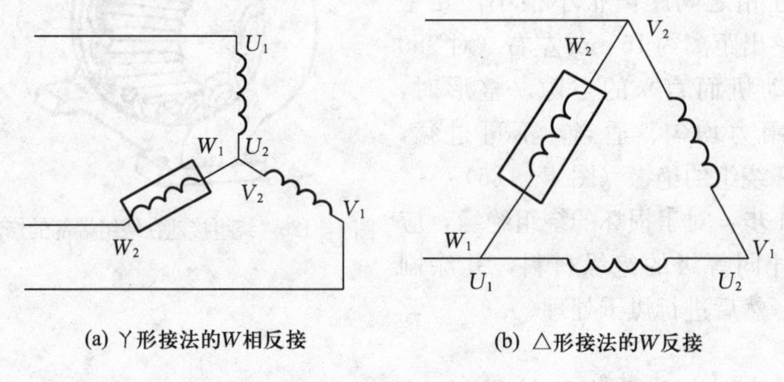

(a) Y形接法的W相反接　(b) △形接法的W反接

图 4-128　一相反接

(3) 一相反接的危害

① 电动机的启动扭矩严重下降，只要稍带负载或电压偏低，电动机就不能启动至正常转速。

② 三相空载电流明显不等，而且都比正常值大得多。

③ 机身严重振动并伴有明显的电磁噪声。

④ 即使空载运行，电动机也要严重发热，如不及时断电，电动机很容易烧毁。

因此，发现一相反接，必须立即检查，查出反接的一相并改接过来。

(4) 一相反接的检查方法

① 用表检查法。如图 4-129 所示，选择万用表的毫安挡，用手盘动电动机转子，此时如果万用表的指针不动，表明该电动机绕组的首尾连接正确。如果万用表的指针摆动，说明一相绕组的首尾接错，逐相调换绕组的首尾再进行测试，即可以找出接反的一相。

当接通开关瞬间，若万用表指针摆向大于零的一边，则电池正极所接线头与万用表负端所接线头为首（或尾）；如指针反向摆动，则电池正极所接线头与万用表正端所接线头同为首（或尾）。同样，再将电池接到另一相的两个线头试验，就可以确定出各相的首尾，找出反接的一相。

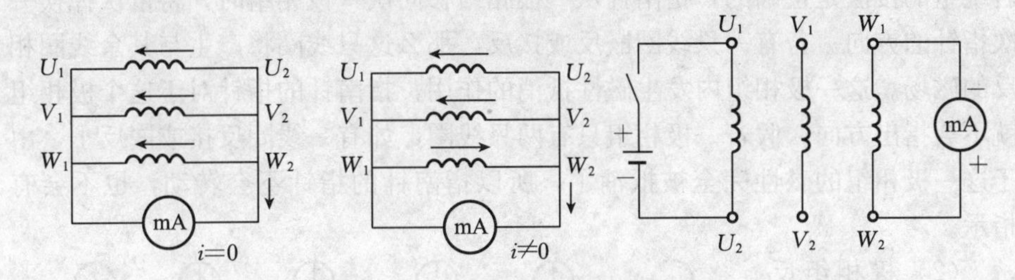

图 4 - 129　用万用表检查一相是否反接

② 灯泡检查法。如图 4 - 130 所示，首先将某两相串联，接低压 220 V 交流电源，另一相接灯泡。如果灯泡发亮，则说明串联的两相绕组是首、尾相接。如果灯泡不亮，则说明串联的两相是首、首相接，或尾、尾相接，可将其中一相首、尾对调。用同样方法可判断出第三相的首、尾端。

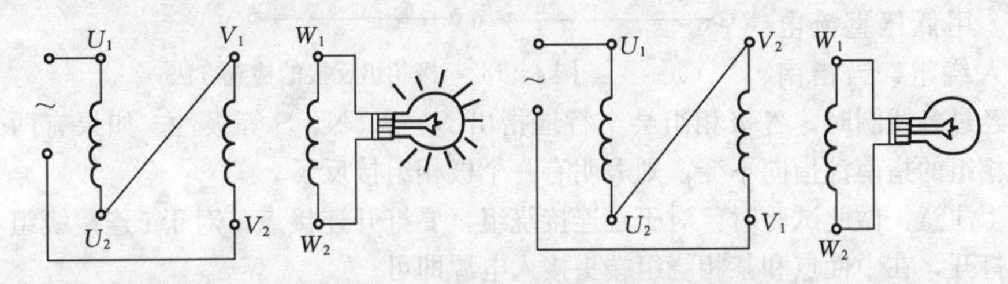

图 4 - 130　用灯泡法检查一相是否反接

2. 内部接线接反的检查方法

(1) 个别线圈接错的检查方法　绕组线圈连接方法如图 4 - 131 所示。

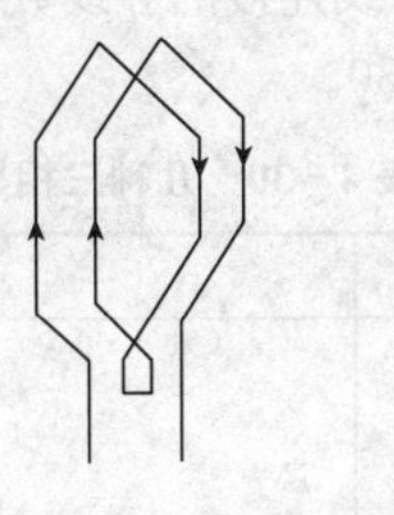
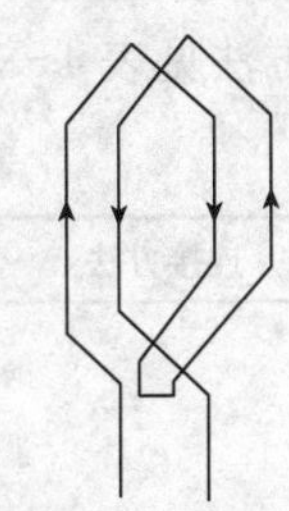

(a) 线圈连接正确　(b) 线圈连接错误

图 4 - 131　线圈连接方法

① 易拉罐法。可用一只空易拉罐，两头用铁钉支撑上当“顶尖”，把这个“转子”穿入定子膛内。电源通低电压，如果易拉罐旋转，则说明接线正确；反之，说明接错线，进行检查改正。

② 低压直流电源法。调节电压，使送入绕组的电流约为额定电流的 1/6～1/4，此时的直流电源应加在一相绕组的首、尾端。即三相绕组若是Y形连接时，电源加在一相绕组的首端和中性点之间；如果是△形连接的三相绕组，必须把各相绕组的接头拆开来，分别来检查各相绕组。

③ 指南针法。在定子内圆放一枚指南针，慢慢地在定子铁芯内圆移动，

若绕组的接法是正确的，指南针从一极相组移向次一极相组时，将依次掉换一次指针的方向。若有一只线圈嵌反或接反，那么这只线圈将产生与其余线圈相反的磁场。这一极相组内发生磁性抵消的作用，指南针的指针对于这个极相组就不会指出方向。假若一极相组只有两只线圈，如有一线圈反接或嵌反了，由于这一极相组的磁性完全被抵消了，所以指南针的指针不会转动，也不会有指示。

（2）极相组反接的检查方法　如图 4－132 所示，当一个极相组都反接时，这一线圈组内的电流方向全是反的。用低压直流电通入绕组，当指南针经过各线圈时，各极相组会交替地指出 N、S、N、S 等极性。如果有两个极相组的指南针指向不变，则表明有一个极相组接反了。

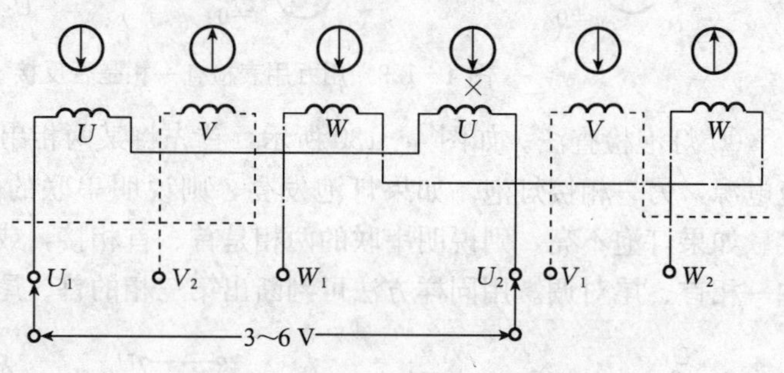

图 4－132　极相组反接的检查方法

注意：做此试验时，对于△连接绕组，要打开连接点；对于Y连接绕组不必打开，在中性点和某相绕组端头接入电源即可。

3. 三相低压电动机定子绕组的接线方法识别　对于决定绕组重绕进行大修的电动机，在拆线前必须首先判断出三相绕组的接线方法。确定接线方法是先数一数与电源线连接的导线数。几种三相异步电动机定子绕组接线方法的识别方法见表 4－30。

表 4－30　几种三相异步电动机定子绕组接线方法的识别

连接方法	示意图	识别方法
一路Y形连接	U_1 U_2 W_2 V_2 V_1 W_1	每根电源线只与一根导线连接，则是一路Y形连接

（续）

连接方法	示意图	识别方法
一路△形连接	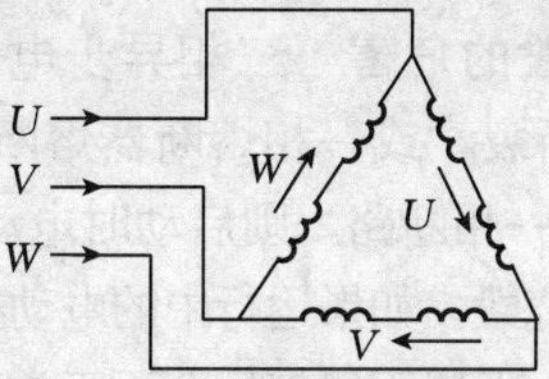U V W W U V	每根电源线与两个线圈相连接，且无丫形中点，即为一路△形连接
两路并联丫形连接	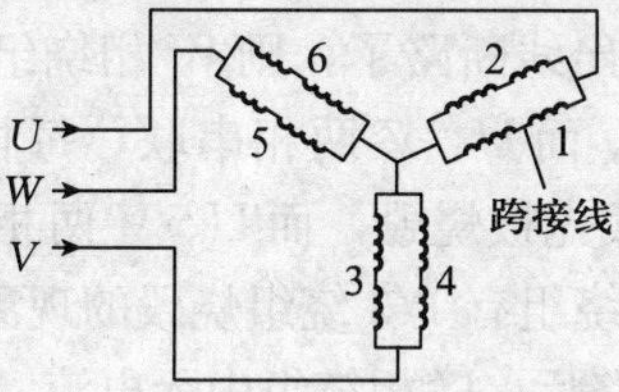6 2 5 1 U W V 跨接线 3 4	每根电源线与两个线圈相连接，且 6 个线圈连接在一起，或者 3 个线圈组连接在同一中点，即为两路丫形连接
两路并联△形连接	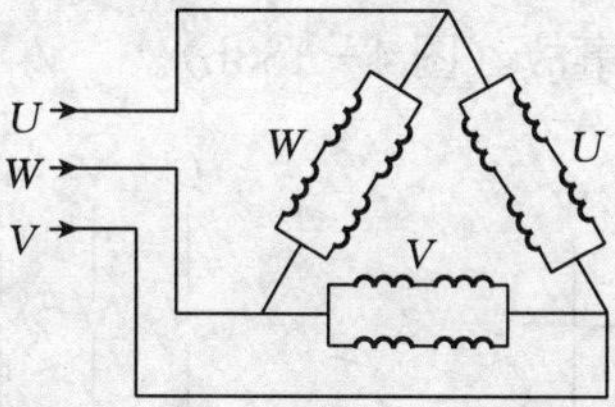U W V W U V	每根电源线与 4 个线圈相连接，且无丫形中点，即为两路并联连接
三路并联丫形连接	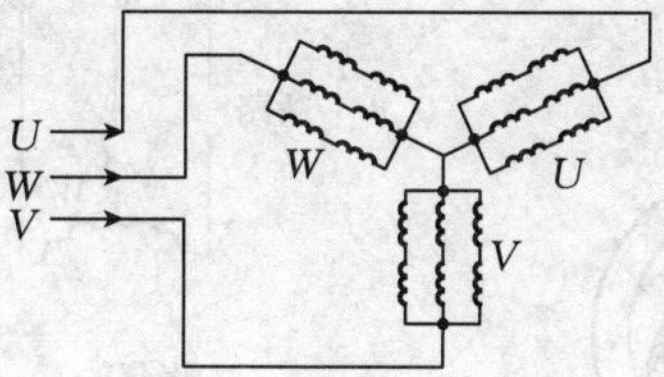U W V W U V	每根电源线与 3 个线圈组相连接，这台电动机一定是三路并联丫形连接
四路并联丫形连接	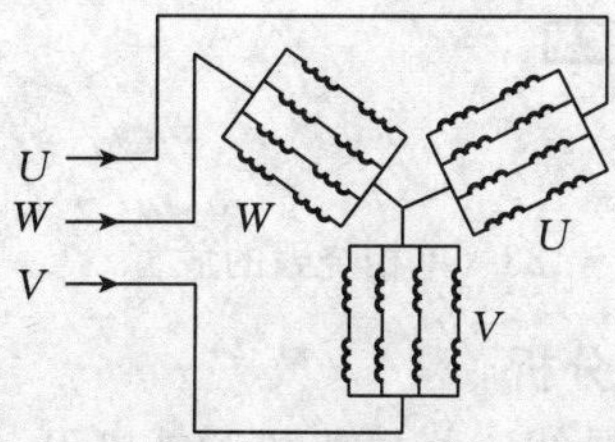U W V W U V	每根电源线与 4 个线圈组相连接，且这 12 个线圈连接在一个中点，则为四路并联丫形连接

七、单相烧毁的故障诊断与排除

1. 三相异步电动机单相烧毁的危害 三相异步电动机中的三相，如果其中一相绕组断路或一相引出线断裂，或一相熔断器熔断，均属于单相烧毁。

如果电动机尚未启动就发生一相断路，则启动时电动机不能运转，若不立即切断电源，则绕组很快就会发热烧毁。如果运行中的电动机发生断相故障，则在负载不大时，电动机仍能连续运转，但属于“带病”不正常工作，绕组也会发热，甚至烧毁。所以，三相异步电动机缺相运行是不允许的，否则，将造成更大的故障。

对于△连接绕组，U 相引出线断路了，则 W 相绕组承受 380 V 电压，是原来相电压 220 V 的 1.73 倍，而 U、V 两相串联，每相承受 380 V 的一半，即 190 V 电压，所以 W 因过载先被烧毁，而 U、V 两相未来得及烧毁时电动机已停止工作，所以造成三相绕组有 1/3 绕组烧毁的现象出现（图 4－133a）。

对于Y连接绕组，U 相断路后，U 相绕组中无电流，而 V、W 相串联承受 380 V 电压，由于三相绕组的负载全由 V、W 两相承担，运行时间不久后，也会因过载而造成 2/3 绕组烧毁事故（图 4－133b）。

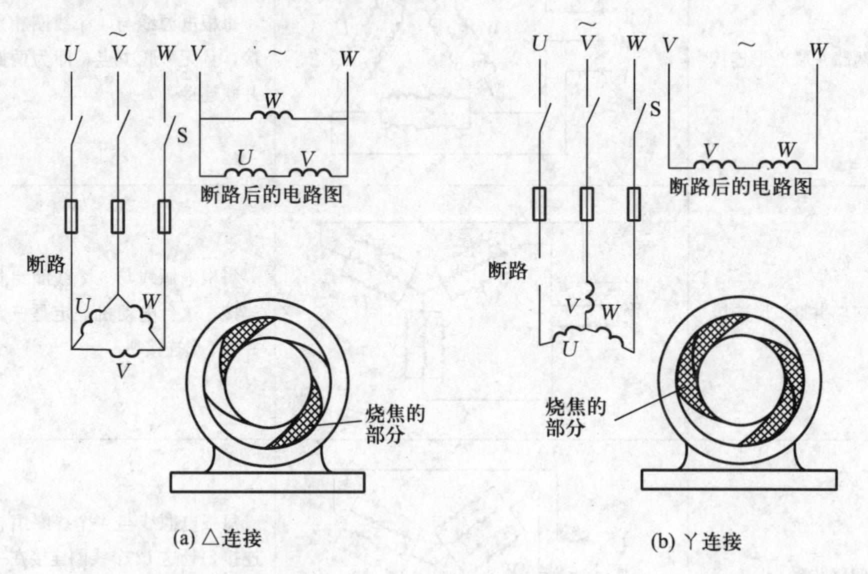

图 4－133 单相烧毁的危害

2. 电动机单相烧毁的原因分析

（1）刮风下雨，造成电源导线一相接头松脱或断开。

(2) 电源开关或启动设备的触头烧伤、松动、接触不良，造成线路一相不通电。

(3) 电动机内部线圈的接头脱焊或其他原因，造成一相绕组断路。

(4) 熔断器有一相熔体在安装过程中受到机械损伤，虽然当时未断开，但在电动机的运行过程中受电流的电力作用而熔断，造成电动机缺相运行。

(5) 配电变压器高压侧或低压侧的熔断器一相熔断。在这种情况下，由该变压器供电的所有电动机都会缺相运行。

3. 电动机单相烧毁的检查

(1) 检查熔丝是否烧毁　如图 4-134 所示，查看开关上的熔丝是否熔断，若熔断，应排查熔丝熔断原因，再更换熔丝。

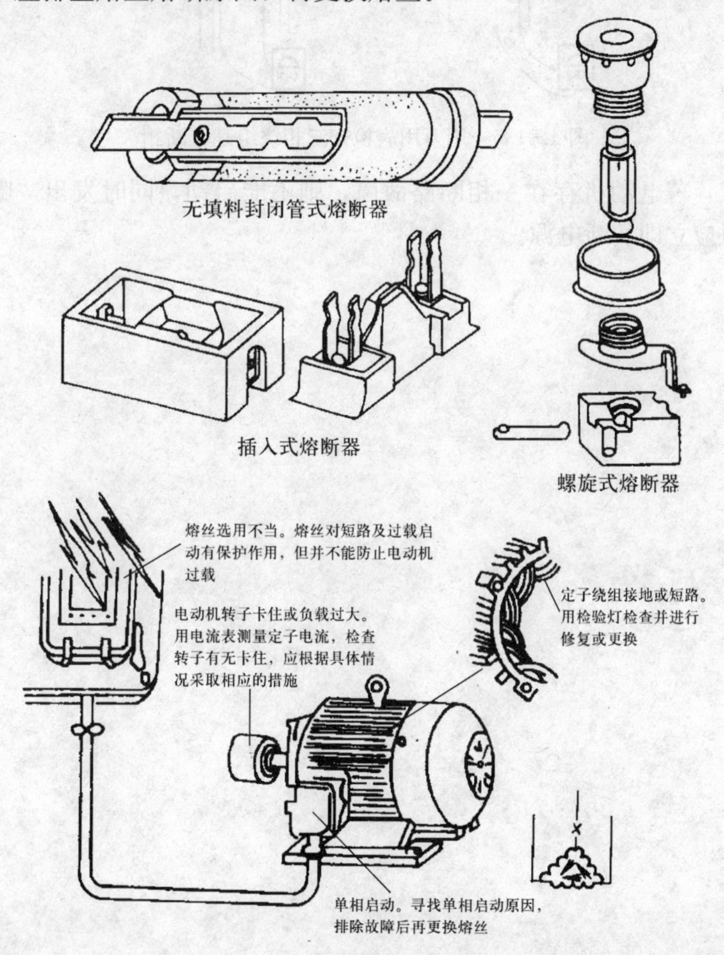

图 4-134　熔丝烧毁的原因

（2）检查绕组是否断相　如图 4－135 所示，用万用表检查三相绕组的直流电阻或导通性，查看有无断路。若绕组断路，则需更换绕组或重绕。

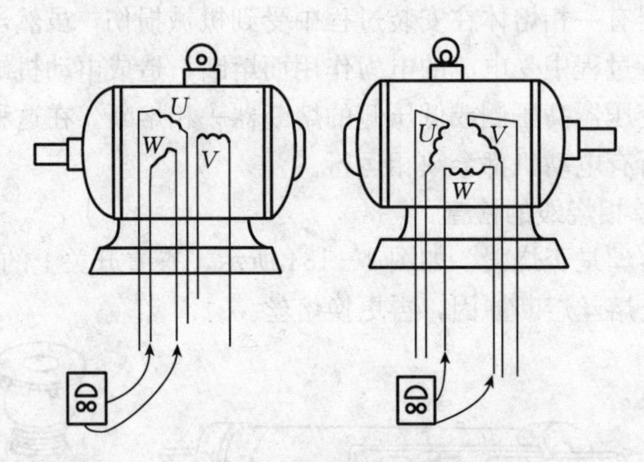

图 4－135　用万用表检查三相绕组是否断相

注意：若电动机存在一相断路故障，则不能启动，同时发出“嗡嗡”响声，此时应立即切断电源。

第五章

单相交流电动机的修理

在农村，单相交流电动机也得到广泛应用。在家用电器中，风扇、洗衣机、电冰箱、空调、冷柜、电吹风、电唱机等均采用单相交流电动机；在电动工具中，如手电钻、电动刮刀、电铰刀、电动锯、切割机、电剪刀、电动攻丝机、电动扳手、电动螺丝刀、电动采茶机、电动剪枝机、冲击电钻、电锤、电镐、电动刨光机等也采用单相交流电动机。

所以，电动机修理工还必须掌握单相交流电动机的知识，对其进行故障诊断和维修，也是基本技能之一。

第一节　单相交流电动机的结构原理

一、单相交流电动机的分类

单相交流电动机是指有一相定子绕组由单相交流电源供电的电动机。功率一般在 750 W 以下，属于小功率电动机类。

单相交流电动机结构简单，使用方便，应用广泛，品种规格繁多。

1. 按工作原理分　按工作原理不同，单相交流电动机主要分为单相异步电动机、单相同步电动机和单相换向器电动机。

单相异步电动机又可分为分相电动机、电容启动电动机、电容启动与运转电动机、罩极电动机等。

单相同步电动机又可分为反应式磁滞电动机和永磁式磁滞电动机。

单相换向器电动机又可分为单相串励电动机和交直流两用电动机。

几种单相交流电动机的结构特点见表 5-1。

2. 按功率大小分　按电动机的功率大小不同，单相交流电动机通常分为 0.4 W、0.6 W、1.0 W、1.6 W、2.5 W、4 W、6 W、10 W、16 W、25 W、40 W、60 W、90 W、120 W、180 W、250 W、370 W、550 W、750 W、1 100 W 共 20 个等级。

表 5-1　几种单相交流电动机的结构特点

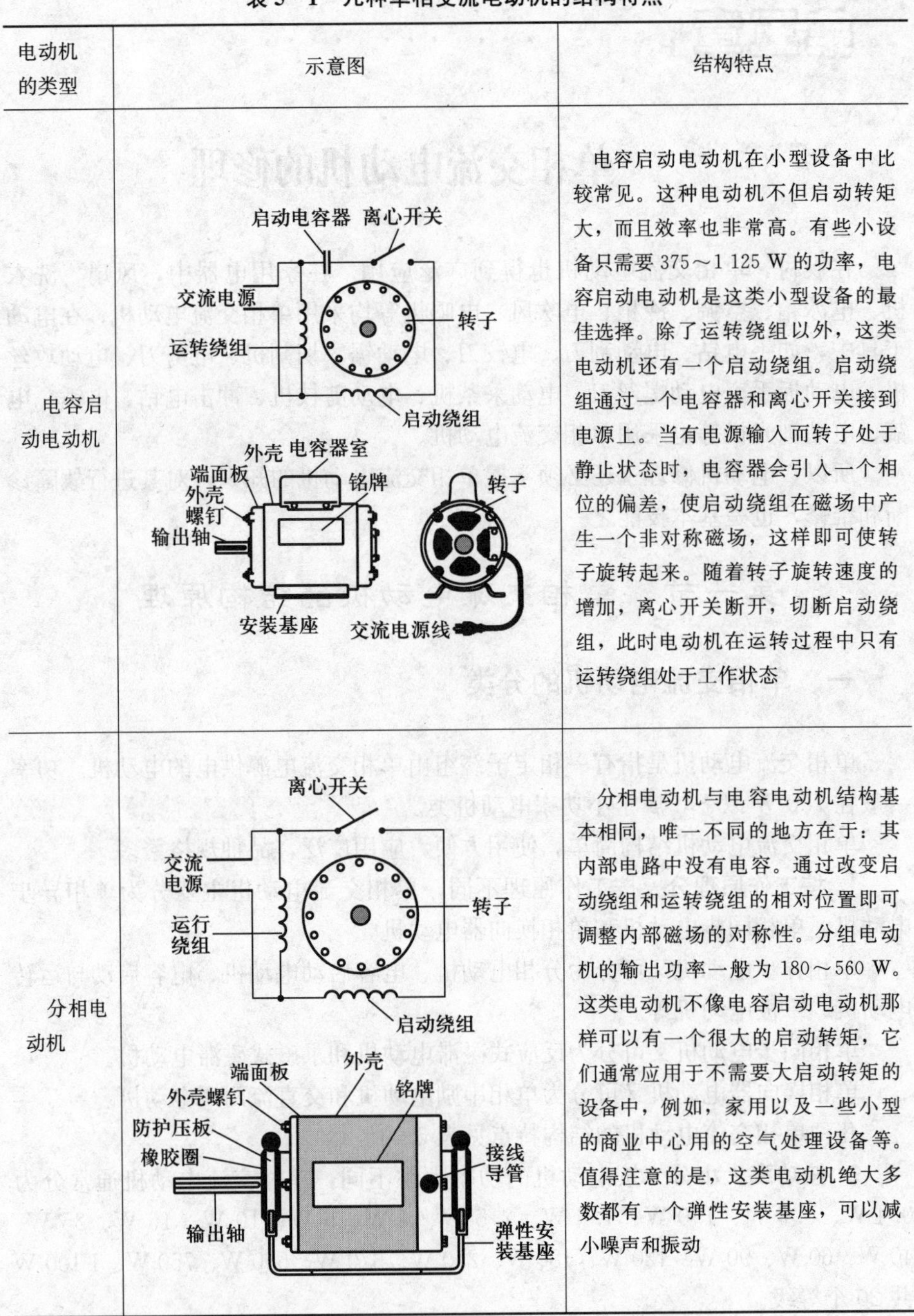

电动机的类型	示意图	结构特点
电容启动电动机		电容启动电动机在小型设备中比较常见。这种电动机不但启动转矩大，而且效率也非常高。有些小设备只需要 375～1 125 W 的功率，电容启动电动机是这类小型设备的最佳选择。除了运转绕组以外，这类电动机还有一个启动绕组。启动绕组通过一个电容器和离心开关接到电源上。当有电源输入而转子处于静止状态时，电容器会引入一个相位的偏差，使启动绕组在磁场中产生一个非对称磁场，这样即可使转子旋转起来。随着转子旋转速度的增加，离心开关断开，切断启动绕组，此时电动机在运转过程中只有运转绕组处于工作状态
分相电动机		分相电动机与电容电动机结构基本相同，唯一不同的地方在于：其内部电路中没有电容。通过改变启动绕组和运转绕组的相对位置即可调整内部磁场的对称性。分组电动机的输出功率一般为 180～560 W。这类电动机不像电容启动电动机那样可以有一个很大的启动转矩，它们通常应用于不需要大启动转矩的设备中，例如，家用以及一些小型的商业中心用的空气处理设备等。值得注意的是，这类电动机绝大多数都有一个弹性安装基座，可以减小噪声和振动

（续）

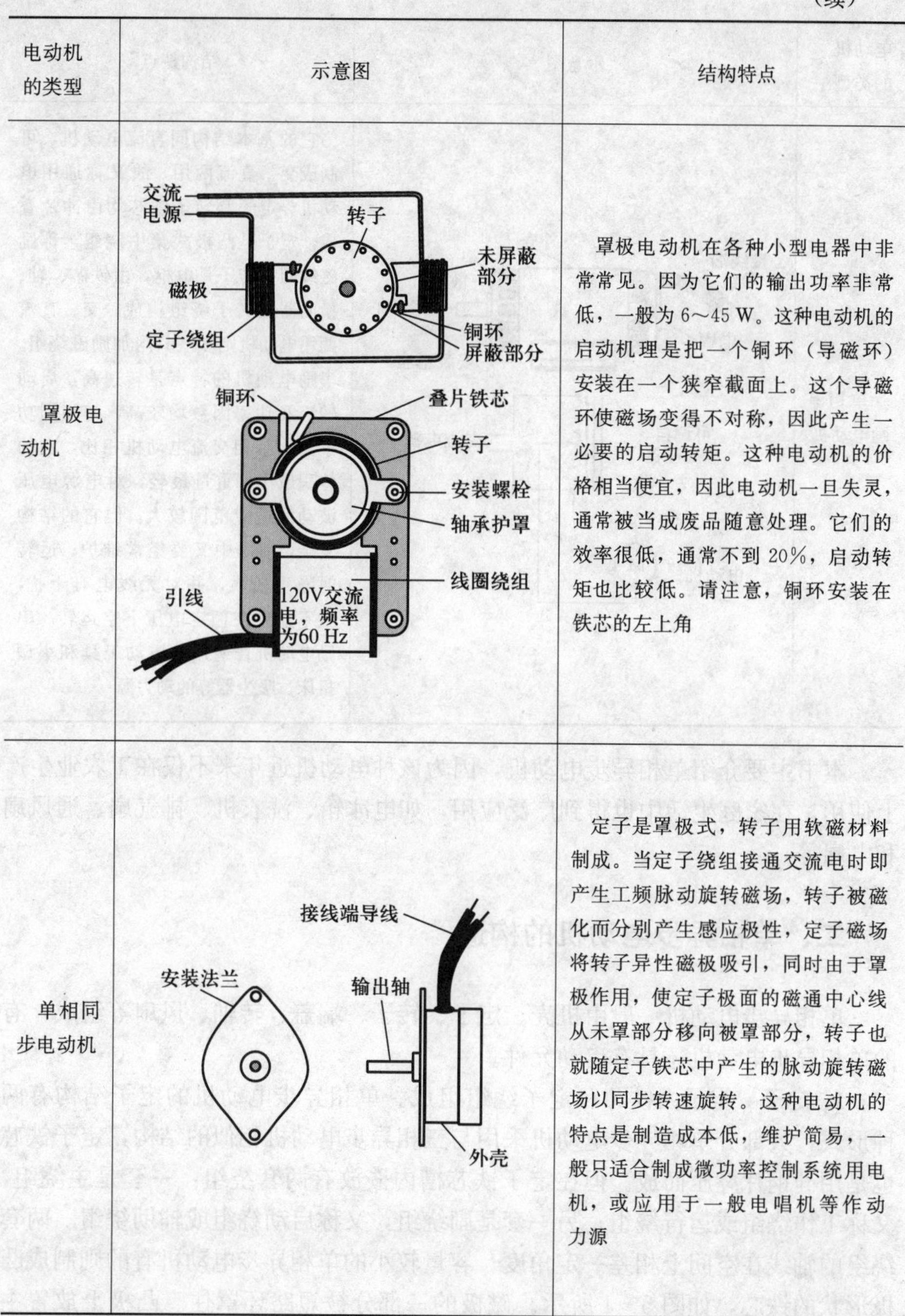

电动机的类型	示意图	结构特点
罩极电动机		罩极电动机在各种小型电器中非常常见。因为它们的输出功率非常低，一般为6～45 W。这种电动机的启动机理是把一个铜环（导磁环）安装在一个狭窄截面上。这个导磁环使磁场变得不对称，因此产生一必要的启动转矩。这种电动机的价格相当便宜，因此电动机一旦失灵，通常被当成废品随意处理。它们的效率很低，通常不到20%，启动转矩也比较低。请注意，铜环安装在铁芯的左上角
单相同步电动机		定子是罩极式，转子用软磁材料制成。当定子绕组接通交流电时即产生工频脉动旋转磁场，转子被磁化而分别产生感应极性，定子磁场将转子异性磁极吸引，同时由于罩极作用，使定子极面的磁通中心线从未罩部分移向被罩部分，转子也就随定子铁芯中产生的脉动旋转磁场以同步转速旋转。这种电动机的特点是制造成本低，维护简易，一般只适合制成微功率控制系统用电机，或应用于一般电唱机等作动力源

（续）

电动机的类型	示意图	结构特点
单相串励电动机	外壳 接线端导线 散热孔 输出轴 电刷 安装基座 可调自耦变压器 交流电源 通用电动机 M	它的基本结构同直流电动机，可制成交、直流两用，故又称通用电动机。定子和转子铁芯均由冲片叠成，定子是凸极式集中绕组，称励磁线圈；转子是电枢，由铁芯、轴、换向器及转子绕组构成。交、直流两用电动机则多一只附加励磁绕组。串励电动机的特点是转速高，启动转矩及功率因数均较高，与相同功率其他单相交流电动机相比，它的体积最小，重量最轻，对电源电压波动的适应范围较大。但它的结构复杂，使用中又要经常维护；运转时噪声较大，并对无线电有干扰，且不允许在额定电压下空运转。串励电动机普遍用作电动工具和小型机床、吸尘器等的动力源

本书主要介绍单相异步电动机，因为该种电动机近年来不仅在工农业生产上使用，在家庭生活中也得到广泛应用，如电冰箱、洗衣机、排气扇、通风扇和电扇等。

二、单相异步电动机的构造

单相异步电动机一般由机壳、定子、转子、端盖、转轴、风扇等组成，有的单相异步电动机还具有启动元件。

1. 定子 定子由铁芯和定子绕组组成。单相异步电动机的定子结构有两种形式，大部分单相异步电动机采用与三相异步电动机相似的结构，定子铁芯也是用硅钢片叠压而成。但在定子铁芯槽内嵌放有两套绕组：一套是主绕组，又称工作绕组或运行绕组；另一套是副绕组，又称启动绕组或辅助绕组。两套绕组的轴线在空间上相差一定角度。容量较小的单相异步电动机有的则制成凸极形状的铁芯，如图 5－1 所示。磁极的一部分被短路环罩住。凸极上放置主绕组，短路环为副绕组。

2. 转子　单相异步电动机的转子与鼠笼式三相异步电动机的转子相同。

3. 启动元件　单相异步电动机的启动元件串联在启动绕组（副绕组）中，启动元件的作用是在电动机启动完毕后，切断启动绕组的电源。常用的启动元件有以下几种：

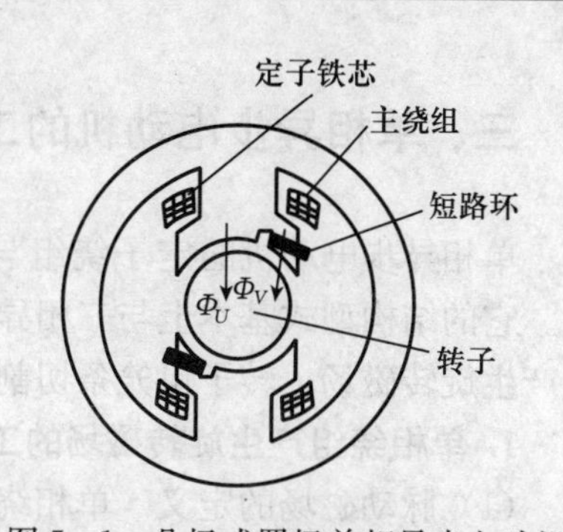

图 5-1　凸极式罩极单相异步电动机

（1）离心式开关　离心式开关位于电动机端盖的里面，它包括静止和旋转两部分（图 5-2）。其旋转部分安装在电动机的转轴上，它的 3 个指形铜触片（称动触头）受弹簧的拉力紧压在静止部分上。静止部分是由两个半圆形铜环（称静触头）组成，这两个半圆形铜环中间用绝缘材料隔开，它装在电动机的前端盖内。

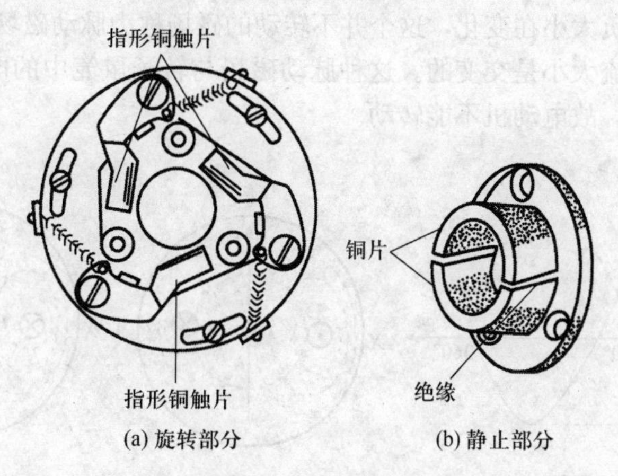

(a) 旋转部分　(b) 静止部分

图 5-2　离心式开关

当电动机静止时，无论旋转部分在什么位置，总有一个铜触片与静止部分的两个半圆形铜环同时接触，使启动绕组接入电动机电路。电动机启动后，当转速达到额定转速的 70%～80%时，离心力克服弹簧的拉力，使动触头与静触头脱离接触，使启动绕组断电。

（2）启动继电器　启动继电器是利用流过继电器线圈的电动机启动电流大小的变化，使继电器动作，将触头闭合或断开，从而达到接通或切断启动绕组电源的目的。

三、单相异步电动机的工作原理

单相异步电动机的定子绕组与单相电源 220 V 相连接，转子为鼠笼式结构。它的结构型式基本上与三相异步电动机相同，工作原理也相同——定子绕组产生旋转磁场，转子鼠笼条切割磁力线产生感应电流而转动。

1. 单相绕组产生旋转磁场的工作原理

（1）脉动磁场的定义　单相绕组电动机与单相电源 220 V 相连接，是不会产生旋转磁场的，电动机不能启动，因为没有启动转矩，只能产生所谓“脉动磁场”。

如图 5-3 所示，只有一套绕组 $A-X$，并与单相电压 220 V 相连接，其内瞬间流通的电流，假设由首 A 进入⊗由尾 X 出来⊙时，电流为正，那么此时在电动机中产生的磁通 $+\Phi$ 方向向上。经过一段时间以后，电流由正变负，首 A 为⊙，尾 X 为⊗，则磁通 $-\Phi$ 向下。磁场在电动机绕组 $A-X$ 的轴线（垂直方向）上正、负大小在变化，这个并不转动的磁场称为脉动磁场。其在转子鼠笼中感应的电流大小是交变的。这种脉动磁场与转子鼠笼中的电流相互作用，不能产生转矩，故电动机不能转动。

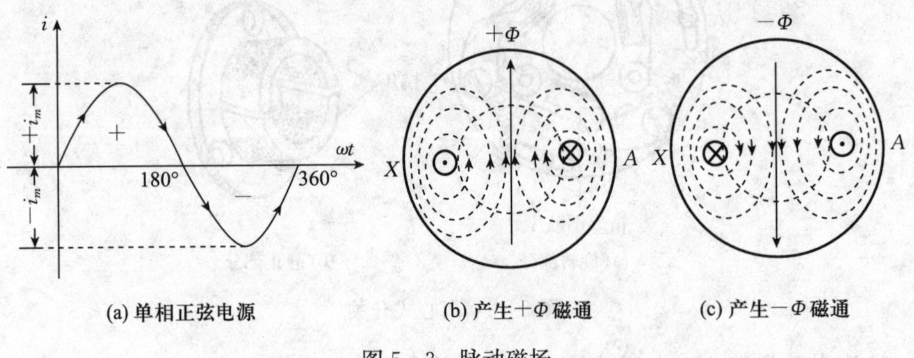

(a) 单相正弦电源　(b) 产生$+\Phi$磁通　(c) 产生$-\Phi$磁通

图 5-3　脉动磁场

（2）旋转磁场的形成　为了使单相电机工作应采取的措施如下：定子嵌入参数不同的两套（相）绕组，通入不同相位的电流，电机就会产生旋转磁场了。两绕组嵌入定子铁芯槽中，它们空间互差 90°电角度，如图 5-4 所示。其中 mm' 称主绕组或工作绕组，通入电流为 i_m；aa' 称副绕组或启动绕组，通入电流为 i_a，并且使电流 i_m 在相位上落后 i_a 电角度 90°。它们的波形如图 5-5 所示，其大小可以相等也可以不相等，都是正弦交流。

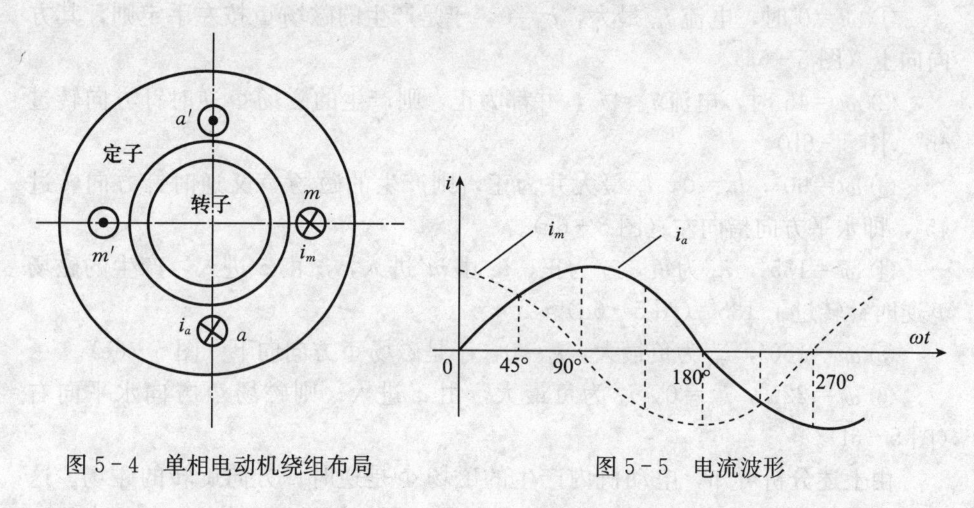

图 5-4　单相电动机绕组布局　　　　图 5-5　电流波形

当绕组 m-a 同时通入 i_m、i_a 电流时，取几个特定的时间，来观察它们在电机内产生的磁场中的变化情况，如图 5-6 所示。

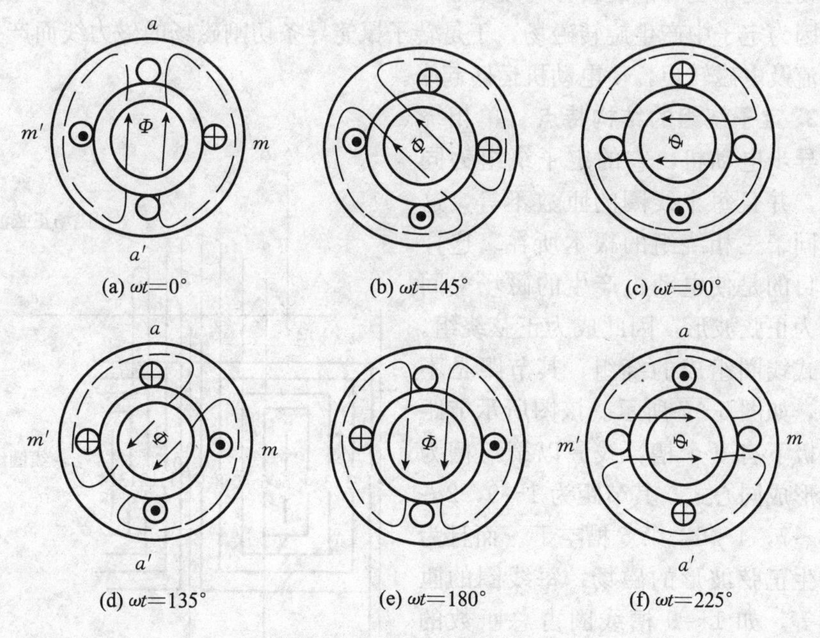

图 5-6　旋转磁场的产生

令电流正方向由绕组 m-a（首）进入；电流为负由 m'-a'（尾）进入。结合图 5-5，当取：

① $\omega t=0°$时，电流 i_m 最大，$i_a=0$，于是产生的磁场 Φ 按左手定则，其方向向上（图 5－6a）。

② $\omega t=45°$时，电流 $i_m=i_a$，并都为正，则产生的磁场 Φ 逆时针方向转过 45°（图 5－6b）。

③ $\omega t=90°$，$i_m=0$，i_a 最大并为正，则产生的磁场 Φ 又逆时针方向转过 45°，即水平方向指向左（图 5－6c）。

④ $\omega t=135°$，i_m 为负，i_a 为正，i_m 由 m' 进入，i_a 由 a 进入，产生的磁场 Φ 逆时针转过了 135°（图 5－6d）。

⑤ $\omega t=180°$，i_m 为负最大，$i_a=0$，于是磁场 Φ 方向向下（图 5－6e）。

⑥ $\omega t=225°$，$i_m=0$，i_a 为负最大，由 a' 进入，则磁场 Φ 方向水平向右（图 5－6f）。

由上述分析可知，电动机内产生的磁场 Φ 是逆时针方向旋转的磁场。这里举例是 2 极的，同理，多极数的也是如此。假如将任意一个绕组的方向，由首改成尾时，例如令电流 i_m 正由 m'（尾）进入，负由 m（首）进入，则产生的磁场强度不变，但旋转方向改变了。

因为定子中产生旋转磁场，于是转子鼠笼导条切割磁场的磁力线而产生感应电流及电磁转矩，使电动机运转起来。

2. 定子绕组的结构特点　单相绕组的异步电动机，它的定子绕组为同心式，并且每个线圈的匝数不等，这是不同于三相绕组的根本所在。这样做的目的是使电动机产生的磁场空间分布为正弦波形，因此成为正弦绕组。同心式线圈组成的绕组，其节距是不等的，如图 5－7 所示。该图所示节距为每极下有 9 个槽，线圈以第 5 槽为中心形成同心式，其节距为 1～9，2～8，3～7，4～6，第 5 槽空下。而且为了产生正弦波形的磁场，每线圈的匝数不等。如 1～9 槽线圈占总匝数的 34.6％，2～8 槽占 30.6％，3～7 槽占 22.7％，4～6 槽占 12.1％。它们按匝数多产生磁场强、匝数少产生磁场弱

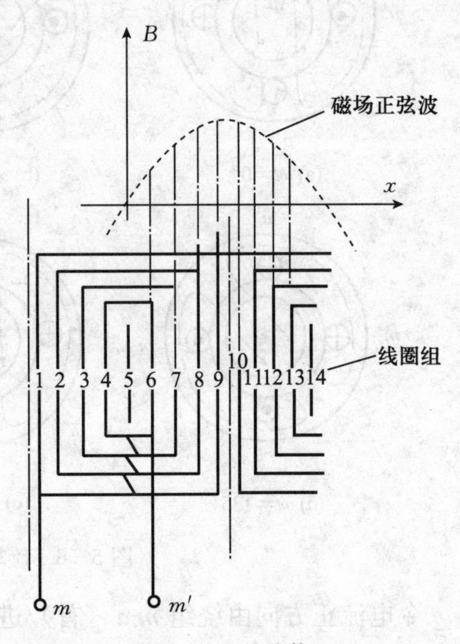

图 5－7　正弦绕组

的规律，形成了磁场波形，为正弦形的。这种绕组的缺点是有的槽中嵌线多，有的少，使铁芯利用率低，绕组也复杂化，但它能改善电动机性能，提高启动能力等。

电动机的副绕组 a 嵌入槽中的位置，是取与主绕组 m 相隔 90°电角度的位置，如图 5－8 所示。它的线圈由第 5 槽开始，即有 5～14，6～13，7～12，8～11。其形式与主绕组相同，也产生正弦形的磁场。有时为了节省铜线，副绕组的形式可与主绕组不同，如 8～11 线圈不要，这样副绕组的空槽有 8、9、11 三个槽。

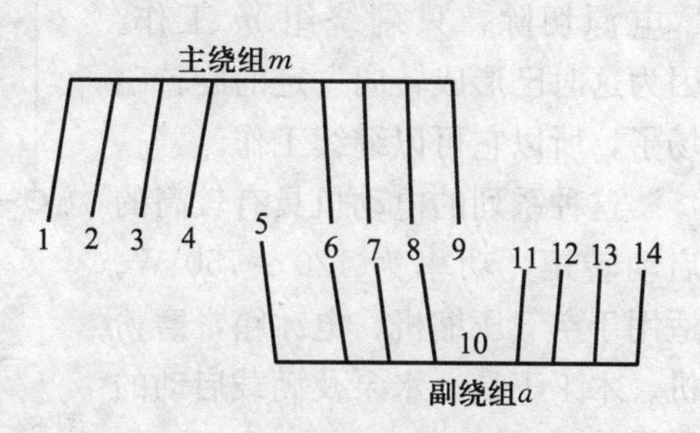

图 5－8　主、副绕组嵌线排列

从正弦绕组的特点可知，由于在槽中嵌入主、副绕组，所以有的槽内是双层（主、副绕组），有的槽为单层，因此每槽的利用率不等。嵌线时有的槽内导线少较松，有的槽内导线多较紧。

3. 电阻分相启动式单相交流电动机的工作原理　其原理是利用主、负组匝数不等及线号出线不同的条件，使两绕组的电阻值不等的原理，虽然两绕组同时并于一个单相电源，但其中电流 i_m 与 i_a 之间产生相位差，空间二绕组相差 90°电角度，因此可产生旋转磁场，使电动机运转。因此，常将它称为电阻启动单相异步电动机，其接线如图 5－9 所示。

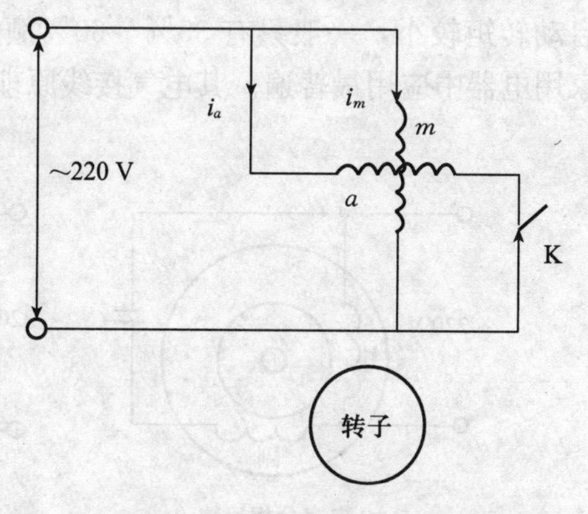

图 5－9　电阻分相启动式单相交流电动机电路

启动时，串联于副绕组 a 电路中的离心开关 K 是闭合的，当电动机的转速达到 75％～80％额定转速时离心开关打开，将副绕组 a 切断电源，此时只剩主绕组 m 继续工作（由理论分析可知，一个绕组的电动机，只要沿任意方向转动起来后，在电动机中就能够形成旋转磁场）。这种电动机功率为 60～370 W。它具有中等启动转矩和过载能力。适用于小型机床、鼓风机、医疗机械等。

4. 电容分相启动式单相交流电动机的工作原理　副绕组 a 不但串联离心开关 K，同时又串入启动用的启动电容器 C，如图 5－10 所示。

启动时 m、a 及 C 参加工作，当转速达到 75%～80%额定转速时，离心开关将绕组 a 连同电容器 C 电源切除，只剩绕组 m 工作。因为这时已形成转向一定的旋转磁场了，所以它可以继续工作。

这种系列的电动机具有较高的启动转矩，功率为 120～750 W。适用于空气压缩机、电冰箱，磨粉机、木工工具、水泵及满载启动的机械等。

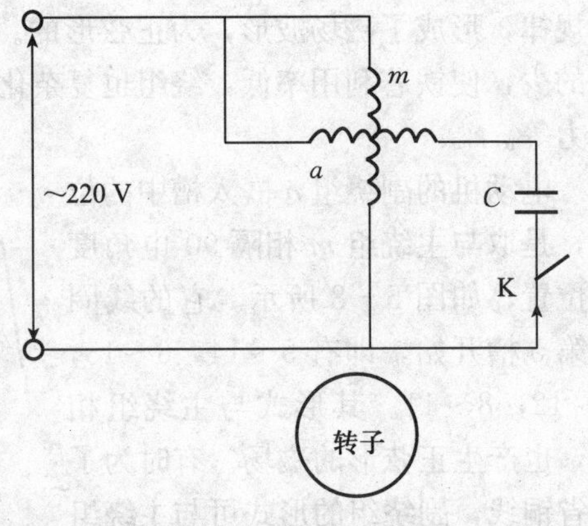

图 5-10　电容分相启动式单相交流电动机电路

5. 电容分相运转式单相交流电动机的工作原理　其结构与分相电动机相同，但副绕组串联的电容器启动后不脱离电源，因此嵌装在定子槽内的主、副绕组同时投入运行，实质上构成两相电动机。

电容电动机的功率因数、效率与过载能力均比其他单相交流电动机高，但启动转矩较小，一般只有 35%～60%额定转矩。由于它的运行性能优越，在家用电器中应用最普遍。其电气接线原理如图 5-11 所示。

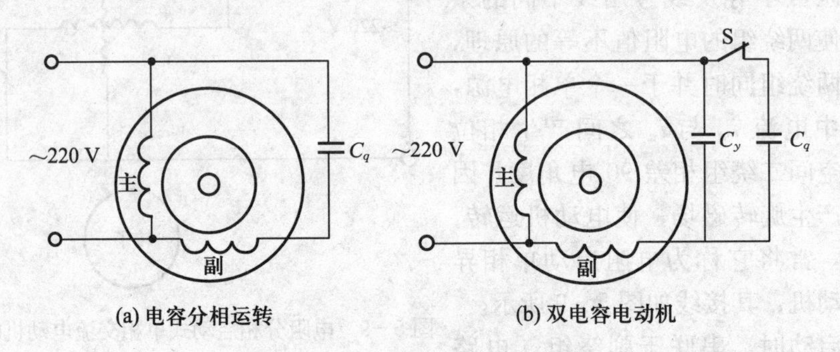

图 5-11　电容运转电动机电路

6. 罩极式单相交流电动机的工作原理　罩极式单相交流电动机是单相交流电动机中结构最简单的一种。转子是鼠笼式的，定子一般为凸极，每个磁极的励磁绕组（主绕组）集中绕在凸极周围，称为中绕组，副绕组是一只电阻值很小的闭合短路铜环，如图 5-12 所示。一般凸极极面的 1/3～1/2 处开有一凹槽，供嵌入短路铜环把部分磁极罩住，故称罩极式电动机。

罩极式电动机通电时，由于磁极中的被罩部分、未罩部分的磁阻不同，从

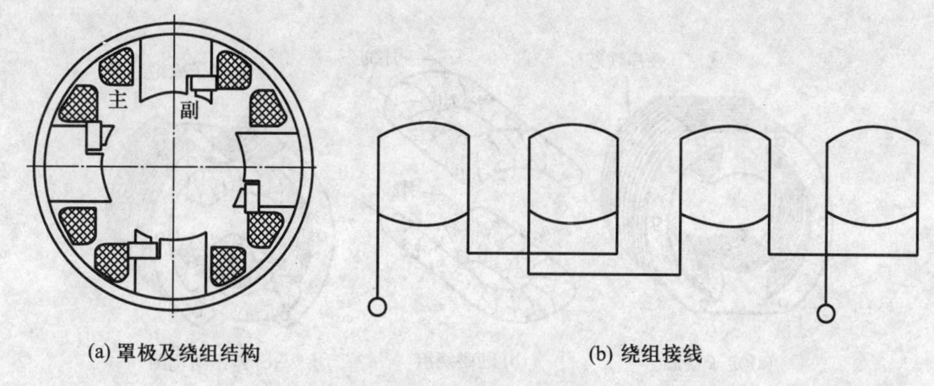

(a) 罩极及绕组结构　　(b) 绕组接线

图 5-12　罩极式电动机

而形成磁场相位差，使之达到移相启动的目的。在较大功率罩极式电动机的定子上则采用有槽隐极式分布绕组，其结构与电阻分相电动机相似，但副绕组匝数很少，只有 1 匝或几匝，并构成短路闭合。

罩极式电动机构造简单，成本低廉且结构坚固，在有些电风扇、电唱机以及仪表上多采用。但其效率极低，目前除家用小型电风扇、鼓风机及一些微型电动器具尚应用外，均被电容电动机所替代。

7. 单相串励电动机的结构与工作原理

（1）单相串励电动机的基本构造　单相串励电动机的基本结构如图 5-13 所示。它主要由定子、电枢、换向器、电刷、刷架、机壳、轴承等几部分组成。其结构与一般小型直流电动机相似。

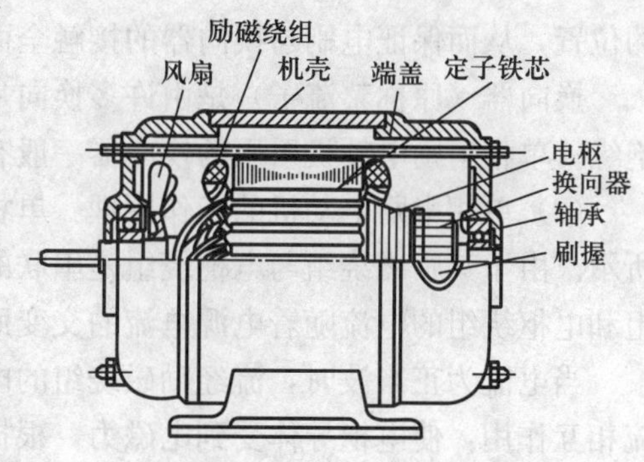

图 5-13　单相串励电动机的结构

① 定子。定子由定子铁芯和励磁绕组（原称激磁绕组）组成，如图 5-14 所示。定子铁芯用 0.5 mm 厚的硅钢片冲制的凸极形冲片叠压而成。励磁绕组是用高强度漆包线绕制成的集中绕组。

② 电枢（转子）。电枢是单相串励电动机的转动部分，它由转轴、电枢铁芯、电枢绕组和换向器等组成，如图 5-15 所示。

电枢铁芯由 0.35～0.5 mm 厚硅钢片叠压而成，铁芯表面开有很多槽，用以嵌放电枢绕组。电枢绕组由许多单元绕组（又称元件）构成。每个单元绕组的首端和尾端都有引出线，单元绕组的引出线与换向片按一定的规律连接，从

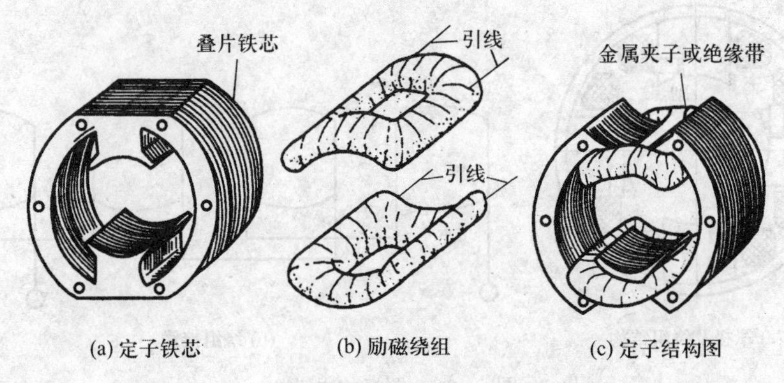

(a) 定子铁芯　(b) 励磁绕组　(c) 定子结构图

图 5-14　单相串励电动机的定子结构

而使电枢绕组构成闭合回路。

③ 点刷架和换向器。单相串励电动机的点刷架一般由刷握和弹簧等组成。刷握按其结构形式可分为管式和盒式两大类。刷握的作用是保证电刷在换向器上有准确的位置，从而保证电刷与换向器的接触全面且紧密。

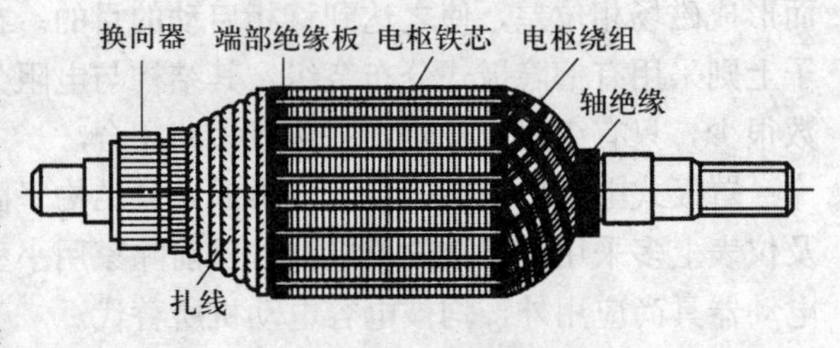

图 5-15　单相串励电动机的电枢

换向器（原称整流子）是由许多换向片组成的，各个换向片之间都要彼此绝缘。单相串励电动机采用的换向器一般有半塑料和全塑料两种。

（2）单相串励电动机的工作原理　单相串励电动机的工作原理如图 5-16 所示。由于其励磁绕组与电枢绕组是串联的，所以当接入交流电源时，励磁绕组和电枢绕组的电流随着电源电流的交变而同时改变方向。

当电流为正半波时，流经励磁绕组的电流所产生的磁场与电枢绕组中的电流相互作用，使电枢导体受到电磁力，根据左手定则可以判定，电枢绕组所受电磁转矩为逆时针方向。因此，电枢逆时针方向旋转。

当电流为负半波时，励磁绕组中的电流和电枢绕组中的电流同时改变方向，同样应用左手定则，可以判断出电动机电枢的旋转方向仍为逆时针方向。显然当电源极性周期性地变化时，电枢总是朝一个方向旋转，所以单相串励电动机可以在交、直流两种电源上使用。

在实际应用中，如果需要改变单相串励电动机的转向，只需将励磁绕组（或电枢绕组）的首尾端调换一下即可。

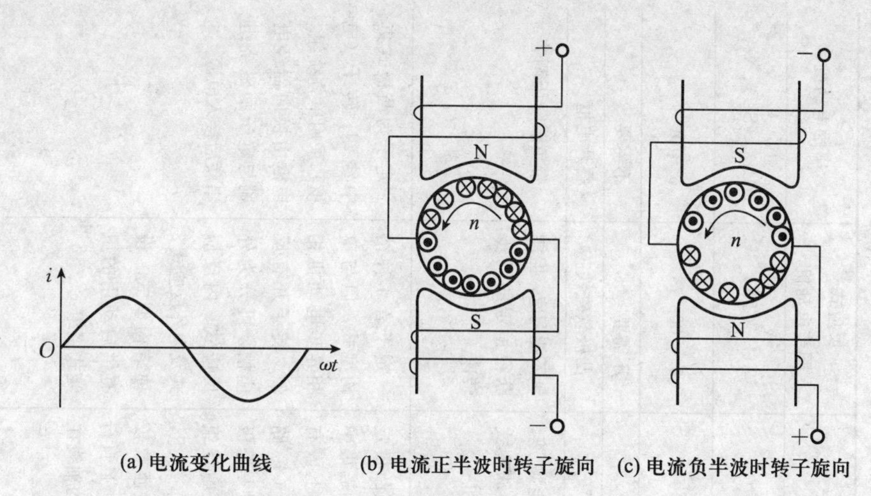

图 5 - 16　单相串励电动机的工作原理

单相串励电动机的基本结构与一般小型直流电动机相似。但是，单相串励电动机和直流电动机比较，具有以下特点：

① 单相串励电动机的主极磁通是交变的，它将在主极铁芯中引起很大的铁耗，使电动机效率降低、温升提高。为此，单相串励电动机的主极铁芯以及整个磁路系统均需用硅钢片叠成。

② 由于单相串励电动机的主极磁通是交变的，所以在换向元件中除了电抗电动势和旋转电动势外，还增加了一个变压器电动势，从而使其换向比直流电动机更困难。

③ 由于单相串励电动机主极磁通是交变的，为了减小励磁绕组的电抗以改善功率因数，应减少励磁绕组的匝数，为了保持一定的主磁通，应尽可能采用较小的气隙。

④ 为了减小电枢绕组的电抗以改善功率因数，除电动功用的小容量电动机外，单相串励电动机一般都在主极铁芯上装置补偿绕组，以抵消电枢反应。

四、单相交流电动机的性能特点与应用范围

单相电动器具的品种繁多，所采用的电动机型式也各异，家用电器及电动工具设备所常用的单相交流电动机的结构特征、性能特点和应用范围见表 5 - 2。

表 5-2　常用单相交流电动机的结构特征、性能特点和应用范围

电动机类型	电阻分相启动式	电容分相启动式	电容运转式	罩极式	反应式同步电动机	串励电动机
基本系列型号	YU(BO、BO2、JZ)	YC(CO、CO2、JY、JDY)	YY（DO、DO2、JX)	YJ	TU、(TX)	HL、(SU)、G
功率范围（W）	18～600	120～750	5～600	0.5～120	5～700	8～750
启动装置	启动开关	启动开关	不需要	不需要	不需要	不需要
转子结构	鼠笼式	鼠笼式	鼠笼式	鼠笼式	凸极软磁铁芯	叠片电枢
调速性能	一般不能调速	一般不能调速	可采用抽头式改变主、副绕组阻抗或串联外接电抗器调速	一般不能调速，但可制成特殊型式的多速电动机	不能调速，但能获得恒定的同步转速	带负载降压调速
结构特点	定子是分布绕组，主、副绕组轴线在空间相差90°电角。一般是主绕组匝数多、导线较粗，副绕组匝数少，但导线细以增加电阻。副绕组经启动开关与主绕组并接于电源，当转速达到75%～80%同步转速时，启动开关断开副绕组电源，由主绕组单独工作	定子绕组分布与电阻分相电动机相同，但副绕组导线较粗，副绕组与启动电容器串联通过启动开关接入电源启动。启动情况与电阻分相式同	定子嵌有主、副绕组，轴线在空间相差90°电角，一般是副绕组匝数稍多，导线较细（也有采用主、副绕组相同导线与匝数的），工作电容器串接于副绕组，与主绕组并接于电源启动、运行	一般采用凸极定子，主绕组是集中绕组，极靴上嵌有罩极绕组（短路环）。另一种是隐极式定子，主副绕组均采用分布绕组，但启动绕组匝数较少，导线粗，且自行闭合。它们的轴线在空间一般相差45°左右电角	定子有4种结构型式，但与单相异步电动机相似。转子开有反应槽，可分为外反应式、内反应式及内外反应式3种结构型式。设有供启动用的鼠笼式绕组	定子为凸极式集中绕组。转子（电枢）采用单叠绕组。电枢由换向器经电刷与定子励磁绕组串联后接入电源

（续）

电动机类型	电阻分相启动式	电容分相启动式	电容运转式	罩极式	反应式同步电动机	串励电动机
性能特点	制动转矩一般为M_k=1.1～1.7(N·m)，制动电流大，I_k=7～11 A。能用改变接法获得反转	制动转矩大，M_k=2.5～3.0(N·m)，制动电流中等，I_k = 4.8～6.4 A。可用改接反转	制动转矩小，M_k=0.35～1.0 N·m。振动小，噪声低，运行性能优越，并可逆转和调速，但不宜空载或轻载运行	制动转矩小，一般M_k<0.5(N·m)，力能指标差，一般只能单向旋转	制动转矩大，M_k=2～3.5(N·m)，转速恒定且噪声小，过载能力强，运行可靠，但功率小	制动转矩特大，M_k=1.5～6.0(N·m)，而且转速可高到n=4 000～12 000 r/min。机械特性软，调速范围广，过载能力大，但结构复杂，维护困难，成本高
应用范围	适用于中等启动转矩、过载能力且不经常启动，负载可变而要求速度基本不变的场合，如小型车床、鼓风机、医疗器械、工业缝纫机、排风扇等	适用于较大启动转矩的设备，如空气压缩机、电冰箱、磨粉机以及各种泵类设备的满载启动	适用于负荷率高、噪声低的场合，如风扇、吊扇、录音机、电影放映机、记录仪表、电吹风等各种恒载启动的机械	适用于对制动转矩要求不高的场合，如小型风扇、电吹风机、电唱机、电动模型、小鼓风机以及各种小功率电动设备	适用于小功率恒转速的场合，如录音机、摄影机及通信装置、热工仪表等；也可用于电钟、电唱机等	适于在单相交流或直流电源上使用，常用于医疗器械、日用电器、小型机床及电动工具等高速、质量轻及变负载特性的场合

第二节 单相交流电动机的常见故障诊断与排除

一、分相式电动机的常见故障诊断与排除

分相电动机的常见故障有：不能启动，转速变慢，温升过高，有噪声等。分相电动机的常见故障诊断与排除方法见表 5-3。

表 5-3 分相式单相交流电动机的常见故障诊断与排除方法

故障现象	故障原因	排除方法
电动机不能启动	① 电源电压不符合 ② 启动开关触点损坏，处于开断状态 ③ 分相电容器损坏、失效或容量过小 ④ 主绕组有断路、短路或接地 ⑤ 电动机过负载，使保护装置动作切断电源 ⑥ 转子严重断条或端环断裂 ⑦ 轴承卡死、锈蚀或损坏 ⑧ 端盖安装位置不正 ⑨ 转轴弯曲造成与定子相擦（扫膛） ⑩ 转子铁芯与转轴配合过松产生滑动 ⑪ 负载过重或机械部分局部卡死	① 检查电源电压，至 220 V ② 修复启动开关触点，或更换启动开关 ③ 更换分相电容器 ④ 排除主绕组的短路或短路之处 ⑤ 减轻电动机的负荷 ⑥ 修复电动机转子 ⑦ 润滑或更换轴承 ⑧ 重新安装端盖 ⑨ 对于直径较大的转轴可进行修复，对于小直径转轴，则更换 ⑩ 重新装配转轴 ⑪ 减轻负载或润滑
电动机转速变慢	① 电源电压过低 ② 电动机超负载 ③ 副绕组没有脱离电源 ④ 主绕组有局部短路 ⑤ 主绕组有部分接线错误 ⑥ 转子导条脱焊或严重断裂 ⑦ 轴承损坏或轴承室与轴承配合过紧 ⑧ 转子没有轴窜量，运行发热卡紧 ⑨ 端盖安装不正，没有校正好 ⑩ 负载过重或有机械故障	① 检查电源电压，至 220 V ② 减轻电动机的负荷 ③ 排除离心开关短路之处 ④ 排除主绕组短路之处 ⑤ 重新对主绕组进行接线 ⑥ 拆卸电动机，修复转子导条 ⑦ 重新装配端盖 ⑧ 适当安装端盖 ⑨ 重新安装端盖 ⑩ 减轻负载或排除机械故障

（续）

故障现象	故障原因	排除方法
电动机噪声过大	① 绕组极性有错接 ② 绕组有局部短路 ③ 转子导条脱焊或松动、断裂 ④ 铁芯硅钢片有个别断裂、振动 ⑤ 纸屑或杂物进入电动机内腔 ⑥ 槽楔高出铁芯或绝缘纸凸出 ⑦ 风罩开裂或松动 ⑧ 风罩装配位置不正造成与叶片碰擦 ⑨ 风冷却叶片松动 ⑩ 轴承间隙过大 ⑪ 轴承油混入杂质或尘粒 ⑫ 转子的轴向窜动量过大 ⑬ 转子的动平衡没有校正好 ⑭ 离心开关部件松动产生机械碰撞	① 重新对绕组进行接线 ② 排除绕组的短路之处 ③ 拆卸电动机，修复转子导条 ④ 更换铁芯硅钢片 ⑤ 排除进入电动机内腔的杂物 ⑥ 拆卸电动机，重新安装槽楔 ⑦ 更换风罩或紧固风罩 ⑧ 重新安装风罩 ⑨ 紧固叶片 ⑩ 适当调整轴承的预紧力 ⑪ 更换轴承润滑脂 ⑫ 紧固轴承 ⑬ 拆卸电动机，重新校正转子的动平衡 ⑭ 更换离心开关
电动机温升过高	① 主绕组有短路 ② 主副绕组间有短路、接地 ③ 副绕组没有脱离电源运行 ④ 电源电压过低或过高 ⑤ 电动机超负载运行 ⑥ 轴承损坏，轴承油过多或缺油，有杂质 ⑦ 电动机冷却风道堵塞	① 排除主绕组短路之处 ② 排除主、副绕组之间的短路和接地 ③ 排除离心开关短路之处 ④ 调整电源电压至 220 V ⑤ 减轻电动机负荷 ⑥ 更换轴承，适当润滑 ⑦ 清洗疏通冷却风道

二、罩极式单相异步电动机的常见故障诊断与排除

罩极式单相异步电动机具有噪声小、耗电省、温升低、效率高、使用寿命长、可靠性好等特点。主要用于冷柜压缩机、冷凝器风扇冷却、冷柜、冰箱内部空气循环，也可用于啤酒机搅拌电动机及其他仪器、仪表、电器设备的通风散热。

罩极式单相异步电动机的常见故障诊断与排除方法见表 5－4。

表 5-4 罩极式单相异步电动机的常见故障诊断与排除方法

故障现象	故障原因	排除方法
负载时转速不正常或难于启动	① 定子绕组匝间短路或接地 ② 罩极绕组绝缘损坏 ③ 罩极绕组的位置、线径或匝数有误	① 查出故障点，予以修复或重绕定子绕组 ② 更换罩极绕组 ③ 按原始数据重绕罩极绕组
通电后电动机不能启动	① 电源线或定子主绕组断路 ② 短路环断路或接触不良 ③ 罩极绕组断路或接触不良 ④ 主绕组短路或被烧毁 ⑤ 轴承严重损坏 ⑥ 定子、转子之间的气隙不均匀 ⑦ 装配不当，使轴承受外力 ⑧ 传动带过紧	① 查出断路处，并重新焊接好 ② 查出故障点，并重新焊接好 ③ 查出故障点，并焊接好 ④ 重绕定子绕组 ⑤ 更换新轴承 ⑥ 查明原因，予以修复，若转轴弯曲应矫直 ⑦ 重新装配，上紧螺钉，合严止口 ⑧ 适当放松传动带
绝缘电阻降低	① 潮气浸入或雨水浸入电动机内 ② 引出线的绝缘损坏 ③ 电动机过热后，绝缘老化	① 进行烘干处理 ② 重新包扎引出线 ③ 根据绝缘老化程度，分别予以修复或重新浸渍处理
空载时转速过低	① 小型电动机的含油轴承缺油 ② 短路环或罩极绕组接触不良	① 填充适量润滑脂 ② 查出接触不良处，并重新焊接好
运行中产生剧烈振动和异常噪声	① 电动机基础不平或固定不紧 ② 转轴弯曲造成电动机转子偏心 ③ 转子或皮带轮不平衡 ④ 转子断条 ⑤ 轴承严重缺油或损坏	① 校正基础板，拧紧地脚螺栓，紧固电动机 ② 矫正电动机转轴或更换转子 ③ 矫平衡或更换新品 ④ 查出断路处，予以修复或更换转子 ⑤ 清洗轴承，填充新润滑脂或更换轴承

三、单相串励电动机的常见故障诊断与排除

单相串励电动机曾称单相串激电动机，是一种交直流两用的有换向器的电动机。

单相串励电动机主要用于要求转速高、体积小、质量轻、启动转矩大和对调速性能要求高的小功率电器设备中。例如电动工具、家用电器、小型机床、

化工、医疗器械等。

单相串励电动机常常和电动工具等制成一体，如电锤、电钻、电动扳手等。

在单相串励电动机运行中，应经常观察电刷火花的大小，检查电刷、换向器表面的磨损情况。当电动机运行中电刷产生的火花较大时，应及时查明原因，并采取措施予以处理。

由于单相串励电动机轻载时转速很高。所以，在修理单相串励电动机或电动工具后，要带上负载试运行，否则，将造成“飞车”（又称“飞速”）而损坏绕组。

单相串励电动机的常见故障诊断与排除方法见表5-5。

表5-5　单相串励电动机常见故障及排除方法

故障现象	故障原因	排除方法
电动机转速过低	① 电源电压过低 ② 电动机负载过重 ③ 轴承过紧或轴承严重损坏 ④ 轴承内有杂质 ⑤ 电枢绕组短路 ⑥ 换向片间短路 ⑦ 电刷不在中性线位置	① 调整电源电压 ② 适当减轻负载 ③ 更换轴承 ④ 清洗轴承或更换轴承 ⑤ 重绕电枢绕组 ⑥ 重新进行绝缘处理或更换换向器 ⑦ 调整电刷位置
电动机空载时能启动，但加负载后不能启动	① 电源电压过低 ② 励磁绕组或电枢绕组受潮，有轻微的短路 ③ 电刷不在中性线位置	① 调整电源电压 ② 烘干绕组或重绕 ③ 调整电刷，使之位于中性线位置
电路不通，电动机不能启动	① 熔丝熔断 ② 电源断线或接头松脱 ③ 电刷与换向器接触不良 ④ 励磁绕组或电枢绕组断路 ⑤ 开关损坏或接触不良	① 更换同规格熔丝 ② 将断线处重新焊接好，或紧固接头 ③ 调整电刷压力或更换电刷 ④ 查明断路处，接通断路或重绕 ⑤ 修理开关触点或更换开关
电路通，但电动机空载时也不能启动	① 电枢绕组或励磁绕组短路 ② 换向片之间严重短路 ③ 电刷不在中性位置 ④ 轴承过紧，以致电枢被卡	① 查出短路处，予以修复或重绕 ② 更换换向片之间的绝缘材料或更换换向器 ③ 调整电刷位置 ④ 更换轴承

（续）

故障现象	故障原因	排除方法
电刷冒火花	① 电刷过短或弹簧压力不足 ② 电刷或换向器表面有污物 ③ 电刷含杂质过多 ④ 电刷端面与换向器表面不吻合 ⑤ 换向器表面凹凸不平 ⑥ 换向片之间的云母片凸出 ⑦ 电枢绕组或励磁绕组短路 ⑧ 电枢绕组或励磁绕组接地 ⑨ 电刷不在中性线位置 ⑩ 换向片间短路 ⑪ 换向片或刷握接地 ⑫ 电枢各单元绕组有接反的	① 更换电刷或调整弹簧力 ② 清除污物 ③ 更换新电刷 ④ 用细砂纸修磨电刷端面 ⑤ 修磨换向器表面 ⑥ 用小刀片或锯条剔除云母片的凸出部分 ⑦ 查出短路处，进行修复或重绕 ⑧ 查出接地处，进行修复或重绕 ⑨ 调整电刷位置 ⑩ 重新进行绝缘处理 ⑪ 加强绝缘或更换新品 ⑫ 查出错接处，予以纠正
轴承过热	① 电动机装配不当，使轴承受外力 ② 轴承内无润滑脂 ③ 轴承的润滑脂内有铁屑或其他赃物 ④ 转轴弯曲使轴承受外界应力 ⑤ 传动带过紧	① 重新进行装配，拧紧螺钉，合严止口 ② 适量加入润滑脂 ③ 用汽油清洗轴承，适量加入新润滑脂 ④ 矫直转轴 ⑤ 适当放松传动带
励磁绕组发热	① 电动机负载过重 ② 励磁绕组受潮 ③ 励磁绕组有少部分线圈断路	①适当减轻负载 ② 烘干励磁绕组 ③ 重绕励磁绕组
电枢绕组发热	① 电枢单元绕组有接反的 ② 电枢绕组中有少数单元绕组短路 ③ 电枢绕组中有极少数单元绕组短路 ④ 电动机负载过重 ⑤ 电枢绕组受潮 ⑥ 电枢铁芯与定子铁芯相互摩擦	① 找出接反的单元绕组，并改接正确 ② 可去掉短路的单元绕组，不让它通电流，或重绕电枢绕组 ③ 查出短路处，予以修复或重绕 ④ 适当减轻负载 ⑤ 烘干电枢绕组 ⑥ 更换轴承或矫直转轴
电动机转速过高	① 电动机负载过轻 ② 电源电压过高 ③ 励磁绕组短路 ④ 单元绕组与换向片的连接错误	① 适当增加负载 ② 调整电源电压 ③ 重绕励磁绕组 ④ 查出故障所在，并予以改正

（续）

故障现象	故障原因	排除方法
反向旋转时火花大	① 电刷位置不对 ② 电刷分布不均匀 ③ 单元绕组与换向片的焊接位置不对	① 调整电刷位置 ② 调整电刷位置，使电刷均匀分布 ③ 将电刷移到不产生火花的位置，或重新焊接
电动机运行中产生剧烈振动或异常噪声	① 电动机基础不平或固定不牢 ② 转轴弯曲，造成电动机电枢偏心 ③ 电枢或带轮不平衡 ④ 电枢上零件松动 ⑤ 轴承严重磨损 ⑥ 电枢铁芯与定子铁芯相互摩擦 ⑦ 换向片凹凸不平 ⑧ 换向片间云母片凸出 ⑨ 电刷过硬 ⑩ 电刷压力过大 ⑪ 电刷尺寸不符合要求	① 校正基础板，拧紧地脚螺钉，紧固电动机 ② 矫正电动机转轴 ③ 校平衡或更换新品 ④ 紧固电枢上的零件 ⑤ 更换轴承 ⑥ 查明原因，予以排除 ⑦ 修磨换向器 ⑧ 用小刀片或锯条剔除云母片的凸出部分 ⑨ 换用较软的电刷 ⑩ 调整弹簧压力 ⑪ 更换合适的电刷
机壳带电	① 电源线接地 ② 刷握接地 ③ 励磁绕组接地 ④ 电枢绕组接地 ⑤ 换向器接地	① 修复或更换电源线 ② 加强绝缘或更换刷握 ③ 查出接地点，重新加强绝缘，接地严重时应重绕励磁绕组 ④ 查出接地点，重新加强绝缘，接地严重时应重绕电枢绕组 ⑤ 加强换向片与转轴之间的绝缘或更换换向器
绝缘电阻降低	① 电枢绕组或励磁绕组受潮 ② 绕组上灰尘、油污太多 ③ 引出线的绝缘损坏 ④ 电动机过热后，绝缘老化	① 进行烘干处理 ② 清除灰尘、油污后，进行浸渍处理 ③ 重新包扎引出线 ④ 根据绝缘老化程度，分别予以修复或重新浸渍

四、家用台扇电动机的常见故障诊断与排除

台扇是电扇的基本类型。落地扇、台地扇、壁扇及顶扇都是台扇的派生产品。因此，台扇电动机的故障检修方法也完全适用其派生产品的修理。

电扇故障有电气方面和机械方面，不一定都属电动机故障。为此，要根据各种故障现象进行分析，再通过仪表或其他手段仔细检查，才能找出故障点并加以排除。

台扇电动机和电气、机械控制系统的常见故障诊断与排除方法见表 5－6。

表 5－6　台扇电动机和电气、机械控制系统的常见故障诊断与排除方法

故障现象	故障原因	排除方法
电动机不转且无声	① 电源未接通 ② 调速电抗器短路 ③ 绕组断路 ④ 电容器断路	① 检查电源插座、熔丝、开关触点等是否断开 ② 排除电抗器短路 ③ 在引出线端测量其电阻值，焊接断路点 ④ 更换电容器
电动机不转但有响声或熔丝爆断	① 线路接地或短路 ② 绕组有严重短路现象 ③ 定子、转子严重“拖底” ④ 机械部分有“卡死”	① 检查线路绝缘，排除短路 ② 测量线圈电阻或电压进行比较，排除短路 ③ 拆卸检查定子间擦痕，调校同心度 ④ 详细检查风叶、定子转子间、摇头机构等有无变形及异物卡住，并排除异物
电动机时转时不转	① 电源心线受损接触不良 ② 开关触点接触不良 ③ 电容式电扇的电容器有软击穿 ④ 罩极式电动机的罩极线圈断路 ⑤ 定子、转子有轻微“拖底” ⑥ 机内连接线或电容器焊接不良	① 测量导线电阻，并采用手扳动所测量线段，如有变化即有故障点，重新焊接电源线 ② 检查开关弹簧是否失效，触点是否退火、变形或走位，若有则需更换开关 ③ 更换电容器 ④ 拆卸后观察检查，并排除断路 ⑤ 卸开检查是否有擦痕，调校同心度 ⑥ 检查后重焊
电动机不能自启动，用手助动风叶才能启动	① 副绕组断路 ② 罩极式电动机短路，线圈开断或脱焊 ③ 机械装配不正	① 检查副绕组电阻或电容器是否断路，重焊 ② 拆卸后外观检查，重焊 ③ 进行调整并加油，使用手盘动时能有惯性自转

（续）

故障现象	故障原因	排除方法
电动机启动困难	① 轴与轴孔间隙增大 ② 轴承不同心 ③ 转子铜条断裂 ④ 电容器质量差，电容量变小 ⑤ 主、副绕组有短路 ⑥ 罩极式电动机个别短路环断开 ⑦ 电压过低	① 更换轴承 ② 在精密机床上校正、调整 ③ 焊接转子铜条 ④ 更换新电容器再试 ⑤ 用电阻法或电压降法测量比较，重新焊接绕组短路之处 ⑥ 卸开检查，重新焊接 ⑦ 调整电源电压
电动机高速挡正常，其余转速变慢	① 轴承缺油 ② 机械转动部分调整较紧 ③ 电动机内尘埃或油污积层过厚 ④ 电抗调速器线圈设计不合理	① 加注润滑脂 ② 用手转动检查，重新调整轴承紧度等 ③ 拆卸清洗 ④ 适当减少慢挡抽头匝数
电动机高速挡慢而无力，且伴有噪声	① 装配后两轴承不同心 ② 转轴与轴承间隙过大 ③ 转子端环或笼条断裂 ④ 绕组短路	① 校正转子轴 ② 更换新轴承 ③ 更换转子 ④ 用直流电阻法或压降法检查，焊接短路之处
电动机运行时有振动和噪声	① 轴承磨损 ② 轴向窜动过大 ③ 定子、转子间有杂物 ④ 风叶固定螺钉松脱 ⑤ 风叶套孔与电动机轴的配合间隙过大 ⑥ 风叶变形 ⑦ 轴伸变形、弯曲 ⑧ 调速电抗器铁片松动 ⑨ 绕组中个别线圈反接	① 检查间隙，不得大于基孔制转动配合的30%，否则更换轴承 ② 用手推动检查，增加垫片调整，使其轴窜量在0.3～0.5 mm范围 ③ 拆卸检查并清除杂物 ④ 旋转螺钉使风叶固定 ⑤ 卸下测量如过松可垫铜皮 ⑥ 矫正或更换风叶 ⑦ 矫正或更换新轴 ⑧ 检查后重新夹紧 ⑨ 用指南针法检查并改正

（续）

故障现象	故障原因	排除方法
电扇不摇头	① 转轴蜗轮磨损失去传动能力 ② 牙杆传动齿轮磨损 ③ 连杆损坏 ④ 连杆开口销脱落 ⑤ 控制摇头软轴钢丝损坏而“卡死” ⑥ 离合器弹簧夹断裂或严重变形失效 ⑦ 离合器或角度盘钢珠脱落	① 更换蜗轮 ② 更换新齿轮 ③ 重新配连杆 ④ 重新装配 ⑤ 更换新钢丝 ⑥ 更换新弹簧夹 ⑦ 重配钢珠
电动机启动或运行时冒火花	① 绕组引线碰壳 ② 主、副绕组间绝缘损坏 ③ 绕组受潮击穿	① 检查出故障点做绝缘处理 ② 查出短路点做绝缘处理或重绕 ③ 做干燥浸漆处理
电动机温升过高	① 润滑油干涸 ② 定子、转子气隙内有油泥、尘埃或铁屑 ③ 绝缘老化 ④ 电压不符 ⑤ 通风道堵塞 ⑥ 重绕参数不正确 ⑦ 绕组匝间短路 ⑧ 绕组有个别线圈极性接反 ⑨ 主、副绕组局部短路	① 检查清洗后加油 ② 拆卸后清洗干净 ③ 视情况做浸漆或重绕处理 ④ 测量电源电压不得高于额定电压的10% ⑤ 卸开清除 ⑥ 绕组重绕 ⑦ 更换绕组或焊接短路之处 ⑧ 用指南针法检查并改接纠正 ⑨ 检查故障点并做绝缘处理
电扇摇头失灵	① 摇头机构零件磨损 ② 摇头机构有卡住现象，转动不灵活 ③ 离合器钢珠有脱落 ④ 离合器弹簧变软	① 检查并更换磨损件 ② 清洗加油并修整传动机构 ③ 重配钢珠装上 ④ 更换新弹簧夹
电扇摇头失控，不能停摇	① 控制摇头软抽钢丝断裂 ② 软抽钢丝端头松脱 ③ 离合器等传动部分被人为固定卡住	① 更换新钢丝 ② 调整到合适位置后固定 ③ 拆除检查修理损坏部位
电扇外壳有电	① 绝缘下降引起泄漏电流造成外壳带电 ② 绕组或线路有接地现象 ③ 绕组分布电容引起外壳带电	① 用绝缘电阻表检查，绝缘应不低于2 MΩ，否则应做绝缘干燥处理 ② 拆开检查并处理接地点 ③ 将金属外壳妥善接地

（续）

故障现象	故障原因	排除方法
指示灯不亮	① 灯泡断丝 ② 灯泡在灯座中松动 ③ 导线脱落	① 换新 ② 拧紧或更换新灯座 ③ 检查后重新焊接
电扇调速失控	① 调速电抗器的线圈故障 ② 抽头调速绕组有短路现象 ③ 调速开关定位弹子失落，触头接触不良 ④ 调速开关触片烧断	① 查出短路点或断路故障点进行处理或重绕 ② 卸开检查处理或重绕 ③ 配装弹子，修复或更新 ④ 更换开关或部件
调速琴键开关有时两挡琴键卡住	① 自锁片损坏失效 ② 自锁片脱落	① 重新修配或更换 ② 重新装好
调速琴键开关各挡均不通电	① 电源导线与开关焊点脱落 ② 通电簧片变形与通电片接触不良	① 检查接好焊牢 ② 更换簧片或琴键开关

五、电吹风电动机的常见故障诊断与排除

电吹风机结构简单，由电动机、发热元件以及电气控制元件组成，其中以电动机和发热元件最易发生故障，电气控制元件故障机会较少。

电吹风电动机有串励式、罩极式和永磁式。电吹风机的典型电路如图 5－17 所示。

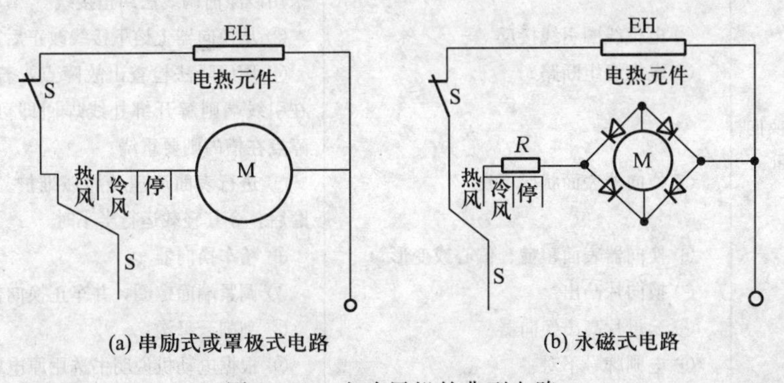

(a) 串励式或罩极式电路　　(b) 永磁式电路

图 5－17　电吹风机的典型电路

电吹风电动机和其他主要元件的常见故障诊断与排除方法见表5－7。

表5－7　电吹风电动机和其他主要元件的常见故障诊断与排除方法

故障现象	故障原因	排除方法
电动机不运转	① 电源断路 ② 电动机绕组断路、短路或烧坏 ③ 串励式、永磁式电动机电枢绕组断路、短路 ④ 串励式、永磁式电动机换向器有油粉垢 ⑤ 罩极式电动机转子笼条断条 ⑥ 罩极式电动机磁场罩极线圈断路 ⑦ 永磁式电动机整流元件断路或损坏 ⑧ 串励式、永磁式电动机电枢电刷接触不良	① 检查开关、熔丝、电源故障点，修复 ② 检修故障点或重绕绕组 ③ 检修断路、短路故障点或重绕 ④ 清除换向器内油垢及电刷炭粉。用酒精清洗 ⑤ 检修断笼条补焊修复 ⑥ 修焊罩极线圈成闭路 ⑦ 检修断路故障或更换整流元件 ⑧ 修磨电刷接触面
电动机转速慢	① 电源电压过低 ② 电动机磁场绕组短路 ③ 串励式、永磁式电动机电枢绕组局部短路或断路 ④ 电动机轴承配合过紧或缺油、磨损 ⑤ 风叶片与外壳磨损或掉风叶片 ⑥ 串励式、永磁式电动机电枢电刷压力大	① 加装稳压器 ② 用降压法检查短路点或重绕 ③ 用片间降压法检查短路点，用电阻法检查断路或重绕 ④ 调整配合，清洗加油或更换轴承 ⑤ 检修间隙或修换风叶片 ⑥ 调整电刷压力
电刷换向火花严重	① 磁场线圈短路或接地 ② 电枢线圈引线与换向器连接错误 ③ 电枢线圈引线接反 ④ 电枢绕组断路 ⑤ 换向器表面状况不良 ⑥ 换向器表面粗糙、偏心或变形 ⑦ 换向片凸出 ⑧ 云母片高出换向器 ⑨ 电刷牌号不对	① 检查并排除短路或接地故障 ② 用感应法找出中性点后移动刷架或采用浸漆前调线法纠正接线 ③ 从换向器上熔下接线改正后重焊 ④ 用压降法检查出故障点，若故障点在引线端则解开绑扎线焊回即可；若故障点在槽内则要重绕 ⑤ 进行表面清理及加强维护。电刷研磨后，令其轻载运行半小时 ⑥ 精车换向器 ⑦ 调紧端面螺圈，并车正换向器 ⑧ 刮削云母沟 ⑨ 根据电动机说明书选用原电刷牌号

（续）

故障现象	故障原因	排除方法
	⑩ 电刷过紧	⑩ 研磨电刷，检查并调整刷握，使电刷能在刷握中灵活上下
	⑪ 电刷磨损过渡	⑪ 更换新电刷
	⑫ 电刷摆动过大	⑫ 更换符合刷握的新电刷，使能灵活而又不摆动
	⑬ 电刷电阻过大或过小	⑬ 更换质量适合的电刷
	⑭ 刷握松动偏移中心线	⑭ 将电刷架调整到中性面位置
	⑮ 电刷弹簧压力过小或不均匀	⑮ 调整到规定压力，并使分布均匀
	⑯ 电刷弹簧夹失效或断裂	⑯ 更换新弹簧
电动机运转而无热风	① 选择开关接触不良 ② 发热元件电热丝断路 ③ 温控元件断路或失灵	① 检修或更换选择开关 ② 绞接断点或更换电热丝 ③ 检修或更换温控元件
电动机运行噪声大	① 电动机轴承严重磨损 ② 转子与定子有“扫膛” ③ 风叶片擦外壳 ④ 串励式、永磁式电动机电枢换向器表面粗糙不平或变形	① 更换轴承 ② 检修轴承或更换轴承、弯轴 ③ 校正风叶片与外壳间隙 ④ 精磨换向器表面，刮削云母沟槽，清除残屑，再用酒精清洗

第三节　单相交流电动机的修理

本节主要以分相电动机为例，介绍单相交流电动机零部件的检修方法。

一、电气部件检修

1. 离心开关的检修

（1）离心开关的功用　离心开关是在电动机启动时将副绕组与电源接通，运转时将副绕组与电源断开的一种开关。离心开关包括静止部分和旋转部分。静止部分安装在电机的前端盖内，转动部分装在轴上。当电动机静止时，静止部分的两个触头受旋转部分上的弹簧压力而闭合，使副绕组处于接通状态，待电动机动起来后，转速达75％～80％额定转速时，转动部分的离心块的离心力克服弹簧压力，使开关上的触点自动离开，切断副绕组的电源，使它处于断开状态。

（2）离心开关的结构特点　离心开关有甩臂式和簧片式两种。图 5－18 是甩臂式离心开关，它由固定在端盖上并相互绝缘的两半铜环组成开关两极，转动部分固定在转轴上，并与转子绝缘；3 只甩臂是导体，前端镶有电刷均布在半圆铜环周围上，并由拉簧使其与铜环保持接触，当启动转速达到规定值时，甩臂的离心力克服拉簧张力，与铜环脱离接触，从而使铜环两极处于断开状态，切断副绕组电源。

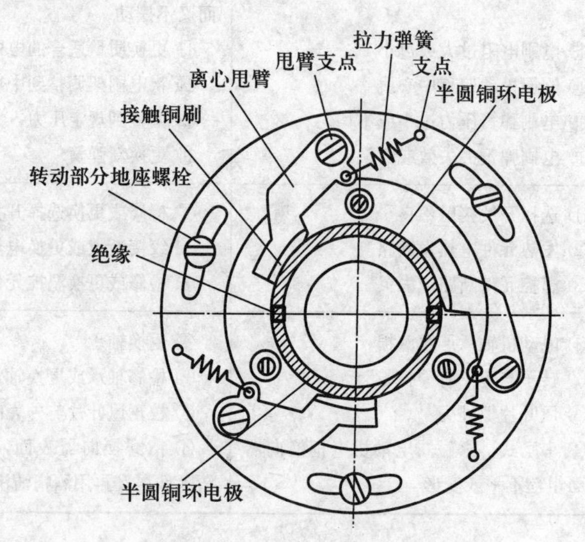

图 5－18　甩臂式离心开关

簧片式开关的工作原理与上相似，启动前，簧片由于弹簧拉力的作用而通过离心臂向内收缩，其支点压向传动片，使 U 形簧片的动触头与定触头处于闭合状态；启动转速达到一定时，离心臂的离心力克服弹簧的张力而释放传动片，U 形簧片回弹，触点便断开，副绕组也随之脱离电源，如图 5－19 所示。

（3）离心开关的常见故障

① 离心开关的触点接触不良，不能正常闭合。此时副绕组不能按时接入或断开。结果电动机难于启动，或运行时因副绕组未切断电源而严重发热或烧坏。

② 弹簧失效，电动机不易启动。

③ 轴的轴向位置调整得不好，将离心开关压得过紧，以至于无法断开。此时副绕组不能脱离电源，时间一久即烧毁冒烟。

（4）离心开关的测试　有缺陷的离心开关不能在适当的时刻断开启动绕组。为了最终确定启动绕组仍然接在电路中，把钳形电流表搭接在启动绕组的

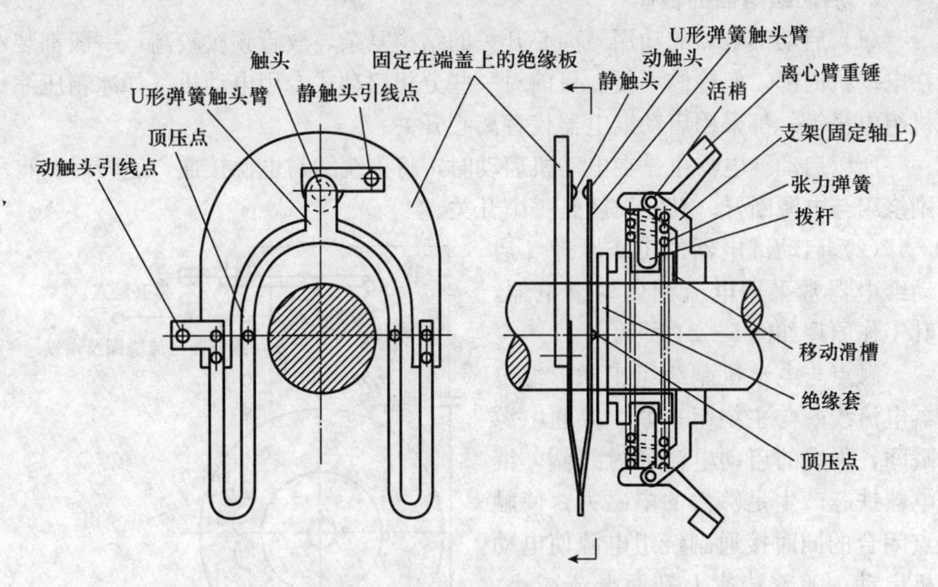

图 5－19　簧片式离心开关结构原理示意（运行状态）

一根引线上，设置电流表的电流量程为最大，打开电动机开关，选用合适的电流范围，仔细观察启动绕组电路中是否有电流通过。如果有电流则表示当电动机运行速度达到正常转速时，离心开关并没有断开（图 5－20）。

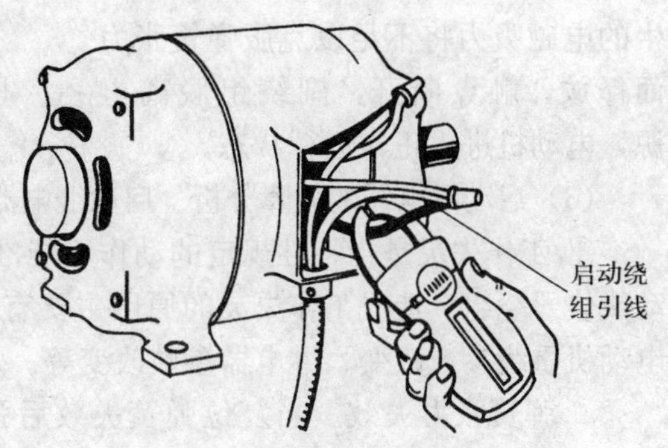

图 5－20　利用钳形表检测离心开关

（5）离心开关的检查　离心开关的故障可采用下列方法检查：

① 开路故障的电阻检查法。用万用表测量绕组引出线头，这时可测到约几百欧的副绕组电阻；如阻值很大，说明启动回路有断路故障。若进一步检查，需卸开电动机，直接测量副绕组电阻。如正常则说明是离心开关故障，然后按上述原因逐项检查处理；若构件磨损严重则予以更换。

② 触头失灵后离不开的检查法。电容分相或副绕组引线外接的分相电动机，可在副绕组回路中串入电流表，运行时仍有电流则说明触头失灵未断开，应卸开查明原因进行处理。

2. 启动继电器的检修

（1）启动继电器的功用　离心开关的结构复杂，故障频次较高，一般都装在电动机内部，使检修不便。目前对一些分相启动式专用电动机（如冰箱压缩机组电机等）都采用启动继电器代替离心开关。

所以启动继电器也是在电动机启动时，将副绕组与电源接通，运转时，将副绕组与电源断开。其实质就是一个开关。

（2）启动继电器的工作原理　启动继电器常采用电流型启动继电器，其工作原理如图 5－21 所示。

触点与电动机副绕组串联，继电器电流线圈与主绕组串联，接通电源瞬间，强大的启动电流通过线圈，继电器铁芯产生足够大的电磁力，使触点闭合的同时接通副绕组电源使电动机启动。随着转速上升而电流减小，当电流减小到一定值时，电流线圈产生的电磁吸力将不足以克服弹簧张力而释放，触点断开，副绕组脱离电源，电动机进入正常运行状态。

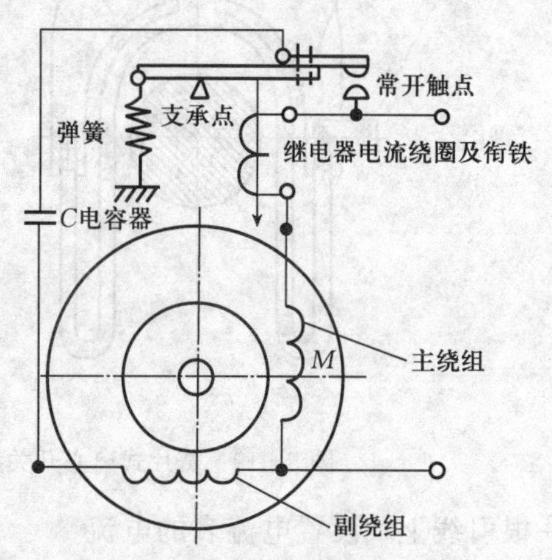

图 5－21　启动继电器的工作原理

（3）启动继电器的故障分析　启动继电器常见故障有工作失灵和触头烧坏。

① 工作失灵是指特性规定的动作不能准确完成，从而导致电动机不能启动或烧毁绕组。造成工作失灵的原因主要有：弹簧张力失效、弹簧调整过硬、电动机重绕参数改变、继电器参数改变等。

a. 弹簧张力失效。当复位弹簧失效后张力减小，对电流型继电器来说，电动机达到规定转速，其触点仍不能断开，使电动机副绕组长时间通电而发热烧坏；对电压型及差动型继电器，则可能会引起触点接触不良，或电动机副绕组在低转速时脱离电源，从而造成启动困难。

b. 弹簧调整过硬。继电器弹簧张力过大时与上述情况相反，即电流型继电器触点易跳火，甚至不闭合，造成电动机副绕组无电而不能启动。电压型及差动型继电器的常闭触点如不能断开，则副绕组长期接入电源而易发热、烧毁。

c. 电动机重绕参数改变。单相交流电动机启动继电器的工作特性是根据电动机启动特性调整的，若重绕修理时绕组参数（如匝数、线径、电压等）改变，将与原继电器不匹配，容易引起工作失灵。

d. 继电器参数改变。如继电器线圈重绕参数改变后，也会产生上述现象而造成工作失灵。

② 触头烧坏可能形成触头开路（脱落）或短路（黏结）现象，从而危及电动机不能启动或发热烧毁。导致故障的原因有：弹簧调节不当、电动机绕组故障、触头接地等。

a. 弹簧调节不当。弹簧张力调整过大或过小，都可能使触头跳火而造成烧蚀或黏结。

b. 电动机绕组故障。副绕组的短路，会导致产生大电流，引起触头载流能力不足而损坏。

c. 触头接地。触头座绝缘损坏发生接地短路，也会烧坏触点。

3. 电容器的检修

（1）电容器的功用　电容运转电动机和电容分相电动机，均在副绕组电路上接上一个电容器，用于储能和移相。

（2）电容器的类型　电容器的基本结构是在两电极间隔一层介质，介质可以是气体、固体或半流体。尽管其材料不同，但都具有同样的性能。分相电动机常用的电容器主要有：纸介电容器、油浸纸介电容器和电解电容器。

① 纸介电容器。它以蜡纸为电介质，将两片金属薄膜长条隔开后卷摺起来放在金属容器内，两极再分别用导线引出。

② 油浸纸介电容器。其介质是油浸电容纸并充油封装。这种电容器的绝缘性能好，正确使用不会过分发热，经久耐用，是电容分相运转电动机适用的电容器。

③ 电解电容器。其结构特点与上述电容器不同，它是用金属为一极以附在极板上的氧化层为介质，糊状的电介质作为另一极与介质接触，并由另一金属板引出电极，如图 5－22 所示。

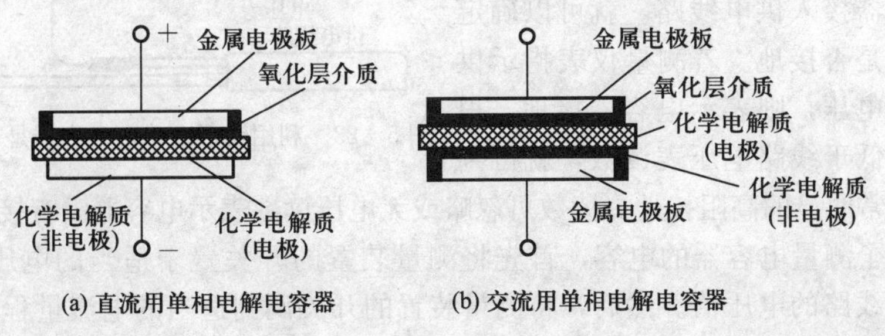

图 5－22　电解电容器的结构

电解电容器的特点：

a. 介质极薄，可制成大容量小体积的电容器。

b. 电解电容器介质击穿后，由于电解质在化学作用下会产生新的氧化层，故可自动恢复。

c. 它具有单相储电作用，电源“+”极只能接氧化层电极，否则，将成为导体。

所以，上面的电解电容器只适用于极性不变的直流电，图 5-22b 所示的电解电容器则适用于交流电。

（3）电容器的故障　单相异步电动机上电容器一旦出现故障，电动机就不能启动运转。

电容器常出现的故障有短路、断路及电容量不足等。电机启动用的电容器为电解电容器；运行用的电容器为油浸电容器。

当电源电压过高时，将会引起电容器的绝缘介质击穿而发生短路，这种电容器不能再用。

使用过久或保管不善，会使电容器受潮、引出线霉烂甚至断路（经修理烘干后可用）。电解电容器的电解质干涸，致使电容量明显减少，这种电容器也不能再用。

（4）电容器的测试　在电容式电动机中，电容器缺陷是一种非常常见的故障原因。一旦电路出现短路、断路、接地和电容器出现微法级的差别等状况，就应该对电容器进行测试，以确定其性能是否可靠。首先设置测量仪表至适当的电压量程，然后按照图 5-23 所示的接线方式把测量仪表及电容器接入供电线路，就可以确定电容器是否接地。若测量仪表指示供电线路电压，则表示电容器接地。根据稍微低于线路电压表读数，就可判定是非常明显的高阻接地。读数可忽略或无电压读数表示电容器没有接地。

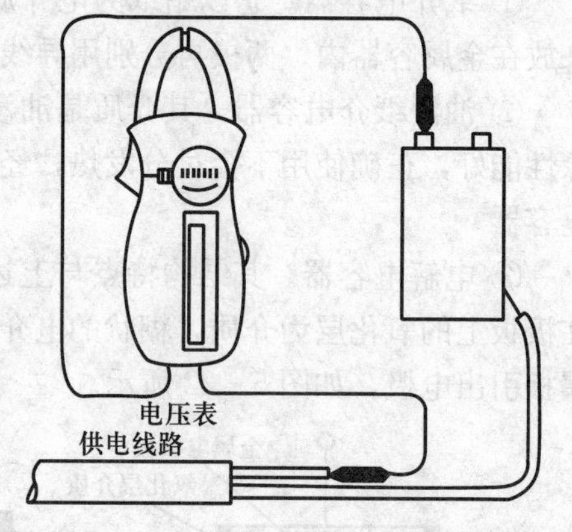

图 5-23　利用钳形表确定电容器是否接地

为了测量电容器的电容，首先将测量装置的开关置于适当的电压量程，并读取线路的电压值。然后，将测量装置的开关调到适当的电流量程，并读取电容器的电流指示值。在测量过程中，要使电容器的额定值为间歇负载

(图 5－24)。假设供电线路的频率为 60 Hz，根据如下公式，带入测量得出的电压及电流读数，便可以计算出以微法计量的电容，其计算公式如下：

电容（μF）＝2 650×电流（A）/电压（V）

如果在测量中没有电流指示，那么非常明显就是电容器断路。电容器短路也容易检测，此时，当打开线路开关测量线路电压时，短路电容器将烧断保险丝。

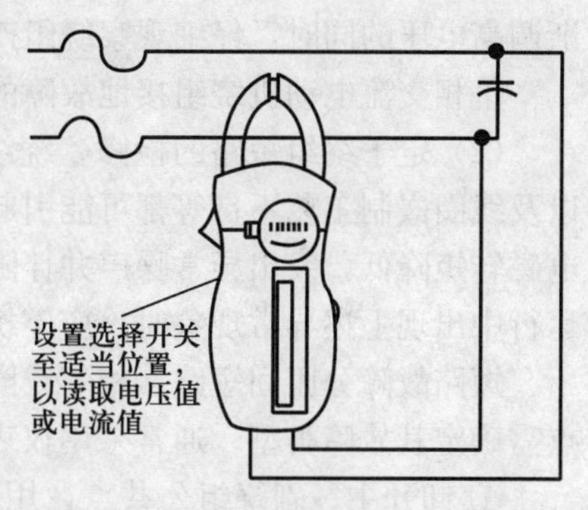

图 5－24　利用钳形表确定电容器规格

(5) 电容器的检查　首先用导线将被测电容器的两个接线端短接一下，使之放电。然后用万用表的千欧挡，将其二根测试棒接到电容器的两个接线端上，观察表的指针摆动情况：

① 当表的指针大幅度摆动，并摆向电阻为 0 的方向，然后指针又慢慢回到某一数值（约几百千欧以上)，表明电容器是好的。

② 若指针大幅度摆动到电阻为 0 的位置不返回，则说明电容器有短路故障。

③ 若指针不摆动，无指示，说明发生断路故障。

④ 若指针摆动比原来正常值小（与一只好的比较)，说明电容量不足，也不能再用了。

二、绕组的检修

1. 定子绕组的检修　单相交流电动机定子绕组是较容易发生故障的部位，主要有定子绕组接地、短路、断路、接错等故障。

(1) 定子绕组接地的检修　绕组绝缘受损易与铁芯或机壳接通后使机壳带电，可能导致设备失控或触电事故。

接地故障的检查方法主要有：淘汰法和高压击穿法。

① 淘汰法。接地故障常用摇表、万用表及试灯检查。检测时用一极接绕组，另一极接金属外壳；测定其绕组对地电阻值极小，或试灯发亮，便说明绕组接地故障。然后解开主、副绕组公共点以区别出接地绕组，再将线圈分段淘汰，直至找出故障线圈。最后，将电动机加热，边检测边翻动线圈端部，以排除线圈在槽口接地的可能性。

② 高压击穿法。利用高压试验变压器的一极接绕组，另一极接外壳，逐

渐调高电压的同时，仔细观察绕组产生火花或冒烟之处，便是故障点所在。

单相交流电动机绕组接地故障的排除方法与三相电动机相同。

(2) 定子绕组短路的检修　绕组过载、温升过高将引起绝缘老化、变质，以及线圈嵌制工艺不良等都可能引起绕组短路故障。故障发生后，轻则电动机电磁转矩降低，发出异常噪声并伴随振动；严重时线圈发热以至烧毁。电动机运行中出现上述异常现象时，应停机进行检查。

短路故障分匝间短路、相邻线圈短路及主、副绕组的相间短路。查出故障点需确定其故障类型。通常采用仪表法进行检查，其步骤如下：

① 卸开主、副绕组公共点，用摇表或万用表测主、副绕组，如接通者则是相间短路故障。

② 否定相间短路后，可用万用表测每线圈组的电阻，测得阻值小的一组为故障线圈组。也可通入 50～100 V 电压分别检测，若只有一组电压最小者是短路故障线圈组。

③ 若所测的相邻两组电阻较小，则应解开此两线圈组的连线；如两线圈不通则可确定上述判断正确；若相通则说明是相邻线圈组间短路。

④ 将故障线圈组的线圈分解后，再依上述原理找出短路线圈。

然而，按照目前电动机绕组的制作工艺常用连绕法，加之单相交流电动机导线较细，没有相当丰富的经验是很难找到线圈连接过渡线的。所以对连绕的绕组，仪表法检查难以实施，还可试用探温法找出故障点。

(3) 定子绕组断路的检修　单相小功率电动机一般用线都比较细，在检查及装配中容易受机械碰撞撞破绝缘层或导线拉断。此外，焊接不良也会引起断路故障。

断路故障一般用万用表检测：

① 用万用表分别测主、副绕组电阻值以找出断路故障的绕组。

② 在故障绕组中，用万用表逐组延伸检测电阻，便可找出断路线圈组。

③ 找出线圈连绕过渡线，同法可查出断路故障线圈。

(4) 定子绕组接错的检修　单相交流电动机一般都采用显极接法，但吊扇电动机中也有采用庶极接法的。由于单相交流电动机绕组较三相简单，绕组接错相对较少。然而，目前的正弦绕组都用连绕线圈，如果嵌线工艺不熟练或工作疏忽，也会发生接错线错误。

单相交流电动机的绕组接错及其检查：

① 线圈组极性接反。单相绕组与三相一样，都必须遵循一定的规律接线。其连接极性除用追踪查线法外，还可用指南针检测。检测是在绕组两端线通入

低压直流电源，用指南针沿铁芯内圆移动，指南针在经过相邻一组线圈时，其极性指示必须相反。违反这一规律的是接线错误的线圈组。

② 线圈极性接反。同组线圈中的线圈极性必须一致，否则是接错。检查方法同上。

③ 绕组混接。绕组混接主要有两种：一种是主绕组与副绕组的某线圈组混接；另一种是主、副绕组与中间（调速）绕组混接。绕组混接的情况比较复杂，一般可按绕组短路故障进行诊断并纠正。

2. 转子绕组的检修　转子制造工艺不良或材料质量不符合要求是造成转子笼条砂眼、断裂故障的主要原因。转子断条后电动机转矩下降，空转时严重发热；但一般空载无异常，带负载后明显无力并转速下降，甚至带不起负载。

(1) 转子绕组的测试　以额定转速运行的感应电动机所产生的输出转矩损耗，可能是由于鼠笼式转子的断路引起的。

把转子置于短路线圈测试仪中，可以对转子进行测试，并确定松动或断开的转子铜条所处的位置。按照图 5－25 所示的方式，把钳形电流表套接在短路线圈测试仪的供电线路上。首先把开关调到最大电流量程，接通短路线圈测试仪，然后把测试装置调到合适的电流范围。位于短路线圈测试仪上的转子，只要测试仪表通电，就要随时注意指示电流。电动机转子中的铜条和端环的特性表现与变压器的短路次级线圈很相似。

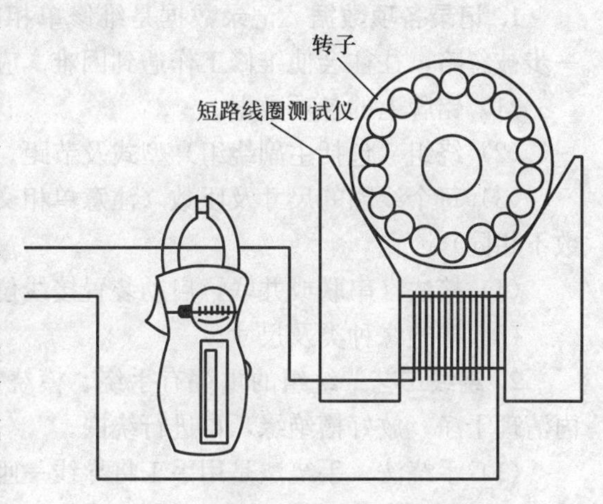

图 5－25　使用短路线圈测试仪测试转子

短路线圈测试仪起到变压器初级线圈的作用。只要是质量好、性能可靠的转子，当它位于各种不同的位置时，将产生大小几乎相等的电流指示。对于有缺陷的转子，当断开的铜条进入短路线圈测试仪磁场时，将出现较低的电流读数。

(2) 转子绕组的修理

① 挤压法。当转子槽内铸铝有个别断裂或砂眼时，可将槽口铸铝向内挤

压。此法虽然不能使转子完全恢复，但可在一定程度上减轻故障症状。

② 换铜条修复法。如果铝条或端环严重断裂，不能用上述方法修理，一般家电维修点又不具备重铸转子的工艺条件，这时可将端环锯去，选用与转子槽宽度相等的钻头将铸铝笼条钻去，并用直径相同的铜条插入孔内，两端打弯，使之重叠成一圈，也可用合金锡将两端堆焊成端环，最后车去多余部分，即可使用。

三、定子绕组的重绕

单相交流电动机的定子绕组烧坏后，一般可根据型号查找对应绕组数据进行重绕。

单相绕组的重绕，与三相绕组相似。其步骤是：记录各项数据；拆除旧绕组；配置槽绝缘；嵌线及连接；检查试验；浸漆与烘干。

1. 记录各项数据 记录数据是维修单相交流电动机时的重要一环，若这一步被忽略，往往会使维修工作遇到困难。应记录的数据如下：

(1) 铭牌上的各项数据。

(2) 绕组（包括主副绕组）型式及节距。

(3) 每个线圈的尺寸及匝数（注意单相交流电动机有时各线圈的尺寸及匝数不相同）。

(4) 接法（串联或并联，启动装置接线位置）。

(5) 槽绝缘种类及尺寸。

2. 绕线工艺 绕组的重绕有手绕、模绕及束绕 3 种方法。在绕嵌前将槽内清理干净，放好槽绝缘，再进行绕嵌。

(1) 手绕法 手绕法是用手工将导线一匝一匝地绕入槽内，一个线圈的匝数绕足后，再绕第二个线圈。对同心式绕组，先绕最里面的线圈，然后依次向外，直到一个极的全部线圈绕完为止。边绕边注意端部尺寸及形状，防止端部过高，影响副绕组的嵌放。

单叠绕组及同心式绕组都可用手绕法绕嵌，但操作不方便，工作效率较低，一般在局部更换绕组时才采用。

(2) 模绕法 模绕法的工艺与三相异步电动机相似。先在金属或木质线模上绕好线圈，然后按顺序将线圈嵌入槽内。线模尺寸的大小，以最小线圈的直线部分两端伸出铁芯大于 6 mm，最大线圈的端部不至与端盖相碰为度。单叠绕组的线模与三相异步电动机相似，绕制及嵌线方法亦相同。同心式线圈的线模如图 5-26 所示。因单相交流电动机的线圈较小，每个线圈的线模做成整体式，模心边缘有一定斜度以便于将线圈取下，3 块线模用螺杆夹紧。绕制时，先从最小的线圈绕起，再绕较大的线圈。全部绕好后，卸下线圈并用纱带扎好备用。嵌线时也从最小的线圈开始嵌，嵌好后包好槽绝缘，打入槽楔，然后在端部垫上主副绕组之间的绝缘，将端部整理好。

（3）束绕法　当正弦绕组 3 个同心线圈的匝数比为 1∶2∶1，且线径小于 0.72 mm 时，可采用束绕法绕制。对分相式电动机，副绕组导线较细，且嵌于主绕组的上面，也可采用束绕法绕嵌，以简化工艺。

用束绕法制作正弦绕组的 3 个同心线圈，应按图 5-27 所示，先绕一个适当的预备线圈，其匝数等于每极匝数的 25%，长度为 3 个线圈长度之和，然后按图 5-28 的步骤绕嵌。绕嵌时，由内至外，线圈两端要随时拉住，紧贴铁芯进行绞扭，每次扭转方向应与上一次相反，直到一个磁极的线圈嵌完为止。扭转方向交替变换可防止绞结现象，减少绕嵌困难，使绕组端部整齐美观。

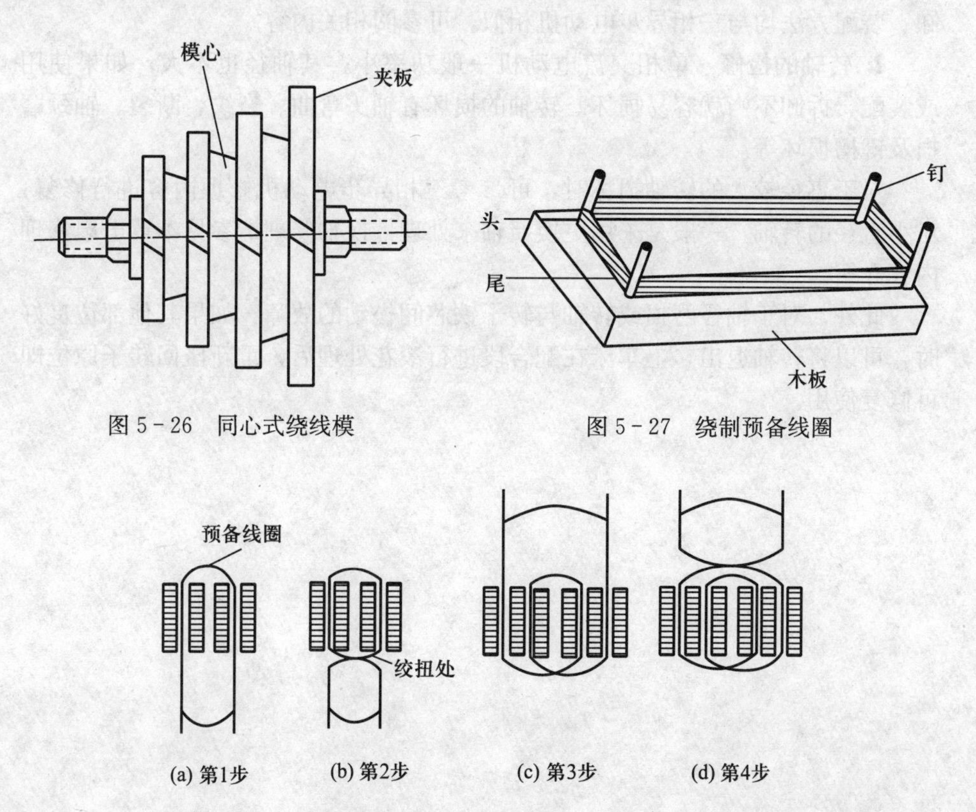

图 5-26　同心式绕线模

图 5-27　绕制预备线圈

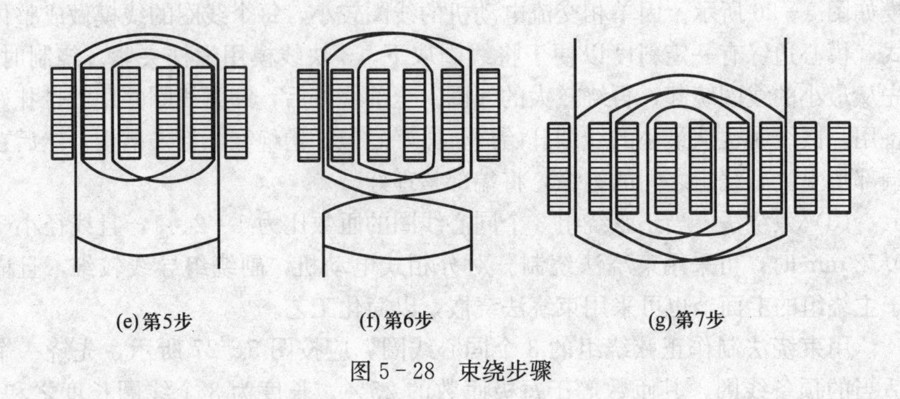

(e)第5步 (f)第6步 (g)第7步

图5-28 束绕步骤

四、机械部件的检修

1. 轴承的检修 三相异步电动机的轴承一般采用滚动轴承，其检测、拆卸、装配方法均与三相异步电动机相似，可参阅相关内容。

2. 转轴的检修 单相交流电动机一般功率小，其轴径也不大，如果使用或装配、拆卸不当就容易损坏。转轴的损坏有轴头弯曲、裂纹、断裂、轴颈磨损及键槽损坏等。

对于直径较大的转轴损坏时，可参考三相异步电动机修理内容进行修复；对小直径的转轴，一般是采用更换新轴来处理，换轴修理请参见本章电扇修理内容介绍。

此外，对于轴径磨损或转轴与转子铁芯间松动的故障，如果其他部位良好时，可以将转轴退出，上车床在配合段进行滚花处理后，重新压回转子原位即可修复使用。

参考文献

才家刚.2010. 图解三相电动机使用与维修技术（第2版）[M]. 北京：中国电力出版社.
陈香久，陈一飞.1998. 小型电动机原理使用维修400问 [M]. 北京：中国农业出版社.
何报杏.2002. 怎样维修电动机 [M]. 北京：金盾出版社.
机械工业部技术工人培训教材编写组.1988. 电机修理工工艺学（初级本）[M]. 北京：科普出版社.
机械设备维修问答丛书编委会.2010. 电动机维修问答 [M]. 北京：机械工业出版社.
金续曾.2003. 中小型同步发电机使用与维修 [M]. 北京：中国电力出版社.
君兰工作室.2011. 双色图解电动机实用技术 [M]. 北京：科学出版社.
马茂军.2009. 电机修理工操作技能问答 [M]. 北京：中国电力出版社.
门宏.2011. 看图识用万用表 [M]. 北京：电子工业出版社.
王学屯，爨宏良.2009. 电工电子常用工具与仪器仪表使用方法 [M]. 北京：电子工业出版社.
薛金林，鲁植雄.2010. 小型电动机巧用速修一点通 [M]. 北京：中国农业出版社.
张克军.2010. 常用电动机选用控制与故障排除 [M]. 北京：中国电力出版社.
张文生.2008. 电动机原理与使用入门 [M]. 北京：中国电力出版社.
赵家礼.2006. 图解电动机修理操作技能 [M]. 北京：机械工业出版社.
赵家礼.2008. 小功率电动机修理 [M]. 北京：机械工业出版社.

图书在版编目（CIP）数据

电动机修理工／周慧，鲁植雄主编．—北京：中国农业出版社，2013.8
（新农村能工巧匠速成丛书）
ISBN 978-7-109-18067-3

Ⅰ.①电… Ⅱ.①周…②鲁… Ⅲ.①电动机-维修 Ⅳ.①TM320.7

中国版本图书馆 CIP 数据核字（2013）第 146183 号

中国农业出版社出版
（北京市朝阳区农展馆北路 2 号）
（邮政编码 100125）
责任编辑 何致莹 黄向阳

北京中科印刷有限公司印刷 新华书店北京发行所发行
2013 年 10 月第 1 版 2013 年 10 月北京第 1 次印刷

开本：720mm×960mm 1/16 印张：20
字数：400 千字
定价：42.00 元